邓文义　田凤国　苏亚欣　等 编著

燃料热化学转化
原理及应用

Principle and Application of
Fuel Thermochemical Conversion

化学工业出版社

·北京·

内容简介

本书以燃料的加工预处理和品质特征、燃料的燃烧、热解和气化理论与技术为主线，共分三篇 14 章。燃料篇分析了燃料的品质特性，介绍了煤粉燃料制备及系统、固体生物质燃料预处理；燃烧篇介绍了燃料的燃烧计算、燃料燃烧理论与技术、燃料的燃烧设备、燃烧设备的热平衡及热效率、燃烧烟气的余热利用、燃烧烟气受热面换热计算；热解气化篇分析了热解原理与动力学，介绍了生物质低温热解炭化、生物质气化基本理论、生物质气化技术及装备。另外，在每一章后面提供了大量的思考题和习题，以帮助读者进一步巩固知识。

本书结合当前的能源利用现状和未来的研究发展趋势，所述燃料以煤粉和生物质为主，兼顾燃油和燃气，以煤粉燃烧和生物质燃料的热解和气化为重点进行阐述，同时也较全面地介绍了其他新兴的热转化技术，兼顾了深度和广度以及理论和工程实践的结合，可供动力、环境和化工领域的工程技术人员、科研人员和管理人员参考，也可供高等学校能源动力工程、环境科学与工程、化学工程及相关专业师生参阅。

图书在版编目（CIP）数据

燃料热化学转化原理及应用/邓文义等编著 . —北京：化学工业出版社，2023.6

ISBN 978-7-122-43102-8

Ⅰ.①燃…　Ⅱ.①邓…　Ⅲ.①燃料-热化学　Ⅳ.①TQ511

中国国家版本馆 CIP 数据核字（2023）第 042076 号

责任编辑：刘　婧　刘兴春　　　　文字编辑：白华霞
责任校对：李雨晴　　　　　　　　装帧设计：刘丽华

出版发行：化学工业出版社（北京市东城区青年湖南街 13 号　邮政编码 100011）
印　　装：北京科印技术咨询服务有限公司数码印刷分部
787mm×1092mm　1/16　印张 22¾　彩插 4　字数 566 千字　2023 年 7 月北京第 1 版第 1 次印刷

购书咨询：010-64518888　　　　　售后服务：010-64518899
网　　址：http://www.cip.com.cn
凡购买本书，如有缺损质量问题，本社销售中心负责调换。

定　　价：88.00 元　　　　　　　　　　　　　　　　　版权所有　违者必究

前言

　　能源是国民经济和社会发展的重要物质基础，燃料是能源的主要形式，燃料的燃烧、热解和气化是燃料能源利用的主要方式。在"双碳"背景下，对能源的开发和利用提出了更高的要求和新的挑战。传统化石燃料因其高碳排放及不可再生性，占比将不断减小。尽管如此，燃料热化学转化技术的发展仍然至关重要。一方面，化石燃料和可再生燃料未来将长期并存，技术需要不断推陈出新，以实现化石燃料更加低碳、高效的热化学转化；另一方面，生物质燃料是可再生燃料的重要组成部分，热化学转化技术是生物质燃料极其重要的能源转化和利用技术。因此，本书以各种典型燃料品质特征、燃料收集和预处理技术为开篇，以煤和生物质为主要对象，较为系统地介绍了燃料的燃烧、热解和气化理论，以及一些新兴的热化学转化技术。在燃料的燃烧技术方面，以煤粉燃烧为重点进行阐述，包括煤粉燃烧基本原理、燃料的燃烧计算、燃烧烟气余热利用及锅炉的辐射和对流换热计算等内容。同时，也选取了最具代表性的化学链燃烧技术、富氧燃烧技术、MILD 燃烧技术和超临界水热燃烧技术，对它们的基本原理、当前的研究现状和未来的研究发展方向进行了较为详细的介绍。在燃料的热解和气化技术方面，以生物质燃料为对象展开介绍，以较大篇幅阐述了热解和气化的基本原理、化学动力学和热力学分析等基础理论，并兼顾了生物质热解和气化的工程设计和应用，以案例的形式介绍了热解和气化装置的设计方法。

　　总而言之，本书对燃料热化学转化原理的阐述，适应了当前燃料的利用现状和未来研究的发展趋势，既侧重理论基础知识的介绍，同时也兼顾了创新性和实用性，可供从事燃料热化学转化、生物质能高效利用等的工程技术人员、科研人员参考，也可供高等学校能源动力工程、环境科学与工程及相关专业师生参阅。

　　本书由邓文义、田凤国和苏亚欣等编著，其中第 1 章由苏亚欣编著，第 2～6 章由邓文义编著，第 7 章由田凤国编著，第 8～14 章由邓文义编著，周易、余理、许铈尧、潘思睿等对书中的部分插图进行了绘制。全书最后由邓文义统稿并定稿。

　　限于编著者水平及编著时间，本书难免存在疏漏和不妥之处，敬请读者批评指正。

邓文义

2022 年 6 月于东华大学

目录

第 7 章　燃料的燃烧设备 / 127

第 8 章　燃烧设备的热平衡及热效率 / 153

第 9 章　燃烧烟气的余热利用 / 167

第三篇　热解气化篇

第 11 章 热解原理与动力学分析 / 219

第 12 章 生物质低温热解炭化 / 241

第 13 章 生物质气化基本理论 / 280

第 14 章 生物质气化技术及装备 / 303

附录 / 344

第1章

导 论

1.1 我国能源现状

当今世界，能源仍是经济增长的主引擎。我国是世界最大能源生产、消费和进口国，对世界地缘政治、经济发展、能源市场、能源供给国际通道和气候变化有重要影响。2019年，我国探明煤炭可采储量2704亿吨，天然气8.40万亿立方米，石油36亿吨；产量方面，煤炭产量为38.5亿吨，天然气产量为1741.7亿立方米，石油产量为1.91亿吨。进出口方面，我国的煤炭、原油和天然气进口分别在2011年、2015年和2018年成为世界第一，2022年进口煤炭2.932亿吨（出口400万吨）、进口原油5.08亿吨（出口200.58万吨）、进口天然气1.09亿吨（出口约316万吨）；消费结构方面，2022年煤炭消费占56.2%、石油占17.9%、天然气、太阳能核电、水电和风电等新能源占25.9%。

1949年以来，我国能源领域成就卓著，同时也面临严峻挑战。主要成就简述如下：

① 支撑经济发展。1952～2018年全国一次能源消费量增长98倍，而GDP增长174倍，即以较少的能源增量支撑了经济的迅速发展。

② 保障改善民生。2019年我国人均能耗为3471kgce（千克标准煤），相比1949年时的48kgce增长了71.3倍。2015年我国消除了无电人口，2019年的人均生活用电达732kW·h，而1949年不足1kW·h。

③ 结构调整升级。1949年，煤占一次能源消费量的96.3%，2019年下降到了57.7%，石油19.6%，天然气占8.3%，核电、水电和风电等新能源占14.4%。

④ 节能成效卓著。按2018年价格计算，万元GDP能耗从1953年的910kgce下降至2018年的520kece，下降幅度达43%。1995～2015年，我国节能量占全球的52%。

⑤ 能源技术创新。2022年，我国超超临界燃煤发电百万千瓦机组160余台，超过其他国家的总和，风电、光伏发电等可再生能源发电装机容量1213GW，远超美国的389.2GW，特高压输电最高电压等级1100kV，世界最高。

尽管成就卓著，但也面临巨大挑战：

① 碳减排挑战。2020年，我国承诺2060年实现碳中和，碳排放占70%的煤炭首当其冲，去煤化过程将会面临巨大挑战和压力。

② 资源约束。我国煤炭资源90%分布在生态环境脆弱地区，开采条件差，生产成本高。2018年，矿井平均开采深度已达510m，最深1450m。煤炭出矿价66.1美元/t，为开采条

件优越的美国的 1.7 倍。原煤生产效率 1052t/(人·a)，仅为美国的 12.5%。油田小而分散，开采条件差，单井平均日产仅 2t，中东地区高达 685t。2018 年开采成本 50 美元/桶，为中东地区的 10 倍。2019 年，我国原油进口依存度高达 72.5%。

③ 环境保护。2019 年，SO_2 年排放量达 1441 万吨，仅次于印度；CO_2 年排放量达 88.9 亿吨，为美国的 1.8 倍，人均排放量 6.35t，超过世界平均值 4.51t。

④ 体制变革。我国的石油、石化、电力、煤炭等企业仍是行政性垄断，阻碍公平竞争和技术创新，效益低下[1]。

1.2 燃料的重要性

燃料是一种能够通过化学反应将内部储存的化学能转化为热能的物质。根据不同形态，燃料可分为固体燃料、液体燃料和气体燃料；根据可再生性，燃料可分为可再生的生物质燃料和不可再生的化石燃料；根据不同来源，燃料可分为天然燃料和人工燃料。

众所周知，燃料及其利用对于人类的生存是十分重要的，与人类的生活也息息相关，从使用燃气灶具、居家用电等日常生活，到天上的飞机、地上的燃油汽车、水上的船舶等交通出行，无不直接或间接地伴随燃料的利用。2000～2020 年间，随着世界人口、经济规模的不断扩大，全球能源消费总量由 393.47EJ（艾焦）($1EJ=1.0\times10^{18}J$）增长至 556.63EJ，涨幅高达 41%，这其中有大约 80% 以上的能源来自各种燃料[2]。我国是世界第一能源消费大国，如图 1-1 所示（彩图见书后），2020 年我国能源消费中大约有 85% 来自石油、煤炭和天然气等化石燃料，能源消费总量高居世界第一（145.4EJ）。我国也是近 20 年能源消费增长最快的国家，2020 年消费总量相比 2000 年增长了近 2.5 倍。当然，能源是经济发展的动力引擎，能源消费的快速增长和我国近几十年来经济的快速增长是密不可分的。

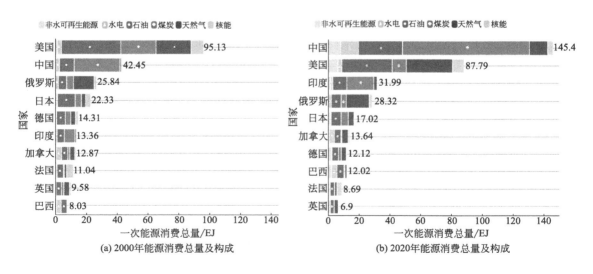

（a）2000年能源消费总量及构成

（b）2020年能源消费总量及构成

图 1-1 2000 和 2020 年十国一次能源消费总量及构成[2]

图 1-2 所示为我国 2016 年能流图（彩图见书后），反映了能源生产后经过火力发电、供热等加工转换过程，最终流向终端消费部门的流动情况[3]。一次能源生产总量中，原煤占76.7%、原油占 9.1%、天然气占 5.7%，能源加工转换总投入量为 29.7 亿吨标准煤（tce，1t 标准煤发热量＝29310MJ），其中火力发电总投入量占 45.5%、炼油投入占 26.6%、炼焦投入占 18.2%、供热投入占 6.7%；从消费端来看，能源消费总量中，第一产业、第二产业、第三产业及生活消费分别占比 2.1%、66.9%、18.8%和 12.2%。相比经济合作与发展组织（OECD）国家，相同行业能源消费平均占比分别为 1.9%、31.3%、48.2%和18.6%，未来随着我国经济转型和发展，第三产业和生活能源消费的比例将进一步提高。

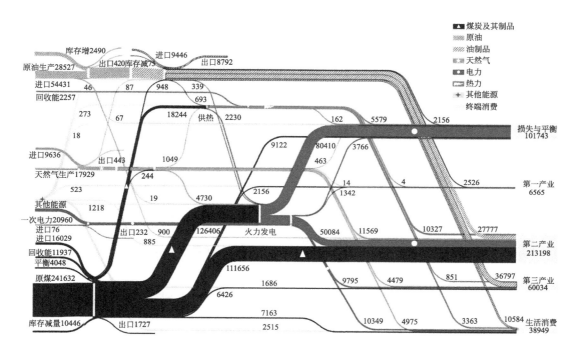

图 1-2　2016 年中国能流图（单位：万吨标准煤）[3]

1.3　燃料的热化学转化

燃料的热化学转化是指通过受控的加热或氧化反应使燃料转化为能源产品或热能的技术，主要包括热解、气化和燃烧[4]。热解和气化是将燃料转化为更高品质的能源和资源产品（燃料油、燃料气或焦炭）的技术；而燃烧则是燃料的化学能转化为热能的技术，是燃料实现热能化利用的唯一手段。

以燃烧为例，世界上所有的人类活动中所消费的能源中约有 80%来自燃烧源。随意一瞥，我们就能发现燃烧在日常生活中的重要性。绝大部分交通工具（汽车、轮船和飞机）的动力源来自燃料燃烧所产生的高温烟气的做功。2021 年，我国有 71%的电能通过燃料的燃烧产生，只有不足 30%的电能来自水力、风力、太阳能和核能发电。工业生产过程也大量依赖于燃烧。钢铁、铝业和其他金属冶炼工业都先用窑炉来生产粗产品，然后在下游工艺中用热处理炉、退火炉或其他炉子提高粗产品的价值并转变为最终产品。水泥制造业也大量通过燃烧产生热能。其他的一些工业燃烧设施还包括锅炉、化学加热炉、玻璃熔化炉、固体物料烘干机、表面涂层加工等，不胜枚举[5]。燃烧还是重要的环境保护技术，例如通过燃烧可以将垃圾等固体废物体积降至最低，并可利用垃圾燃烧产生的热能进行发电。2020年全国城市生活垃圾燃烧的比例约占55%，燃烧是生活垃圾处理的主要方式。

热解是指在无氧或缺氧的高温反应条件下，将有机组分裂解脱除挥发性组分并形成固体焦炭的过程。气化是指反应原料在还原性条件下与气化剂反应制备可燃气的过程。热解、气化是实现燃料清洁高效转化的重要途径。例如，煤炭气化是高硫煤等劣质煤种的主要流向，能够有效缓解优质煤资源供求矛盾。煤气化是通过氧气、水蒸气等气化剂，在高温条件下将煤炭转化为气体燃料或下游原料的过程。如图1-3所示，其下游原料主要用于合成氨、甲醇、乙二醇、烯烃、油品和天然气的制造，以及电力行业IGCC（整体煤气化联合循环）发电、IGFC（煤气化燃料电池联合循环）发电、制氢气等。此外，热解、气化技术也被大量用于处理农林生物质以及固体废物，可将这些原本能量密度低、体积大或含有污染物的原料升级为清洁、高热值的燃油或燃气。

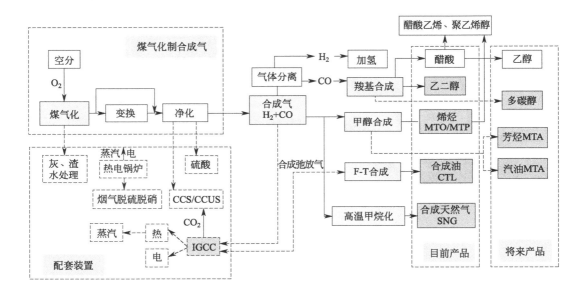

图1-3 煤气化产业链

1.4 本书的特点

本书由燃料篇、燃烧篇和热解气化篇构成，燃料能源化利用是本书的核心。燃料分为不可再生的化石燃料（煤、石油和天然气）和可再生的生物质燃料（农林生物质、市政污泥和生活垃圾的衍生燃料等）。从目前研究现状来看，针对化石燃料的研究、开发和利用技术已经非常成熟，形成了成熟完善的工业体系和标准规范。而生物质燃料起步相对较晚，相关的技术标准和法规也滞后于化石燃料，但经过近些年的快速发展也正逐步趋于系统和完整。实际上，在燃料的品质特性表征方面，化石燃料和生物质燃料有很大的共性。以本书中有关的煤和固体生物质燃料的品质特性分析为例，两大类燃料有着通用的成分分析方法（工业分析法和元素分析法），热值分析均采用氧弹量热仪，灰熔点的测试方法也完全一样；在液体燃料中，传统的石油燃料和生物质液化燃料在其表征方法上也是相通的，气体燃料亦是如此。因此，本书能够将不可再生和可再生的两种类型的燃料有机统一起来介绍，既表明了传统化石燃料的重要性，同时也体现了未来燃料利用的发展方向。

在燃烧篇，本书以煤粉燃烧为重点进行阐述，包括煤粉燃烧基本原理、燃料的燃烧计算、燃烧烟气余热利用以及燃烧烟气受热面换热计算等内容。煤粉燃烧仍然是目前以及未来相当长一段时间内我国煤炭能源利用的主要途径。同时，本书也以较小篇幅介绍了层燃和流化床燃烧技术的核心理论，兼顾了燃烧技术理论的完整性。高效、低污染、低碳排放是燃烧技术的发展趋势，许多新兴的燃烧技术尽管还不十分成熟，但具有潜在的巨大应用前景，代表了未来的发展方向。因此，本书选取了最具代表性的化学链燃烧技术、富氧燃烧技术、MILD 燃烧技术和超临界水热燃烧技术，对它们的基本原理、当前的研究现状和未来的研究发展方向进行了较为详细的介绍。

在热解气化篇，作为热解气化技术的主要应用方向，本书以生物质燃料为对象介绍热解和气化技术。一方面，以较大篇幅阐述了热解和气化的基本原理、化学动力学和热力学分析等基础理论；另一方面，生物质的热解和气化仍然是当前非常活跃的研究热点，国内外每年都有大量的研究论文发表，因此本书也较为详尽地综述了当前的研究现状，以满足创新性培养方面的需求。此外，本书还兼顾了生物质热解和气化的工程设计和应用，并以案例的形式介绍了热解和气化装置的设计方法。

总而言之，本书对燃料热化学转化原理的阐述，适应了当前燃料能源的利用现状和未来研究的发展趋势，既侧重理论基础知识的介绍，同时也兼顾了创新性和实用性。

思考题

1. 思考一下，在日常活动中有哪些活动是和能源消耗息息相关的？其中有哪些能源消耗行为是不可持续性的？有何解决途径？

2. 什么是燃料？它和能源的概念有何不同？

参考文献

[1] 王庆一. 2020 能源数据. 北京：绿色创新发展中心，2020.
[2] 张文佺，袁敏，李昂，等. 6 张图鸟瞰全球能源转型. 2022-02-07 [2022-02-07]. https：//wri. org. cn/guandian/energy-transition-worldwide.
[3] 张豪，樊静丽，汪航，等. 2016 年中国能源流和碳流分析. 中国煤炭，2018（12）：15-19.
[4] Tanger P，Field J L，Jahn C E，et al. Biomass for thermochemical conversion：Targets and challenges. Frontiers in Plant Science，2013（4）：1-20.
[5] Turns S R. 燃烧学导论：概念与应用. 3 版. 姚强，李水清，王宇译. 北京：清华大学出版社，2015.

第一篇　燃料篇

第**2**章

燃料品质特性分析

　　燃料是对某一类物质的统称，这类物质能够通过化学反应或核反应将自身储存的化学能释放并转变为热能。通过化学反应释放化学能的燃料称为化学燃料，通过核反应（核裂变或核聚变）释放核能的燃料则称为核燃料，本书所介绍的燃料均为化学燃料范畴，核燃料不在讨论之列。

　　化学燃料种类繁多，根据物质在常温下的状态可分为：固体燃料，如煤、油页岩、焦炭、木材、木炭、纸屑、塑料等；液体燃料，如经过石油加工而得的汽油、柴油、煤油，以及植物油、生物柴油、热解焦油等；气体燃料，如氢气、甲烷、一氧化碳、乙炔等。根据来源可划分为：天然燃料，如煤、石油、天然气、油页岩等；人造燃料（或合成燃料），如焦炉煤气、生物柴油、热解焦油、焦炭。不同状态或来源的燃料，燃料成分、化学结构也存在差异，导致燃料的性质（如热值、密度、颜色、着火点、灰熔点等）也千差万别。

2.1　燃料的化学成分

　　不论是固体、液体还是气体燃料，其可燃质都由碳（C）和氢（H）中的一种或者两种元素共同构成。碳和氢的高位发热量分别高达 32913kJ/kg 和 142081kJ/kg，是燃料热值最主要的来源。除此以外，氧（O）、硫（S）和氮（N），以及水分（M）和灰分（A）也是许多燃料的主要成分。燃料的上述组成成分，称为燃料的元素分析成分。对于固体燃料，还可以通过工业分析法测定其成分，包括水分、挥发分（V）、固定碳（FC）和灰分。

2.1.1 固/液体燃料的元素分析成分

2.1.1.1 碳

碳是燃料的主要可燃元素，几乎所有燃料中都包含碳元素（氢气除外）。不同燃料的碳元素含量不同，如表 2-1 所列，化石燃料（如无烟煤、石油、天然气、液化石油气、汽油和柴油等）均有非常高的含碳量（75%～87%），显著高于木屑、稻草、燃料乙醇和生物柴油等生物燃料（21%～45%）。燃料中的碳元素并非以单质形式存在，而是与燃料中的氢、氧、硫、氮等其他元素形成有机化合物。碳完全燃烧产物为 CO_2，是温室气体的主要来源，是当前环境保护关注的焦点；碳不完全燃烧时生成 CO，碳的放热量由完全燃烧时的 32913kJ/kg 降为 9211kJ/kg。

表 2-1 典型燃料的收到基发热量及各成分含量

燃料名称	低位发热量/(MJ/kg)	含碳量/%	含氢量/%	含氧量/%	含氮量/%	含硫量/%
Ⅱ类无烟煤	25.5	75	1	0.6～1.5	0.2～0.8	约 0.2
石油	42	85	11～14	<0.5	<0.5	<1
天然气	38	75	25	—	—	—
液化石油气	46	82	17.4	—	—	—
汽油	44	87	13	—	—	—
0# 柴油	42.9	85.55	13.49	0.66	0.04	0.25
干木柴	约 19	约 50	约 5	约 36	0.1～1.5	约 0.2
干稻草	约 14.5	约 38	约 5	约 36	0.1～1.5	约 0.2
燃料乙醇	27	52.2	13	34.8	—	—
生物柴油	37	77	12	约 11%	—	0.05

由于纯碳不易着火，因此含碳量高的固体燃料，无论着火和燃烧均较困难。例如无烟煤，虽然其发热量高，但属于难燃煤，着火点高达 700～800℃，需要通过特殊的制粉和燃烧设备以利于其着火和燃烧。相比之下，含碳量较低的木材，着火点仅为 250～300℃。

2.1.1.2 氢

氢通常是液体和气体燃料中的主要可燃元素，如表 2-1 所列液体和气体燃料中的含氢量显著高于固体燃料（燃料中的氢一般不含水中的氢）。氢的完全燃烧产物为水，因此氢是非常清洁和有前途的燃料，被认为是"21 世纪的终极能源"。氢的发热量是碳的近 4 倍，燃料含氢量越高，则发热量越大；氢也有利于降低燃料着火点，含氢量高的燃料也更易于着火。

2.1.1.3 氧

燃料中的氧是不可燃成分，也没有热值，因此氧会使燃料中的可燃成分相对减少，燃料热值会有所下降。但燃料中的氧可以参与燃烧反应，从而减少燃烧过程空气的消耗。如表 2-1 所列，化石燃料中的含氧量极低，但生物质燃料中的含氧量高达 35%～40%，这是由于植物通过光合作用将空气中的 CO_2 和 H_2O 转化为富含氧元素的糖类。

2.1.1.4 氮

燃料中的氮也是不可燃成分，大部分燃料中的氮元素含量不超过 1%，而液体燃料的含氮量比固体燃料更低。尽管燃料中氮含量少，但危害大，氮和氧在高温氧化性条件下容易形成 NO、NO_2 及 N_2O 等氮氧化物，对生态环境和人体健康极为有害。因此，在燃料热化学转化过程中应特别关注氮氧化物的排放问题。

2.1.1.5 硫

硫是燃料中的有害元素，发热量 $9050kJ/kg$。固体燃料中的硫主要以无机硫（如硫酸盐）和有机硫形式存在，煤中还有大量的硫以黄铁矿硫（FeS_2）形式存在。其中有机硫和 FeS_2 会燃烧放热，称为可燃硫。硫燃烧后转化为 SO_2，有一小部分进一步氧化为 SO_3。SO_2 和 SO_3 与烟气中的水蒸气结合形成 H_2SO_3 和 H_2SO_4，大幅提高了烟气露点温度，凝结后的 H_2SO_3 和 H_2SO_4 会对金属受热面造成强烈腐蚀。进入大气中的 SO_2 和 SO_3 是酸雨的主要来源。

2.1.1.6 水分

水分是燃料中的不可燃成分，主要存在于固体和液体燃料中，液体燃料中的水分含量相比固体燃料低，通常为 $1\%\sim3\%$；固体燃料中的水分含量波动很大，如褐煤的含水率可达 30% 以上，而无烟煤的含水率通常为 10% 以下；生物质燃料含水率通常控制在 $10\%\sim25\%$；而市政污泥含水率可达 80% 左右。水分在不同固体燃料中的赋存形态有较大差异，如图 2-1 所示（彩图见书后）煤粒中的水分包括外部水和内部水，外部水是附着在颗粒内外表面的水分，包括表面水和大孔水。将煤样放置在空气中干燥，很快会失去一部分水分，并达到与空气平衡的状态，失去的水分称为外部水。内部水分和煤样结合紧密，需要在较高的空气温度下（$105\sim110℃$）才能脱除。市政污泥是污水处理过程中排放的固体废物，包含大量有机物，经干燥后热值和褐煤接近。如图 2-1 所示，市政污泥水分分布更加复杂，包括游离水（自由水）、间隙水、表面结合水和内部结合水（胞内水），游离水和间隙水可以通过机械压滤方式脱除，但表面结合水和内部结合水需通过 $105\sim110℃$ 的高温加热才能脱除。

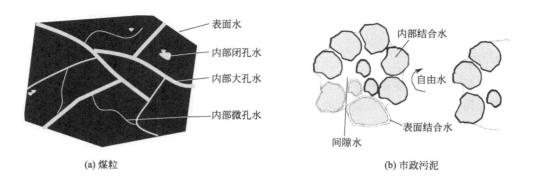

(a) 煤粒   (b) 市政污泥

图 2-1 煤粒和市政污泥中的水分分布

水分对燃料燃烧是不利的，水分的存在会降低燃料热值，提高燃料着火难度，在燃料燃烧过程中燃料中的水分首先吸收热量并汽化,这一过程会降低燃烧温度,影响燃烧效率;水蒸气最后变为烟气的一部分,会增加烟气体积,提高排烟热损失;烟气中的水蒸气会与 SO_2 和 SO_3 结合生成 H_2SO_3 和 H_2SO_4 蒸气,酸蒸气冷凝后会对金属产生强烈腐蚀;为了防止酸蒸气冷凝,需要提高排烟温度,从而导致排烟热损失增大,燃烧效率降低。

2.1.1.7 灰分

灰分是燃料中的不可燃的矿物杂质在燃烧时形成的产物,主要存在于固体燃料中。如煤中的灰分含量通常介于 10%～50% 之间,大部分生物质的灰分含量小于 10%,市政污泥的灰分含量则高达 40% 以上(干基)。灰分的存在会降低燃料热值,影响燃料的热化学转化。灰分会对金属受热面产生磨损而缩短设备寿命,并通过积灰和结渣的方式沉积在受热面表面而影响传热效率,锅炉内结渣还会导致重大安全隐患。此外,大量飞灰随烟气排入大气,造成严重的空气污染,必须采用高效除尘措施,使飞灰浓度降至合格标准再排放。

2.1.2 固体燃料工业分析成分

固体燃料工业分析成分包括水分、挥发分、固定碳和灰分,相比元素分析,工业分析更加简单快速,在工业上也更加常用,适用于对燃料进行经常性分析,如燃煤发电厂对燃用煤质进行日常分析所采用方法即为工业分析。

2.1.2.1 工业分析方法

固体燃料的工业分析方法基于《煤的工业分析方法》(GB/T 212—2008),尽管该标准方法是为煤的工业分析所建立,但已经被广泛用于其他固体燃料,如生物质、污泥、城市垃圾、焦炭等。在此国标分析方法中,首先把定量的固体燃料放在 105～110℃ 的干燥箱中,在空气流中干燥到质量恒定,根据燃料的质量损失计算出水分的质量分数,以符号 M 表示。称取一定量的固体燃料,放在带盖的瓷坩埚中,置于 900℃±10℃ 的马弗炉中,隔绝空气加热 7min,此时样品所失去的质量减去水分后,称为挥发分,其质量分数以 V 表示。将燃料样品放入开口坩埚内,置于 815℃±10℃ 的马弗炉内灼烧至质量恒定,残余物质为不可燃的灰分,其质量分数以 A 表示。燃料放出挥发分后,残留的份额减去灰分的份额,即为固定碳,以 FC 表示。

2.1.2.2 挥发分

在高温下,固体燃料中的有机质和一部分矿物质会分解成气体,即为挥发分,主要由 C_xH_y、H_2、CO、H_2S 等可燃气体组成,也包含少量 O_2、CO_2、N_2 等不可燃气体。挥发分含量多少与燃料性质有关,因此它被用作煤质分类的重要依据,按照其含量由高至低分类,可将煤分为褐煤、烟煤、贫煤和无烟煤。挥发分对固体燃料燃烧特性有非常重要的影响,因挥发分着火温度较低,挥发分含量越高的燃料通常越容易着火。如木材、稻草、秸秆等生物质燃料的挥发分含量高达 60% 以上,着火温度仅为 250～300℃,而无烟煤着火温度则高达 700℃ 以上。

2.1.2.3 固定碳

固定碳是固体燃料脱除挥发分后的产物,固体燃料经高温热解后的固体产物由固定碳和灰分组成，统称为焦炭。固定碳中的主要成分为碳元素，也包含少量的氢、氧、氮、硫等元素。挥发分和固定碳构成了燃料中的可燃成分，因此挥发分含量高的燃料，固定碳含量就相对较低。固定碳不易着火，固定碳含量高的燃料着火温度通常也较高。如着火温度较低的木材、稻草、秸秆等生物质燃料，其固定碳含量通常介于10%～20%之间；而着火温度很高的无烟煤，其固定碳含量高达75%以上。

2.1.3 灰的熔融性

灰是燃料燃烧后的固体不可燃成分，主要由金属氧化物和非金属氧化物组成，常见的金属氧化物有 Al_2O_3、CaO、Fe_2O_3、MgO、K_2O 等；常见的非金属氧化物有 SiO_2、SO_3、P_2O_5 等。灰的熔融性，习惯上称为灰的熔点，是非常重要的特性指标。该指标与灰中的成分及含量有关，不同类型的金属氧化物和非金属氧化物的熔点也不同，如表 2-2 所列。当灰中 $SiO_2+Al_2O_3$ 含量高，且 SiO_2/Al_2O_3 值较低时（约 1.18），灰熔点大多较高；SiO_2/Al_2O_3 值升高，则灰熔点降低；当灰中 $SiO_2+Al_2O_3$ 含量较低，其他低熔点金属氧化物含量较高时，灰熔点则处于较低水平。

表 2-2　灰中各主要成分的熔化温度

成分	SiO_2	Al_2O_3	CaO	MgO	Fe_2O_3	FeO	Na_2O	K_2O
熔化温度/K	2503	2323	2843	3073	1823	1693	1073～1273	1073～1273

由于灰分不是单一物质，且成分变动较大，因此灰并没有某一固定的熔点，而只有熔化温度范围。灰熔点采用四个特征熔化温度表示，分别为变形温度（DT）、软化温度（ST）、半球温度（HT）和流动温度（FT）。国标规定采用角锥法进行灰熔融性测试，其中煤灰熔融性测试依照国标《煤灰熔融性的测定方法》[1]，固体生物质燃料依照国标《固体生物质燃料灰熔融性测定方法》[2]。几种典型固体燃料灰成分及熔点如表 2-3 所列。

表 2-3　几种典型固体燃料灰成分及熔点

名称	化学成分/%									灰熔点/℃			
	SiO_2	Al_2O_3	TiO_2	Fe_2O_3	CaO	MgO	K_2O	Na_2O	SO_3	DT	ST	HT	FT
晋城无烟煤灰	49.37	31.94	1.46	11.10	2.91	1.12	0.80	0.57	0.73	>1500			
准东烟煤灰	18.78	10.46	—	3.68	39.06	6.85	0.65	4.08	20.38	1322	1355	1367	1375
稻秆灰	42.68	5.03	1.56	2.74	13.37	6.76	11.45	5.52	10.89	1090	1127	1130	1133
污泥灰	25.35	8.70	2.16	47.13	1.32	0.87	1.24	0.33	2.15	1070	1110	1120	1140

尽管两个标准针对不同的固体燃料类型，但测试原理及方法完全一样。如图 2-2 所示，把灰样制成底边 7mm、高 20mm 的四面体三角灰锥，然后将角锥放在锥托平盘上送入高温电炉中加热（最高允许温度为 1500℃），以规定的升温速率，采用通气法（H_2+CO_2 或 $CO+CO_2$ 混合气体）或封碳法维持炉内弱还原性气氛。升温时不断观察灰锥形态变化，当灰锥尖端开始变圆或弯曲时的温度为 DT；当灰锥弯曲至锥尖触及托盘或灰锥变成球形时的温度为 ST；当灰锥形变至近似半球形，即高约等于底长的一半时的温度为 HT；灰锥熔化展开成高度在 1.5mm 以下的薄层时的温度为 FT。

灰熔点低的燃料，容易引起受热面结渣，须严格控制燃烧烟气温度，工业上一般以软化

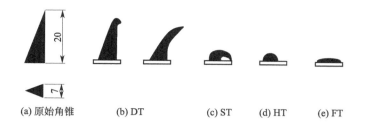

(a) 原始角锥   (b) DT   (c) ST   (d) HT   (e) FT

图 2-2 灰熔融特性示意（单位：mm）

温度作为衡量灰熔融性的主要指标。例如，固态排渣煤粉炉为避免炉膛出口结渣，炉膛出口烟气温度要比灰软化温度低 100℃。通常将 ST＞1425℃ 的灰称为难熔性灰，ST＜1200℃ 的灰称为易熔性灰，介于二者之间的灰称为熔性灰。

2.1.4 气体燃料的组分分析

气体燃料由各种不同种类的气体纯物质组合而成，如天然气的主要成分为甲烷，同时含有极少量的丙烯、丙烷等气体组分。因此，上述元素分析和工业分析方法并不适用于气体燃料分析，需采用气体组分分析方法对气体燃料的成分进行鉴定。气体燃料的组分分析需借助精密的分析仪器，常见的有热导检测器、傅里叶红外光谱仪、电化学传感器等。

2.2 燃料的成分基准及其换算

燃料中的水分和灰分含量通常随着外界条件而变化，如新采集的生物质燃料含水率较高，放置一段时间后含水率降低，燃料中的其他成分的百分含量也随之变化，而变化的快慢又与储存的条件密切相关。因此，在提供各种燃料的成分分析数据时，必须同时注明分析的基准；只有基于相同的分析基准，才能客观、准确地对燃料做出评价。

2.2.1 固/液体燃料的成分基准

成分基准，即计算燃料成分时所采用的计算基数。固体和液体燃料的元素分析成分和工业分析成分，通常是采用收到基、空气干燥基、干燥基和干燥无灰基四种成分基准计算得出。

2.2.1.1 收到基

以收到状态的燃料作为分析基准，即对进厂燃料进行取样，以它的质量为基准计算燃料中各成分的质量百分比。这种分析数据称为收到基成分，以下标"ar"表示。燃料的收到基成分满足以下等式：

$$C_{ar}+H_{ar}+O_{ar}+N_{ar}+S_{ar}+A_{ar}+M_{ar}=100\% \tag{2-1}$$

燃料的收到基成分是锅炉热力计算的依据，即锅炉燃料的燃烧计算、热平衡计算以及锅炉本体热力计算均以收到基为成分基准。

2.2.1.2　空气干燥基

燃料在实验室中（室温20℃，相对湿度60%）放置一段时间后，样品中的外在水分会失去，最后与空气中的水蒸气达到平衡的状态，燃料保持恒重，以此时的燃料为基准计算各成分百分比，即为空气干燥基含量，下标为"ad"。燃料的空气干燥基成分满足以下等式：

$$C_{ad} + H_{ad} + O_{ad} + N_{ad} + S_{ad} + A_{ad} + M_{ad} = 100\% \tag{2-2}$$

为避免分析过程中水分含量发生波动，在实验室中进行燃料成分分析时通常采用空气干燥基，通过换算可获得其他各基准下的成分含量。

2.2.1.3　干燥基

干燥基以完全脱除了水分的燃料为基准计算各成分的百分比，以下标"d"加以区分，满足以下关系：

$$C_d + H_d + O_d + N_d + S_d + A_d = 100\% \tag{2-3}$$

灰分含量常以干燥基表示，因燃料水分变化不会对干燥基成分含量造成影响。

2.2.1.4　干燥无灰基

燃料去除了水分和灰分后作为基准，称为干燥无灰基，以下标"daf"表示。干燥无灰基代表了燃料可燃质的核心部分，各组分满足以下等式：

$$C_{daf} + H_{daf} + O_{daf} + N_{daf} + S_{daf} = 100\% \tag{2-4}$$

干燥无灰基成分稳定，不受水分和灰分含量的影响，常作为煤分类的依据（见表2-4）。

表 2-4　工业锅炉用煤的分类依据[3]

类别		$V_{daf}/\%$	收到基低位发热量($Q_{net,ar}$)/(MJ/kg)
石煤、煤矸石	Ⅰ类		≤5.4
	Ⅱ类		>5.4~8.4
	Ⅲ类		>8.4~11.5
褐煤		>37	≥11.5
无烟煤	Ⅰ类	6.5~10	<21
	Ⅱ类	<6.5	≥21
	Ⅲ类	6.5~10	≥21
贫煤		>10~20	≥17.7
烟煤	Ⅰ类	>20	(14.4,17.7]
	Ⅱ类	>20	(17.7,21]
	Ⅲ类	>20	>21

2.2.2　不同基准之间的换算

根据前面所述基准的定义，可以获得不同基准下燃料的工业和元素分析成分之间的关系，如图2-3所示。如果已知燃料在某一基准下的成分含量，可通过换算获得其他基准下的含量。例如，已知空气干燥基含碳量为C_{ad}，求收到基含碳量C_{ar}，方法如下。首先，收到基和空气干燥基中的碳占干基的质量分数相同，即：

$$\frac{C_{ar}}{C_{ar}+H_{ar}+O_{ar}+N_{ar}+S_{ar}+A_{ar}}=\frac{C_{ad}}{C_{ad}+H_{ad}+O_{ad}+N_{ad}+S_{ad}+A_{ad}} \qquad (2\text{-}5)$$

$$\frac{C_{ar}}{C_{ad}}=\frac{C_{ar}+H_{ar}+O_{ar}+N_{ar}+S_{ar}+A_{ar}}{C_{ad}+H_{ad}+O_{ad}+N_{ad}+S_{ad}+A_{ad}}=\frac{100-M_{ar}}{100-M_{ad}}$$
$$(2\text{-}6)$$

因此：$C_{ar}=C_{ad}\times\dfrac{100-M_{ar}}{100-M_{ad}}\times100\%$ $\qquad(2\text{-}7)$

式中，$\dfrac{100-M_{ar}}{100-M_{ad}}$ 为空气干燥基换算为收到基的换算系数，收到基中的其他成分含量也可通过相同的换算系数求得。

采用上述相同的方法，可得任意两个基准之间的换算系数，列于表 2-5 中。

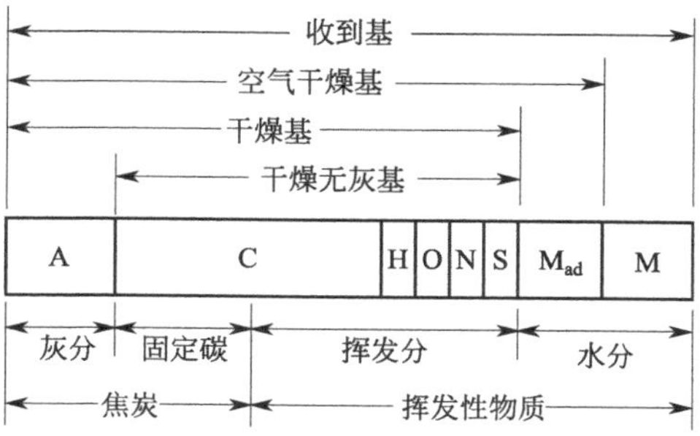

图 2-3 燃料在不同基准下的工业和元素分析成分

表 2-5 不同基准之间的换算系数

已知	所求			
	收到基	空气干燥基	干燥基	干燥无灰基
收到基	1	$\dfrac{100-M_{ad}}{100-M_{ar}}$	$\dfrac{100}{100-M_{ar}}$	$\dfrac{100}{100-M_{ar}-A_{ar}}$
空气干燥基	$\dfrac{100-M_{ar}}{100-M_{ad}}$	1	$\dfrac{100}{100-M_{ad}}$	$\dfrac{100}{100-M_{ad}-A_{ad}}$
干燥基	$\dfrac{100-M_{ar}}{100}$	$\dfrac{100-M_{ad}}{100}$	1	$\dfrac{100}{100-A_d}$
干燥无灰基	$\dfrac{100-M_{ar}-A_{ar}}{100}$	$\dfrac{100-M_{ad}-A_{ad}}{100}$	$\dfrac{100-A_d}{100}$	1

如前所述，燃料在实验室条件下风干后残留的水分称为空气干燥基水分（M_{ad}），也即燃料的内在水分。被风干脱除的这部分水分称为外在水分，以 M_{ar}^{f} 表示。燃料的外在水分、内在水分和收到基水分满足以下关系：

$$M_{ar}=M_{ar}^{f}+M_{ad}\frac{100-M_{ar}^{f}}{100} \qquad (2\text{-}8)$$

2.3 燃料的发热量及其测试方法

发热量是燃料的核心品质，是燃料实现热化学转化和能源利用的基础。因此，在利用燃料之前需掌握燃料的发热量这一重要的基础数据。

2.3.1 发热量的定义

燃料的发热量是指单位质量的燃料完全燃烧时所释放出来的热量。固体和液体燃料发热量通常以 kJ/kg 为单位，气体燃料以 kJ/m³ 为单位。根据燃烧产物中水分的存在形态不同，燃料发热量可分为高位发热量 Q_{gr} 和低位发热量 Q_{net} 两种。

高位发热量定义为：燃料完全燃烧所释放的、包括燃烧产物中的水蒸气汽化潜热在内的全部热量。不同基准下的高位发热量可分别表示为 $Q_{ar,gr}$、$Q_{ad,gr}$、$Q_{d,gr}$ 和 $Q_{daf,gr}$。

低位发热量定义为：燃料完全燃烧所释放的、扣除了燃烧产物中水蒸气汽化潜热后的热量。同样，燃料在不同基准下的低位发热量可分别表示为 $Q_{ar,net}$、$Q_{ad,net}$、$Q_{d,net}$ 和 $Q_{daf,net}$。在大多数情况下，燃料燃烧的排烟温度高于常压下水的沸点温度，燃烧产物中的水分以水蒸气形式存在，导致水蒸气的汽化潜热无法利用，因此用低位发热量来表征燃料发热量就更加常用。根据上述定义，可以推出收到基燃料的高位和低位发热量满足以下关系：

$$Q_{ar,gr} = Q_{ar,net} + h_{fg}\left(\frac{9H_{ar}}{100} + \frac{M_{ar}}{100}\right) \tag{2-9}$$

式中，h_{fg} 为标态下 [0℃，1atm（1atm＝101325Pa）] 水的汽化潜热，取值为 2500kJ/kg。上式可简化为：

$$Q_{ar,gr} = Q_{ar,net} + 225H_{ar} + 25M_{ar} \tag{2-10}$$

2.3.2 发热量的换算

2.3.2.1 固/液体燃料发热量的换算

发热量来源于燃料中可燃质的燃烧放热，对于某种特定燃料，不同基准下的可燃质占干基燃料总质量的百分比是固定的，因此不同基准之间的发热量可以换算。对于高位发热量而言，水分的存在只是占据了燃料的质量份额而使干基质量减少，发热量降低。因此，不同基准下的高位热值与干基质量的比值相等，表 2-5 所列不同基准间的换算系数同样适用于高位发热量的换算。

对于低位发热量，水分不仅占据了一定的质量份额，而且还要吸收汽化潜热，因此不能采用表 2-5 的系数直接换算。例如：已知燃料空气干燥基低位发热量 $Q_{ad,net}$，求燃料收到基低位发热量 $Q_{ar,net}$。根据式（2-10）同理可得：

$$Q_{ad,gr} = Q_{ad,net} + 225H_{ad} + 25M_{ad} \tag{2-11}$$

$Q_{ar,gr}$ 和 $Q_{ad,gr}$ 满足关系：$\quad Q_{ar,gr} = Q_{ad,gr} \times \dfrac{100 - M_{ar}}{100 - M_{ad}} \tag{2-12}$

将式（2-10）和式（2-11）代入式（2-12）得：

$$Q_{ar,net} + 225H_{ar} + 25M_{ar} = (Q_{ad,net} + 225H_{ad} + 25M_{ad}) \times \frac{100 - M_{ar}}{100 - M_{ad}} \tag{2-13}$$

进一步简化后得：$Q_{ar,net} + 25M_{ar} = (Q_{ad,net} + 25M_{ad}) \times \dfrac{100 - M_{ar}}{100 - M_{ad}} \tag{2-14}$

由式（2-14）可以看出，将不同基准下的低位发热量加上 25 倍的含水率后，可用表 2-5 的系数进行换算。

2.3.2.2 气体燃料发热量的换算

根据含湿量不同，气体燃料可分为干燃气和收到基湿燃气。换算干、湿燃气高位发热量时，湿燃气中的水分以水蒸气形态存在，因此湿燃气的高位发热量应包含湿燃气中水蒸气的汽化潜热。这与收到基固/液燃料中水分以液态形式存在不同，应加以区分。假设已知收到

基燃气含湿量 d_r（kg/m^3），标态下的高位发热量可按下式换算：

$$Q_{d,gr} = Q_{ar,gr}(1+1.24d_r) - 2500d_r \quad\quad (2-15)$$

式中，$Q_{d,gr}$，$Q_{ar,gr}$ 分别为干燃气和湿燃气的高位发热量，kJ/m^3；2500 为水的汽化潜热，kJ/kg；1.24 为理想气体摩尔体积（$22.4m^3/kmol$）和水分子的摩尔质量（$18kg/kmol$）的比值。

对于干、湿燃气低位发热量，水蒸气只是占据了湿燃气的部分体积，使得热值下降，因此可以按下式换算：

$$Q_{d,net} = Q_{ar,net}(1+1.24d_r) \quad\quad (2-16)$$

燃气中的氢元素燃烧产生水，导致干燃气的高、低位发热量也不同，标态下的发热量换算如下：

$$Q_{d,gr} = Q_{d,net} + 20.09\left(H_2 + \sum \frac{n}{2}C_m H_n + H_2 S\right) \quad\quad (2-17)$$

式中，$Q_{d,net}$ 为干燃气低位发热量，kJ/m^3；H_2、$\sum \frac{n}{2}C_m H_n$ 和 $H_2 S$ 分别为氢气、烃类化合物和硫化氢在干燃气中的体积分数，%。

标态下，收到基湿燃气的高位发热量和低位发热量，可按下式换算：

$$Q_{ar,gr} = Q_{ar,net} + \left[20.09\left(H_2 + \sum \frac{n}{2}C_m H_n + H_2 S\right) + 2500d_r\right]/(1+1.24d_g) \quad (2-18)$$

2.3.3　发热量的估算及测定

2.3.3.1　煤发热量的估算

当燃料成分已知，而发热量不便测定或者无需精确测定时，可采用经验公式估算发热量。煤的常用低位发热量估算公式为门捷列夫经验公式：

$$Q_{ar,net}(kJ/kg) = 339C_{ar} + 1030H_{ar} - 109(O_{ar} - S_{ar}) - 25M_{ar} \quad\quad (2-19)$$

通过该式计算所得发热量与实测值的误差，当 $A_d \leqslant 25\%$ 时，不超过 $\pm600kJ/kg$；当 $A_d >25\%$ 时，不超过 $\pm800kJ/kg$，否则应检查发热量的测定或元素分析是否正确。

我国煤炭科学研究院也提出了煤的收到基低位发热量估算公式：

$$Q_{ar,net}(kJ/kg) = k_1 C_{ar} + k_2 H_{ar} + k_3 S_{ar} - k_4 O_{ar} - k_5 \frac{100 - M_{ar} - A_{ar}}{100}\left(\frac{100A_{ar}}{100 - M_{ar}} - 10\right) - 25M_{ar}$$

$$(2-20)$$

式（2-20）中的系数 k_1、k_2、k_3、k_4、k_5 可查表 2-6 取值。

表 2-6　系数 k_1、k_2、k_3、k_4 和 k_5 取值

煤种	k_1	k_2	k_3	k_4	k_5
无烟煤、贫煤	335	1114	92	92	33.5
烟煤	335	1072	92	105	29
褐煤	335	1051	92	109	22
煤矸石、石煤	335	1072	63	63	21

2.3.3.2 生物质燃料的发热量估算

生物质来源广泛，既包括秸秆、木材、稻草等农林生物质，也包括市政污泥和城市生活垃圾等固体废物。近几十年来，国内外研究人员针对不同类型的生物质发热量开展了广泛的测试工作，并建立了许多经验公式。下面针对不同类型生物质，选取了具有代表性的发热量估算经验公式进行介绍。

（1）农林生物质

Demirbaş 提出了农林生物质燃料发热量估算公式，当已知生物质燃料工业分析成分，其干基高位发热量可采用以下经验公式估算[4]：

$$Q_{d,gr}(MJ/kg) = 0.312FC_d + 0.1534V_d \tag{2-21}$$

当已知燃料元素分析成分，可采用以下算式[5]：

$$Q_{d,gr}(MJ/kg) = 0.4181(C_d + H_d) - 3.4085 \tag{2-22}$$

（2）市政污泥

当工业分析成分已知时，Parikh 等提出了以下经验公式，用以计算干基污泥高位发热量[6]：

$$Q_{d,gr}(MJ/kg) = 0.3536FC_d + 0.1559V_d - 0.0078A_d \tag{2-23}$$

当污泥元素分析成分已知时，可采用 Boie 公式[7]：

$$Q_{d,gr}(MJ/kg) = -1.3675 + 0.317C_d + 0.7009H_d + 0.0318O_d \tag{2-24}$$

或采用 Dulong 公式[8]：

$$Q_{d,gr}(MJ/kg) = 0.3516C_d + 1.16225H_d - 0.1109O_d + 0.0628N_d + 0.10485S_d \tag{2-25}$$

（3）城市生活垃圾

Kathiravale 等[9] 提出，当生活垃圾工业分析成分已知时，其高位发热量可采用下式计算：

$$Q_{d,gr}(MJ/kg) = 0.356047V_d - 0.119035FC_d - 5.600613 \tag{2-26}$$

当生活垃圾元素成分已知时，可采用下式：

$$Q_{d,gr}(MJ/kg) = 0.416638C_d - 0.570017H_d + 0.259031O_d + 0.598955N_d - 5.829078$$

$$\tag{2-27}$$

2.3.3.3 液体燃量和气体燃料发热量估算

（1）液体燃料

任意基准下液体燃料低位发热量可采用式（2-19）估算，或根据 Dulong 修正公式估算[10]：

$$Q_{net}(kJ/g) = 38.2C + 84.9(H - O/8) - 0.5 \tag{2-28}$$

（2）气体燃料

实际燃用的气体燃料是含有多种气体组分的混合气体，它的发热量与组成成分有关，当气体组分已知时，可按下式计算：

$$Q = Q_1 r_1 + Q_2 r_2 + \cdots + Q_n r_n \tag{2-29}$$

式中，Q 为混合可燃气体的高位或低位发热量，kJ/m^3；Q_1，Q_2，$\cdots$，Q_n 为各可燃气体成分的高位或低位发热量，kJ/m^3，可由表 2-7 查得；r_1，r_2，$\cdots$，r_n 为各可燃气体成分的体积份额。

表 2-7　常见可燃气体高位和低位发热量（20℃，1atm）

分子式	燃料名称	高位发热量/(MJ/m³)	低位发热量/(MJ/m³)	可燃极限(体积分数)/%	密度/(kg/m³)
H_2	氢气	12.74	10.78	4～75	0.082
CO	一氧化碳	12.63	12.63	12～75	1.144
CH_4	甲烷	39.82	35.88	4.4～16.4	0.654
C_2H_2	乙炔	58.06	56.07	2.5～100	1.063
C_2H_4	乙烯	63.41	59.45	2.75～28.6	1.144
C_2H_6	乙烷	70.29	64.34	3～12.4	1.226
C_3H_6	丙烯	93.57	87.57	2～11.1	1.717
C_3H_8	丙烷	101.24	99.09	2.1～10.1	1.798
$i\text{-}C_4H_8$	异丁烯	125.08	116.93	1.98～9.65	2.289
$n\text{-}C_4H_{10}$	正丁烷	134.06	123.81	1.86～8.41	2.371
C_6H_6	苯	142.89	141.41	1.2～7.8	3.241
H_2S	硫化氢	25.10	23.14	4.3～46	1.414
NH_3	氨气	13.07	10.13	15.5～27	0.706

2.3.3.4　固/液体燃料发热量测试方法

不同燃料的成分分布及化学结构差异明显，采用经验公式所计算的发热量可能与实际发热量存在较大差别，因此在实验条件允许的情况下，应对燃料发热量进行实测。固体燃料和液体燃料的发热量通常采用图 2-4 所示的氧弹式量热计进行测量，测量方法可参照《煤的发热量测定方法》（GB/T 213—2008）。

氧弹式热量计有恒温式和绝热式两种，测定原理是将已知质量的燃料样品放入氧弹，然后向氧弹充入纯氧，至氧弹内部压力达到 2.8～3.0MPa。氧弹内部设有电火花点火器，燃料在纯氧中快速完全燃烧，燃烧放出的热量被沉浸在水中的氧弹筒和周围的水所吸收。待测量系统热平衡后，测出水温升高值，根据筒体和水的热容量以及周围环境温度等影响，即可计算出所测燃料的发热量 Q_{dt}。弹筒发热量中包含了水蒸气的凝结放热。此外，燃料中的硫和氮元素在高压氧气中生成硫酸和硝酸凝结时放出生成热和溶解热。因此，燃料的高位发热量 Q_{gr} 与弹筒发热量 Q_{dt} 之间有如下关系：

$$Q_{gr}(kJ/kg)=Q_{dt}-94.1S_{dt}-\alpha Q_{dt} \tag{2-30}$$

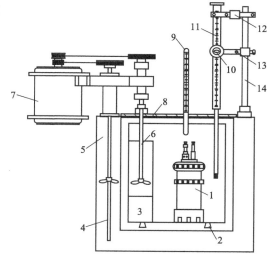

图 2-4　氧弹式量热计

1—氧弹；2—绝缘支柱；3—内筒；4—外筒搅拌器；
5—外筒；6—内筒搅拌器；7—电动机；8—盖子；
9—普通温度计；10—放大镜；11—贝克曼温度计；
12—振动器；13—计时指示灯；14—导杆

式中，S_{dt} 为弹筒洗液测得的燃料含硫量，%，当全硫含量<4%或发热量>14.6MJ/kg 时可用全硫代替 S_{dt}；94.1 为燃料中每 1%硫的校正值，J；α 为硝酸生成热校正系数，取值如表 2-8 所列。

表 2-8　硝酸生成热校正系数

$Q_{dt}/(MJ/kg)$	≤16.7	>16.7 且≤25.1	>25.1
α	0.0010	0.0012	0.0016

2.3.3.5　燃气发热量测定方法

燃气发热量测定根据《城市燃气热值测定方法》（GB/T 12206—2006），采用图 2-5 所示水流式热量计。

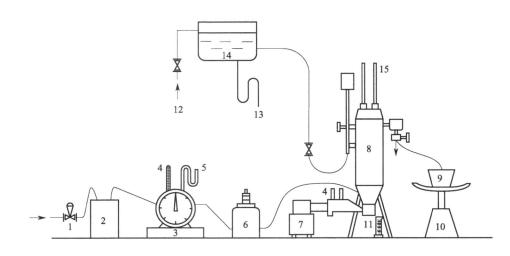

图 2-5　水流式热量计

1—燃气初次调压阀；2—燃气润湿器；3—湿式气体流量计；4—温度计；5—压力计；6—燃气稳压器；7—空气润湿器；8—热量计本体；9—盛水器；10—台秤；11—冷凝水量筒；12—给水；13—放水口；14—水箱；15—水温温度计

其基本原理是利用水流吸热法来测定燃气的发热量，燃气在某一恒定压力下进入本生灯燃烧，释放出热量，高温烟气在热量计本体内与来自水箱的恒温水进行充分的热交换，使得水温升高，根据水温前后变化和水的流量可计算出燃气发热量。热量计本体内的热平衡方程如下：

$$VQ_{gr} = c_w m_w \Delta t \tag{2-31}$$

式中，V 为单次测试中，热量计内燃烧的燃气体积（标），m^3；c_w 为水的定压比热容，4.1868kJ/(kg·℃)；m_w 为流过热量计的水量，kg；Δt 为热量计进出水温差，℃。

由式（2-31）可得：

$$Q_{gr} = c_w m_w \Delta t / V \tag{2-32}$$

燃气的高位发热量减去烟气中水蒸气凝结时放出的热量 Q_{fg}，就可得出燃气的低位发热量 Q_{net}，即：

$$Q_{net} = Q_{gr} - Q_{fg} \tag{2-33}$$

因此，通过测量燃气耗量、水流量及其温度差、冷凝水量，就可以计算出燃气的高、低位发热量。

2.3.4　燃料的折算成分

燃料中的水分、灰分和硫分是不利的成分，其含量在很大程度上决定了燃料的品质。如前所述，燃料成分含量以质量百分数表示，但仅以燃料中的水分、灰分和硫分质量百分数还无法准确判断燃料品质，需综合考虑燃料发热量的影响，将燃料成分折算到统一的发热量下进行比较，即折算成分。如式(2-34)～式(2-36)所示分别为水分、硫分和灰分的折算成分计算式，表示相对于 4190kJ/kg（1000kcal/kg）收到基低位发热量的燃料所含的水分、硫分和灰分。

$$M_{ar,red} = 4190 \frac{M_{ar}}{Q_{ar,net}} \tag{2-34}$$

$$S_{ar,red} = 4190 \frac{S_{ar}}{Q_{ar,net}} \tag{2-35}$$

$$A_{ar,red} = 4190 \frac{A_{ar}}{Q_{ar,net}} \tag{2-36}$$

式中，$M_{ar,red}$、$S_{ar,red}$ 和 $A_{ar,red}$ 分别为燃料的折算水分、折算硫分和折算灰分，%；当燃料的折算成分 $M_{ar,red} > 8\%$、$S_{ar,red} > 0.2\%$、$A_{ar,red} > 4\%$ 时，分别称为高水分燃料、高硫分燃料、高灰分燃料。

不同燃料的发热量差别很大，为了便于统一和比较，规定以低位发热量 $Q_{ar,net} = 29310kJ/kg$ 的燃料作为标准煤。火力发电厂的煤耗量通常以标准煤计算，例如发热量 $Q_{ar,net} = 14655kJ/kg$ 的燃料，其 2kg 的燃料耗量相当于 1kg 标准煤消耗量。

2.4 燃料类型及特点

燃料可分为固体燃料、液体燃料和气体燃料，其组分、密度、发热量、化学结构等物性参数均有很大差异，以下分别介绍各类燃料的特点。

2.4.1 固体燃料

固体燃料是最常见的燃料形式，主要分为煤和生物质燃料两大类。以煤为主的固体燃料构成了我国能源消耗的主要来源。

2.4.1.1 煤

煤是远古植物残骸没入水中，又被地层覆盖，经地质化学作用而形成的有机生物岩，是一种由有机化合物和无机化合物构成的复杂混合物。随着煤形成年代的增长，煤的煤化程度逐年加深，所含水分和挥发分逐渐减少，而含碳量则相应增大。我国煤炭资源丰富，煤类齐全，煤品较好，开发条件中等；煤炭资源分布广泛，资源储量相对集中，以大型矿区为主，空间分布体现为北多南少、西多东少的特点。

按照干燥无灰基挥发分含量（也即接近于按煤的煤化程度）可以对煤进行分类，按照煤化度由低至高分为褐煤、烟煤、贫煤和无烟煤 4 大类。表 2-9 所列为我国部分代表性煤种。

表 2-9 我国部分代表性煤种分析数据

类别		产地	煤的成分/%								$Q_{ar,net}$/ (MJ/kg)
			V_{daf}	C_{ar}	H_{ar}	O_{ar}	N_{ar}	S_{ar}	A_{ar}	M_{ar}	
石煤、煤矸石	Ⅰ类	湖南株洲(煤矸石)	45.03	14.80	1.19	5.30	0.29	1.50	67.10	9.82	5.03
	Ⅱ类	安徽淮北(煤矸石)	14.74	19.49	1.42	8.34	0.37	0.69	65.79	3.90	6.95
	Ⅲ类	浙江安仁(石煤)	8.05	28.04	0.62	2.73	2.87	3.57	58.04	4.13	9.31
褐煤		黑龙江扎赉诺尔	43.75	34.65	2.34	10.48	0.57	0.31	17.02	34.63	12.28
		广西右江	49.50	34.98	2.87	8.79	0.91	1.06	31.19	20.20	11.64
		龙口	49.53	36.50	3.03	10.40	0.95	0.69	28.40	20.03	13.44
无烟煤	Ⅰ类	京西安家滩	6.18	54.70	0.78	2.23	0.28	0.89	33.12	8.00	18.18
		四川芙蓉	9.94	51.53	1.98	2.71	0.60	3.14	32.74	7.30	19.53
	Ⅱ类	福建天湖山	2.84	74.15	1.19	0.59	0.14	0.15	13.98	9.80	25.43
		峰峰	4.07	75.60	1.08	1.54	0.73	0.26	17.19	3.60	26.01
	Ⅲ类	山西阳泉	7.85	65.65	2.64	3.19	0.99	0.51	19.02	8.00	24.42
		焦作	8.48	64.95	2.20	2.75	0.96	0.29	20.65	8.20	24.15
贫煤		山东淄博	14.64	57.93	2.69	2.11	1.14	2.58	27.75	5.80	22.10
		西峪	16.14	63.57	3.00	1.79	0.96	1.54	23.24	5.90	23.81
		林东	14.75	65.62	3.32	1.92	0.71	3.89	19.64	4.90	25.37
烟煤	Ⅰ类	吉林通化	21.91	38.46	2.16	4.65	0.52	0.61	43.10	10.50	15.53
		南票	39.11	44.90	3.03	8.23	0.94	0.88	29.03	12.99	18.86
		开滦	30.67	43.23	2.81	5.11	0.72	0.94	39.13	8.06	16.23
	Ⅱ类	安徽淮北	26.47	48.51	2.74	4.21	0.84	0.32	32.78	10.60	18.09
		新汶	42.84	47.43	3.21	6.57	0.87	3.00	31.32	7.60	18.85
		霍山	35.80	56.20	3.59	4.55	1.51	0.37	26.88	6.90	20.90
	Ⅲ类	辽宁抚顺	46.04	55.82	4.95	8.77	1.04	0.51	16.71	12.20	22.38
		肥城	38.60	58.30	3.88	6.53	1.07	1.40	19.92	8.90	23.32
		水城	30.04	56.45	3.59	4.72	1.01	1.80	25.83	6.60	23.35

（1）褐煤

褐煤是一种低热值的煤炭，因颜色为深褐色而得名，是处于次烟煤和泥炭之间状态的煤。全世界褐煤总储量 4Mt，占全世界煤炭总储量的 40%；据不完全统计，我国已探明的褐煤保有储量占到全国煤炭总储量的 13% 左右。褐煤的干燥无灰基挥发分含量高达 37%～50%，水分含量超过 20%，含碳量为 40%～50%，发热量为 10～20MJ/kg。褐煤挥发分含量高，因此较容易进行液化或气化，易自燃自爆，增加了运输和储存成本，因此很少在市场流通，属于地方性低质煤，一般会在褐煤矿附近建设发电厂，直接做燃料消耗。我国褐煤主要产于东北、西南等地区，如元宝山、舒兰、扎赉诺尔区、杨宗海等煤矿。

（2）烟煤

烟煤呈黑色，质地松软，具有一定光泽，因燃烧时多烟而得名。它是自然界中分布最广和品种最多的煤种，占我国煤炭探明总储量的 78% 左右。烟煤的含碳量高（45%～85%），挥发分含量（V_{daf}）也高（20%～40%），易着火和燃烧，而且灰分和水分含量一般较少，发热量较高（24～35MJ/kg）。将部分高灰分、高水分、$Q_{ar,net}$＜15500kJ/kg 的烟煤称为劣质烟煤，其着火、燃烧都较困难。

按煤的干燥无灰基挥发分（V_{adf}）含量和焦结性，我国煤炭分为 10 大类，除无烟煤和褐煤外的 8 个品种统称为烟煤。其中优质烟煤焦结性强，是焦化工业的主要原料，多用于冶金；含较多灰分、较多水分的烟煤则常用作锅炉燃料。我国烟煤产地遍布全国，开滦、抚顺、大同、淮南平朔、阜新和义马等许多煤矿都盛产优质烟煤。

（3）贫煤

在煤炭分类中，将 8 个烟煤品种中的贫煤和挥发分接近贫煤的瘦煤归为一类，统称贫煤，其干燥无灰基挥发分含量通常介于 10%～20%，含碳量高达 90%，是煤化度最高的一种烟煤。贫煤一般不具有焦结性，一般作为动力和民用燃料，发热量介于无烟煤和一般烟煤之间。

（4）无烟煤

无烟煤是一种外观呈黑色、质地坚硬、具有金属光泽的优质煤种。它的干燥无灰基挥发分含量（V_{daf}）≤10%，C_{daf} 可达 95%～98%，水分、灰分等杂质含量少，是煤化程度最高的煤种。因无烟煤含碳量高、挥发分含量低，因此着火困难，不易燃尽。我国无烟煤探明储量占煤炭总储量的 9% 左右。

2.4.1.2 生物质燃料

生物质是一定累积量的动植物资源和来源于动植物的废弃物的总称[11]，因此生物质不仅包括木材、农作物、水藻等本源型农林水产资源，也包括市政污泥、城市生活垃圾等废弃物，具体分类如图 2-6 所示。生物质能的载体是有机物，是唯一可储存和可运输的可再生能源，而且分布最广，不受天气和自然条件限制，只要有生命的地方即有生物质存在。

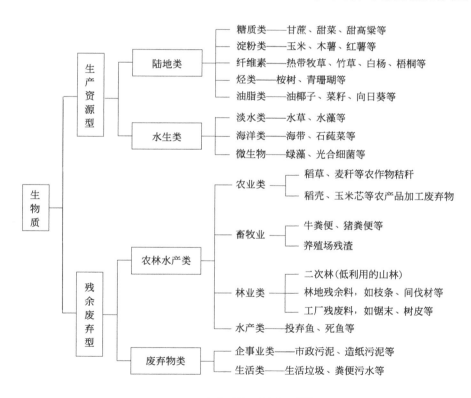

图 2-6 生物质资源的分类[11]

（1）农林废弃物

农林废弃物包括农作物秸秆和薪材及森林废弃物。农作物秸秆是农业生产过程中残留的稻谷、小麦、玉米等农作物的茎、叶、壳等副产品，我国的农作物秸秆资源分布如图 2-7 所示，秸秆品种以水稻、小麦和玉米为主。秸秆的资源量可分为理论资源量和可收集资源量两种，其中理论资源量是指某一地区每年可能生产的秸秆资源总量，一般根据农作物产量和各种农作物的草谷比进行大致估算；秸秆的可回收资源量是指在理论资源量的基础上，考虑了收割及运输过程中的损失之后估计得到的秸秆回收量。据统计，2022 年我国秸秆理论资源量约为 9.77 亿吨，可收集资源量约为 7.37 亿吨。

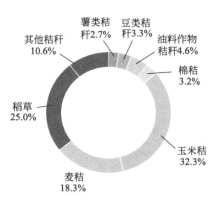

图 2-7　各种农作物秸秆
占总资源比例[12]

占据我国生物质资源第二位的是各种薪材和森林废弃物等，根据 2018 年结束的第九次全国森林资源调查，除香港、澳门、台湾地区外，我国现有林地面积为 32368.55 万公顷，其中森林面积 21822.05 万公顷，活立木总蓄积 185.05 亿立方米。森林面积中，乔木林占 82.43%、竹林占 2.94%、特灌林占 14.63%。总体而言，我国森林资源的消耗主要分为三部分：制造木制品、工业原料和生活燃料。据估算，近年我国可用作林业生物质能的各种薪材和森林废弃物的年产量达 1 亿吨，约合 6000 万吨标准煤。典型农林废弃物的工业、元素分析及发热量如表 2-10 所列。

表 2-10　典型农林废弃物的工业、元素分析及发热量

名称	元素分析/%					工业分析/%				$Q_{ad,net}$/(MJ/kg)
	C_{ad}	H_{ad}	O_{ad}	N_{ad}	S_{ad}	M_{ad}	V_{ad}	FC_{ad}	A_{ad}	
甘蔗皮	48.26	6.18	41.63	0.38	0.14	1.22	76.66	14.89	2.19	17.13
玉米秸秆	43.96	5.20	41.07	0.20	0.03	6.20	73.93	16.53	3.34	14.85
小麦秸秆	41.64	4.23	38.77	0.43	0.11	5.98	67.68	17.12	8.84	14.25
稻秆	39.26	4.83	38.88	0.53	0.10	6.46	67.32	16.28	9.94	13.48
松木锯屑	44.70	7.07	38.43	0.11	0.06	8.61	76.50	14.41	1.02	17.40
棉花秆	46.43	6.18	42.62	0.80	0.08	1.19	76.92	19.19	2.70	17.90
落叶松	44.95	5.70	38.93	0.59	0.42	8.57	76.68	17.64	0.84	15.41
橘皮	45.64	6.40	32.92	1.20	0.05	11.34	73.16	13.45	2.45	21.60
梧桐	48.45	5.56	35.71	1.22	0.22	8.00	73.51	17.63	0.84	18.20

（2）城市生活垃圾

城市生活垃圾是人们在日常生活中或者为日常生活提供服务的活动中产生的固体废物，以及法律、行政法规规定视为生活垃圾的固体废物。主要包括居民生活垃圾、集市贸易与商业垃圾、公共场所垃圾、街道清扫垃圾及企事业单位垃圾等。国内外通常将城市垃圾按组成详细分类，但较多的是结合城市垃圾处理处置方式或资源回收利用可能性做简易分类。如上海地区将城市生活垃圾简易分为湿垃圾、干垃圾、可回收物和有害垃圾四部分，如图 2-8 所示。

随着生产力发展，居民生活水平提高，商品消费量迅速增加，城市垃圾的产生量和排放量也随之增长。世界各国垃圾年产量一般都逐年增长，大致维持在全球 1%～3% 的增长率。我国城市生活垃圾的日人均产量为 0.7～1kg。20 世纪 80 年代以来，我国城市生活垃圾每年以 10% 的速度递增，目前已达到年排放量约 4 亿吨。城市生活垃圾组成复杂，受到许多因素影响，如自然条件、气候条件、城市发展规划、居民生活习性、家用燃料和经济发展水平

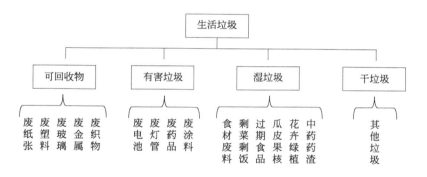

图 2-8　上海地区生活垃圾分类方法

等。一般来说，发达国家的生活垃圾成分是有机物多、无机物少；而发展中国家则相反。我国城市生活垃圾的平均发热量约为 4.2MJ/kg，整体来看我国生活垃圾的主要构成是厨余垃圾，超过 60%，有的地区甚至达到 70%～80%，因此垃圾含水率高、发热量较低且容易腐烂。对比发达国家，他们最主要的垃圾成分是纸张，厨余垃圾只占 25% 左右，发热量较高。

（3）市政污泥

通常指主要由各种微生物以及有机、无机颗粒组成的絮状物。1995 年，世界水环境组织为了准确地反映绝大多数污水污泥具有重新利用价值，将污泥（sludge）更名为生物固体（biosolids），其确切含义是：一种能够有效利用的富含有机质的城市污染产生物。根据污泥在污水处理厂内不同产生阶段分类，可将污泥分为：

① 生污泥，是从沉淀池（包括初沉池和二沉池）排出来的沉淀物或悬浮物的总称；

② 消化污泥，指生污泥经厌氧分解后得到的污泥；

③ 浓缩污泥，指生污泥经浓缩处理后得到的污泥；

④ 机械脱水污泥，指浓缩污泥经机械脱水后得到的污泥。

机械脱水通常是污水处理厂内的污泥终端工艺，最终机械脱水污泥被清运至填埋场或焚烧厂进行集中处置。从污水处理厂排放的机械脱水污泥（简称湿污泥）的湿基含水率为 80% 左右，截至 2020 年我国湿污泥年排放量已达 6000 万吨。除去水分后的干污泥由有机质和灰分构成，发热量与褐煤相当，具有能源和资源回收利用价值。

2.4.2　液体燃料

液体燃料主要包括汽油、煤油、柴油、重油和渣油等不可再生石油制品燃料，以及生物柴油、乙醇燃料等生物质可再生液化燃料，其中石油制品燃料仍然是目前主要的液体燃料。

2.4.2.1　液体燃料的物理特性

液体燃料都有一些共同特性，如流动性、热物性、着火爆炸性等，这些特性直接影响其运输、储存、正常使用和安全。

（1）密度

液体燃料的密度与温度有关，通常以相对值表示，即以 20℃时的燃料密度与 4℃时的纯水密度之比为基准密度，以符号 ρ_4^{20} 表示。任意温度 t 下液体燃料密度可用下式换算：

$$\rho_4^t = \rho_4^{20} - \alpha(t - 20) \tag{2-37}$$

式中，α 为液体燃料的温度修正系数，$℃^{-1}$。

一般来说，液体燃料含氢量越高，则密度越小，发热量越高。

（2）黏度

黏度是表征流体流动性能的特性参数，是液体燃料最重要的性能指标，是划分燃料等级的重要依据。黏度越小的液体燃料流动性越强，管道输送阻力越小，也越容易被雾化为液滴颗粒；反之，则流动性越差，管道输送阻力越大，燃料的装卸和雾化过程都更困难。黏度的测量和表示方法很多，美国常用赛氏（Sagbolt）黏度，英国常用雷氏（Redwood）黏度，欧洲大陆则常用恩氏（Engler）黏度，我国常用黏度指标有运动黏度和恩氏黏度。测量运动黏度的方法是在某一恒定温度下，测定一定体积的液体在重力作用下流过一个标定好的玻璃毛细管黏度计的时间并与毛细管常数相乘。温度为 $t℃$ 时的运动黏度用符号 υ_t 表示，单位为 mm^2/s。

恩氏黏度是一种条件黏度，它是 200mL、$t℃$ 的液体燃料通过恩氏黏度计标准容器流出的时间 τ_t，与同体积 20℃ 的蒸馏水由同一标准容器流出的时间（τ_{20}）的比值，用符号 $°E_t$ 表示，单位为条件度 $°E$，即：

$$°E_t(°E) = \frac{\tau_t}{\tau_{20}} \tag{2-38}$$

恩氏黏度与运动黏度可按下式换算：

$$\upsilon_t(mm^2/s) = (7.31°E_t - 6.31/°E_t) \times 10^2 \tag{2-39}$$

（3）凝点

液体燃料在一定条件下丧失流动能力时的温度称为凝点，即液体燃料由液态凝结为固态时的温度。凝点的标准测定方法是：某一温度下，将液体燃料放入 45°倾角的试管内，液体表面经过 5～10s 仍保持不变，该温度即为液体燃料的凝点。凝点也是液体燃料的重要技术指标，它越高表明黏度越大，燃料流动性也越差。石蜡含量越高的液体燃料，其凝点也越高。

（4）比热容和热导率

比热容和热导率均表征了液体燃料的热物理性能。比热容是指 1kg 燃料温度升高 1℃ 所需要的热量，用符号 C 表示，单位为 $kJ/(kg \cdot ℃)$。液体燃料比热容大小和温度相关，任意温度 t 下的比热容 C_t 通常可采用以下经验公式计算：

$$C_t = 1.73 + 0.0025t \tag{2-40}$$

热导率表征液体燃料导热能力的大小，是指单位温度梯度作用下燃料内所产生的热流密度，用符号 λ 表示，单位为 $W/(m \cdot ℃)$。液体燃料的热导率和它的相对密度 ρ_4^{20} 及温度有关，当 $\rho_4^{20} = 0.75～0.85$ 时，任意温度下的液体燃料热导率 λ_t 可按下式计算：

$$\lambda_t = 0.111 - (t - 20)\frac{5.46 \times 10^{-5}}{\rho_4^{20}} \tag{2-41}$$

对于相对密度较大的裂化渣油和直馏燃料油等液体燃料，λ_t 可按下式计算：

$$\lambda_t = \lambda_{20} + \alpha_k(t - 20) \tag{2-42}$$

式中，λ_{20} 为 20℃ 时的燃油热导率，$W/(m \cdot ℃)$，裂化渣油取 $0.158W/(m \cdot ℃)$，直馏燃

料油取 0.145W/(m·℃)；α_k 为温度系数，裂化渣油取 0.00021，直馏燃料油取 0.00013。

（5）闪点与燃点

随着温度升高，液面燃料蒸气浓度增大，当燃料蒸气及空气的混合物与明火接触时发生瞬间的闪火现象（一闪即灭），此时的燃料温度即为闪点。闪点是液体燃料使用中防治发生火灾的重要安全指标，液体燃料的预热温度应低于闪点 10~20℃，以降低着火的危险性。

当液体燃料的温度超过闪点后，随着温度继续升高，液体蒸发速度加快，当蒸气浓度增加到与火源接触后可以持续燃烧且时间不少于 5s 时，对应的燃料温度称为燃点，通常燃点比闪点高 10~30℃。

（6）爆炸极限

当空气中的燃料蒸气浓度达到一定比例时，遇到明火就会发生爆炸。引发爆炸时的燃料蒸气浓度称为爆炸极限，单位为％或 g/m³。燃料蒸气浓度过高或者过低都不会引发爆炸，爆炸下限是指引发爆炸时燃料蒸气的最低浓度，爆炸上限是指引发爆炸时燃料蒸气的最高浓度。

2.4.2.2 石油制品燃料

石油制品燃料包括汽油、煤油、柴油、重油和渣油等，是石油经蒸馏、裂化等一系列加工处理后的产品。石油组分复杂，是各种烃类的混合物，不同烃类物质相对分子质量不同，沸点也存在差异。利用这一特点，将石油分成不同沸点范围（馏程）的蒸馏产物，每个馏程内的产物称为馏分。表 2-11 所列为石油炼制中各馏分的温度范围。

表 2-11　石油馏分的温度范围

馏分	轻馏分		中馏分			重馏分	
	石油气	汽油	煤油	柴油	重瓦斯油	润滑油	渣油
温度/℃	<35	35~190	190~260	260~320	320~360	360~530	>530

（1）汽油

汽油为无色液体（为方便辨识不同辛烷值的汽油，有时会加入不同颜色），有特殊气味，易挥发且易燃，主要成分为 C_5~C_{12} 脂肪烃和环烃类，并含有少量芳香烃和硫化物，其主要性质指标如表 2-12 所列。

表 2-12　汽油和柴油性质指标[13,14]

项目	汽油,100辛烷值	普通柴油						重柴油		
		5#	0#	−10#	−20#	−35#	−50#	10#	20#	30#
含硫量（质量分数）/%	<0.001	≤0.2						≤0.5	≤0.5	≤1.5
水分（质量分数）/%	无	≤0.03						≤0.5	≤1.0	≤1.5
灰分（质量分数）/%	无	≤0.01						≤0.04	≤0.06	≤0.08
机械杂质/%	无							≤0.1	≤0.1	≤0.5
v_{20}/(mm²/s)	0.8~0.9	3.0~8.0			2.5~8.0	1.8~7.0		≤13.5	≤20.5	≤36.2
ρ_4^{20}	0.720~0.775	0.85	0.84	0.84	0.83	0.82	0.82	—	0.87	—
闪点/℃	<−40	65			60	45		≥65		
凝点/℃	−75	≤5	≤0	≤−10	≤−20	≤−35	≤−50	≤10	≤20	≤30
爆炸极限（体积分数）/%	1.4~7.6	1.5~4.5						—	—	—

（2）柴油

柴油是一种密度较小的燃料油，硫分和灰分含量很小，是一种清洁型的燃料。柴油黏度小，可不预热直接雾化，但挥发性较强，发生火灾的可能性和危险性大。按馏分的组成和用途不同，柴油可分为普通柴油和重柴油，相关性质指标如表 2-12 所列。普通柴油是常用的车用柴油，按照凝点不同，普通柴油又可分为 $5^{\#}$、$0^{\#}$、$-10^{\#}$、$-20^{\#}$、$-35^{\#}$ 和 $-50^{\#}$ 柴油。重柴油的调制方法和轻柴油相同，按照凝点不同可分为 $10^{\#}$、$20^{\#}$ 和 $30^{\#}$ 柴油。当柴油温度接近凝点时会析出石蜡结晶，为避免输油管道堵塞，柴油的输运和使用温度必须高于凝点 $3\sim5\text{℃}$。

（3）重油和渣油

原油提取汽油和柴油后剩余的重质油即为重油，特点是分子量大、黏度高，水分、灰分和硫分等杂质含量也略高于汽油和柴油。重油主要成分为碳和氢（$C_{daf}=81\%\sim87\%$，$H_{daf}=11\%\sim14\%$），灰分、硫分等杂质含量很低，发热量高，对环境污染小，是一种清洁型的燃料。根据 50℃时的恩氏黏度 $°E_{50}$，将重油分为 $20^{\#}$、$60^{\#}$、$100^{\#}$ 和 $200^{\#}$ 四个牌号，牌号数对应恩氏黏度值，也等于 80℃时的运动黏度值，如 $100^{\#}$ 重油在 50℃时的恩氏黏度数值与 80℃时的运动黏度数值大小均为 100。不同牌号重油性质指标如表 2-13 所列。

渣油是蒸馏塔底的残留物，色黑黏稠，常温下呈半固体状态，可不经处理直接作燃料，或用于加工制取石油焦、石油沥青等产品。广义上渣油是重油的一个油品，主要成分为高分子烃类和胶状物质，其性质如表 2-13 所列。

表 2-13　重油与渣油性质指标

项目	重油				减压渣油
	$20^{\#}$	$60^{\#}$	$100^{\#}$	$200^{\#}$	
含硫量（质量分数）/%	≤1.5	≤2.0	≤2.5	≤2.5	≤0.16
水分（质量分数）/%	≤1.0	≤1.5	≤2.0	≤2.0	—
灰分（质量分数）/%	≤0.3				≤0.04
机械杂质/%	≤1.5	≤2.0	≤2.5	≤2.5	
恩氏黏度	$5.0°E_{80}$	$11°E_{80}$	$15.5°E_{80}$	$5.5\sim9.9°E_{100}$	$16.75°E_{100}$
ρ_4^{20}	$0.82\sim0.95$		$0.92\sim1.01$		0.9284
闪点/℃	≥80	≥100	≥120	≥130	≥333
凝点/℃	≤15	≤20	≤25	≤36	≤27

表 2-14 所列为锅炉用代表性油品的油质资料。其中，普通柴油一般用于小型锅炉或者作为大型燃煤、燃油锅炉的点火燃料。重柴油、重油和渣油通常直接作为锅炉燃料，$20^{\#}$ 重油常用于油耗量 30kg/h 以下的较小喷嘴燃油锅炉；$60^{\#}$ 重油常用于中等喷嘴的锅炉、船用锅炉和工业窑炉；$100^{\#}$ 重油、$200^{\#}$ 重油和渣油则用于大型喷嘴的锅炉。

表 2-14　锅炉用代表性油品成分及发热量

名称	C_{ar}	H_{ar}	S_{ar}	O_{ar}	N_{ar}	A_{ar}	M_{ar}	$Q_{ar,net}/(kJ/kg)$
$0^{\#}$ 柴油	85.55%	13.49%	0.25%	0.66%	0.04%	0.01%	0%	42915
$100^{\#}$ 重油	82.5%	12.5%	1.5%	1.91%	0.49%	0.05%	1.05%	40612
$200^{\#}$ 重油	83.98%	12.23%	1%	0.57%	0.2%	0.02%	2%	41868
渣油	86.17%	12.35%	0.26%	0.31%	0.48%	0.03%	0.4%	41797

2.4.2.3 生物质液化燃料

生物质液化是通过热化学或生物化学方法将生物质部分或全部转化为液体燃料的过程，主要产品包括燃料乙醇、生物丁醇、生物柴油、生物质热解油等。

（1）燃料乙醇

燃料乙醇是以富含双糖（甘蔗、甜菜等）、淀粉（玉米、谷类等）、木质纤维（秸秆、蔗渣等）的生物质等为原料，利用微生物发酵制成的生物乙醇燃料［式(2-43)］，其性质指标如表 2-15 所列。

$$C_6H_{12}O_6 \longrightarrow 2C_2H_5OH + 2CO_2 + 热 \tag{2-43}$$

表 2-15 典型生物燃料性质指标

项目	燃料乙醇	生物（正）丁醇	生物柴油
$v_{20}/(mm^2/s)$	1.52	3.18	1.9~6.0(40℃)
ρ_4^{20}	0.789	0.81	0.88
爆炸极限/%	3.3~19	1.4~11.2	—
闪点/℃	12.8	35	>130
燃点/℃	365	343	—
$Q_{ar,net}/(MJ/kg)$	26.95	34.4	37.87

燃料乙醇可作为添加剂加入汽油中制成混合燃料，供汽车、摩托车等交通工具使用，汽油发动机无需做过多改动就可以直接使用燃料乙醇。当汽油价格较高时，燃料乙醇具有明显的成本优势。1973 年第一次石油危机发生时，许多国家意识到燃料乙醇的战略意义并开始大力扶植该产业，尤其是一些石油资源匮乏但生物质资源丰富的国家。环境保护的因素也在很大程度上促进了各国在政策和法规等方面对燃料乙醇予以倾斜。2017 年统计数据显示[15]，全球燃料乙醇产量近 270 亿加仑（1 加仑≈3.785L，后同），美国是最大的生产和消费国，产量近 158 亿加仑，其次为巴西（产量为 70.1 亿加仑），两国的产量占全球的 84%。我国燃料乙醇产业发展迅速，已成为世界第三大燃料乙醇生产和消费国，占比升至 3%。

以粮食作物为原料生产燃料乙醇需要占用大量耕地，这与国家的粮食安全存在矛盾。因此，开发利用秸秆等农林废弃物植物纤维为原料，并以工业微生物取代酵母的现代生物燃料乙醇生产技术将成为今后产业发展的必经之路。根据国情，我国的燃料乙醇生产逐步走向"非粮化"的发展道路，燃料乙醇产量呈几何级数增长[16]。

（2）生物丁醇

作为液体燃料，生物丁醇相比燃料乙醇的分子碳链更长、碳氢比更高、发热量更大，其性质指标如表 2-15 所列。生物丁醇比燃料乙醇更接近汽油，其与汽油相容性更好，挥发性更低，已有将生物丁醇直接用于汽油车的例证。目前，生物催化转化非粮生物质制备丁醇是生物能源领域研究的热点和重要方向之一，生物丁醇可以通过丙酮→丁醇→乙醇发酵工艺来生产。该工艺使用丙酮丁醇梭菌，也称为维茨曼生物，因为哈伊姆·维茨曼于 1916 年第一次使用丙酮丁醇梭菌从淀粉中生产丙酮，而丁醇是发酵的副产品。尽管该发酵工艺历史悠久，但生物丁醇的分离成本高（占生产总成本的 14% 以上）、难度大，是限制产业化的主要瓶颈之一。为解决生物丁醇分离的技术难题，近年来在实验室和中试规模上应用并验证了汽液平衡、相转移和膜分离等多种新型分离技术，可显著降低生物丁醇分离能耗[17]。

（3）生物柴油

生物柴油是指以动植物油脂为主要原料生产的液体可再生燃料，具有十六烷值高、几乎不含硫、无芳烃等特点，发热量与石化柴油相当（表 2-15），一般与石化柴油以一定比例混合后使用，可明显改善传统柴油尾气中烃类、CO 和炭黑排放。在我国推广使用以餐饮废弃油脂为原料的生物柴油，是杜绝"地沟油"回流餐桌和减少柴油车尾气排放污染的有效途径。与传统石化柴油相比，以餐饮废弃油脂和食品加工业废弃油脂为原料的生物柴油可减少温室气体排放约 80%。近年来，世界生物柴油产业快速发展，2019 年全球生物柴油产量约3500 万吨，比 2010 年增长了约 1000 万吨，其中欧美地区占比达 68%。亚太地区，印度尼西亚是产量最大的国家，2019 年产量约为 680 万吨，同年我国的产量为 230 万吨[18]。

生物柴油最普遍的制备方法是酯交换反应，即由植物油和脂肪中占主要成分的甘油三酯与醇（一般为甲醇）在催化剂作用下反应，生成脂肪酸甲酯［式(2-44)］，其物理和化学性质与石化柴油非常接近。催化剂可以是酸，也可以是碱，其中碱催化的转化率更高，超过98%。酯交换反应后的产物为脂肪酸甲酯、甘油及过量甲醇的混合物，需通过后续处理得到纯净的脂肪酸甲酯。由于甘油密度大于脂肪酸甲酯，可通过静置沉降、分液分离甘油；甲醇与脂肪酸甲酯沸点不同，标态下甲醇沸点为 64.7℃，脂肪酸甲酯沸点为 291.6℃，二者可通过分馏纯化脂肪酸甲酯。

$$
\begin{array}{c}
CH_2-OOC-R \\
| \\
CH-OOC-R \\
| \\
CH_2-OOC-R
\end{array}
+ 3OH-CH_3 \xrightarrow{\text{催化剂}}
\begin{array}{c}
CH_2-O-H \\
| \\
CH-O-H \\
| \\
CH_2-O-H
\end{array}
+ 3CH_3-OOC-R \qquad (2-44)
$$

（4）生物质热解油

生物质热解油是指在缺氧和中温（500℃左右）条件下，生物质快速受热分解，热解气经快速冷凝后的液态产物即为热解油。生物质原料类型对热解油的品质有显著影响，研究表明以含水率为 10% 的农作物秸秆为热解原料，热解油的产率为 48%～53%，发热量为 15～16MJ/kg；若以含水率为 10% 的林业废弃物为热解原料，热解油产率为 60%～70%，发热量为 16～17MJ/kg。此外，热解反应条件如升温速率、热解温度、停留时间等，也会对热解油品质产生显著影响。

与石油相比，热解油的相对分子质量和化学组分等理化性质差异显著，热解油中含有35%～48% 的氧元素，以酸、醛、酚等含氧化合物形态存在，导致热解油发热量较低、稳定性差且有腐蚀性等。因此，必须对热解油进行精制处理，以达到降低含氧量和提高发热量的目的。精制后的热解油可作为替代汽油、柴油等燃料油使用。

2.4.3　气体燃料

气体燃料是由多种可燃和不可燃的单一气体成分组成的混合气体，可燃成分包括 C_xH_y、H_2 和 CO 等，不可燃成分有 O_2、N_2、CO_2 和水蒸气等。按照获得方式分类，气体燃料可分为天然气体燃料和人工气体燃料两大类。

2.4.3.1　天然气体燃料

无需经过人工加工、直接由自然界开采获得的气体燃料，包括气田气、油田气和煤田气，均称为天然气体燃料。

（1）气田气

气田气是一种主要由甲烷（CH_4）组成的气态化石燃料，CH_4 体积分数为 65%～99%，标态下的低位发热量为 $36 \sim 42MJ/m^3$。其他气体组分包括少量的乙烷、丙烷、丁烷、CO_2 和 H_2S 等。其中，H_2S 具有毒性和腐蚀性，当含量较高时该天然气应进行脱硫、脱水等处理。

（2）油田气

油田气也称为油田伴生气，是在石油开采过程中因压力降低而析出的气体燃料，由 CH_4 和其他烃类物质组成，CH_4 体积分数为 80% 左右，标态下低位发热量为 $39 \sim 44MJ/m^3$，略高于气田气。

（3）煤田气

煤田气俗称矿井瓦斯或矿井气，是采煤过程中从煤层或岩层中释放出来的气体燃料。煤田气的主要成分为 CH_4，浓度波动大，体积分数最高可达 80%，最低仅百分之几，其余气体成分为 H_2、O_2、CO_2 等，标态下的低位发热量为 $13 \sim 19MJ/m^3$。煤田气是煤矿瓦斯爆炸的根源，因此在采煤过程中通风措施必须可靠、完善，以确保人身和财产安全。

2.4.3.2 人工气体燃料

人工气体燃料是以煤、石油或生物质为原料，通过加工而得到的气体燃料，常见的包括发生炉煤气、焦炉煤气、高炉煤气、油制气、液化石油气、沼气等。

（1）发生炉煤气

发生炉煤气是指煤等固体燃料在气化剂（空气、水蒸气、氧气等）作用下，通过气化反应生成的煤气，包括空气煤气、水煤气、混合煤气和加压气化煤气等。空气煤气由固体燃料和空气反应而得，可燃成分主要为 CO，发热量较低，一般为 $3.4 \sim 3.8MJ/m^3$，工业上很少使用；水煤气以水蒸气为气化剂，主要成分为 CO 和 H_2，体积分数在 80% 以上，发热量较高，一般作为合成氨原料气，用作工业燃料的较少；混合煤气以空气和水蒸气为气化剂，标态下的低位发热量为 $5.0 \sim 5.9MJ/m^3$，广泛用作工业炉的加热燃料；加压气化煤气也称为高压气化煤气，以氧气和水蒸气为气化剂，反应压力为 $2 \sim 3MPa$，所得气体燃料成分主要为 CO 和 H_2，还含有少量的 CH_4（9% ~ 17%），发热量可达 $16MJ/m^3$。

（2）焦炉煤气

焦炉煤气是煤炼焦过程的副产物，主要成分为 H_2（41% ~ 61%）和 CH_4（21% ~ 30%），也含有少量的 CO（5% ~ 8%）、不饱和烃（2% ~ 4%）、N_2（3% ~ 7%）、CO_2（1.5% ~ 3%）和焦油雾等其他杂质。标态下的低位发热量为 $15 \sim 17.2MJ/m^3$，是一种优质燃料，可作高温工业炉燃料和城市煤气。

（3）高炉煤气

高炉煤气是炼铁高炉的副产品，主要可燃成分为 CO（20% ~ 30%）和 H_2（5% ~ 15%），而 CO_2 和 N_2 的体积分数高达 55% ~ 70%，因此发热量低，一般为 $3.2 \sim 4.0MJ/m^3$。高炉煤气含尘浓度高达 $60 \sim 80g/m^3$，水蒸气浓度接近饱和，因此使用前需净化处理。

（4）油制气

油制气是指以石油及其加工制品（如石脑油、柴油、重油）为原料，经加热裂解等制气工艺获得的燃料气，分为蓄热裂解气、蓄热催化裂解气、自热裂解气和加压裂解气。热裂解气中 70% 以上的气体成分为 CH_4、C_2H_4 和 H_2，其余组分为 CO、C_3H_6 和 C_2H_6 等，标态下的低位发热量为 $35.9 \sim 39.7MJ/m^3$，可作为城市天然气供应的调峰气源。催化裂解气主

要成分为 H_2、CO 和 CH_4，热值范围为 18.8～27.2MJ/m^3。

（5）液化石油气

液化石油气是指油田开采或石油炼制过程中获得的气体燃料，主要可燃成分为 C_3H_8、C_4H_{10}、C_3H_6 和 C_4H_8，标态下的燃气密度为 2.0kg/m^3，低位发热量为 90～120MJ/m^3。通过加压（＞0.8MPa）降温可液化为无色挥发性液体，使其体积缩小至约为原来的 0.37％，便于输送、储存和使用。

（6）沼气

沼气是指以生物质为原料，在厌氧环境中发酵、分解得到的气体燃料，主要可燃成分为 CH_4（55％～70％），还有少量的 CO 和 H_2S 等气体，标态下低位发热量约为 23MJ/m^3。我国生物质资源丰富，沼气生产可以与养殖业、种植业和城市有机固、液废弃物处理相结合，有利于形成生态的良性循环，有利于环境保护。沼气是一种具有广阔发展和应用前景的优质气体燃料。

 思考题

1. 什么是燃料的元素分析？各分析成分在燃烧过程中所起的作用是什么？

2. 什么是燃料的工业分析？它和元素分析有什么样的关系？

3. 固定碳、焦炭和燃料的含碳量概念上有何差异？

4. 灰的熔点如何定义？为何要测定灰的熔点？

5. 决定和影响灰熔点的因素有哪些？灰熔点的高低对锅炉运行会产生什么影响？

6. 外在水分、内在水分、空气干燥基水分、全水分有什么差别？它们之间有什么关系？

7. 空气干燥基水分是否相当于内在水分？如何计算内在水分？

8. 为什么燃料的成分要用收到基、空气干燥基、干燥基和干燥无灰基四种不同的基准来表示？不同的基准适用于什么场合？

9. 为什么不同基准燃料的高位发热量换算系数和成分的换算系数一样？而低位发热量的换算却不能采用相同的换算系数？

10. 为什么锅炉的热力计算通常采用燃料的低位发热量？

11. 既然已经有了工业成分分析和元素成分分析，为什么还要提出折算成分的概念？它有什么作用？

12. 某露天堆放的燃料，在自然风干过程中燃料的含水率逐渐降低，那么该燃料的高位发热量和低位发热量相比初始状态分别发生了怎样的变化？原因是什么？

13. 沼气池产生的沼气燃料经脱水处理后，沼气的含水率明显降低，则脱水后的沼气高位发热量和低位发热量会发生怎样的变化？为什么？

14. 氧弹量热计适合于什么类型的燃料？其测量原理是什么？

15. 氧弹量热计所测的燃料弹筒发热量高于燃料的高位发热量，为什么？

16. 生物质燃料包括哪些类别？生物质燃料可再生吗？为什么？

17. 传统化石燃料包括哪些类别？为什么要寻求化石燃料的替代品？

18. 煤和生物质燃料都属于固体燃料，它们的理化特性主要存在哪些差异？

19. 请列举三种生物质液化燃料，并说明它们的生产原理。

20. 生物质液化燃料和汽油、柴油等石化燃料，它们的理化特性主要存在哪些差异？

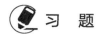 习 题

1. 已知煤的空气干燥基成分：$C_{ad}=61\%$，$S_{ad}=1\%$，$H_{ad}=4\%$，$O_{ad}=5\%$，$N_{ad}=1\%$，$A_{ad}=25\%$，$M_{ad}=3\%$，风干水分$M_{ar}^f=3\%$，试计算上述各种成分的收到基含量。

2. 已知煤的空气干燥基成分：$C_{ad}=68.6\%$，$S_{ad}=4.84\%$，$H_{ad}=3.66\%$，$O_{ad}=3.22\%$，$N_{ad}=0.83\%$，$A_{ad}=17.35\%$，$M_{ad}=1.5\%$，$V_{ad}=8.75\%$，以及收到基含水率 $M_{ar}=2.67\%$，其空气干燥基发热量为27528kJ/kg。

求：（1）煤的收到基其他成分含量，以及干燥无灰基挥发分含量；

（2）煤的收到基低位发热量，并用门捷列夫经验公式校核计算结果。

3. 已知玉米秸秆的空气干燥基元素成分 $C_{ad}=43.96\%$，$H_{ad}=5.20\%$，$O_{ad}=41.07\%$，$N_{ad}=0.20\%$，$S_{ad}=0.03\%$，$A_{ad}=3.34\%$，$M_{ad}=6.20\%$，空气干燥基的低位发热量 $Q_{ad,net}=14.85MJ/kg$，收到基含水率 $M_{ar}=12.20\%$。

求：（1）玉米秸秆的干燥基高位发热量，并用式（2-22）中的经验公式验证计算结果；

（2）玉米秸秆的收到基低位发热量，并用门捷列夫经验公式校核计算结果。

4. 刚收割的小麦秸秆含水率为15%，堆放一段时间后，在自然风干的作用下小麦秸秆的含水率降为5.98%，测量其他元素成分含量为$C_{ar}=41.64\%$，$H_{ar}=4.23\%$，$O_{ar}=38.77\%$，$N_{ar}=0.43\%$，$S_{ar}=0.11\%$，$A_{ar}=8.84\%$，低位发热量 $Q_{ar,net}=14.85MJ/kg$。求小麦秸秆刚收割时的各组成成分含量以及低位发热量，并用门捷列夫经验公式进行校核。

5. 用氧弹量热计测得某烟煤的弹筒发热量为 26578kJ/kg，并已知 $M_{ar}=5.3\%$，$H_{ar}=2.6\%$，$M_{ar}^f=3.5\%$，$S_{ad}=1.8\%$，求烟煤的收到基低位发热量。

6. 有甲和乙两种燃料，燃料甲成分为 $S_{ar}=3.00\%$，$A_{ar}=31.32\%$，$M_{ar}=7.60\%$，收到基的低位发热量 $Q_{ar,net}=18.85MJ/kg$；燃料乙成分为 $S_{ar}=0.69\%$，$A_{ar}=28.40\%$，$M_{ar}=20.30\%$，收到基的低位发热量 $Q_{ar,net}=13.44MJ/kg$。求甲、乙两种燃料的折算含硫量和折算含灰量，并分析讨论计算结果。

7. 已知液化石油气的干燃气成分体积分数为 $C_4H_8=54.0\%$，$C_3H_6=10.0\%$，$C_3H_8=4.5\%$，$C_4H_{10}=26.2\%$，$CH_4=1.5\%$，燃气的含湿量 $d_g=0.2kg/m^3$。

求：（1）干燃气的低位发热量；

（2）湿燃气的低位发热量。

8. 已知某混合煤气的收到基成分体积分数为 $H_2=46.0\%$，$CO=18.0\%$，$CH_4=12.0\%$，$C_3H_6=1.7\%$，$N_2=11.0\%$，$O_2=0.8\%$，$CO_2=4.5\%$，$H_2O=6.0\%$，求收到基混合煤气的低位发热量。

参考文献

[1] GB/T 219—2008 煤灰熔融性的测定方法.
[2] GB/T 30726—2014 固体生物燃料灰熔融性测定方法.
[3] GB/T 5751—2009 中国煤炭分类.
[4] Demirbaş A. Calculation of higher heating values of biomass fuels. Fuel，1997（76）：431-434.
[5] Demirbaş A，Demirbaş A H. Estimating the calorific values of lignocellulosic fuels. Energy Explor. Exploit，2004（22）：135-143.
[6] Parikh J，Channiwala S A，Ghosal G K. A correlation for calculating HHV from proximate analysis of solid fuels. Fuel，2005（84）：487-494.
[7] Sheng C D，Azevedo J L T. Estimating the higher value of biomass fuels from basic analysis data. Biomass and Bioenergy，2005（28）：499-507.
[8] Arlabosse P，Ferrasse J-H，Lecomte D，et al. Efficient sludge thermal processing：From drying to thermal valorization. Modern Drying Technol.，2012，4（Energy Savings）：295-329.

[9] Kathiravale S，Yunus M N M，Sopian K，et al. Modeling the heating value of municipal solid waste. Fuel，2003
     （82）：1119-1125.
[10] Hosokai S，Matsuoka K，Kuramoto K，et al. Modification of Dulong's formula to estimate heating value of gas，liq-
      uid and solid fuels. Fuel Process. Technol. 2016（152）：399-405.
[11] 日本能源学会. 生物质和生物能源手册. 史仲平，华兆哲译. 北京：化学工业出版社，2007.
[12] 农业部新闻办公室. 全国农作物秸秆资源调查与评价报告. 农业工程技术（新能源产业），2011（2）：2-5.
[13] GB/T 17930—2013 车用汽油.
[14] GB/T 445—1977 重柴油.
[15] 毛开云，范月蕾，王跃，等. 国内外燃料乙醇产业现状＋深度解析. 高科技与产业化，2018（6）：4-13.
[16] 马君，马兴元，刘琪. 生物质能源的利用与研究进展. 安徽农业科学，2012（40）：2202-2206.
[17] 蔡的，李树峰，司志豪，等. 生物丁醇分离技术的研究进展及发展趋势. 化工进展，2021（40）：1161-1177.
[18] 李顶杰，张丁南，李红杰，等. 中国生物柴油产业发展现状及建议. 国际石油经济，2021（29）：91-98.

第3章

煤粉燃料制备及系统

煤粉是原煤经研磨后外形呈粉状的固体颗粒燃料，其粒径主要介于 $20 \sim 60 \mu m$ 之间。煤粉颗粒尺寸小，比表面积大（$50 \mu m$ 煤粉颗粒的比表面积可达 $90 \sim 100 m^2/kg$），具有良好的流动性，便于实现管道运输，且极大提高了燃料与空气的接触面积，有利于实现煤粉快速、完全燃烧。因此，煤粉燃烧是煤燃料燃烧能源化利用的最主要形式。

3.1 煤粉的一般特性

3.1.1 煤粉的流动性

干燥的煤粉颗粒形体疏松，当煤粉吸附大量空气后，形成了煤粉和空气的混合物，其堆积密度仅为 $0.4 \sim 0.5 t/m^3$。煤粉空气混合物具有良好的流动性，容易实现管道气力输送。当煤粉含有较多水分时，煤粉颗粒之间会相互黏附，其流动性变差，输送难度提高，在煤粉储罐中会形成煤粉架桥现象，造成供粉系统中断。

3.1.2 煤粉的自燃与爆炸性

沉积在煤粉管道或储仓内的煤粉空气混合物，在常温下会发生缓慢氧化反应并逐渐积蓄热量，使温度逐渐升高，当升到一定温度时就会引起煤粉自燃，甚至引发爆燃（爆炸）。煤粉的自燃或爆炸性与煤粉理化性质相关，包括成分分布、粒径等，也和氧气浓度、煤粉浓度及环境温度相关。挥发分含量对煤粉的爆炸性具有很大影响，挥发分含量越高，煤粉就越容易发生燃烧和爆炸；当挥发分含量小于 10% 时，煤粉一般不会发生爆炸；当煤粉浓度低于 $0.03 \sim 0.05 kg/m^3$ 时，一般也不会引发爆炸。此外，粒径粗的煤粉其比表面积较小，反应性也相应降低，一般粒径大于 $200 \mu m$ 的煤粉颗粒就不具备爆炸性了。氧气浓度对煤粉爆炸性也有显著影响，当空气中的氧气体积分数从 21% 降至 18% 时，煤粉的爆炸性明显降低；当氧气浓度降至 15% 以下时，煤粉一般不会发生爆燃。显然，温度越高煤粉的反应性也越强，煤粉的爆炸风险就越大，所以应严格控制煤粉的温度水平。

3.1.3 煤粉的堆积特性

煤粉的堆积密度小，新磨制煤粉的堆积密度为 $0.4 \sim 0.5 t/m^3$，而储存一定时间后堆积密度为 $0.8 \sim 0.9 t/m^3$。煤粉吸附空气中的水分后容易结块，影响煤粉着火和燃烧；而太低水分则会导致煤粉容易自燃或爆炸。因此，煤粉研磨过程中要严格控制水分，既不能太高也不能过低。一般来说，烟煤的出口水分介于 $0.5 M_{ad} \sim M_{ad}$；无烟煤的水分可以小于 M_{ad}；而褐煤的挥发分含量最高，褐煤粉的含水率经验推荐值为 $M_{ad} + 8\%$。

3.1.4 煤粉细度

细度即颗粒的粗细程度，是煤粉的重要特性之一。磨制好的煤粉由粒径大小不一且形状不规则的颗粒组成，其粒径范围为 $1 \sim 300 \mu m$，其中 $20 \sim 60 \mu m$ 的居多。煤粉细度采用具有标准筛孔尺寸的筛子进行筛分测定，具体方法可参考国家标准 DL/T 567.5—2015[1]。简言之，取一定质量的煤粉通过某一标准尺寸的筛孔筛分，筛子上剩余质量占煤粉总质量的百分比即为煤粉细度，按下式计算：

$$R_x = \frac{a}{a+b} \times 100\% \tag{3-1}$$

式中，a 为留在筛子上的煤粉质量，g；b 为通过筛子的煤粉质量，g；x 为筛子的筛孔边长，μm。

国内电厂采用的筛子规格及煤粉细度的表示方法如表 3-1 所列。由煤粉细度公式可知，R_x 越大则煤粉越粗。

表 3-1　常用筛子规格及煤粉细度表示方法

筛号（每厘米长的孔数）	6	8	12	30	40	60	70	80	100
孔径（筛孔的边长）/μm	1000	750	500	200	150	100	90	75	60
煤粉细度 R_x	R_{1000}	R_{750}	R_{500}	R_{200}	R_{150}	R_{100}	R_{90}	R_{75}	R_{60}

欧美国家常采用另一种指标 D_x 来计算煤粉细度，按下式计算：

$$D_x = \frac{b}{a+b} \times 100\% \tag{3-2}$$

我国常采用 30 号和 70 号筛子，即用 R_{200} 和 R_{90} 来表示煤粉细度。显然，煤粉越细则越有利于着火和燃烧完全，但制粉能耗（E_m）越高；如果采用较粗煤粉，制粉能耗降低，但煤粉的固体不完全燃烧损失（q_4）会增加，导致锅炉效率降低。因此，理论上存在一个最佳煤粉细度（或经济细度），在该细度下的固体不完全燃烧损失（q_4）和制粉能耗（E_m）之和最小，如图 3-1 所示。为便于实际操作，最佳细度在 $q_4 + E_m$ 最小值所在区域的一个细度范围内。对于固态排渣煤粉炉，煤粉经济细度的推荐值为：

$$R_{90}^{opt} = a + 0.5 n V_{daf} \tag{3-3}$$

式中，n 为均匀性指数；a 为和煤种相关的系数，无烟煤 $a = 0$，烟煤（劣质烟煤除外）$a = 4$，贫煤 $a = 2$。

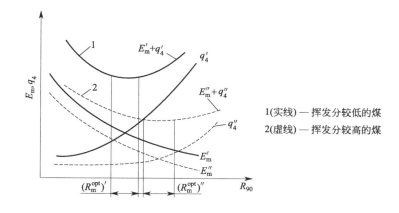

图 3-1 煤粉经济细度的确定

3.1.5 煤粉分布特性

煤粉的粗细是在一定的粒径范围内分布，因此往往需要 4～5 个不同筛号的筛子进行筛分，以得到比较全面的煤粉细度分布，详细方法可参考 GB/T 19093—2003[2]。以筛孔直径为横坐标，R_x 为纵坐标得到的曲线为全筛分曲线（如图 3-2 所示），它可以比较直观地判断和比较煤粉的粗细。在图 3-2 中的 3 条曲线中，曲线 2 所代表的煤粉最粗，曲线 1 其次，曲线 3 的煤粉最细。

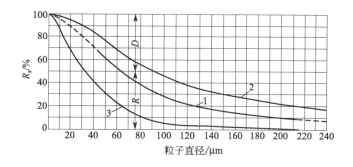

图 3-2 煤粉颗粒的全筛分曲线

研究指出，煤粉全筛分曲线经数值拟合后，服从 Rosin-Rammler 破碎公式，即：

$$R_x = 100\mathrm{e}^{-bx^n} \tag{3-4}$$

式中，b 为表征煤粉细度的系数；n 为表征煤粉均匀性的指数。

对于一定的磨煤设备，在筛孔孔径 x 为 $60\sim200\mu\mathrm{m}$ 范围内，可认为 b 和 n 为常数。因此，由式(3-4)可得不同煤粉细度的相互关系，即：

$$R_{x_2} = 100\left(\frac{R_{x_1}}{100}\right)^{(x_2/x_1)^n} \tag{3-5}$$

当 R_{200} 和 R_{90} 已知时，由式(3-4)可得细度系数 b 和均匀性指数 n 的表达式为：

$$b = \frac{1}{90^n} \ln \frac{100}{R_{90}} \qquad (3\text{-}6)$$

$$n = 21.85 \left(\lg\ln \frac{100}{R_{200}} - \lg\ln \frac{100}{R_{90}} \right) \qquad (3\text{-}7)$$

由式(3-6) 可知，当 n 不变时，b 值越小，则 R_{90} 越大，即煤粉越粗；反之，b 值越大，则煤粉越细。由此表明 b 是表征煤粉细度的系数。由式(3-7) 可知，当 R_{90} 不变时，n 值越大，则 R_{200} 越小，表明煤粉中大颗粒越少，煤粉更加均匀；反之，n 值越小，则 R_{200} 越大，即煤粉中大颗粒越多，煤粉均匀性越差。由此表明 n 是表征煤粉均匀性的指数。均匀性指数的数值大小和磨煤机及煤粉分离器的类型有关，一般 n 取值 1.0～1.2。

指数 n 对煤粉均匀性的影响还可以通过筛分剩余量随煤粉粒径变化（$-\mathrm{d}R_x/\mathrm{d}x$）进行分析。对式(3-4) 微分：

$$y = -\mathrm{d}R_x/\mathrm{d}x = 100bnx^{n-1}\mathrm{e}^{-bx^n} = R_x bnx^{n-1}$$

$$(3\text{-}8)$$

图 3-3 所示为 n 取值不同时筛分剩余量 y 随粒径 x 的变化规律[3]。当 $n>1$ 时，随着粒径 x 增大，x^{n-1} 增大，e^{-bx^n} 减小，在 20～60μm 范围内存在一个最大值，大部分煤粉颗粒粒径在此范围内，粗粉和细粉的份额都较少，因此煤粉粒径分布均匀。

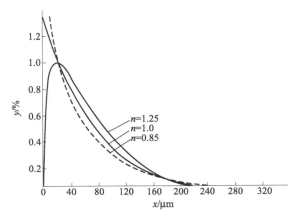

图 3-3　筛分剩余量随煤粉粒径的变化

当 $n=1$ 时，y 的最大值出现在 $x=0$ 处，y 随着粒径 x 增大单调递减，表明粒径越小的煤粉占比越大，即细粉含量较多。

当 $n<1$ 时，粒径 x 趋于 0 时的煤粉占比急剧增加，煤粉中除了含有大量细粉外，粗粉的占比也较多，因此煤粉分布很不均匀。

3.2　煤的可磨性及磨损性

3.2.1　煤的可磨性系数

原煤在机械力（撞击、压碎、研磨等）作用下被粉碎，但不同煤种的机械性质存在差异，有的较难破碎，有的却较易破碎，煤的可磨性是表征煤被粉碎和研磨成粉难易程度的参数。

目前，国内主要采用哈德格罗夫（Hardgrove）法来测定煤的可磨性系数，所测得的系数称为哈式可磨性系数（HGI），按式(3-9) 计算。测定方法：煤样破碎并经空气干燥，选取粒径为 0.63～1.25mm 的样品 50g，放入哈式可磨性测试仪中（如图 3-4 所示），对研磨碗中的钢球施加 284N 的总作用力，驱动电机进行研磨，旋转 60 转，再将研磨好的煤粉放入孔径为 74μm 的筛子上进行筛分，分别称量筛上煤粉质量和通过筛子的质量，代入式(3-

2）中计算 D_{74}，再由式（3-9）算得哈式可磨性系数。

$$HGI = 13 + 6.93D_{74} \qquad (3-9)$$

式中，D_{74} 为通过孔径为 $74\mu m$ 的筛子的煤粉量。

我国煤的 HGI 为 $25\sim129$，HGI 小于 60 的煤属于难磨煤；HGI 为 $60\sim80$ 的煤属于中等可磨煤；HGI 大于 80 的煤则属于易磨煤。

3.2.2 煤的磨损指数

煤中往往包含石英、黄铁矿等硬质成分，在磨制过程中会对磨煤机研磨部件产生冲击、挤压、切削等作用，使其遭受磨损。煤的磨损指数是表征煤在研磨过程中对研磨部件磨损强烈程度的参数。我国目前采用的是冲刷磨损指数（K_e），即单位时间内金属磨损片的磨损量与标准煤样的磨损率之比，按下式计算：

$$K_e = \frac{\delta}{A\tau} \qquad (3-10)$$

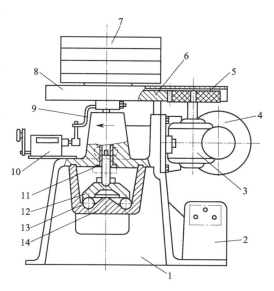

图 3-4 哈式可磨性测试仪

1—机座；2—电气控制盒；3—蜗轮；4—电动机；
5—小齿轮；6—大齿轮；7—重块；8—护罩；
9—拨杆；10—计数器；11—主轴；12—研磨环；
13—钢球；14—研磨碗

式中，δ 为纯铁试片在煤样由初始状态破碎到 $R_{90}=25\%$ 时的磨损量，mg；τ 为煤样研磨至 $R_{90}=25\%$ 时所需要的时间，min；A 为标准煤的磨损率，$A=10mg/min$。

冲刷磨损指数的测试装置如图 3-5 所示，煤的磨损性和冲刷磨损指数的关系如表 3-2 所列。

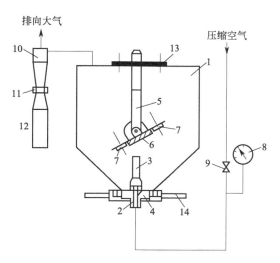

图 3-5 冲刷式磨损指数测试仪

1—密封容器；2—喷嘴；3—喷管；4—旁路孔；
5—支架；6—磨损试片；7—活动夹片；8—压力表；
9—进气阀；10—煤粉分离器；11—活接头；
12—煤粉罐；13—螺母；14—底部托架

表 3-2 煤的磨损性和冲刷磨损指数的关系

煤的冲刷磨损指数(K_e)	<1.0	1.0~2.0	2.0~3.5	3.5~5.0	>5.0
煤的磨损性	轻微	不强	较强	很强	极强

3.3　磨煤机的种类

磨煤机是制粉系统的核心设备,它的功能是将煤块破碎并磨制成煤粉,并对煤粉进行干燥。磨煤机的类型很多,根据磨煤部件的转速不同大致可分为三类,即低速磨煤机(15~25r/min)、中速磨煤机(25~100r/min)和高速磨煤机(425~1000r/min)。国内电厂采用较多的是低速磨煤机和中速磨煤机,以下主要介绍这两种磨煤机的工作原理。

3.3.1　低速磨煤机

3.3.1.1　单进单出钢球磨煤机

单进单出钢球磨煤机的结构如图 3-6 所示,筒身是一个直径 2~4m、长度 3~8m 的圆筒,筒内装有直径 30~60mm 的锻钢球,筒体内衬为波浪形锰钢护甲。滚筒在电动机带动下进行旋转,在离心力和摩擦力作用下,钢球被护甲提升到一定高度时就因重力作用而下落,煤主要被下落的钢球撞击,同时还受到钢球与钢球、钢球与护甲之间的挤压和研磨作用而被粉碎。热风和煤粒从入口管道进入筒体,热风既是干燥剂,又是煤粉的输送介质,研磨好的煤粉在热气流携带下离开筒体。

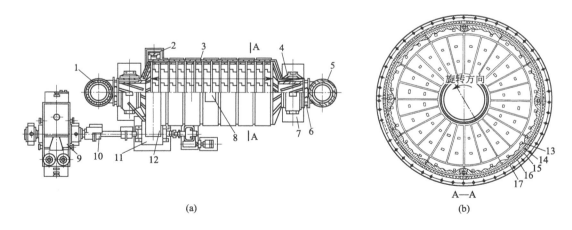

(a)　　　　　　　　　　　　(b)

图 3-6　单进单出刚球磨煤机结构示意

1—煤和热风进口管;2—大齿轮缘;3—筒体;4—轴承座;5—煤粉出口;6—密封装置;
7—轴承座基础;8—检查孔;9—电动机;10—联轴器;11—小齿轮;12—齿轮外罩;13—护甲;
14—筒身;15—石棉垫;16—隔声毛毡;17—金属外壳

由热风干燥剂所带出的煤粉粒度不一,部分较粗煤粉需要经分离器分离后送回磨煤机重新研磨,其工作示意如图 3-7(a) 所示[4]。分离器的结构及其分离原理如图 3-7(b) 所示,干燥剂以 18~20m/s 的流速携带煤粉进入分离器的外锥壳体,流速降到 4~6m/s,这时一部分粗粉因重力而分离出来，从回粉管流回磨煤机入口。干燥剂携带其余煤粉通过切向叶片进入内锥壳体，较粗的煤粉在离心力作用下被分离出来，并通过回粉管流回磨煤机。通过调节切向叶片角度，可改变出口煤粉细度。

单进单出钢球磨煤机的主要优点是：a. 煤种适应性强，几乎可以磨制各种煤；b. 单机容量大，适用于大容量的锅炉机组；c. 对煤中的杂物不敏感，工作的可靠性高。主要缺点是：a. 单台设备金属耗量大，工作电耗相对较大，只适用于带基本负荷；b. 工作噪声大，煤粉的均匀性较差。

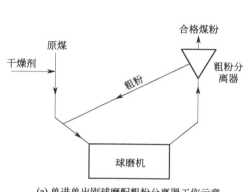

(a) 单进单出刚球磨配粗粉分离器工作示意

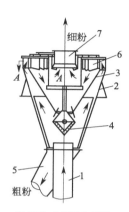

(b) 离心式粗粉分离器

1—进风管；2—外锥壳体；3—内锥壳体；4—反射棱锥体；
5—粗粉出口；6—切向叶片；7—细粉出口

图 3-7 分离器工作示意及结构

3.3.1.2 双进双出钢球磨煤机

双进双出钢球磨煤机的结构和工作原理与单进单出钢球磨煤机相似，区别在于筒体两端的空心轴既是热风和原煤的进口，又是煤粉和气体介质的出口。如图 3-8 所示，连接在筒体两端的中空轴支架在两端的轴承上，中空轴内有一中心管，中心管外弹性固定一螺旋输送装置，在中空轴与中心管之间形成有一定间隙的环形空间。螺旋器和中空轴随磨煤机筒体一起转动，原煤通过环形空间的下部经由螺旋输送装置送入筒体内，干燥剂则通过中空轴的中心管进入筒体，从两端进入筒体的干燥气流在筒内发生对冲反向流动，对筒内煤粉进行干燥后，按照与原煤相反的方向，经环形空间的上部将煤粉带出磨煤机，进入煤粉分离器，彼此分离出的粗煤粉经返粉管返回磨煤机重新研磨，从而形成两个相互对称、彼此独立的磨煤回路。

双进双出钢球磨煤机的主要优点是：a. 煤种适应性强，可以磨制坚硬、腐蚀性强的煤；b. 对煤中的杂物不敏感，工作可靠性强，故障率仅为 1‰；c. 维护费用低，维护简便；d. 两端进煤和两端出粉提高了筒体利用率，在相同容积下，双进双出磨煤机的占地少、出力大、电耗低、噪声小，适用于大容量机组；e. 负荷变化响应速度快；f. 磨煤机储粉量大，低负荷时通过增加风量可以保持风粉比不变，维持稳定出力。

3.3.2 中速磨煤机

中速磨煤机的类型很多，有碗式、轮式、球环式、平板式等，其中碗式和轮式在国内大

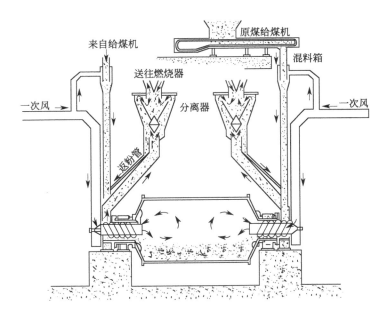

图 3-8　双进双出钢球磨煤机

型电站应用最多。不同类型的中速磨煤机尽管结构上有差异，但工作原理和整体布局基本相同。整体布局上，中速磨煤机呈立式布置，沿高度从下至上可大致分为四部分，即驱动装置、研磨部件、干燥分离空间及设备、气粉混合物分配装置。不同类型磨煤机的最大区别在于研磨部件的不同，如碗式磨煤机的研磨部件为磨碗与磨辊的组合，轮式磨煤机为磨环与磨轮的组合。

　　与低速筒式钢球磨煤机相比，各类中速磨煤机的最大特点是设备紧凑、占地面积小、制粉电耗低、运行噪声小。各种中速磨煤机的工作过程也基本相同：立式布置的主轴在电动机减速装置驱动下，带动研磨部件转动，原煤则通过中心落煤管进入研磨表面，在压紧力的作用下受到研磨组件的挤压、撞击和研磨，从而被破碎为煤粉。在离心力作用下，煤粉被甩至研磨部件周缘的风环上，热风干燥机穿过风环进入煤粉研磨区外缘环状空间，一边对煤粉进行干燥，一边将煤粉带入磨煤机上方的煤粉分离器进行粗、细粉分离，分离出来的粗煤粉返回研磨区重新研磨，合格的煤粉则由热风输送至各一次风管，经锅炉燃烧器进入炉内燃烧。以下主要介绍常用的碗式和轮式中速磨煤机。

3.3.2.1　RP 型碗式中速磨煤机

　　图 3-9 所示为 RP 型碗式中速磨煤机结构，主要特点是磨辊外表面与磨碗内表面的接触面呈直线状（沿磨辊外表面轴线方向），磨碗与磨辊之间的挤压和研磨表面受力均匀，均处于最大正压力下工作，这对于主要靠挤压和研磨作用来粉碎煤的中速磨煤机来说比较理想。磨碗的研磨内表面呈倾角为 20°的倾斜，使煤块重力可部分抵消磨碗旋转的离心力，使煤块向周边的移动速度减慢，增加了煤在磨碗研磨表面上的停留时间，有利于实现对煤的充分研磨。

　　RP 型磨煤机结构简单合理，维修方便，特别是磨辊在检修时可以以耳轴为支点通过装卸门翻到机壳之外进行检修和研磨部件的更换。RP 型的改进型为 HP 型，两者基本机构相

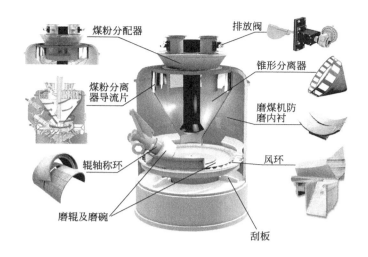

图 3-9　RP 型碗式中速磨煤机结构

似，主要区别为：RP 型采用的传动装置为蜗轮蜗杆，磨辊长度大，直径小；而 HP 型的传动装置采用伞形齿轮，传动力矩更大，噪声更低，而且磨辊长度小、直径大，磨煤出力更高。碗式磨煤机热风流经风环的设计流速较低，为 45～55m/s，石子煤量较多；此外，碗式磨煤机允许的最大煤块尺寸约为 40mm，对更大煤块的适应性不及 MPS 型中速磨煤机。

3.3.2.2　MPS 型轮式中速磨煤机

MPS 型磨煤机引进德国 Babcock 公司技术，主要用于以烟煤为燃料的直吹式制粉系统锅炉。结构如图 3-10 所示，整体分为下部的基座和减速机、中部的磨煤机本体和上部的分离器。磨盘具有凹槽滚道，磨盘上相对固定着相距 120°的三个磨辊，磨辊的辊胎外形呈轮胎状，由耐磨钢材料制造。辊胎的弧形表面设计成对称结构，当一侧磨损到一定程度后，可翻转继续使用，提高了磨辊的利用率和使用寿命。磨辊的上方是压力托架、弹簧和加载弹簧架，三个与磨辊相同角度分布的液压装置向下施加压力于加载弹簧架上，并通过弹簧和压力托架将压力向下施加于磨辊、煤和磨盘上。磨辊、压力托架和弹簧可以在机体内上下浮动，防止硬物损坏磨煤机；磨辊在水平位置可以有一定的摆动量，使得表面磨损较均匀，进入磨煤机煤块的最大尺寸也可以相应增加。

MPS 型轮式磨煤机热风流经风环的设计风速高，可达 75～85m/s，石子煤量较少。由于该磨煤机的研磨表面为弧形，对煤的挤压、研磨作用不如 RP 型或 HP 型磨煤机，因此磨制出的煤粉较粗。当要求煤粉较细时，需配备旋转式分离器。此外，该磨煤机检修也不如 RP 型或 HP 型磨煤机方便。

3.3.2.3　MBF 型轮式中速磨煤机

MBF 型磨煤机结构如图 3-11 所示，与 MPS 型基本相同，主要区别在于磨煤机主体无磨辊上方的压力托架、弹簧和加载弹簧架，减少了磨煤机中的受磨损部件。MBF 型磨煤机的每个磨辊都单独配有加载荷装置，使得磨辊对煤和磨盘施加合理的磨煤压力。

MBF 型磨煤机与其他中速磨煤机有相同的工作原理，原煤经磨煤机上方的中心落煤管进入磨煤机的磨盘中间，在离心力作用下被甩到磨辊下被研磨，热风由磨盘下的热风室通过

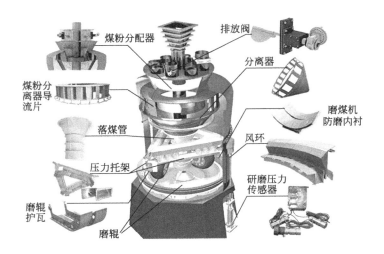

图 3-10 MPS 型轮式中速磨煤机结构

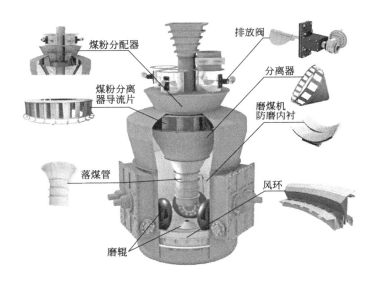

图 3-11 MBF 型轮式中速磨煤机结构

风环进入磨煤机，将煤粉吹入煤粉分离器，不合格的粗粉落回磨煤机重新研磨，合格的煤粉则随热风进入锅炉燃烧。

3.4　制粉系统

制粉系统是指从原煤仓出口开始，经给煤机、磨煤机、分离器等一系列煤粉的制备、分离、分配和输送设备，最终将煤粉和空气混合物均匀分配给锅炉各个燃烧器的系统。其任务是安全、可靠、经济地制备和输送锅炉所需的合格煤粉。制粉系统分为中间储仓式和直吹式，中间储仓式系统的特点是将磨煤机研磨好的合格煤粉储存在煤粉仓中，再根据锅炉负荷需求通过给粉机从煤粉仓中取得煤粉，并由一次风送入炉膛内燃烧。而直吹式系统则不设煤粉仓，研磨好的合格煤粉直接通过一次风送入炉膛燃烧。以下分别介绍两种系统的具体工艺流程。

3.4.1 中间储仓式制粉系统

中间储仓式制粉系统只适用于单进单出钢球滚筒磨煤机，这是因为该种类型磨煤机即便在磨煤出力为零、仅带动钢球空载运转时其能耗也很高，磨煤机出力满负荷运行时的电耗和空载运行电耗相差不大。因此，单进单出钢球磨煤机采用满负荷运行是最经济的。但锅炉负荷一般都在一定范围内波动，其很难稳定在满负荷工况下运行。通过配备中间储粉仓可使磨煤机与锅炉之间有相对的独立性，即使锅炉在低负荷运行时，磨煤机也可满负荷运转，将多余煤粉储存在中间储仓内备用即可。

图 3-12 所示为单进单出钢球磨煤机的中间储仓式制粉系统。原煤经给煤机在下行干燥管中由热风预先加热后，与干燥热风一同进入磨煤机。干燥剂携带研磨好的煤粉进入粗粉分离器，不合格的粗粉返回磨煤机重磨，合格的煤粉则随干燥剂进入细粉分离器，约有 90% 的细粉被分离出来并落入储仓，或经输粉机送入其他煤粉仓。经细粉分离器后含有剩余约 10% 煤粉的干燥剂称为乏气。乏气从细粉分离器顶部引出，并经排粉机增压后，经给粉机与从煤粉仓获得的煤粉混合，并作为一次风送入炉膛燃烧。如图 3-12(a) 所示，这种由乏气输送煤粉的系统称为乏气送粉系统。由于乏气送粉系统一次风温度较低，一般只适用于挥发分较高、较为易燃的煤种（如烟煤、褐煤）。

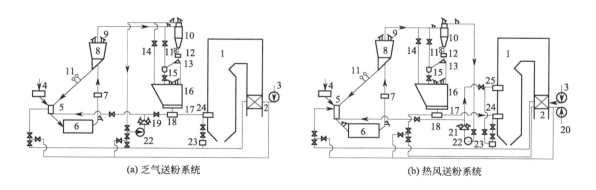

(a) 乏气送粉系统　　　　　　　　　(b) 热风送粉系统

图 3-12 中间储仓式制粉系统

1—锅炉；2—空气预热器；3—送风机；4—给煤机；5—干燥下降管；6—磨煤机；7—木块分离器；
8—粗粉分离器；9—防爆门；10—细粉分离器；11—锁气器；12—木屑分离器；13—换向阀；
14—吸潮管；15—螺旋输粉机；16—煤粉仓；17—给粉机；18—风粉混合器；19—一次风箱；
20——次风机；21—乏气风箱；22—排粉机；23—二次风箱；24—燃烧器；25—乏气喷嘴

当锅炉燃用着火温度较高、反应性较低的煤种（如无烟煤、贫煤）时，则要求较高的一次风温度，以利于煤粉着火燃烧。在这种情况下，可采用如图 3-12(b) 所示的热风送粉系统。该系统的特点是直接采用温度较高的热风作为输送煤粉的一次风，而细粉分离器排放的乏气则作为三次风送至布置在主燃烧器上方的三次风喷嘴。

如图 3-12 所示，在制粉系统的排粉机出口与磨煤机入口之间，设有乏气再循环管路，可实现部分乏气回到磨煤机进行再循环，便于磨煤通风、干燥通风和一次风三者之间风量的协调。对于烟煤等自燃性和爆炸性强的煤粉，在磨煤机和排粉机的进出口处、分离器和煤粉仓顶部以及煤粉管道最高部位等位置设有防爆门，以防发生煤粉爆炸时损坏制粉设备。在煤粉仓顶部设有吸潮管，以将仓内潮气吸出，防止煤粉受潮结块和影响煤粉出料。

为防止磨煤过程粉尘外溢，从磨煤机进口至排粉机入口均处于负压（即表压力为负值，绝对压力低于大气压）运行，磨煤机进口负压一般维持在 −200Pa 左右，沿着煤粉流动方向，负压绝对值逐渐增大，当到达排粉机入口时，负压可达 −1000～−8000Pa。在如此大负压下，制粉系统会产生可观的漏风量，漏入的冷空气最终随煤粉气流送入炉膛内燃烧。煤粉燃烧的空气需求总量是一定的，当漏风量增大时，热风量需求会减少，对锅炉和制粉系统运行都会产生影响。例如，热风来自锅炉的空气预热器，当热风量减少时，空气预热器的传热能力会下降，锅炉排烟温度会升高。在乏气送粉系统中，为便于调节乏气温度，在排粉机入口管道设有冷风门或来自送风机的冷风管，通过调节冷热风比例来控制乏气温度。

总体而言，中间储仓式制粉系统可以磨制包括高磨损性及高水分煤种在内的任何煤种，磨制的煤粉细度稳定，给粉量调节响应速度快，不同煤粉仓之间可相互输送，提高了机组运行灵活性和可靠性，磨煤部件的维护也较简单。不足之处是系统结构复杂，需添加煤粉仓、细粉分离器、排风机等大型设备和配套管路，因此系统初投资大。此外，制粉系统较大的负压和较长的负压管路也造成了漏风量较大，这会对锅炉运行效率产生不利影响。

3.4.2 直吹式制粉系统

直吹式制粉系统是指磨煤机磨制的煤粉通过一次风直接吹入炉膛内燃烧的制粉系统，省略了细粉分离和储存环节，使得制粉系统结构大大简化，节约了系统初投资成本。直吹式系统适用于除单进单出钢球滚筒磨煤机以外的其他任何磨煤机械。基于直吹式系统的运行原理，制粉量必须随锅炉负荷变化而变化，即制粉量在任何时候都必须等于锅炉的燃料消耗量。直吹式系统可分为正压系统和负压系统两种，目前，国内电厂多采用正压直吹式系统。

3.4.2.1 中速磨煤机直吹式制粉系统

中速磨煤机正压直吹式制粉系统如图 3-13 所示。

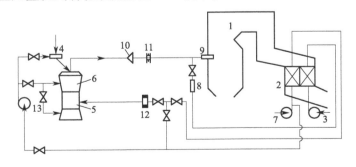

图 3-13 中速磨煤机正压直吹式制粉系统

1—锅炉；2—空气预热器；3—送风机；4—给煤机；5—磨煤机；6—煤粉分离器；7——次风机；
8—二次风箱；9—煤粉燃烧器；10—煤粉分配器；11—隔绝门；12—风量测量装置；13—密封风机

系统的排粉风机（一次风机）装在磨煤机之前，整个制粉系统处于正压下运行，煤粉不通过风机，因此不会对风机叶轮产生磨损，可以选用效率更高效的风机以降低通风能耗。正压系统也防止了环境冷空气的漏入，可以有效减小锅炉排烟热损失，提高锅炉效率。但为了防止正压系统磨煤机和管道漏煤造成环境污染和安全事故，必须布置密封风机进行系统密封处理。

3.4.2.2　双进双出钢球磨煤机直吹式制粉系统

双进双出钢球磨煤机直吹式制粉系统一般也采用正压系统，分为煤粉分离器和磨煤机组成一体的整体布置系统［图 3-14(a)］，以及煤粉分离器和磨煤机分开布置的分体布置系统［图 3-14(b)］。双进双出钢球磨煤机正压直吹式制粉系统具有比中速磨煤机正压直吹式制粉系统更强的煤种适应性，可以磨制挥发分低的无烟煤。

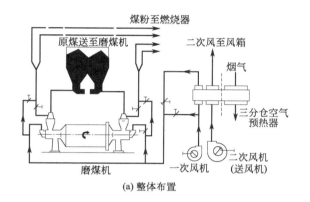

(a) 整体布置

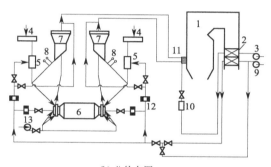

(b) 分体布置

1—锅炉；2—空气预热器；3—送风机；4—给煤机；5—下降干燥管；6—磨煤机；7—粗粉分离器；8—锁气器；9——次风机；10—二次风箱；11—煤粉燃烧器；12—风量测量装置；13—密封风机

图 3-14　双进双出钢球磨煤机直吹式系统

3.4.3　磨煤机和制粉系统选择

磨煤机和制粉系统的选择影响到锅炉机组运行的经济性和可靠性，受到多种因素的制约。首先是煤种及其挥发分含量（V_{daf}）和着火温度，其次是对煤粉细度的要求，其他因素还包括煤的可磨性、磨损性和水分含量等，应综合加以考虑。例如，挥发分含量低的无烟煤、贫煤要求煤粉磨得较细，而且煤质通常较硬，可磨性较差，因此多采用钢球滚筒磨煤机；对于水分（M_{ar}）为 5%～10%、灰分（A_{ar}）小于 30%、可磨度（HGI）>60 的烟煤，多采用中速磨煤机直吹式制粉系统；对于褐煤及挥发分（V_{daf}）>30%、HGI>60 的烟煤，多采用风扇磨煤机直吹式制粉系统。

 思考题

1. 不同类型煤粉水分的推荐值是什么？
2. 简述煤粉自燃性和爆炸性产生的原因。

3. 何谓煤粉细度？表征煤粉粗细程度和均匀性的系数是什么？影响规律是什么？

4. 何谓煤粉的经济细度？确定原则是什么？

5. 简述中速磨煤机的工作过程。

6. 为何中间储仓式制粉系统只适合于单进单出钢球磨？

7. 简述乏气送粉系统和热风送粉系统的异同点。

 习 题

1. 已知 $R_{90}=12\%$，$n=1.0$，求 R_{150} 及 b 的值。

2. 某一 $V_{daf}=8\%$ 的无烟煤煤品，经研磨后，用孔径为 $200\mu m$ 的筛子筛，筛上质量为120g，筛下质量为880g；用 $90\mu m$ 的筛子筛，筛上质量为320g，筛下质量为680g。求：（1）煤粉的均匀性指数；（2）煤粉经济细度的推荐值。

3. 同上煤样，用 $74\mu m$ 的筛子筛，筛上质量为410g，筛下质量为590g，试计算该煤样研磨的难易程度。

参考文献

［1］ DL/T 567.5—2015 火力发电厂燃料试验方法第 5 部分：煤粉细度的测定．
［2］ GB/T 19093—2003 煤粉筛分试验方法．
［3］ 樊泉桂，阎维平，闫顺林，等．锅炉原理．北京：中国电力出版社，2014．
［4］ 冯俊凯，沈幼庭，杨瑞昌．锅炉原理及计算．3 版．北京：科学出版社，2003．

第4章

固体生物质燃料预处理

生物质原料来源广泛，包括农林废弃物、城市生活垃圾、市政污泥等。本节所指固体生物燃料是指农作物秸秆、薪材及森林废弃物等通过光合作用生长的植被。生物质原料品种多样、质地松散，外形尺寸也千差万别，这给原料收集、运输和使用带来了很大困难。通过合理的预处理可以较大幅度提升燃料质量和均匀性，提高生物质燃料能量密度，降低储存、运输和装卸成本，并使其更加适合于燃烧、热解和气化设备的连续、均匀进料。

新鲜的生物质原料水分超过50%，不利于储存、运输和能源利用，储存时容易发生腐烂降解，降解后的原料发热量会明显降低，且微生物降解过程会使堆垛内温度上升并释放可燃气体，导致安全隐患。因此，为实现长期稳定存储，原料含水率要控制在20%以下。此外，高含水率对生物质燃料的能源利用也有很大影响，增加了热化学转化过程能耗。以热解为例，生物质燃料在发生热解前，首先要进行水分蒸发，过高的含水率会导致热解反应能耗大幅增加，经济性降低。因此，降低水分是生物质原料预处理的重要内容。

固定床、流化床和气流床等生物质热解气化反应器，对生物质原料的颗粒尺寸有不同要求。固定床反应器的燃料床层承托在炉排上，燃料依靠重力作用从反应器上部向下缓慢移动，燃料颗粒太细容易引发扬尘和炉排漏料，太粗则不利于床层均匀分布，进料难度也加大。通常10～50mm的燃料颗粒尺寸较适合于固定床反应器。流化床反应器中燃料颗粒呈流化沸腾状态，燃料颗粒过大则无法实现流化，颗粒过小则会很快被气流带出燃烧区域。一般来说，流化床适合于粒径为1～10mm的小颗粒原料，稻壳、锯末、花生壳等生物质原料可直接应用，尺寸较大的原料则需要破碎处理。此外，生物质燃料的导热性能通常较差，热导率仅为0.05～0.2W/(m·℃)。对于一些快速热解或气化工艺，每秒升温速率可达数百摄氏度甚至更高，大颗粒物料内部则无法达到如此高的升温速率，因此也要求将物料破碎为粒径较小的颗粒。

为适应生物质燃料资源和能源利用需求，国内外已经开发了多种多样的固体生物原料收集、破碎、干燥和成型预处理技术，以下将分别介绍。

4.1 原料打捆收集

自然堆放的草本生物质原料密度小，仅为20～60kg/m³，体积庞大，原料打捆的目的是减小原料空隙，增加原料密度，并使其形状规则化，以便于储存、运输和使用。研究表明，采用机械方法将秸秆进行压缩后，可使草捆密度增加 10 倍左右，运输成本降低 70%左右，同时也提高了秸秆的收集效率并节省了存储空间[1]。

目前，秸秆压缩收获工艺主要有两种，分别是方捆压缩和圆捆压缩收获工艺，压缩后的秸秆外形如图 4-1 所示，与其对应的收获机械分别为方捆机和圆捆机。方捆机的特点是草捆密度高、运输方便、可连续作业、打捆效率高，但结构较复杂，制造成本高，因此价格也相对较高，同时所打草捆因密度紧实均匀，存储时还需考虑防雨等问题；圆捆机的特点是结构简单、操作方便、价格低廉、所打草捆内松外紧自然防雨、通风性较好，并且在打捆作业后还可以直接进行包膜作业（制作青储饲料），但打捆机放捆过程中需停机，效率相对较低，运输也没有方捆方便。

(a) 方捆秸秆　　　　　　　　　　　　　　　(b) 圆捆秸秆

图 4-1　方捆秸秆和圆捆秸秆形状

4.1.1　圆捆打捆机

圆捆机的工业应用最早始于发达国家，有 60 多年历史，目前已实现大型化和系列化，有高度的可靠性和适应性，为实现秸秆综合利用提供了有效保证。代表性的圆捆机制造商主要有约翰迪尔（John Deere）、纽荷兰（New Holland）、克拉斯（Claas）、格兰（Kvemeland）、库恩（Kuhn）、克罗尼（Krone）等，他们拥有完备的产品系列，在机械结构、液压系统、控制系统以及动力配套等方面有各自独特之处，代表了当今国际上圆捆机的先进水平。

20 世纪 70 年代末期，我国相继从一些西方国家引进捡拾打捆机，期间也开展仿制研发，并于 80 年代初成功研制出圆捆机，在内蒙古、吉林、江苏等地投入使用。此后一段时间内圆捆机的发展相对缓慢，进入 21 世纪，随着畜牧业的快速发展及作物秸秆综合利用技术的日趋成熟，市场对牧草和作物秸秆的收集、运输、存储提出了更高的要求，由此促进了圆捆机的研发工作。目前以适合于我国应用的中小型圆捆机为主，其中钢辊式圆捆机已得到较多应用[1]。

圆捆机的典型结构如图 4-2 和图 4-3 所示：首先，随着拖拉机的前进，圆捆机捡拾器将地面的秸秆捡拾起来，经喂入机构送入成型室中，然后沿着成型链辊上升，至一定高度后靠重力回落，形成初步的秸秆芯，并依附转动链辊回转；接着，随着捡拾器继续捡拾，秸秆芯逐渐增大并充满成型室后，钢辊对秸秆捆加压，形成芯部疏松、外部紧密的秸秆圆捆；最后，对成型的秸秆圆捆进行捆绳作业，然后成捆室卸料门开启，秸秆圆捆落到地面[2]。

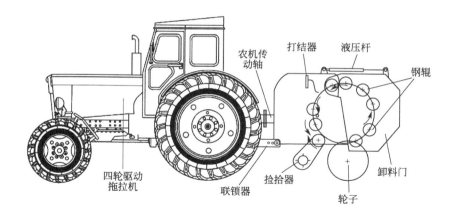

图 4-2　圆捆机结构示意图

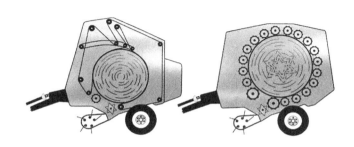

图 4-3　圆捆机工作示意图

4.1.2　方捆打捆机

按照秸秆捆尺寸分类将方捆打捆机分为小方捆打捆机和大方捆打捆机两类：小方捆机的方捆尺寸长度为 30～130cm，截面为 31cm×41cm、36cm×46cm 和 41cm×46cm；大方捆机的方捆尺寸长度为 100～300cm，截面为 80cm×90cm、90cm×120cm 和 120cm×130cm。按照作业方式分类，方捆打捆机可分为固定式打捆机、牵引式打捆机和自走式打捆机。固定式打捆机的工作原理是：工作动力的来源为固定的柴油机或电动机，秸秆原料收集到固定的位置，再由人工喂入的方式进行打捆工作。此类打捆机曾经在国内被广泛使用，但劳动强度太大，已经被大部分地区淘汰。牵引式打捆机由拖拉机作为动力源，研究起步较早，相对比较成熟，应用非常广泛。但在平原作业时，由于拖拉机牵引转弯半径过大，工作时无法灵活移动，所以无法适应北方平原地区大批量秸秆的收获。自走式打捆机则是将动力集成在打捆机上，不仅能够独立完成捡拾、压缩、打捆等一系列动作，还可以在田间自由行驶，具有结构紧凑、运移方便、转弯半径小、操作灵活等特点，特别适用于大批量秸秆的打捆再利用[3]。

典型方捆打捆机生产商为中农机、挑战者（Challenger）、库恩（Kuhn）、麦赛福格森（Massey Ferguson）、科罗尼（Krone Bigpack）、玛提克西科里拉（Cicoria）等。不同品牌的打捆机原理具有相似性，以中农机方捆打捆机为例（图4-4），其主要由捡拾器、预压室和压缩室构成，秸秆原料经捡拾器喂入预压室，通过曲柄结构的拨齿施加压力，而预紧连杆则施加反作用力，两者共同作用下对秸秆进行预压缩。预压缩后的秸秆进入压缩室，在压缩活塞的作用下对秸秆进行二次压缩。不同方捆机的主要区别之一是预压缩室结构不同，如科罗尼方捆打捆机（图4-5，彩图见书后）预压室的拨齿采用旋转筒结构；而Cicoria 87495方捆打捆机（图4-6，彩图见书后）的压缩部件为曲柄四连杆机构，采用顶部喂入，能够使秸秆更加均匀地喂入压缩室。

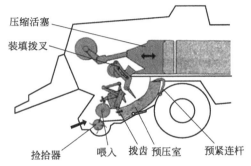

图4-4　中农机改进型2100LRB结构原理

图4-5　科罗尼方捆打捆机结构原理

图4-6　Cicoria 87495方捆打捆机结构原理

　　现有方捆打捆机的压缩频率为20～100次/min，但大方捆打捆机质量和机构庞大，惯性力也比较大，高压缩频率对机器设备的稳定性提出了更高的要求，所以大方捆打捆机压缩频率不宜过高，一般以20～40次/min为宜[4]；秸秆喂入一次，压缩1～3次，多次压缩的目的在于对压后回弹的秸秆进行再次压缩，从而提高秸秆捆密度。现有打捆机在压缩的过程中，压后直接回程，未对压后秸秆进行保压或者保型，压后秸秆出现严重回弹，对于自走式打捆机而言，再次喂入后还需对回弹后的秸秆进行再次压缩，压缩能耗显著增大，同时也会降低压缩的密度。打捆机采用一次喂入、多次压缩可以提高压缩密度，但压缩能耗会显著增大。表4-1列出了不同类型打捆作业的技术参数[5]。

表4-1　不同类型打捆作业的技术参数[5]

项目	小型方捆	大型方捆	圆捆	密实型
功率/kW	＞25	＞60	＞30	＞70
产量/(t/h)	8～25	15～20	15～20	14
个体密度(干基)/(kg/m³)	120	150	110	300
形状	长方体	长方体	圆柱体	圆柱体
储藏密度(干基)/(kg/m³)	120	150	85	270
质量(湿基)/kg	8～25	500～600	300～500	任意质量

4.2　原料的切削

　　大多数固体生物燃料的原始尺寸较大且形状不规则，例如木本原料有不同尺寸的枝条和茎秆，草本原料则呈细长秆状，因此难以直接进行热解、气化或燃烧。通过切削和粉碎可以减小生物质原料的尺寸并使其形状规则化，从而适合于各种输送和进料机构。切削，是指通过刀具将原料进行切割，以将原料减少至 30mm 左右或更小的尺寸；而粉碎则是通过碰撞、研磨、挤压等方式将原料破碎，并通过不同孔径的筛孔将粉碎后的原料筛分为不同粒径的粉状原料，粗粉碎物料尺寸为 1～5mm，细粉碎物料尺寸则为 1mm 以下。因此，切削和粉碎是两种尺寸等级的破碎方法。

木本生物质具有比较坚硬的质地，一般采用木材削片机切削破碎，常见的木材削片机包括转鼓式削片机、转盘式削片机和螺旋式削片机，其结构如图 4-7 所示。转鼓式削片机［图4-7(a)］配有直径为 45～60cm 的滚筒，沿滚筒轴向开有 2～4 个凹槽，凹槽边缘嵌有刀片。转鼓在电动机带动下做圆周运动，木材通过传输带和进料辊进入削片机内被连续削片。木材长度方向与刀片之间的切割角随木料直径变化，因此所削出的木片大小也随木料直径变化。图 4-7(b) 为转盘式削片机结构示意图，其主要由直径为 60～100cm 的重型转盘和 2～4 个刀片组成，通过调整刀片和刀座可改变木片尺寸。切割过程中木料和刀片之间的切割角不随木料直径变化，因此生产出的木片大小比较均匀。图 4-7(c) 为螺旋式削片机结构示意图，削片机的水平轴上配有螺旋刀片，螺旋间距沿轴向保持不变，而直径则由进口到出口逐渐增大，工作时螺旋运动的刀片接触木料并将其削片。螺旋削片机具有产量大、能耗低的优点，但生产出的木片尺寸均匀性较差。

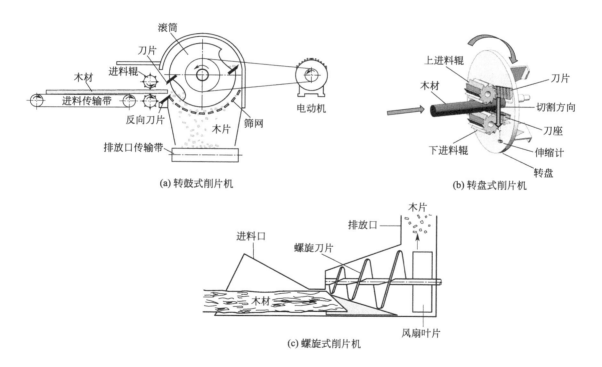

图 4-7　木材削片机

草本生物质如麦秸、稻草、玉米秸、棉花秆等的质地较软，铡草机是切削这类生物质的常用机械。常用的铡草机有转筒式和转盘式两种类型，其结构如图 4-8 所示。如图 4-8(a)所示，转筒式铡草机主要由转筒、动刀片、定刀片和喂草辊所构成，动刀固定在转筒上，草料通过喂草辊送到定刀片刀口处，被动刀切割后落下。

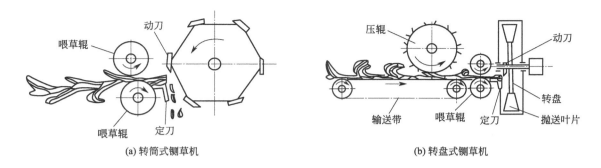

图 4-8　铡草机结构示意

如图 4-8（b）所示，转盘式铡草机由输送带、压辊、转盘、动刀片、定刀片、喂草辊、抛送叶片等构成，动刀固定在转盘上，原料通过输送带并经喂草辊带动进入铡草机，动刀和定刀将草料切碎后，旋转的抛送叶片将草料碎片抛出机外。铡草机的切割长度一般为 15～35mm，转筒式铡草机的生产能力一般在 1t/h 以下，而转盘式铡草机的生产能力可达 1～5t/h[6]。

4.3　原料的干燥

4.3.1　干燥的基本原理

干燥通过蒸发去除水分，经历两个主要过程：

① 蒸发过程，物料表面的水分汽化，物料表面的水蒸气压低于介质（气体）中的水蒸气压，水分从物料表面移入介质；

② 扩散过程，是与汽化密切相关的传质过程。

当物料表面水分被蒸发掉，物料表面的湿度低于物料内部湿度，干燥表面向物料内部迁移，水分蒸发要克服蒸汽在物料内部的传质阻力。水分汽化所需的热量来自周围的热气体，或由其他热源通过辐射、热传导提供。根据结合程度不同，物料中所含的水分为游离态的水和结合态的水：游离水是指附着在物料表面或大孔间隙内、具有和纯水相同蒸气压的水分；结合水是指与固体间存在某种物理或化学作用力的水分，水分汽化时不仅要克服水分子间的作用力，还要克服水分子与固体物质间的作用力，结合水的蒸气压低于纯水。物料的水分蒸气压与物料含水率间的关系通常由实验确定。当湿物料和相同温度的空气接触时，如果物料的水分蒸气压高于空气中的水蒸气分压，则物料表面蒸汽会向空气扩散，蒸气压和物料含水率都会降低；反之，空气中的蒸汽会向物料扩散，导致物料含水率和表面蒸气压均上升。当系统达到平衡时，物料水分蒸气压和空气中的水蒸气分压相等，此时对应的物料含水率称为平衡含水率。表 4-2 所列为不同温度和空气相对湿度下木材的平衡含水率[7]。

表 4-2　不同温度和空气相对湿度下木材的平衡含水率[7]　　　　单位:%

温度/℃	木材的平衡含水率							
	10%	20%	30%	40%	50%	60%	70%	80%
10	2.57	4.60	6.31	7.88	9.47	11.25	13.43	16.39
15	2.54	4.56	6.26	7.82	9.39	11.14	13.30	16.24
20	2.49	4.51	6.19	7.73	9.28	11.00	13.14	16.05
25	2.44	4.44	6.10	7.61	9.14	10.84	12.94	15.82
30	2.38	4.35	5.99	7.48	8.97	10.64	12.71	15.56
35	2.31	4.25	5.86	7.32	8.79	10.43	12.46	15.27

4.3.2　自然干燥

新鲜的生物质原料通常具有很高的含水率，一般可达 50%～60%，水分蒸气压远高于空气中的水蒸气分压，具备自然干燥的条件。因此，自然干燥是新鲜生物质原料首选的干燥方式。自然干燥俗称"晾干"，即通过周围空气对流换热和太阳光直接辐射获得能量，是最为简单、经济和实用的干燥方法，也无需特殊的干燥设备。通过露天支架堆垛、库房支架堆垛、地面摊晒等多种形式，增加湿物料和空气的接触面积，并形成良好的通风条件，就能使物料较快散失水分，最终达到或接近于平衡含水率。

自然干燥固然简单和经济实用，但也存在干燥速率很低的缺点，这是由于物料温度和周围空气温度几乎相等，传热效率非常低。因此，自然干燥往往需要很长的时间才能完成干燥过程，例如新鲜树皮通过室内堆垛自然干燥 5 个月后，含水率仅从 59% 下降至 44%[6]。不同的生物质干燥时间也有显著差异，木本生物质由于密度高、直径大，内部水分扩散速率极慢，通常需要 1～2 年才能达到平衡含水率；相比之下，草本植物如秸秆、稻草等则快很多，但一般也需要 3～6 个月才能达到平衡含水率。自然干燥还受气候因素的影响，如遇连续阴雨天气，空气湿度增大，干燥速率会更慢，甚至可能使原料水分上升并造成腐烂。对于规模化的生物质能源利用系统，自然干燥已经无法满足工业生产要求，这时就需要借助热力干燥技术手段提高生物质干燥速率。

4.3.3　热力干燥

热力干燥，是指利用外加热源（热介质）提高物料温度，加快物料水分蒸发的一种干燥方法。根据热介质与物料的接触方式，可分为以下三种工艺类型[8,9]。

① 直接干燥：又称对流热干燥技术，即热介质（热空气、热烟气或热灰等）低速流过物料，与物料发生直接接触并加热物料，在此过程中吸收物料中的水分。

② 间接干燥：干燥过程中热介质并不直接与物料接触，而是通过热交换器将热量传递给物料，使物料水分蒸发，热介质一般为 160～200℃ 饱和水蒸气或导热油，过程中蒸发的水分到冷凝器中加以冷凝，热介质的一部分回到原系统中再利用，以节约能源。

③ 混合干燥：即干燥系统结合了直接干燥和间接干燥技术。

相比间接干燥技术，以热空气为热介质的直接干燥技术对于固体生物质原料有更好的适用性。相比常温空气自然干燥，热空气干燥具有更高的传热温差，传热效率极大增加；同时，热空气的相对湿度也更低，这有助于提高物料中的水分向空气传递的传质速率；此外，借助通风设备提供的动能，可大大提高热空气流速，大幅提高对流换热和质量传递速率。适合于固体生物质原料干燥的热空气干燥设备有振动流化床干燥机、带式干燥机、筒仓型干燥器、回转滚筒干燥机等。为防止干燥过程中发生火灾，干燥温度应控制在 $100\sim130℃$ 之间。

4.3.4 热力干燥设备

热力干燥设备种类繁多，以下仅介绍生物质干燥最为常用的干燥设备。

4.3.4.1 振动流化床干燥机

振动流化床干燥机是一种适用于粒度＞$50\mu m$ 的粉体、结晶体、颗粒状物料烘干的连续式干燥设备。是一种附加振动强化传热和传质的流化床干燥装置，由于在干燥过程中由机械振动帮助物料流化，不仅有利于边界层湍流，强化传热传质，还确保了在相对稳定的流体力学条件下工作。振动流化床干燥机结构如图 4-9 所示（彩图见书后），干燥机整体由减振弹簧承托，在振动电机作用下，干燥机体发生倾斜振动，驱动进口颗粒物料向出口运动。热空气经空气预热器加热后进入干燥机体内的均压布风板，空气穿过物料并使颗粒悬浮于气流之中，形成流化状态。颗粒物料在流化床内剧烈翻滚沸腾，和热气流进行充分接触，从而具有强烈的传热和传质效果，极大地提高了物料的干燥速率。进口颗粒运动剧烈，但过程比较温和，无明显的磨损[10]。振动流化床干燥机适用于原料颗粒粒度比较均匀且密度比较适中的物料，如稻壳、花生壳、锯末及一些果壳等。

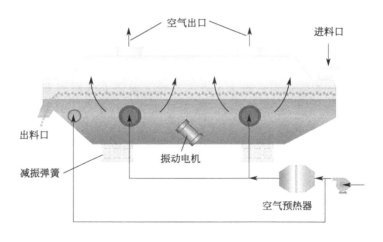

图 4-9 振动流化床干燥机示意图

4.3.4.2 带式干燥机

带式干燥机是一种连续生产型干燥设备，具有干燥速率高、蒸发强度高、产品质量好等优点，在工业上具有极其广泛的应用，适用于透气性较好的片状、条状、颗粒状物料的干燥。其原理示意如图 4-10 所示，原料由进料口均匀地撒落在传输带上，在输送带传输过程中，热空气由输送带下方吹入，并穿过输送带上方的料层，使物料受热并干燥。输送带通常为不锈钢丝网，其运动速度可调，以控制物料输送速度和干燥程度。带式干燥机的干燥流程也可以布置成若干小段，热风按逆流方向逐段通过物料，热空气在两段间用换热器加热后再与物料进行换热。

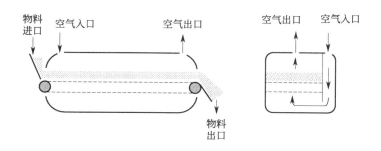

图 4-10 带式干燥机示意图

结构上，带式干燥机由若干个独立的单元段组成。每个单元段包括循环风机、加热装置、单独或公用的新鲜空气抽入系统和尾气排出系统。对干燥介质数量、温度、湿度和尾气循环量等操作参数，可进行独立控制，从而保证干燥机工作的可靠性和操作条件的优化。带式干燥机操作灵活，湿物进料、干燥过程在完全密封的箱体内进行，劳动条件较好，避免了粉尘的外泄。

4.3.4.3 筒仓型干燥器

筒仓型干燥器主要由生物质原料筒仓和热风炉所构成，如图 4-11 所示，燃料在热风炉内燃烧产生高温烟气，高温烟气通过空气加热器将冷空气加热为热空气，热空气导入堆积原料的筒仓中，带走原料中的水分。在筒仓底部需设置布风装置，以使热空气均匀流入筒仓内各区位，实现原料干燥均匀。筒仓型干燥器结构简单，利用了原料储存设备，无需设置专门的干燥装置，系统能量消耗较低，不足之处是对原料水分控制比较困难。

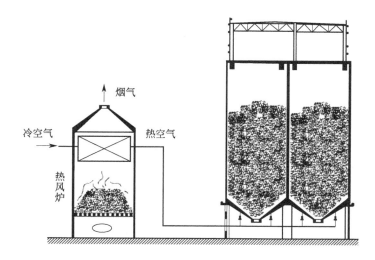

图 4-11 筒仓型干燥器

4.3.4.4 回转式滚筒干燥机

回转式滚筒干燥机的主体是一个由机械驱动、缓慢转动的圆柱形滚筒，滚筒有一定的倾斜度。湿物料由较高的进料口一侧进入滚筒，被转筒壁上的抄板抄起，然后落下，并向较低端的出口移动。物料在抄起和回落的过程中，热风穿行在物料之间，干燥后物料由低端排出。回转式滚筒干燥机通常有直接式干燥和混合式干燥两种形式：直接干燥以穿梭于筒内的热空气为单一热介质，结构比较简单；而混合式干燥除了有热空气干燥介质以外，在筒壁内设有加热管，管内介质通常为饱和水蒸气或导热油，这部分热量通过筒壁以热传导的方式传递给物料。图 4-12 所示为混合式滚筒干燥机，以空气和水蒸气为热介质，加热管内的热介质为饱和水蒸气。热介质的流动方向与物料运动方向相反，呈逆向流动，这有助于提高干燥过程的传热温差，提高干燥速率。回转式滚筒干燥机具有较高的干燥速率，对原料的适应性好，生产量大，但造价较高。

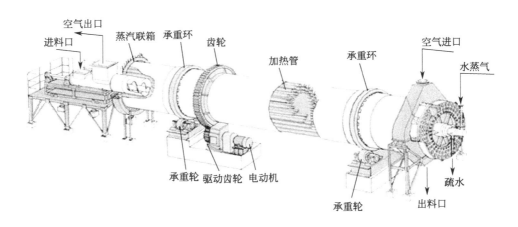

图 4-12　混合式滚筒干燥机

4.4　原料成型

生物质原料成型是指在一定温度和压力下将松散的生物质原料压制成密度较大、形状规则的颗粒状或块状燃料，使生物质原料的品质获得大幅提升的过程。生物质成型燃料的外形如图 4-13 所示（彩图见书后），直径一般为 6～10mm。一般来说，木本原料的堆积密度为 $200～450kg/m^3$，草本原料则更低，仅为 $30～130kg/m^3$，通过压缩成型后，燃料堆积密度可达到 $800～1200kg/m^3$。生物质原料经压缩成型后体积大幅缩小，便于运输和储存，也减小了反应装置和进料机构的体积。成型燃料形状规则且粒度均匀，有利于在燃烧、热解或气化过程中形成稳定的反应工况，实现高效的能源转化和利用。

4.4.1　生物质压缩成型的理论依据

结构疏松、密度较小的生物质物料在受到外力作用后，将经历重新排列位置、机械变形、弹性变形、塑性变形阶段，这些变形的结果使得颗粒间接触面积增大，从而激活了分子间的相互作用。德国的 Rumpf[11] 第一次描述了生物质颗粒和团块可能存在的黏合机制，将成型物内部的黏结力类型和黏结方式分成 5 类。

① 固体颗粒桥接或架桥：架桥通常是在高温高压下通过溶解质的结晶，黏合剂硬化，

(a)

(b)

图 4-13 生物质成型燃料

以及各种颗粒组分的熔化和烧结而形成的，固体颗粒桥接在很大程度上决定了最终固化或干燥制品的强度。

② 粒子间的分子吸引力或静电引力：引力是引起固体颗粒间黏附的短距离力，该作用力取决于颗粒大小和颗粒间的距离，只有当颗粒间的距离非常小时才会发挥效应，当颗粒间距离和颗粒大小增加时会迅速减小，引力可以是范德瓦尔斯力、氢键和磁场静电。

③ 附着力和内聚力：内聚力是使得相同物质黏合在一起的分子间的引力；而附着力是不同物质间分子的引力，该力使得不同物质能够附着在一起。

④ 自由移动液体的表面张力和毛细压力：由液体和颗粒间的表面张力和毛细管力所引起，附着力在颗粒间产生强大的黏合力，但是当液体蒸发后就随之消失。

⑤ 固体粒子间的充填或嵌合（机械连锁键）：是颗粒相互重叠在一起形成连锁键的一种黏合机制。

研究指出，虽然生物质压缩的密度和强度受到温度、含水率、压力和添加剂等诸多因素影响，但都可以用 Rumpf 所述的一种或几种黏结力的共同作用来解释生物质的成型机制[12]。

植物细胞中通常包含纤维素、半纤维素和木质素。木质素是具有芳香族特性、结构单体为苯丙烷型的立体结构高分子化合物，在木本植物中的含量为 27%～32%，在草本植物中的含量为 14%～25%。木质素在不同植物中的结构也不尽相同，常温下的木质素不溶于任何有机溶剂。木质素具有软化点，当木质素加热至 70～110℃时，黏合力开始增加，在 200～300℃会发生软化和液化，此时施加一定压力可使其与纤维素紧密黏合，冷却后即可固化成型。

纤维素是植物细胞壁的主要成分之一，它是由葡萄糖组成的线形高分子化合物。具有一定含水率的纤维素在外力作用下可以形成一定的形状。纤维素含量越高，表明植物细胞机械组织越发达，颗粒成型时往往需要更大的压力。原料中纤维素含量决定了成型的难易程度，纤维素含量越高，则越容易成型[13]。例如，木材废料一般难压缩，在压力作用下变形较小；而纤维状植物秸秆容易压缩，在压力作用下变形较大。在常温不加热条件下进行压缩成型时，较难压缩的原料就不易成型，容易压缩的原料成型也较容易；但在加热条件下进行压缩成型时，木材废料中的木质素在高温下起到黏结作用，成型反而容易，而植物秸秆等原料的木质素含量低，黏结能力弱，因此不易成型。

4.4.2 生物质成型燃料质量标准

我国能源局于 2015 年颁布了行业标准《生物质成型燃料质量分级》（NB/T 34024—2015），规定了生物质成型燃料的分类、规格、分级指标和试验方法，适用于以农业、林业生物质等为原料生产的生物质成型燃料[14]。在欧洲，生物质颗粒燃料质量标准由欧洲标准化委员会（CEU）制定，同样规定了燃料的质量等级。下面以我国《生物质成型燃料质量分级》为依据，介绍成型燃料的主要质量要求。

4.4.2.1 尺寸规格

我国颁布的《生物质成型燃料质量分级》对生物质成型燃料的规格尺寸做了规定，按照尺寸不同分为块状燃料和颗粒燃料，燃料外形如图 4-14 所示。块状燃料尺寸较大，有圆柱体和方柱体两种外形，块状燃料的直径 D（或方形截面对角线尺寸）介于 $25\sim125$mm 之间，长度 L 最长不超过 400mm；而颗粒状燃料呈均匀圆柱体结构，直径 D 不超过 25mm，长度 L 不超过 4 倍的直径 D。

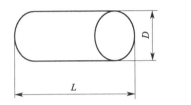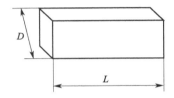

图 4-14 生物质成型燃料外形结构及尺寸

4.4.2.2 燃料成分及发热量

分级标准对农业或混合生物质块状燃料、农业或混合生物质颗粒燃料、林业生物质块状燃料以及林业生物质颗粒燃料的水分、灰分、氮、硫、氯等成分含量以及发热量做了分类规定，并将燃料按照品质由高到低分为 1 级、2 级和 3 级，如表 4-3 所列为农业或混合生物质颗粒燃料的分级指标。

表 4-3 农业或混合生物质颗粒燃料的分级指标

燃料类型	燃料属性	1 级	2 级	3 级
农业或混合生物质颗粒燃料	全水分（收到基）/%	≤10	≤12	≤15
	灰分（干燥基）/%	≤6	≤8	≤12
	收到基低位发热量/(MJ/kg)	≥14.6	≥13.4	≥12.6
	氮（干燥基）/%	≤1.0	≤1.5	≤2.0
	硫（干燥基）/%	≤0.1	≤0.2	≤0.2
	氯（干燥基）/%	≤0.2	≤0.2	≤0.3

4.4.2.3 机械耐久性

机械耐久性是颗粒燃料非常重要的质量参数，因为在用户装货、卸货、运输、储藏过程中，机械强度较低的颗粒燃料容易破碎，导致粉末增加，影响进料，同时还影响燃烧过程中烟气的排放。机械耐久性的标准测试是通过翻滚颗粒燃料，去除细粉后计算剩余颗粒燃料的百分比。分级标准对不同类型生物质成型燃料的机械耐久性要求如表4-4所列。可以看出，分级标准对所有成型燃料的机械耐久性都要求在95%以上。

表4-4　成型燃料机械耐久性指标　　　　　　　　　　单位:%

燃料类型	1级	2级	3级
农业或混合生物质块状燃料	≥97.5	≥95	≥95
农业或混合生物质颗粒燃料	≥97.5	≥95	≥95
林业生物质块状燃料	≥97.5	≥97.5	≥95
林业生物质颗粒燃料	≥97.5	≥97.5	≥95

4.4.2.4　密度

与生物质成型燃料密度相关的指标有成型燃料块密度和堆积密度等。成型燃料块密度是指成型燃料质量和成型块体积的比值，可分为压缩密度和松弛密度。原料在模具内体积随压缩过程中压力的增大不断减小，当压力增大到一定程度，体积不再变化，在最终压力下模内物料的密度称为压缩密度。在成型颗粒或团块取出模具后，由于弹性形变和应力松弛，体积会逐渐增大，密度不断减小，一定时间后趋于稳定，此时成型颗粒燃料或团块燃料的密度称为松弛密度。该密度比模内的最终压缩密度小，是决定成型块燃料物理性能和燃烧性能的一个重要指标。堆积密度是指物料在自然堆积状态下单位体积的质量，显然，堆积密度不仅和燃料的松弛密度有关，也受燃料外形尺寸的影响。分级标准对块状燃料采用松弛密度来表征，对颗粒燃料则采用堆积密度进行表征，具体指标如表4-5所列。由表可知，松弛密度显著高于堆积密度。

表4-5　成型燃料密度指标

燃料类型	燃料属性/(kg/m³)	1级	2级	3级
农业或混合生物质块状燃料	松弛密度	≥1100	≥1000	≥800
农业或混合生物质颗粒燃料	堆积密度	≥600	≥500	≥500
林业生物质块状燃料	松弛密度	≥1100	≥1000	≥800
林业生物质颗粒燃料	堆积密度	≥600	≥500	≥500

4.4.2.5　结渣率

结渣率是指生物质固体燃料试样在规定的鼓风强度下进行燃烧，其灰分在受反应热的作用下熔结成大于6mm粒度的渣块质量占总质量的百分数[15]。按照图4-15所示的结渣性强度区域，将生物质灰渣的结渣性分为强结渣区、中等结渣区和弱结渣区。分级标准对各种不同类型生物质成型燃料的结渣性要求如表4-6所列。

表4-6　成型燃料结渣性指标

燃料类型	1级	2级	3级
农业或混合生物质块状燃料	弱结渣区	弱结渣区	中等结渣区
农业或混合生物质颗粒燃料	弱结渣区	弱结渣区	中等结渣区
林业生物质块状燃料	弱结渣区	弱结渣区	弱结渣区
林业生物质颗粒燃料	弱结渣区	弱结渣区	弱结渣区

4.4.3　生物质压缩成型设备

目前，世界各地研制生产的生物质压缩成型机械设备按照产品形态主要分为两大类，即压缩块设备和压缩粒设备；按照机械作用原理可分为三类，即螺旋压缩成型设备、活塞压缩成型设备和压辊成型设备。

螺旋压缩成型机械最早由美国开发研制并应用，结构原理如图 4-16 所示，生物质原料依靠重力落入螺旋压缩成型机械中，锥形螺杆在电动机带动下推动原料进入横截面逐渐缩小的成型套筒内。套筒外设有加热圈，通过外部加热使成型温度维持在 150～300℃，将木质素软化后形成黏结剂，在锥形螺杆和成型筒的共同作用下，内压应力逐渐增大，在成型套筒的顶端达到最大内应力而成型，再经过一段应力松弛段后，被推出套筒，成为成型燃料。为了缩短加热段长度，可以在原料进入成型套筒前进行预热。

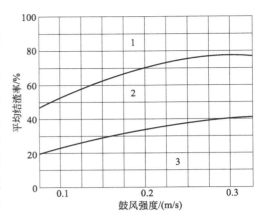

图 4-15 结渣性强度区域[15]
1—强结渣区；2—中等结渣区；3—弱结渣区

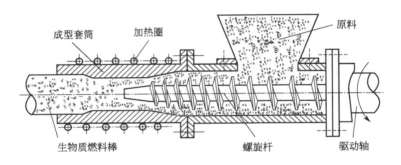

图 4-16 螺旋式挤压成型设备结构原理

为了提高螺旋压缩成型效果，一般将原料含水率控制在 8%～12%，成型压力大小随原料和所要求成型块密度的不同而异，一般在 50～200MPa 之间，其相对密度通常介于 1000～1400kg/m³，燃料形状通常为燃料棒。螺旋挤压成型机运行平稳，生产连续，所生产成型棒易燃；不足之处是螺旋杆和成型套筒磨损严重，并且生产率相对较低，成型过程对物料含水率和颗粒大小有严格要求。

为了避免锥形螺杆干摩擦损耗，又开发出了如图 4-17 所示的活塞压缩成型设备。根据推动活塞装置的不同，活塞压缩成型技术又可分为飞轮活塞压缩和液压活塞压缩两种。飞轮活塞压缩依靠储存于飞轮中的转动动能压缩原料，但其设备庞大，震动强烈且噪声大；液压活塞压缩装置则避免了飞轮活塞压缩设备的上述缺点，但是由于生物质压缩成型时，物料表观密度增加很多，因此液压机械行程很大，导致装置生产率不高。

活塞压缩成型机外部加热通常维持成型温度 160～200℃，将木质素软化形成黏结剂，其进料、压缩和出料都是间歇进行的，即活塞往复运动一次形成一个压缩周期。成型燃料密度介于 800～1100kg/m³。

压辊式制粒机分为环模制粒机和平模制粒机两种，主要工作部件是压模与压辊，压制室中，在压模与压辊挤压下物料通过模孔而成型。可用于颗粒或块状成型燃料生产，原料适应

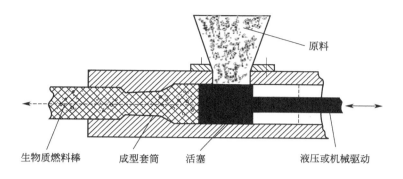

图 4-17 活塞式挤压成型设备结构原理

性强，可用于加工木屑、秸秆、稻壳等纤维较长的原料，一般不用加热。图 4-18 所示为环模制粒机结构及成型原理，成型机中带有成型孔的环模为动模，形成一个旋转的大空心轴，压辊则固定在另外的实心轴上，原料卷入环模和压辊之间，靠物料的摩擦作用带动压辊转动。环模和压辊通过相对旋转对原料实施挤压，物料从环模上的成型孔挤出 [如图 4-18(b) 所示]，然后由切刀切断成为颗粒。目前，生物质环模制粒机凭借其自动化程度高、单机产量大、适合规模化生产的优点已经得到了较为广泛的认可和应用[16]。国内外生物质环模制粒机的性能参数对比如表 4-7 所列。

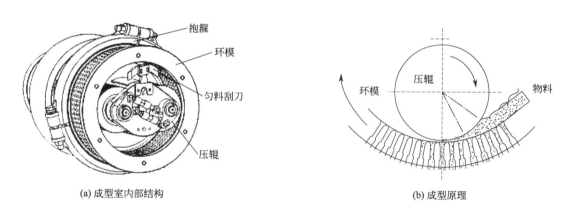

(a) 成型室内部结构

(b) 成型原理

图 4-18 环模制粒机结构及成型原理

表 4-7 国内外部分生物质环模成型设备的主要技术参数[14]

型号	功率/kW	生成率/(t/h)	生产商	国别
7930-4	250/315	3.5～5.0	CPM	美国
120A-175	150/225	3.0～4.0	Bliss Industries	美国
UMT-Paladin	320	4.0～4.5	UMT Andritz Group	奥地利
PM717XW	250	2.0～2.5	Sprout-Matador	丹麦
DPAS	200	2.5	Buhler Inc.	瑞士
MUZL1610M	280	2.5～5.5	江苏牧羊集团有限公司	中国
TYJ560-II	90	1.0～1.5	章丘市托尼机械制造有限公司	中国
PP450 Kompakt	37	0.4～0.5	Sweden Power Chippers AB	瑞典

图 4-19 所示为平模制粒机的结构及成型原理，平模制粒机的压模为水平固定圆盘（即平模盘），平模盘上布置 4～6 个压辊，通过压辊轴连接在传动主轴上，传动主轴在外加动力下以转速 n_1 带动压辊以转速 n_2 在平模盘上连续转动。原料在压辊的压力下被粉碎，同时进入平模盘的成型孔，从平模盘的下方被挤出，然后由切刀切割成颗粒。

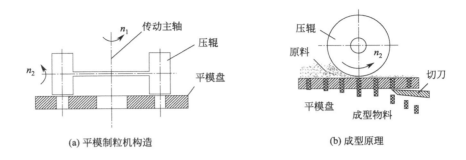

(a) 平模制粒机构造　　　　　　　(b) 成型原理

图 4-19　平模制粒机结构及成型原理

从环模和平模制粒机的对比来看，环模制粒机产量大，耗电少，这是平模制粒机所无法比拟的。而平模制粒机由于转速低于环模制粒机等原因，使得其产量小于环模制粒机，同时由于其转速低、压力大，所压制的颗粒密度更高，适用于木屑、秸秆等难成型的粗纤维。环模制粒机由于结构所限，压力不可调，压制粗纤维物料时就会超出压力负荷，导致模具压辊轴承磨损或坏掉。而平模制粒机结构简单，压力可调，产量稳定，颗粒密度大，并且模具正反两面都可以使用；同时，平模压辊直径的大小不受模具的直径限制，可以加大轴内装轴空间，选用大号轴承增强压辊的承受能力，既能提高压辊的压制力，又能延长使用寿命[12]。

4.4.4　生物质燃料成型影响因素

生物质压缩成型的主要影响因素是温度、压力、成型过程的滞留时间、物料含水率和物料粒度等。

4.4.4.1　成型温度

成型温度对颗粒燃料质量的影响非常显著，其产生的作用包括：a. 使生物质中的木质素软化、熔融而成为黏结剂；b. 使压缩燃料的外表层发生炭化，炭化产物有部分石墨属性，可增加压缩燃料表面润滑性，使其在通过模具或通道时能够顺利滑出而不会粘连，减少挤压动力消耗；c. 提供燃料分子结构变化所需的能量。加热温度需要合理控制，成型温度过高则会发生水分汽化和挥发分的大量析出，导致成型燃料结构疏松，容易发生断裂。

4.4.4.2　成型压力

对生物质燃料施加压力的主要目的是：a. 加强分子间的作用力，使燃料变得更致密均实，以增强成型燃料的机械耐久性；b. 成型压力激活了填入原材料之间不同的黏合机制，在足够高的成型压力下，生物材料中天然的黏合物如淀粉、蛋白质、木质素和果胶被挤压出来，有利于颗粒燃料间更好的黏合；c. 为物料在模内成型及推进提供动力。成型燃料形状保持不变后，其在模具内所受的压应力随时间增加而逐渐减小。因此，必须留出一定的滞留时间，以保证成型物料中的应力充分松弛，防止挤压出模后膨胀过大，同时也使物料有较长时间进行热交换[12]。

4.4.4.3　水分含量

水分含量是影响颗粒燃料质量最重要的因素，生物机体内存在适量的结合水和自由水，具有润滑剂的作用，可使粒子间以及粒子与模具内壁间的摩擦变小，流动性增强，从而促进粒子在压力作用下滑动而嵌合。水分作为黏合剂在造粒过程中的作用非常显著，并且会影响颗粒燃料的机械耐久性及强度。最佳水分含量因原材料和生产设置的不同而发生变化，工厂化的木屑颗粒燃料生产的资料表明，致密的木质颗粒的强度和耐久性随水分含量的增加而增强，直到一个最优值[17]。

在相同成型压力条件下，物料含水率越高则孔隙度越低，从而具有更大的黏结面积，生产出的颗粒燃料具有更高强度。低于最优含水率时，随着含水率的增加，黏结面积的增加量大于黏结强度的降低量，最终使得颗粒燃料强度增加；然而，随着含水率的进一步增加，黏结强度大大降低，降低程度超过了增加的黏结面积对颗粒燃料强度的影响，从而使颗粒燃料强度降低[18]。当生物质原料的含水率过低时，粒子得不到充分延展，与四周粒子结合不够紧密，所以也不能成型[19]。

为了生产出稳定而耐久的颗粒燃料，原材料需达到最佳水分含量。以玉米秸秆、芦苇等生物质作原料进行颗粒燃料的生产时，原料的含水率保持在12%～18%较为适宜，最佳含水率为15%[13]；而以林业剩余物制备颗粒燃料时，在含水率为16%～22%、成型压力为49～98MPa、成型温度约为100℃时，成型效果较佳[20]。综合来看，生物质含水率在10%～20%，是生物质成型比较合适的含水率范围。

4.4.4.4　颗粒度

颗粒度对物料成型也有重要影响，构成生物质成型块的主要物质为不同粒度的生物质颗粒，颗粒在压缩过程中表现出的充填特性、流动特性和压缩特性对生物质的压缩成型有很大的影响。通常生物质压缩成型分为两个阶段：第一阶段，在压缩初期，较低的压力传递至生物质颗粒中，使原先松散堆积的固体颗粒的排列结构开始改变，生物质内部孔隙率减少；第二阶段，当压力逐渐增大时，生物质大颗粒在压力作用下破裂，变成更加细小的粒子，并发生变形或塑性流动。此时粒子开始充填孔隙，粒子间更加紧密地接触而相互啮合，一部分残余应力贮存于成型块内部，使粒子间结合更牢固。构成成型块的粒子越细小，粒子间的充填程度就越高，接触就越紧密；当粒子粒度小到一定程度（几百至几微米）后，成型块内部的结合力方式和主次顺序也发生变化，粒子间的分子引力、静电引力和液相附着力（毛细管力）开始上升为主导地位。研究表明，成型块的抗渗水性和吸湿性都与颗粒粒径有密切关系，粒径小的颗粒比表面积大，成型块容易吸湿回潮；但与之相反的是，粒径小的颗粒更易于填充，可压缩性变大，使得成型块内部残余应力变小，从而降低了成型块的亲水性，提高了抗渗水性[12]。

⚏ 思考题

1. 简述圆捆机和方捆机的特点。
2. 简述圆捆机和方捆机的工作过程。

3. 简述干燥的基本原理。

4. 对比自然干燥和热力干燥的优缺点。

5. 试述热力干燥设备的分类及其特点。

6. 根据 Rumpf 提出的理论，物料内部黏结力有哪些类型？

7. 根据《生物质成型燃料质量分级》行业标准，生物质成型燃料主要有哪些质量要求？

8. 简述螺旋压缩成型设备、活塞压缩成型设备和压辊成型设备的工作原理及特点。

参考文献

[1] 李叶龙．辊盘式卷捆机构卷捆机理分析与试验研究．哈尔滨：东北农业大学，2018.

[2] 吴德格吉乐胡．9YG-1.2型圆捆机喂入机构及成捆室分析研究．呼和浩特：内蒙古农业大学，2014.

[3] 李明畅．自走式秸秆打捆机关键部件的设计及仿真研究．佳木斯：佳木斯大学，2017.

[4] 陈锋．大方捆打捆机压缩机构设计及压缩试验研究．北京：中国农业机械化科学研究院，2007.

[5] 雅克·范鲁，耶普·克佩耶．生物质燃烧与混合燃烧技术手册．田宜水，姚向君译．北京：化学工业出版社，2008.

[6] 马隆龙，吴创之，孙立．生物质气化技术及其应用．北京：化学工业出版社，2003.

[7] 孙立，张晓东．生物质热解气化原理与技术．北京：化学工业出版社，2012.

[8] Lowe P. Development in the thermal drying of sewage sludge. Water Environ. J., 1995 (9): 306-316.

[9] Chen G H, Yue P L, Mujumdar A S. Sludge dewatering and drying. Drying technol., 2002 (20): 883-916.

[10] 刘安源，刘中良，段钰锋．振动流化床干燥装置干燥特性计算．化学工程，1999 (27)：24-27.

[11] Rumpf H. The strength of granules and agglomerates. New York, Interscience, 1962: 379-418.

[12] 李源，张小辉，朗威，等．生物质压缩成型技术的研究进展．沈阳工程学院学报（自然科学版），2009 (5)：301-304.

[13] 姜洋，曲静雯，郭军，等．生物质颗粒燃料成型条件的研究．可再生能源，2006 (129)：16-18.

[14] NB/T 34024—2015 生物质成型燃料质量分级．

[15] NB/T 34025—2015 生物质固体燃料结渣性试验方法．

[16] 孙宇，王禹，武凯．生物质致密成型技术研究进展．机械设计与制造工程，2016 (45)：11-16.

[17] Kaliyan N, Morey R V. Factors affecting strength and durability of densified biomass products. Biomass and Bioenergy, 2009 (33): 337-359.

[18] Sun C C. Decoding powder tabletability: Roles of particle adhesion and plasticity. J. Adhesion Sci. Technol., 2011 (25): 483-499.

[19] 黄艳，杜鹏东，张明远，等．生物质颗粒燃料成型影响因素研究进展．生物质化学工程，2015 (49)：53-58.

[20] 蒋剑春，刘石彩，戴伟娣，等．林业剩余物制造颗粒成型燃料技术研究．林产化学与工业，1999 (19)：25-30.

第二篇　燃烧篇

第**5**章

燃料的燃烧计算

　　燃料的燃烧，是指燃料中的碳和氢等可燃元素与氧气发生剧烈的氧化反应，同时释放大量的热量的过程。燃料燃烧后产生烟气和灰等燃烧产物。为使燃料燃烧充分完全，需要维持一个高温的燃烧环境（temperature），提供燃烧所需的充足氧气（由空气中获得）并使燃料与氧气充分混合（turbulence），提供足够的燃烧时间（time），即为燃烧的"3T"原则。除此以外，还必须将烟气和灰等燃烧产物及时排走。燃料的燃烧计算，主要包括计算燃料燃烧所需的空气量和产生的烟气量，以及空气和烟气的焓，是锅炉等燃烧设备设计计算或校核计算的基础[1-5]。

5.1　燃烧所需的空气量

　　燃烧所需的空气量分为理论空气量和实际空气量两部分：理论空气量是指燃料和空气以化学当量比混合且完全燃烧时的空气消耗量；实际空气量只是燃烧过程中实际通入的空气量

大小。空气量的计算结果是燃烧辅助设备如送风机、送风管道等设备选型的主要依据。

5.1.1 固体和液体燃料燃烧所需理论空气量

理论空气量定义为 1kg 收到基燃料燃烧所需空气的化学当量体积，以符号 V_k^0 表示，单位 m^3/kg。固体和液体中的可燃元素为碳、氢和硫，它们完全燃烧时所需的空气量可以根据完全燃烧化学反应方程式来计算。计算时假设：

① 空气和烟气中包括水蒸气在内的所有气体组分均为理想气体，即标准状态的 1mol 气体体积为 22.4L；

② 空气中只包含 O_2 和 N_2，体积分数分别为 21% 和 79%。

碳完全燃烧反应方程式为： $C + O_2 \longrightarrow CO_2$

即： $12kg\ C + 22.4m^3\ O_2 \longrightarrow 22.4m^3\ CO_2$ (5-1)

因此，1kg 碳完全燃烧所需 O_2 体积为 $1.866m^3$，1kg 收到基燃料中的含碳量为 $\dfrac{C_{ar}}{100}kg$，因此 1kg 收到基燃料中的碳燃烧需氧量为 $\dfrac{1.866C_{ar}}{100}m^3$。

硫的完全燃烧反应方程式为： $S + O_2 \longrightarrow SO_2$

即： $32kg\ S + 22.4m^3\ O_2 \longrightarrow 22.4m^3\ SO_2$ (5-2)

同理，1kg 硫完全燃烧所需 O_2 体积为 $0.7m^3$，1kg 收到基燃料中的含硫量为 $\dfrac{S_{ar}}{100}kg$，因此 1kg 收到基燃料中的硫燃烧需氧量为 $\dfrac{0.7S_{ar}}{100}m^3$。

氢的完全燃烧反应方程式为： $H_2 + 0.5O_2 \longrightarrow H_2O$

即： $2.016kg\ H_2 + 11.2m^3\ O_2 \longrightarrow 22.4m^3\ H_2O$ (5-3)

1kg 氢完全燃烧所需 O_2 体积为 $5.55m^3$，1kg 收到基燃料中的含氢量为 $\dfrac{H_{ar}}{100}kg$，因此 1kg 收到基燃料中的氢燃烧需氧量为 $\dfrac{5.55H_{ar}}{100}m^3$。

此外，对于燃料中的固态氧： $2O \longrightarrow O_2$

即： $32kg\ O \longrightarrow 22.4m^3\ O_2$ (5-4)

1kg 固态氧可替代 $0.7m^3 O_2$，1kg 收到基燃料中的含氧量 $\dfrac{O_{ar}}{100}kg$，折合 O_2 体积为 $\dfrac{0.7O_{ar}}{100}m^3$。

综合以上，1kg 收到基燃料完全燃烧所需的化学当量 O_2 的体积 $V_{O_2}^0$ 为：

$$V_{O_2}^0(m^3/kg) = \frac{1.866C_{ar}}{100} + \frac{0.7S_{ar}}{100} + \frac{5.55H_{ar}}{100} - \frac{0.7O_{ar}}{100}$$ (5-5)

已知空气中的 O_2 体积分数为 21%，则 1kg 收到基燃料完全燃烧所需的化学当量空气体积，即理论空气量为：

$$V_k^0 (\mathrm{m^3/kg}) = \frac{1}{0.21}\left(\frac{1.866C_{ar}}{100} + \frac{0.7S_{ar}}{100} + \frac{5.55H_{ar}}{100} - \frac{0.7O_{ar}}{100}\right)$$

$$= 0.0889(C_{ar} + 0.375S_{ar}) + 0.265H_{ar} - 0.0333O_{ar} \tag{5-6}$$

当燃料元素成分未知时，可根据燃料的收到基低位发热量进行估算：

对于贫煤及无烟煤：
$$V_k^0 (\mathrm{m^3/kg}) = \frac{0.239Q_{ar,net} + 600}{990} \tag{5-7}$$

对于烟煤：
$$V_k^0 (\mathrm{m^3/kg}) = \frac{0.251Q_{ar,net}}{1000} + 0.278 \tag{5-8}$$

对于 $Q_{ar,net} < 12560\mathrm{kJ/kg}$ 的劣质煤：$V_k^0 (\mathrm{m^3/kg}) = \dfrac{0.239Q_{ar,net} + 450}{990} \tag{5-9}$

对于液体燃料：
$$V_k^0 (\mathrm{m^3/kg}) = \frac{0.203Q_{ar,net}}{1000} + 2.0 \tag{5-10}$$

5.1.2 气体燃料燃烧所需理论空气量

气体燃料燃烧所需的理论空气量定义为标准状态下 $1\mathrm{m^3}$ 气体燃料完全燃烧所需空气的化学当量体积，单位为 $\mathrm{m^3/m^3}$。可燃气体成分包括 H_2、CO、烃类气体（C_xH_y）和 H_2S，各单一可燃气体完全燃烧所需 O_2 体积可分别计算。

H_2 完全燃烧：　　　$22.4\mathrm{m^3}\ H_2 + 11.2\mathrm{m^3}\ O_2 \longrightarrow 22.4\mathrm{m^3}\ H_2O \tag{5-11}$

即 $1\mathrm{m^3}\ H_2$ 完全燃烧消耗 $0.5\mathrm{m^3}\ O_2$，$1\mathrm{m^3}$ 气体燃料中 H_2 的体积为 $\dfrac{H_2}{100}\mathrm{m^3}$，所需 O_2 体积为

$\dfrac{0.5H_2}{100}\mathrm{m^3}$。

CO 完全燃烧：　　　$22.4\mathrm{m^3}\ CO + 11.2\mathrm{m^3}\ O_2 \longrightarrow 22.4\mathrm{m^3}\ CO_2 \tag{5-12}$

即 $1\mathrm{m^3}\ CO$ 完全燃烧消耗 $0.5\mathrm{m^3}\ O_2$，同理，$1\mathrm{m^3}$ 气体燃料中的 CO 燃烧所需 O_2 体积为 $\dfrac{0.5CO}{100}\mathrm{m^3}$。

C_xH_y 完全燃烧：$22.4\mathrm{m^3}\ C_xH_y + 22.4(x+y/4)\mathrm{m^3}\ O_2 \longrightarrow 22.4x\mathrm{m^3}\ CO_2 + 11.2y\mathrm{m^3}\ H_2O$

$$\tag{5-13}$$

即 $1\mathrm{m^3}\ C_xH_y$ 完全燃烧消耗 $(x+y/4)\ \mathrm{m^3}\ O_2$，则 $1\mathrm{m^3}$ 气体燃料中的 C_xH_y 完全燃烧所需 O_2 体积为 $\dfrac{(x+y/4)C_xH_y}{100}\mathrm{m^3}$。

H_2S 完全燃烧：$22.4\mathrm{m^3}\ H_2S + 33.6\mathrm{m^3}\ O_2 \longrightarrow 22.4\mathrm{m^3}\ SO_2 + 11.2\mathrm{m^3}\ H_2O \tag{5-14}$

即 $1\mathrm{m^3}\ H_2S$ 完全燃烧消耗 $1.5\mathrm{m^3}\ O_2$，则 $1\mathrm{m^3}$ 气体燃料中的 H_2S 完全燃烧所需 O_2 体积为 $\dfrac{1.5H_2S}{100}\mathrm{m^3}$。

此外，当气体燃料成分中含有 O_2 时，可替代部分燃烧所需。综合以上可得理论氧气量 $V_{O_2}^0$ 和理论空气量 V_k^0：

$$V_{O_2}^0 (\mathrm{m^3/m^3}) = \frac{0.5H_2}{100} + \frac{0.5CO}{100} + \sum\frac{(x+y/4)C_xH_y}{100} + 1.5\frac{H_2S}{100} - O_2$$

$$V_k^0(\text{m}^3/\text{m}^3)=\frac{1}{21}\left[0.5H_2+0.5CO+\sum(x+y/4)C_xH_y+1.5H_2S-O_2\right] \quad (5-15)$$

式中，H_2、CO、C_xH_y、H_2S 和 O_2 分别表示气体燃料中各气体组分的体积分数，%。

当气体燃料成分未知时，可根据气体燃料的收到基低位发热量进行估算。

当 $Q_{\text{ar,net}}<10500\text{kJ}/\text{m}^3$ 时：$V_k^0(\text{m}^3/\text{m}^3)=\dfrac{0.209Q_{\text{ar,net}}}{1000}$ \quad (5-16)

当 $Q_{\text{ar,net}}>10500\text{kJ}/\text{m}^3$ 时：$V_k^0(\text{m}^3/\text{m}^3)=\dfrac{0.26Q_{\text{ar,net}}}{1000}-0.25$ \quad (5-17)

5.1.3 燃烧所需实际空气量

在实际燃烧过程中，仅提供化学当量的空气量是无法实现燃料完全燃烧的，因为空气和燃料无法达到理想的、完全均一的混合，使得某些局部空气过量，某些局部空气不足，导致燃烧不完全。因此，为了使燃料尽可能完全燃烧，实际提供的空气量总是大于理论空气量。实际空气量用符号 V_k 表示，它与理论空气量 V_k^0 的比值称为过量空气系数，用符号 α（烟气侧）或 β（空气侧）表示，其中 α 更常用，即：

$$\alpha=\frac{V_k}{V_k^0} \quad (5-18)$$

这样，燃烧 1kg（或 1m^3）燃料所需的实际空气量可由下式计算：

$$V_k=\alpha V_k^0 \quad (5-19)$$

一般而言，固体燃料燃烧的过量空气系数 α 大于液体燃料和气体燃料，介于 1.2～1.6；液体和气体燃料燃烧的 α 值通常介于 1.05～1.2。

5.2 燃烧烟气量的计算

与理论空气量和实际空气量相对应的是燃料燃烧的理论烟气量和实际烟气量。烟气量是引风机、烟气通道和烟气净化等设备选型的重要依据。

5.2.1 固体和液体燃料燃烧的理论烟气量

理论烟气量的定义为 1kg 收到基燃料与化学当量的空气量 V_k^0 混合并完全燃烧后产生的烟气量，以符号 V_y^0 表示，单位为 m^3/kg。并假设：

① 烟气中的所有气体成分均为理想气体；

② 燃料中的氮元素燃烧后转化为 N_2。

因此，理论烟气中只含有 CO_2、SO_2、H_2O 和 N_2 四种气体成分，各成分的量可根据上述完全燃烧方程式得出。

5.2.1.1 CO_2 体积 V_{CO_2}

1kg 碳完全燃烧产生 1.866m^3 CO_2，1kg 收到基燃料中含碳 $\dfrac{C_{\text{ar}}}{100}$kg，因此 1kg 收到基燃

料燃烧产生的 CO_2 体积为：

$$V_{CO_2}(m^3/kg)=0.01866C_{ar} \tag{5-20}$$

5.2.1.2　SO_2 体积 V_{SO_2}

1kg 硫完全燃烧产生 $0.7m^3$ SO_2，1kg 收到基燃料中含硫 $\dfrac{S_{ar}}{100}$kg，因此 1kg 收到基燃料燃烧产生的 SO_2 体积为：

$$V_{SO_2}(m^3/kg)=0.007S_{ar} \tag{5-21}$$

5.2.1.3　理论水蒸气体积 $V_{H_2O}^0$

理论烟气中的水蒸气主要有三个来源，即燃料中的氢燃烧产生的水蒸气，燃料中的水分蒸发形成的水蒸气，理论空气量 V_k^0 所带入的水蒸气。

① 氢燃烧产生的水蒸气。由式(5-3) 可知，1kg 收到基燃料中的氢燃烧产生的水蒸气体积为 $0.111H_{ar}$ m^3。

② 水分蒸发产生的水蒸气。1kg 收到基燃料中的含水量为 $\dfrac{M_{ar}}{100}$kg，折合水蒸气体积为 $0.0124M_{ar}$ m^3。

③ 理论空气量 V_k^0 带入的水蒸气。实际参与燃烧的空气中总会携带少量水蒸气，一般认为 1kg 干空气中带有 10g 水蒸气，标态下干空气密度为 $1.293kg/m^3$，水蒸气比容为 $1.24m^3/kg$。则 1kg 收到基燃料燃烧的理论空气量 V_k^0 所带水蒸气体积为 $0.0161V_k^0$ m^3。

某些情况下，例如以水蒸气为雾化剂对重油等高黏性燃料进行雾化燃烧，以水蒸气为吹灰气，或炉内喷淋减温等过程，需考虑额外带入的水蒸气量。综合考虑①～③，理论水蒸气体积为三部分体积之和，即：

$$V_{H_2O}^0=0.111H_{ar}+0.0124M_{ar}+0.0161V_k^0 \tag{5-22}$$

5.2.1.4　理论 N_2 体积 $V_{N_2}^0$

烟气中的 N_2 主要来自两部分。

① 理论空气量 V_k^0 中所含 N_2。已知空气中 N_2 体积分数为 79%，则 1kg 收到基燃料所需理论空气量中的 N_2 体积为 $0.79V_k^0$。

② 燃料中的氮。根据假设，燃料中的氮全部转化为 N_2，则 $2N \longrightarrow N_2$，即：

$$28kg\ N \longrightarrow 22.4m^3\ N_2 \tag{5-23}$$

由式(5-23) 可知，1kg 氮转化为 $0.8m^3$ N_2，1kg 收到基燃料中含有氮 $\dfrac{N_{ar}}{100}$kg，因此 1kg 收到基中的燃料氮产生 N_2 体积为 $0.008N_{ar}$ m^3。

理论 N_2 体积为上述两部分之和，即：

$$V_{N_2}^0=0.79V_k^0+0.008N_{ar} \tag{5-24}$$

综合式(5-20)～式(5-22) 及式(5-24)，可得理论烟气量为：

$$\begin{aligned}V_y^0=&V_{CO_2}+V_{SO_2}+V_{N_2}^0+V_{H_2O}^0=0.01866(C_{ar}+0.375S_{ar})+0.111H_{ar}\\&+0.0124M_{ar}+0.008N_{ar}+0.8061V_k^0\end{aligned} \tag{5-25}$$

理论烟气量扣除理论水蒸气量后，称为理论干烟气量 V_{gy}^0，即：

$$V_{gy}^0 = V_{CO_2} + V_{SO_2} + V_{N_2}^0 \tag{5-26}$$

5.2.1.5 经验公式

当燃料元素成分未知时，理论烟气量可根据收到基低位发热量进行估算。

对于无烟煤、贫煤及烟煤：$V_y^0 (m^3/kg) = \dfrac{0.248Q_{ar,net}}{1000} + 0.77 \tag{5-27}$

对于 $Q_{ar,net} < 12560 kJ/kg$ 的劣质煤：$V_y^0 (m^3/kg) = \dfrac{0.248Q_{ar,net}}{1000} + 0.54 \tag{5-28}$

对于液体燃料：$\qquad V_y^0 (m^3/kg) = \dfrac{0.265Q_{ar,net}}{1000} \tag{5-29}$

5.2.2 气体燃料燃烧的理论烟气量

气体燃料燃烧的理论烟气量定义为标准状态下 $1m^3$ 干燃气与化学当量的空气量 V_k^0 混合并完全燃烧后产生的烟气量，单位为 m^3/m^3。

5.2.2.1 V_{CO_2} 的计算

① CO 燃烧。$1m^3$ 干燃气中的 CO 体积为 $\dfrac{CO}{100} m^3$，燃烧排放的 CO_2 体积也为 $\dfrac{CO}{100} m^3$。

② $C_x H_y$ 燃烧。$1m^3$ 干燃气中的 $C_x H_y$ 体积为 $\dfrac{C_x H_y}{100} m^3$，燃烧排放的 CO_2 体积为 $\sum \dfrac{x C_x H_y}{100} m^3$。

③ $1m^3$ 干燃气本身所含的 CO_2 体积为 $\dfrac{CO_2}{100} m^3$。

综合①~③，$1m^3$ 干燃气燃烧排放的 CO_2 体积为：
$$V_{CO_2} (m^3/m^3) = 0.01(CO + \sum x C_x H_y + CO_2) \tag{5-30}$$

5.2.2.2 V_{SO_2} 的计算

$H_2 S$ 组分燃烧会产生 SO_2，由式（5-14）可知 $1m^3$ 干燃气中的 $H_2 S$ 组分燃烧产生的 SO_2 体积为 $\dfrac{H_2 S}{100} m^3$，即：
$$V_{SO_2} (m^3/m^3) = 0.01 H_2 S \tag{5-31}$$

5.2.2.3 $V_{H_2O}^0$ 的计算

气体燃料燃烧产生的水蒸气来自三部分，即燃气含氢组分燃烧产生的水蒸气、燃气和空气所携带的水蒸气。

① 由式（5-11）、式（5-13）和式（5-14）可知，$1m^3$ 干燃气中的 H_2、$C_x H_y$ 和 $H_2 S$ 等含氢组分燃烧排放的水蒸气体积分别为 $\dfrac{H_2}{100} m^3$、$\sum \dfrac{0.5y C_x H_y}{100} m^3$ 和 $\dfrac{H_2 S}{100} m^3$。

② 假设干燃气含湿量为 d_r（kg/m^3），则 $1m^3$ 干燃气中的水蒸气体积为 $1.24 d_r m^3$；

③ 由前所述，V_k^0 的理论空气量所携带的水蒸气体积为 $0.0161V_k^0$。

综合①～③可得理论水蒸气量为：

$$V_{H_2O}^0(\text{m}^3/\text{m}^3)=0.01(H_2+\sum 0.5yC_xH_y+H_2S+124d_r+1.61V_k^0) \tag{5-32}$$

5.2.2.4 $V_{N_2}^0$ 的计算

烟气中的 N_2 来自两部分，即空气中的 N_2 和气体燃料本身所含的 N_2，由此可得：

$$V_{N_2}^0(\text{m}^3/\text{m}^3)=0.79V_k^0+0.01N_2 \tag{5-33}$$

式(5-30)～式(5-33) 中，CO、C_xH_y、CO_2、H_2S、H_2 和 N_2 分别表示干燃气中一氧化碳、烃类气体、二氧化碳、硫化氢、氢气和氮气的体积分数，%。

综合以上各式，可得理论烟气量：

$$V_y^0(\text{m}^3/\text{m}^3)=0.01[CO+\sum(x+0.5y)C_xH_y+CO_2+2H_2S+H_2+N_2+124d_r+80.61V_k^0] \tag{5-34}$$

理论干烟气量为：$V_{gy}^0(\text{m}^3/\text{m}^3)=0.01(CO+\sum xC_xH_y+CO_2+H_2S+N_2+79V_k^0)$

$$\tag{5-35}$$

5.2.2.5 经验公式

当气体燃料成分未知时，理论烟气量可根据收到基低位发热量进行估算。

对于烷烃类气体燃料：$\quad V_y^0(\text{m}^3/\text{m}^3)=\dfrac{0.239Q_{ar,net}}{1000}+k \tag{5-36}$

式中，k 为经验系数，天然气取 2，液化石油气取 4.5。

对于焦炉煤气：$\quad V_y^0(\text{m}^3/\text{m}^3)=\dfrac{0.272Q_{ar,net}}{1000}+0.25 \tag{5-37}$

对于 $Q_{ar,net}<12600\text{kJ/m}^3$ 的气体燃料：$V_y^0(\text{m}^3/\text{m}^3)=\dfrac{0.173Q_{ar,net}}{1000}+1.0 \tag{5-38}$

5.2.3 实际烟气量的计算

实际烟气量定义为 1kg（或标态下 1m³ 气体燃料）收到基燃料与 αV_k^0 的空气量混合并完全燃烧后排放的烟气量，用符号 V_y 表示，单位为 m³/kg（或 m³/m³）。实际烟气成分由 CO_2、SO_2、N_2、O_2 和 H_2O 构成。

与理论烟气量相比，实际烟气量多出的部分包括剩余的空气量及剩余空气所携带的水蒸气量，即：

$$V_y=V_y^0+1.0161(\alpha-1)V_k^0 \tag{5-39}$$

实验烟气中各成分体积可分别计算如下。

5.2.3.1 V_{CO_2} 和 V_{SO_2}

对于固体和液体燃料，V_{CO_2} 和 V_{SO_2} 仍分别由式(5-20) 和式(5-21) 计算；对于气体燃料，V_{CO_2} 和 V_{SO_2} 仍分别由式(5-30) 和式(5-31) 计算。

5.2.3.2 实际水蒸气体积 V_{H_2O}

实际水蒸气体积 V_{H_2O} 比理论水蒸气体积 $V_{H_2O}^0$ 多出了由过量空气所携带的水蒸气量，即：

$$V_{\text{H}_2\text{O}} = V^0_{\text{H}_2\text{O}} + 0.0161(\alpha - 1)V^0_{\text{k}} \tag{5-40}$$

对于固体和液体燃料，式(5-22)代入上式得：

$$V_{\text{H}_2\text{O}}(\text{m}^3/\text{kg}) = 0.111\text{H}_{ar} + 0.0124\text{M}_{ar} + 0.0161V_{\text{k}} \tag{5-41}$$

对于气体燃料，式(5-32)代入式(5-40)得：

$$V_{\text{H}_2\text{O}}(\text{m}^3/\text{m}^3) = 0.01(\text{H}_2 + 0.5y\text{C}_x\text{H}_y + \text{H}_2\text{S} + 124d_r + 1.61V_{\text{k}}) \tag{5-42}$$

5.2.3.3 实际 N_2 体积 V_{N_2}

实际 N_2 体积 V_{N_2} 比理论 N_2 体积 $V^0_{\text{N}_2}$ 多出了过量空气中的 N_2 体积，即：

$$V_{\text{N}_2} = V^0_{\text{N}_2} + 0.79(\alpha - 1)V^0_{\text{k}} \tag{5-43}$$

对于固体和液体燃料，式(5-24)代入上式得：

$$V_{\text{N}_2}(\text{m}^3/\text{kg}) = 0.79V_{\text{k}} + 0.008\text{N}_{ar} \tag{5-44}$$

对于气体燃料，式(5-32)代入式(5-43)得：

$$V_{\text{N}_2}(\text{m}^3/\text{m}^3) = 0.79V_{\text{k}} + 0.01\text{N}_2 \tag{5-45}$$

5.2.3.4 过量 O_2 体积 V_{O_2}

实际烟气中过量的 O_2 体积来自过量空气中的 O_2，即：

$$V_{\text{O}_2} = 0.21(\alpha - 1)V^0_{\text{k}} \tag{5-46}$$

5.3 空气和烟气焓

5.3.1 空气焓

5.3.1.1 理论空气焓

理论空气焓定义为理论空气量 V^0_{k} 在温度 θ℃下的焓值，用符号 I^0_{k} 表示，单位为 kJ/kg 或 kJ/m³。按下式计算：

$$I^0_{\text{k}} = V^0_{\text{k}}(c\theta)_{\text{k}} \tag{5-47}$$

式中，$(c\theta)_{\text{k}}$ 为 1m³ 的干空气连同其所携带的水蒸气在温度为 θ℃时的焓，简称 1m³ 的干空气的湿空气焓，kJ/m³，可根据空气温度从表 5-1 查取数值。

表 5-1　1m³ 气体、空气及 1kg 灰的焓

θ/℃	$(c\theta)_{\text{RO}_2}$/(kJ/m³)	$(c\theta)_{\text{N}_2}$/(kJ/m³)	$(c\theta)_{\text{O}_2}$/(kJ/m³)	$(c\theta)_{\text{H}_2\text{O}}$/(kJ/m³)	$(c\theta)_{\text{k}}$/(kJ/m³)	$(c\theta)_{\text{fh,hz}}$/(kJ/kg)
30					39	
100	170	130	132	151	132	81
200	357	260	267	304	266	169
300	559	392	407	463	403	264
400	772	527	551	626	542	360
500	994	664	699	795	684	458
600	1225	804	850	969	830	560
700	1462	948	1004	1149	978	662

θ/℃	$(c\theta)_{RO_2}$/(kJ/m³)	$(c\theta)_{N_2}$/(kJ/m³)	$(c\theta)_{O_2}$/(kJ/m³)	$(c\theta)_{H_2O}$/(kJ/m³)	$(c\theta)_k$/(kJ/m³)	$(c\theta)_{fh,hz}$/(kJ/kg)
800	1705	1094	1160	1334	1129	767
900	1952	1242	1318	1526	1282	875
1000	2204	1392	1478	1723	1437	984
1100	2458	1544	1638	1925	1595	1097
1200	2717	1697	1801	2132	1753	1206
1300	2977	1853	1964	2344	1914	1361
1400	3239	2009	2128	2559	2076	1583
1500	3503	2166	2294	2779	2239	1758
1600	3769	2325	2460	3002	2403	1876
1700	4036	2484	2629	3229	2567	2064
1800	4305	2644	2797	3458	2731	2186
1900	4574	2804	2967	3690	2899	2386
2000	4844	2965	3138	3926	3066	2512
2100	5115	3127	3309	4163	3234	2640
2200	5387	3289	3483	4402	3402	2760

5.3.1.2 实际空气焓

实际空气焓即实际空气量 V_k 在温度 θ℃下的焓值，以符号 I_k 表示，按下式计算：

$$I_k = V_k(c\theta)_k \tag{5-48}$$

即：

$$I_k = \alpha I_k^0 \tag{5-49}$$

5.3.2 烟气焓

5.3.2.1 理论烟气焓

理论烟气焓定义为理论烟气量中各气体成分焓的总和，以符号 I_y^0 表示，单位为 kJ/kg 或 kJ/m³，计算如下：

$$I_y^0 = V_{RO_2}(c\theta)_{RO_2} + V_{N_2}^0(c\theta)_{N_2} + V_{H_2O}^0(c\theta)_{H_2O} \tag{5-50}$$

式中，V_{RO_2} 表示烟气中三原子气体体积，$V_{RO_2} = V_{CO_2} + V_{SO_2}$；$(c\theta)_{RO_2}$、$(c\theta)_{N_2}$ 和 $(c\theta)_{H_2O}$ 分别表示 1m³ 的三原子气体、N_2 和水蒸气的焓，可由表 5-1 查得。

5.3.2.2 实际烟气焓

实际烟气焓为实际烟气量中各气体成分焓与飞灰焓的总和，以符号 I_y 表示，即：

$$I_y = V_{RO_2}(c\theta)_{RO_2} + V_{N_2}(c\theta)_{N_2} + V_{H_2O}(c\theta)_{H_2O} + V_{O_2}(c\theta)_{O_2} + I_{fh} \tag{5-51}$$

$$I_{fh} = \frac{\alpha_{fh} A_{ar}}{100}(c\theta)_{fh} \tag{5-52}$$

式中，I_{fh} 为飞灰焓，仅固体燃料需要考虑；α_{fh} 为飞灰份额，即烟气中的灰分占固体燃料总灰分的份额；$(c\theta)_{fh}$ 为 1kg 飞灰的焓，由表 5-1 查得。

当飞灰折算含量满足 $4190\dfrac{\alpha_{fh} A_{ar}}{Q_{ar,net}}(c\theta)_{fh} \leqslant 6$ 条件时，飞灰焓可忽略不计。

由式(5-50) 和式(5-51) 可知，实际烟气焓与理论烟气焓满足以下关系：

$$I_y = I_y^0 + (\alpha - 1)I_k^0 + I_{fh} \tag{5-53}$$

5.4 烟气成分分析及应用

在锅炉的实际燃烧过程中，因各种原因燃料很难达到完全燃烧的状态，导致烟气中含有 CO、H_2、CH_4 和 $C_x H_y$ 等可燃性气体。此外，锅炉的燃烧和运行工况与设计工况总会有所差异，为了判断锅炉的实际运行情况，也需要分析烟气成分，并计算得到烟气量和过量空气系数，从而判别燃烧工况的好坏，以便进行运行调整和优化改进。

5.4.1 烟气成分分析

如前所述，燃烧烟气成分主要有 CO_2、SO_2、N_2、O_2 和水蒸气。在不完全燃烧状态下，烟气中还含有 CO、H_2、CH_4 和 $C_x H_y$ 等可燃性气体。实际上，燃烧烟气中的 H_2、CH_4 和 $C_x H_y$ 等可燃性气体浓度很低，通常可以忽略不计。因此，实际烟气量可由下式表示：

$$V_y = V_{CO_2} + V_{SO_2} + V_{N_2} + V_{O_2} + V_{CO} + V_{H_2O} \tag{5-54}$$

其中，烟气成分分析主要针对 CO_2、SO_2、O_2 和 CO，因这些成分的浓度高低一方面反映了实际燃烧工况的优劣，另一方面也是进行燃烧计算的依据。

随着分析检测技术的不断发展，用于烟气成分分析的仪器种类也越来越多，自动化程度和准确度也不断提高。根据不同的检测原理，较常用的烟气分析技术包括红外分析技术、电化学分析技术、气相色谱分析技术等，这些技术均可以用于 CO_2、SO_2 和 CO 的测量。以红外光谱分析为例，气体分子能选择性吸收电磁光谱中红外区域的光，从而引起分子振动，形成特定分子的特征吸收光谱。通过检测红外光被吸收的情况，就能对气体分子进行定性和定量分析。通过对红外光谱进行傅里叶变换后得到傅里叶变换红外光谱，它具有更高的信噪比和更好的波长精度，因此得到广泛应用。如图 5-1 所示为 CO_2、SO_2 和 CO 气体组分的傅里叶变换红外光谱。

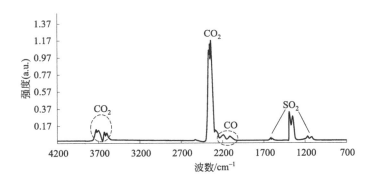

图 5-1 CO_2、SO_2 和 CO 气体的傅里叶变换红外光谱

O_2 检测分析最常用的技术为氧化锆电化学分析技术，是根据电化学中的浓差电池原理进行设计的。其基本原理是固体氧化锆电解质在高温下具有传递氧离子的特性，在氧化锆两

侧装上多孔质铂电极，其中一侧与空气充分接触，另一侧与待测烟气接触；当两侧气体中的氧浓度不同时，浓度高的一侧氧分子从铂电极获取电子变成氧离子，经氧化锆电解质到达浓度低的一侧，从而产生极间电动势；只要测出电动势大小，便可知氧气含量。

5.4.2　烟气分析结果的应用

根据烟气分析所得结果和燃料的元素分析成分，可以计算燃料燃烧的烟气量和过量空气系数。

5.4.2.1　固体或液体燃料烟气量的计算

1kg 收到基燃料燃烧所排放的干烟气量可按下式计算：

$$V_{gy} = \frac{V_{CO_2} + V_{SO_2} + V_{CO}}{RO_2 + CO} \times 100 \tag{5-55}$$

式中，V_{gy} 为 1kg 燃料燃烧所产生的干烟气体积，m^3/kg；V_{CO_2}，V_{SO_2} 和 V_{CO} 分别为 1kg 燃料燃烧所产生的烟气中 CO_2、SO_2 和 CO 等气体组分的体积，m^3/kg；RO_2 和 CO 分别为三原子分子和 CO 的体积分数，%。

燃料中的碳不完全燃烧时生成 CO 的化学反应方程式为：

$$2C + O_2 \longrightarrow 2CO$$
$$24kg\ C + 22.4m^3\ O_2 \longrightarrow 44.8m^3\ CO \tag{5-56}$$

由式(5-56)可知 1kg 碳不完全燃烧时生成 $1.866m^3 CO$，与完全燃烧时产生的 CO_2 体积相同。因此燃料中的碳不论是否完全燃烧，所排放的碳氧化物的体积是相同的，即：

$$V_{CO_2} + V_{CO}(m^3/kg) = \frac{1.866C_{ar}}{100} = 0.01866C_{ar} \tag{5-57}$$

将式(5-21)和式(5-57)代入式(5-55)可得固体和液体燃料燃烧干烟气体积：

$$V_{gy} = \frac{1.866(C_{ar} + 0.375S_{ar})}{RO_2 + CO} \tag{5-58}$$

5.4.2.2　气体燃料烟气量的计算

当气体燃料不完全燃烧产物主要为 CO，其他微量可燃气体可忽略不计时，则气体燃料完全燃烧或不完全燃烧所排放的碳氧化物体积也是相同的，由式(5-30)可知：

$$V_{CO_2} + V_{CO}(m^3/m^3) = 0.01(CO_f + xC_xH_{y,f} + CO_{2,f}) \tag{5-59}$$

为了与烟气中的气体组分相区分，式(5-59)中 CO_f、$xC_xH_{y,f}$、$CO_{2,f}$ 是指气体燃料中的一氧化碳、烃类气体和二氧化碳的体积分数。将式(5-31)和式(5-59)代入式(5-55)可得气体燃料燃烧干烟气体积：

$$V_{gy}(m^3/m^3) = \frac{CO_f + xC_xH_{y,f} + CO_{2,f} + H_2S_f}{RO_2 + CO} \tag{5-60}$$

5.4.2.3　过量空气系数的计算

过量空气系数直接影响燃料燃烧的好坏和锅炉热损失的大小，是非常重要的运行指标，因此常常需要根据烟气分析结果求出过量空气系数，以便及时对燃烧进行监督和调节。

根据式(5-18)中对过量空气系数的定义，可进行如下演变：

$$\alpha = \frac{V_k}{V_k^0} = \frac{V_k}{V_k - \Delta V_k} = \frac{1}{1 - \Delta V_k / V_k} \tag{5-61}$$

式中，ΔV_k 为过量空气，即实际空气量 V_k 和理论空气量 V_k^0 之差，m^3/kg。

如前所述，烟气中的 N_2 来源有两个，即燃料自身含有的氮和燃烧空气中的 N_2 两部分。燃料含氮量甚微，通常可以忽略不计，而只考虑燃烧空气中的 N_2，即：

$$V_k = \frac{100}{79}V_{N_2} = \frac{N_2}{79}V_{gy} \tag{5-62}$$

在完全燃烧条件下，烟气中的 O_2 浓度即为过量空气中的氧气，即：

$$\Delta V_k = \frac{O_2}{21}V_{gy} \tag{5-63}$$

在不完全燃烧条件下，通过烟气分析仪测得烟气中一氧化碳浓度为 CO，则碳不完全燃烧所消耗的 O_2 量为 $0.5CO$。因此，烟气中氧气浓度的测量值 O_2 减去 $0.5CO$ 才是过量空气中的氧气量，即：

$$\Delta O_2 = O_2 - 0.5CO \tag{5-64}$$

因此有：

$$\Delta V_k = \frac{O_2 - 0.5CO}{21}V_{gy} \tag{5-65}$$

将式(5-62) 和式(5-65) 代入式(5-61) 后可得：

$$\alpha = \frac{1}{1 - 3.76(O_2 - 0.5CO)/N_2} \tag{5-66}$$

在锅炉实际运行过程中，CO 含量并不高，可忽略不计；而干烟气中的 N_2 体积浓度接近 79%，α 可简化为：

$$\alpha \approx \frac{21}{21 - O_2} \tag{5-67}$$

通过烟气分析仪测得 O_2 浓度后，可根据式(5-67) 快速计算出过量空气系数，借此可作为判断燃料燃烧运行状况优劣及工况调节的依据。

5.4.2.4 燃烧方程式

燃料燃烧烟气中的含氧组分主要包括 RO_2、O_2 和 CO，它们的浓度满足以下等式，即：

$$RO_2 + O_2 + 0.605CO + \beta(RO_2 + CO) = 21 \tag{5-68}$$

$$\beta = \frac{2.35(H_{ar} - 0.126O_{ar})}{C_{ar} + 0.375S_{ar}} \tag{5-69}$$

式中，β 为燃料特性系数。

燃烧方程式证明如下：

燃料燃烧所需的实际空气量中的氧气量为 $0.21V_k$，除了消耗于碳、氢和硫的燃烧以外，剩余部分为烟气中的过量氧气 V_{O_2}。分别用 $V_{O_2}^{RO_2}$、$V_{O_2}^{CO}$ 和 $V_{O_2}^{H_2O}$ 来表示燃烧生成 RO_2、CO 和 H_2O 等产物所消耗的空气中的氧气体积，则有：

$$V_{O_2}^{RO_2} + V_{O_2}^{CO} + V_{O_2}^{H_2O} + V_{O_2} \ (m^3/kg) = 0.21V_k \tag{5-70}$$

由碳和硫的燃烧反应方程式可知，燃烧产物的生成量和所消耗的氧气量具有相同的体积，即：

$$V_{O_2}^{RO_2} = V_{RO_2} \tag{5-71}$$

当碳不完全燃烧生成 CO 时，所消耗的 O_2 比完全燃烧时减少 $1/2$，即：

$$V_{O_2}^{CO} = 0.5 V_{CO} \tag{5-72}$$

而烟气中的水蒸气分别来自燃烧空气所携带的水分、燃料中的水分以及燃料中的氢燃烧所产生的水分，仅燃料的氢燃烧会消耗空气中的氧，因此，$V_{O_2}^{H_2O}$ 的值应根据燃料中的含氢量 H_{ar} 来计算。但需注意的是，通常假定燃料中的氢优先和燃料中的氧（O_{ar}）反应生成水，剩余的氢才和空气中的氧反应。由氢的燃烧方程式可知，1.008 份氢要消耗 8 份氧，即 $1kg$ 燃料中已有 $\dfrac{1.008}{8} \times \dfrac{O_{ar}}{100} = \dfrac{0.126 O_{ar}}{100}$（kg）的氢被消耗，剩余含氢量为 $\dfrac{H_{ar} - 0.126 O_{ar}}{100}$ kg。易知 $1kg$ 氢燃烧需要消耗 $5.55m^3$ 的 O_2，所以燃料中的剩余氢燃烧所需空气中的氧气量为：

$$V_{O_2}^{H_2O} = 0.0555(H_{ar} - 0.126 O_{ar}) \tag{5-73}$$

将式(5-71)～式(5-73)代入式(5-70)，又有 $V_k = \dfrac{1}{0.79} V_{N_2}$，因此有：

$$V_{RO_2} + 0.5 V_{CO} + 0.0555(H_{ar} - 0.126 O_{ar}) + V_{O_2} = \frac{21}{79} V_{N_2} \tag{5-74}$$

方程两边同乘以 $\dfrac{1}{V_{gy}} \times 100\%$，可得：

$$RO_2 + 0.5 CO + 0.0555(H_{ar} - 0.126 O_{ar})/V_{gy} + O_2 = \frac{21}{79} N_2 \tag{5-75}$$

将式(5-58)代入式(5-75)，并令 $\beta = \dfrac{2.35(H_{ar} - 0.126 O_{ar})}{C_{ar} + 0.375 S_{ar}}$，整理后，燃烧方程式(5-68)即可得证。

β 为无量纲数，是一个只与燃料的可燃成分有关的数，称为燃料的特性系数。各固体和液体燃料的特性系数范围如表 5-2 所列。由燃烧方程式可知，当燃料完全燃烧时，方程式简化为：

$$RO_2(1 + \beta) + O_2 = 21 \tag{5-76}$$

上式称为燃料的完全燃烧方程式，即在燃料完全燃烧情况下，已知 RO_2 和 O_2 当中的一个值，可求出另外一个。在理想条件下，通入理论空气量大小的空气量并完全燃烧，则烟气种的 RO_2 体积分数达到最大，即：

$$RO_2^{max} = \frac{21}{1 + \beta} \% \tag{5-77}$$

表 5-2　各种燃料的特性系数

项目	无烟煤	贫煤	烟煤	褐煤	重油
β	0.05～0.1	0.1～0.135	0.09～0.15	0.055～0.125	0.30

5.4.2.5　漏风系数

为防止锅炉内部高温烟气泄漏，炉内通常为微负压环境，导致环境空气通过锅炉墙面缝隙向炉内泄漏，从而形成漏风。漏风量 ΔV 和理论空气量的比值即为漏风系数，用符号 $\Delta \alpha$ 表示。墙面缝隙通常存在于锅炉各个受热面的工质进出管道穿过锅炉墙面处，因此，当烟气流经一个存在漏风的受热面时，受热面的出口烟气量总是大于入口烟气量，烟气量的增加部分即为漏风量。因此，漏风系数也可根据受热面进出口过量空气系数确定，即：

$$\Delta \alpha = \alpha'' - \alpha'$$ (5-78)

式中，α''，α'分别为受热面出口和进口烟气的过量空气系数。

漏风对锅炉运行的经济性有许多不利影响，不同位置的漏风影响程度也不一样。例如，炉膛漏风会降低燃料燃烧温度，导致不完全燃烧损失增大；烟道中的漏风会导致受热面入口烟气焓降低，使烟气和工质间的传热温差变小，降低传热效率，增加了排烟热损失；漏风还会导致锅炉烟气量增大，使引风机的功耗增加，系统经济性降低。

尽管有以上诸多不利，但是受锅炉结构和运行条件等许多因素所限，要完全消除漏风是极难做到的，只能尽可能减少锅炉的漏风量，尽量消除漏风带来的不利影响。

 思考题

1. 用于计算固体和液体燃料燃烧的空气量的计算公式，是否也适用于气体燃料的燃烧计算？为什么？

2. 燃料燃烧生成的烟气中包含有哪些成分？它们的体积怎么计算？

3. 同样的 1kg 固体燃料，在供应等量空气的条件下，当有气体不完全燃烧产物时，烟气中的氧气体积相比完全燃烧时是多了还是少了？相差多少？

4. 为什么燃料燃烧的过量空气系数总是大于 1？

5. 不同类型的固体、液体和气体燃料，燃烧的过量空气系数取值范围为多少？过量空气系数取的过小对燃烧会有什么影响？反之，过量空气系数取值过大对燃烧又有什么影响？

6. 燃料不完全燃烧与完全燃烧所生成的烟气体积是否相等？为什么？

7. 1kg 燃料完全燃烧时所需理论空气量和生成的理论烟气量，二者哪个数值更大？为什么？

8. 为什么燃料燃烧计算中空气量按照干空气来计算，而烟气量则要按照湿空气来计算？

9. 为什么干烟气中各气体成分要满足燃烧方程式？为什么烟气分析中 RO_2、O_2 和 CO 之和比 21% 小？

10. 烟气分析方法都有哪些？请举例说明。

11. 随着过量空气系数的增加，烟气中 RO_2 和 O_2 的数值是增加还是减小？为什么？

12. 为什么 β 越大，RO_2^{max} 的值就越小？

13. 燃烧烟气焓中的水蒸气焓是什么能量？是否包含汽化潜热？为什么？

14. 空气焓包含了空气中所携带的水蒸气焓，但在计算空气焓时却采用干空气体积，为什么？

15. 绘制温焓表有什么用处？应怎样绘制？

 习　题

1. 某工业锅炉燃用固体燃料，燃料成分为 $C_{ar} = 59.6\%$，$H_{ar} = 2.0\%$，$O_{ar} = 0.8\%$，$N_{ar} = 0.8\%$，$S_{ar} = 0.5\%$，$A_{ar} = 26.3\%$，$M_{ar} = 10.0\%$，$V_{daf} = 8.2\%$，收到基低位发热量 $Q_{ar,net} = 22.19 MJ/kg$。

求：（1）理论空气量和理论烟气量，并用经验公式校核；

（2）$\alpha = 1.2$ 时的实际空气量和实际烟气量；

（3）当空气温度为 250℃ 时的理论空气焓和实际空气焓；

（4）当烟气温度为 800℃ 时的理论烟气焓和实际烟气焓。

2. 某燃气炉燃用湿燃气，湿燃气的干燃气组分体积分数为 $C_4H_8 = 54.0\%$，$C_3H_6 = 10.0\%$，$C_3H_8 = 4.5\%$，$C_4H_{10} = 26.2\%$，$CH_4 = 1.5\%$，燃气的含湿量为 $d_g = 0.2 kg/m^3$。求燃气的理论空气量和理论烟

气量，并用经验公式校核。

3. 某燃油锅炉燃用100号柴油，成分为 $C_{ar} = 82.5\%$，$H_{ar} = 12.5\%$，$O_{ar} = 1.91\%$，$N_{ar} = 0.49\%$，$S_{ar} = 1.5\%$，$A_{ar} = 0.05\%$，$M_{ar} = 1.05\%$，$Q_{ar,net} = 40.61 \text{MJ/kg}$，假设柴油完全燃烧，且测得烟气中的氧气体积分数为3%。

求：（1）该柴油的燃料特性系数；

（2）烟气中的 RO_2 浓度；

（3）燃烧过量空气系数。

4. 烟气分析仪测得锅炉炉膛出口处 $RO_2 = 13.8\%$，$O_2 = 5.9\%$，$CO = 0$；省煤器出口处 $RO_2 = 10.0\%$，$O_2 = 9.8\%$，$CO = 0$。燃料特性系数为0.1，试校核烟气分析仪的测试结果是否准确，并计算炉膛和省煤器出口处的过量空气系数，以及这一段烟道的漏风系数。

5. 某台燃气炉以煤气为燃料，已知煤气成分为 $H_2 = 48.0\%$，$CO = 20.0\%$，$CH_4 = 13.0\%$，$C_3H_6 = 1.7\%$，$N_2 = 12.0\%$，$O_2 = 0.8\%$，$CO_2 = 4.5\%$，如果煤气炉的燃烧功率要达到10kW，那么理论上（不考虑任何损失）天然气的消耗量需要多少？并求当燃烧过量空气系数为1.05时，燃气炉的烟气排放量。

参考文献

[1] 吴味隆. 锅炉及锅炉房设备. 5版. 北京：中国建筑工业出版社，2014.
[2] 樊泉桂，阎维平，闫顺林，等. 锅炉原理. 北京：中国电力出版社，2014.
[3] 周强泰，周克毅，冷伟，等. 锅炉原理. 北京：中国电力出版社，2013.
[4] 冯俊凯，沈幼庭，杨瑞昌. 锅炉原理及计算. 3版. 北京：科学出版社，2003.
[5] 汪军，马其良，张振东. 工程燃烧学. 北京：中国电力出版社，2008.

燃料燃烧理论与技术

6.1　燃料的层燃原理

6.1.1　层燃概述

燃料的层状燃烧简称层燃，通常是将颗粒状的燃料放在金属支撑物上，形成一定厚度的燃料层，燃烧所需空气则从支撑物的下方通入，使燃料与空气燃烧过程处于气固两相流动中的固定床状态。层燃是燃烧设备的最早形式，所用的支撑物称为炉排。早期的层燃使用固定炉排，以煤为燃料，采用人工加煤的方法，不仅人力耗费大，燃烧效率也比较低，仅在容量很小的锅炉上使用。此后，人们进行了多种改进，开发出了各种机械化操作的、更加高效的层燃炉。

层燃炉中燃料的燃烧通常要经历干燥、挥发分析出、焦炭燃烧和燃尽 4 个阶段，这 4 个阶段有先有后，但实际上有一定的相互交织重叠。图 6-1 所示为煤的固定炉排炉燃烧层结构，其燃烧过程是沿高度逐层进行的。煤被投放在炉排上后，首先被加热干燥；当温度升高到 100℃以后，煤中所含水分开始大量析出；当加热到 130~150℃时，煤中的挥发分开始析出，同时形成焦炭；随着挥发分的析出，在一定 O_2 浓度和温度条件下，发生着火和燃烧，形成明亮的火焰。表 6-1 所列为各种煤的挥发分析出温度以及着火温度范围，可以看出，煤的挥发分含量越高，析出温度越低，着火温度也越低[1]。

表 6-1　各种煤的挥发分析出温度及着火温度

燃料	褐煤	烟煤	贫煤	无烟煤
挥发分 V_{daf}/%	40~60	20~40	10~20	<10
挥发分析出温度/℃	130~170	210~260	320~390	380~400
着火温度/℃	250~450	400~500	600~700	>700

图 6-2 所示为燃烧过程中沿煤层厚度方向气体成分和温度的变化曲线，在图中的氧化区中，碳的燃烧除了产生 CO_2 以外，还会产生少量 CO。在氧化区和还原区的交界处，氧气浓度已趋于零，CO_2 浓度达到最大值，燃烧温度也达到最高值。实验研究表明，氧化区的厚度大约为煤块尺寸的 3~4 倍，当煤层厚度大于氧化区厚度时，在氧化区之上将出现一个还

原区，CO_2 被碳还原为 CO。因为 CO_2 的还原反应为吸热反应，所以随着 CO 浓度的增大，气体温度逐渐下降，反应速度降低，因此还原区厚度为氧化区厚度的 4～6 倍。

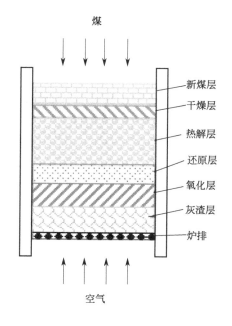

图 6-1　固定炉排炉燃烧层结构

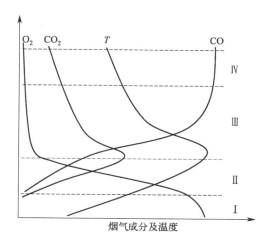

图 6-2　层燃炉煤层厚度方向上气体成分及温度变化
Ⅰ—灰渣区；Ⅱ—氧化区；Ⅲ—还原区；Ⅳ—新燃料区

由以上内容可知，如果燃烧层过厚，不仅会增大通风阻力，而且势必会使 CO 气体浓度增加，导致气体不完全燃烧热损失增大；但是燃烧层太薄也不合理，容易引起炉排通风不均匀，甚至形成"火口"，使空气大量窜入炉膛，降低炉膛温度，导致排烟损失增大。此外，过薄的煤层会减小蓄热量，不利于稳定着火和燃烧。因此，合理的燃烧层厚度应当使炉内的可燃气体含量处于很低水平，同时炉内过量空气系数也达到合理的标准。煤粒大小也会影响燃烧效率，一般烟煤颗粒直径不大于 20～30mm，燃烧层厚度控制在 100～150mm 为宜[2]。

煤的层燃过程中，当挥发分接近燃烧完全时，氧气扩散到焦炭表面，焦炭开始燃烧并释放大量热量。焦炭与氧的反应是气固非均相反应，反应速率较慢，而焦炭是煤中的主要可燃质，因此煤层的燃烧速率主要取决于焦炭。焦炭的燃烧速率则取决于焦炭本身的化学反应活性、氧气供给情况及温度。根据炭颗粒燃烧理论，当焦炭化学反应速率高于氧气的扩散速率时，燃烧速率取决于氧气扩散速率，提高化学反应速率对燃烧速率影响不大，此时煤层燃烧处于扩散控制燃烧状态。而当氧的扩散能力大大超过焦炭化学反应速率时，焦炭表面的氧气很充分，燃烧速率取决于化学反应速率，此时煤层处于动力控制燃烧状态。当化学反应速率和扩散速率相差不大，燃烧速率由化学反应和氧气扩散共同决定，此时煤层处于过渡控制燃烧状态。

煤层燃烧温度较高，化学反应能力较强，而煤粒一般较大，因此扩散能力较弱，一般属于扩散燃烧。此时，过分提高煤层温度对强化燃烧作用不明显，而是应当促进空气中的氧气向焦炭表面扩散，常用的方法包括加强通风和拨火等。加强通风可以提高空气通过煤层的速度，从而提高空气冲刷焦炭颗粒的速度和扩散能力。拨火可以去除焦炭燃烧所形成的表层灰壳，此灰壳会显著提高氧气向未燃焦炭的扩散阻力，使焦炭难以燃尽。特别是灰分多、熔点低的煤，形成的灰壳厚而密实，空气难以渗透，燃尽阶段将进行得很缓慢。燃尽阶段放热量不多，需要的空气量也很少，但需要维持较高的炉温和较长的时间。

6.1.2　燃料层阻力及其气动稳定性

层燃过程中，煤粒要稳定在炉排上而不被空气带走，因此煤粒重力必须不小于气流作用在煤块上的冲力，即：

$$\frac{\pi d^3}{6}(\rho_c - \rho_a)g > C \times \frac{\pi d^2}{4} \times \frac{u_a^2}{2}\rho_a \tag{6-1}$$

式中，d 为煤粒直径，m；ρ_c，ρ_a 分别为煤粒和空气的密度，kg/m^3；u_a 为空气的流速，m/s；C 为颗粒迎风阻力系数。

对于某一直径的煤粒，当煤粒的重力和气流对煤粒的冲力相等时，煤粒处于临界平衡状态，此时若继续提高空气流速，煤粒将被吹走，造成不完全燃烧损失。为了能在单位炉排上燃烧更多的燃料，必须提高空气流速，因此必须保证煤粒直径不能过小。此外，煤粒直径越小，则煤层具有更大的外表面积，可以和氧气发生更加充分的接触，燃烧反应也越强烈。因此，应综合考虑以上两个方面选取合适的煤粒直径。

当煤粒的重力与气流的冲力相等时，则式（6-1）变为等式，由此可得煤粒不被吹走的气流临界速度 u_{cr}：

$$u_{cr} = \sqrt{\frac{4}{3} \times \frac{\rho_c - \rho_a}{\rho_a} \times \frac{g}{C} \times d} \tag{6-2}$$

如将炉排上的燃料层（如图 6-1 所示）作为整体进行受力平衡计算，则有：

$$Ah\rho_c g > \zeta A \frac{hS}{2m}\left(\frac{v}{m}\right)^2 \rho_a \tag{6-3}$$

式中，A 为燃料层截面积，m^2；h 为燃料层高度，m；v 是有效截面上的气体流速，m/s；m 为固体颗粒之间的距离，m；S 为单位体积燃料层中颗粒的外表面积，m^2；ζ 为燃料层的总阻力系数，它是雷诺数 Re 的函数，即：

$$\zeta = f(Re) \tag{6-4}$$

当气体流过燃料层时，阻力系数和雷诺数的关系为：

$$\zeta = 36.5 Re^{-1} \quad (Re < 20) \tag{6-5}$$

$$\zeta = 4 Re^{-0.2} \quad (20 < Re < 7000) \tag{6-6}$$

$$\zeta = 0.7 \quad (Re > 7000) \tag{6-7}$$

6.1.3　层燃的热质交换与化学反应过程

图 6-3 所示为固体燃料层燃的 Thring 模型，在模型分析中做以下假设：
① 燃料层由固体燃料块所组成，在燃料块之间有许多网格状槽道；
② 在燃料块与流过槽道的气流中心区之间，是包围在燃料块周围的气体边界层；
③ 燃料块的燃烧处于扩散区；
④ 从化学反应的角度出发，燃料层可分为 3 个区域（Ⅰ区、Ⅱ区和Ⅲ区）。

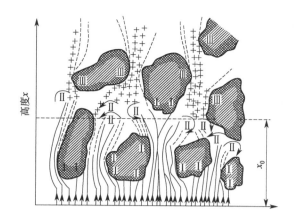

图 6-3　固体燃料层燃的 Thring 模型

Ⅰ—氧到达固体表面的区域；Ⅱ—CO_2 和 CO 混合的涡流区；Ⅲ—CO_2 到达固体表面的区域

——O_2；+++++ CO_2；———— CO

如图 6-3 所示，区域Ⅰ所在区间为燃料表面和空气流中的氧之间，发生如下反应：

$$C + 0.5O_2 \longrightarrow CO \tag{6-8}$$

区域Ⅱ为 CO_2 和 CO 混合的涡流区，该区域中，区域Ⅰ内燃烧产生的 CO 与槽道中的 O_2 混合并发生以下反应：

$$CO + 0.5O_2 \longrightarrow CO_2 \tag{6-9}$$

区域Ⅲ所在区间为燃料表面和 CO_2 气流之间，燃料颗粒表面发生以下还原反应：

$$CO_2 + C \longrightarrow 2CO \tag{6-10}$$

根据扩散燃烧控制的条件假设，当 O_2 和 CO_2 通过边界层扩散至燃料颗粒表面时，区域Ⅰ中的 O_2 反应速率和区域Ⅲ中的 CO_2 反应速率均趋于无限大，因此 O_2 和 CO_2 在区域Ⅰ和区域Ⅲ的燃料颗粒表面上的摩尔分数 C'_{O_2} 和 C'_{CO_2} 均为零。同理，在气流呈湍流的区域Ⅱ的槽道中心，假定 CO 和 O_2 的反应速率为无限大，则槽道中的 CO 摩尔分数 C'_{CO} 也为零。同时，假定上述各气体组分的摩尔分数随燃料层的瞬时高度 x 的变化是线性的。

根据假定，反应式(6-8)～式(6-10)均处于扩散区，因此，对于任一气体组分 A，在单位时间内从槽道中心扩散到燃料颗粒表面的物质的量 g_A，只取决于 A 组分在槽道中心气体的摩尔分数 C_A 和在燃料表面上的摩尔分数 C'_A，g_A 可按下式计算：

$$g_A = D'_a(C_A - C'_A) \tag{6-11}$$

式中，D'_a 为质量扩散系数。

如果用 g_{CO} 表示从燃料颗粒表面向外扩散的 CO 的物质的量，由式(6-8) 和式(6-10) 可知，g_{CO} 为 O_2 和 CO_2 扩散量的 2 倍，即：

$$g_{CO} = 2(g_{O_2} + g_{CO_2}) \tag{6-12}$$

在燃料层的单位横截面上 O_2 的物质的量的流量为：

$$\frac{C_{O_2}}{0.21} \times \frac{0.23}{32} q_m = 0.034 C_{O_2} q_m \tag{6-13}$$

式中，q_m 为流经燃料层进口单位截面的空气质量流量，$g/(s \cdot cm^2)$；C_{O_2} 为气体中的

O_2 摩尔分数。

在空气流前进方向上燃料层槽道网格中氧量的变化，可根据槽道中与 CO 反应所消耗的 O_2 及燃料颗粒表面反应所消耗的 O_2 来计算，即：

$$\frac{d}{dx}(0.034C_{O_2}q_m) = -0.5g_{CO} - g_{O_2} = -(2g_{O_2} + g_{CO_2}) \tag{6-14}$$

同理，槽道中 CO_2 的变化为：

$$\frac{d}{dx}(0.034C_{CO_2}q_m) = -g_{CO_2} + g_{CO} = 2g_{O_2} + g_{CO_2} \tag{6-15}$$

由式 (6-14) 和式 (6-15) 可知 $\frac{dC_{CO_2}}{dx} = -\frac{dC_{O_2}}{dx}$，根据 CO 和 O_2 反应速率无限大的假设，槽道中心 CO 摩尔分数为零，因此有 $C_{O_2} = 0.21 - C_{O_2}$。故而：

$$0.034q_m\frac{dC_{O_2}}{dx} = -D'_a(2C_{O_2} + C_{CO_2}) = -D'_a(C_{O_2} + 0.21) \tag{6-16}$$

考虑到层燃炉入口处边界条件，$x = 0$ 时，$C_{O_2} = 0.21$，对式 (6-16) 积分可得：

$$C_{O_2} = 0.42\exp\left(-\frac{D'_a x}{0.034q_m}\right) - 0.21 \tag{6-17}$$

式中，质量扩散系数 D'_a 通过实验确定。

当空气穿过燃料层氧化区之后，O_2 被完全消耗，其摩尔分数降为零，此时对应的高度 x_0 称为氧化区高度（如图 6-3 所示），即：

$$x_0 = \frac{0.024q_m}{D'_a} = \frac{0.024q_m}{g_A}\Delta C_A \tag{6-18}$$

通过了 x_0 的距离以后，在区域Ⅲ中 CO_2 从槽道中心扩散到颗粒表面，和焦炭反应产生 CO，CO 再从颗粒表面扩散到槽道中心。由式 (6-10) 可知：

$$g_{CO} = 2g_{CO_2} \tag{6-19}$$

此时，CO_2 的摩尔分数随 x 的变化为：

$$0.034q_m\frac{dC_{CO_2}}{dx} = D'_a C_{CO_2} \tag{6-20}$$

利用边界条件 $x = x_0$ 时，$C_{CO_2} = 0.21$，对式 (6-20) 积分可得：

$$C_{CO_2} = 0.21\exp\left[-\frac{D'_a(x - x_0)}{0.034q_m}\right] \tag{6-21}$$

CO 摩尔分数随 x 的变化可表示为：

$$C_{CO} = 0.346 - 1.67C_{CO_2} \tag{6-22}$$

6.2 燃料的悬浮燃烧原理

6.2.1 悬浮燃烧的特点

悬浮（火室）燃烧，是指煤以煤粉的形式被空气连续不断地送入炉膛，并呈悬浮状态在炉膛空间中进行燃烧。与层状燃烧相比，煤粉与空气的接触面积极大增加，两者的混合效果得到了显著改善，加快了着火，燃烧更加剧烈，燃料的燃尽率明显提高，从而使悬浮燃烧的热效率明显高于层状燃烧。表 6-2 所列为煤粉炉和层燃炉的固体不完全燃烧损失（q_4）和炉膛出口过量空气系数（α''_l）两项指标的比较。

表 6-2　煤粉炉与机械化层燃炉的比较

煤种	固体不完全燃烧损失 q_4		炉膛出口过量空气系数 α''_l	
	机械化层燃炉	煤粉炉	机械化层燃炉	煤粉炉
无烟煤、贫煤、劣质烟煤	7～14	2～6	1.4～1.5	1.2～1.25
优质烟煤、褐煤	5～7	1～2	1.3～1.4	1.2

悬浮燃烧时，煤粉与一次风（空气）混合后形成煤粉气流，并通过煤粉燃烧器喷入炉膛空间进行燃烧。一般一次风量比理论空气量低得多，为保证煤粉完全燃烧，还需向炉膛内喷入足够多的二次风。煤粉和空气混合物进入炉膛后，首先从高温烟气中吸收热量而快速升温，挥发分开始析出，当燃料和空气混合物达到着火所需的热量时，挥发分首先开始着火，然后是焦炭的着火燃烧。燃料在燃烧过程中不断释放热量，使炉膛能够维持很高的燃烧温度，同时也为后续进入的新燃料提供着火热。至燃烧结束时，焦炭也全部燃尽，并最终形成灰渣排出炉外。

6.2.2　煤粉气流的着火

6.2.2.1　煤粉气流的着火热

煤粉气流及时、稳定地着火是煤粉锅炉安全经济运行的重要条件。喷入炉膛的煤粉气流要实现着火，必须及时提供一定量的着火热，使煤粉气流快速加热至着火温度。着火热主要有两个来源：一是对流传热，即煤粉气流经燃烧器喷入炉膛后，卷吸炉内高温烟气，使高温烟气和新煤粉强烈混合；二是辐射传热，即高温火焰和炉壁对煤粉气流的辐射加热。

图 6-4 所示为不同加热方式时煤粉颗粒的温度与加热时间的关系曲线。分析该曲线可以得到以下结论：

① 在相同加热时间条件下，通过对流传热的煤粉温度要比辐射加热高得多，说明高温烟气回流加热是煤粉气流着火的主要热源；

② 在相同加热方式下，细颗粒煤粉（$50\mu m$）的升温速率比粗颗粒煤粉（$500\mu m$）大得多，即细颗粒煤粉更快达到着火温度，由此表明煤粉越细越容易着火。

煤粉的着火热 Q_i 可按以下公式计算：

$$Q_i = B_b \left(V_l C_0 \frac{100-q_4}{100} + C_f \frac{100-M_{ar}}{100} \right)(T_i - T_0) +$$

$$B_b \left\{ \frac{M_{ar}}{100} [2512 + C_{zq}(T_i - 100)] - \frac{M_{ar} - M_{mf}}{100 - M_{mf}} [2512 + C_{zq}(T_i - 100)] \right\} \tag{6-23}$$

$$V_l = \alpha''_l r_1 V_k^0 \tag{6-24}$$

式中，B_b 为每台燃烧器的燃煤量，kg/s；V_l 为一次风量，m^3/kg；r_1 为一次风率，即一次风量占炉膛总风量（包括炉膛漏风在内）的份额；α''_l 为炉膛出口过量空气系数；V_k^0 为理论空气量，m^3/kg；C_0 为一次风的热容量，$kJ/(m^3 \cdot ℃)$；q_4 为固体不完全燃烧热损

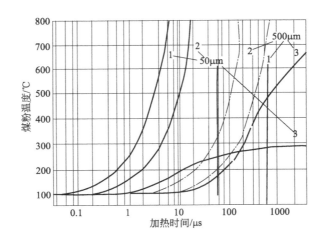

图 6-4 煤粉的加热曲线

1—对流加热曲线；2—辐射加热曲线；3—考虑向周围介质散热时的曲线

失，%；C_f 为煤的干燥基热容量，kJ/(kg·℃)；C_{zq} 为水蒸气的热容量，kJ/(kg·℃)；M_{ar} 为煤的收到基含水率，%；T_i 为着火温度，℃；T_0 为煤粉一次空气初温，℃；2512 为水的汽化潜热，kJ/kg；M_{mf} 为煤粉的水分含量，%。

6.2.2.2 稳定着火的条件

锅炉炉内煤粉燃烧过程的着火主要是热力着火，热力着火过程是由可燃物有足够热量时，温度不断升高引起的。而可燃物温度能否不断升高，是由可燃物在燃烧室内（即炉膛）的放热量 Q_f 以及可燃物向燃烧室壁面及周围介质的散热量 Q_s 共同决定的。因此，煤粉气流的稳定着火需要满足以下两个条件：

① 放热量 Q_f 和散热量 Q_s 达到平衡，即：$Q_f = Q_s$；

② 放热量随系统温度的变化率大于散热量随系统温度的变化率，即：$\dfrac{dQ_f}{dT} \geqslant \dfrac{dQ_s}{dT}$。

如果不具备以上两个条件，即使在高温状态下也不能稳定着火，燃烧过程将因火焰熄灭而中断，并向缓慢氧化的过程不断发展。

6.2.2.3 着火温度和熄火温度

着火温度是煤粉气流燃烧的重要参数之一，煤的种类不同，其着火温度也存在较大差异。实际上，即使同一煤种，其着火温度也随着测试环境和测试仪器的不同而有所变化。因此，着火温度并非燃料的物理常数，而是在一定条件下的相对特征值。根据燃料燃烧室内的放热量和散热量平衡关系，可以对燃料燃烧的着火温度和熄火温度做定性分析。燃烧室内可燃混合物燃烧放热量可表示为：

$$Q_f[\text{kJ}/(\text{m}^3 \cdot \text{s})] = k_0 \exp\left(-\frac{E}{RT}\right) C_{O_2}^n C_f^m Q_r \tag{6-25}$$

向周围环境的散热量为：$Q_s[\text{kJ}/(\text{m}^3 \cdot \text{s})] = \alpha S(T - T_0)/V$ （6-26）

式中，C_f 为可燃混合物中的燃料浓度，mol/m³；V 为可燃混合物的容积，m³；Q_r 为燃烧反应热，kJ/mol；T 和 T_0 分别为燃烧反应物温度和燃烧室环境温度，K；α 为混合物向燃烧室壁面及周围介质的传热系数，$W/(m^2 \cdot K)$；S 为燃烧室壁面面积，m^2。

根据式(6-25) 和式(6-26)，可得放热量和散热量与温度 T 的关系曲线，即为热力着火曲线，如图 6-5 所示。

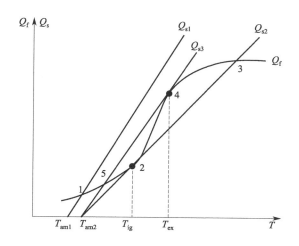

图 6-5　热力着火曲线

① 当环境温度很低时（T_{am1}），点 1 左边 $Q_f > Q_{s1}$，使反应系统升温，达到平衡点 1，但由于该点温度很低，放热量随温度的变化率小于散热量随温度的变化率，即 $dQ_f/dT < dQ_{s1}/dT$，在 1 点右边出现 $Q_f < Q_{s1}$，可燃物不能实现温度持续升高并达到着火温度的状态，而是只能处于缓慢氧化状态，因此 1 点称为缓慢氧化点。

② 当环境温度提高时（T_{am2}），点 2 左边 $Q_f > Q_{s2}$，且点 2 处的 $dQ_f/dT > dQ_{s2}/dT$，在点 2 的右侧也是 $Q_f > Q_{s2}$，因此，只要温度稍有增加，燃烧反应将自动加速，到达高温燃烧状态平衡点 3。点 2 对应的温度即为着火温度 T_{ig}，在此条件下，只要连续供应燃料和空气就能实现稳定的着火和燃烧。

③ 当散热条件发生变化时，对应于散热曲线 Q_s 斜率发生变化，如图中 Q_{s2} 变为 Q_{s3} 时，将出现着火中断的现象。点 4 对应的温度即为熄火温度 T_{ex}，虽然点 4 的温度很高，但由于该点的左边与右边均出现 $Q_f < Q_{s3}$，且 $dQ_f/dT < dQ_{s3}/dT$，当温度稍微偏离点 4 时，就会使反应系统温度降至 5 点的稳定氧化状态。由图 6-5 可知，着火温度 T_{ig} 总是小于熄火温度 T_{ex}。

由此可知，着火温度和熄火温度都随放热条件和散热条件而变化。例如，挥发分大的烟煤，活化能小，反应能力强，着火温度低，即使周围散热条件较强，也容易稳定着火；而挥发分很低的无烟煤，活化能高，反应能力弱，着火温度高，这就需要减小周围散热，维持高温状态，才能稳定着火。表 6-3 所列为通过煤粉气流着火温度测试装置所测得的不同煤粉的着火温度。

表 6-3　各种煤粉的着火温度

煤粉种类	着火温度/℃	煤粉种类	着火温度/℃
褐煤 $V_{daf}=50\%$	550	烟煤 $V_{daf}=20\%$	840
烟煤 $V_{daf}=40\%$	650	贫煤 $V_{daf}=14\%$	900
烟煤 $V_{daf}=30\%$	750	无烟煤 $V_{daf}=4\%$	1000

6.2.2.4 影响煤粉气流着火的因素

由式(6-23)可以看出,影响煤粉气流着火的主要因素有以下几点[3]。

(1)燃煤的特性

煤的干燥无灰基挥发分含量对煤的着火性能有很大影响,挥发分含量越高,煤的着火温度越低,所需的着火热越少,越容易着火。此外,挥发分含量越高的煤,其燃烧火焰传播速度也越高,着火也越快速和越稳定。煤的水分和灰分含量也会影响其着火性能,水分和灰分含量越高,所需着火热就越大,着火越困难。此外,灰分含量越高的煤,其燃烧火焰传播速度也越低,着火越不稳定。

(2)一次风率

随着一次风率增大,着火将推迟。因此,对于难着火的煤种,一次风率应选得低一些。但是,一次风量除了保证煤粉输送、磨煤干燥和通风以外,还必须满足化学反应过程的发展以及煤粉局部燃烧的需要。一次风率过高或者过低,火焰传播速度均较低,难以快速、稳定着火。因此,存在一个最佳一次风率,使燃烧火焰传播速度达到最高。通常一次风率 r_1 近似等于干燥无灰基挥发分含量 V_{daf},即:

$$r_1 = \frac{V_{daf}}{100} \tag{6-27}$$

对于无烟煤及贫煤来说,若以式(6-27)决定 r_1,则空气量过少,难以输送煤粉。因此,对无烟煤及贫煤通常取 $r_1 = 0.15 \sim 0.20$。

(3)煤粉气流的初始温度

显然,煤粉气流初始温度越高,所需的着火热越少,着火越容易。因此,对于挥发分含量很低、着火很困难的无烟煤常采用热风送粉,以提高煤粉气流的初温,改善煤粉燃烧稳定性。

(4)煤粉细度

在其他条件相同的情况下,煤粉越细则升温越快,着火越容易。此外,煤粉越细,燃烧反应的比表面积越大,燃烧反应越剧烈,燃烧放热量越多,着火越迅速。

(5)着火区的烟气温度

提高着火区的烟气温度,可为煤粉气流提供更多的着火热,提高煤粉着火的速度和稳定性。具体的措施如:在炉膛壁面的燃烧器区域敷设卫燃带,合理布置二次风喷口以及提高二次风的温度等。

(6)炉内高温烟气的组织

煤粉气流与高温烟气的对流换热是燃料着火热的主要来源,因此组织好高温烟气的合理流动是改善着火性能的重要途径。气流的组织主要通过燃烧器实现,典型的如四角切圆燃烧中的上游高温烟气回流,旋流燃烧中烟气的回流等,都可以形成良好的混合效果,有关燃烧器的内容将在第7章详细介绍。

6.2.3 煤粉的燃烧

煤的悬浮燃烧过程是一个极其复杂并伴随有剧烈化学反应的多相流动和传热、传质过程。在该过程中,燃烧化学反应、质量传递、热量传递和动量的交换同时发生。

焦炭是煤中的主要可燃物,占煤发热量的 $40\%\sim95\%$。相比挥发分,焦炭的着火温度更高,燃烧时间更长,因此焦炭燃烧的快慢对整个煤燃烧过程起到关键的作用。由于实际的焦炭组分和结构很复杂,对应的燃烧过程也极其复杂,因此通常将焦炭颗粒燃烧简化为碳颗粒燃烧,再进行定性的分析讨论。

6.2.3.1 碳颗粒的燃烧

在碳颗粒的燃烧过程中,气固异相反应的物理化学过程包括以下步骤:a. O_2 向碳颗粒表面的扩散过程;b. 扩散到碳颗粒表面的氧被吸附;c. 吸附在碳颗粒表面的氧,和碳进行化学反应,并形成燃烧产物;d. 燃烧产物从碳颗粒表面解吸附;e. 解吸附后的燃烧产物向碳颗粒四周扩散。

碳颗粒燃烧的反应速率取决于上述步骤中最慢的一步。研究表明,在实际的碳颗粒燃烧反应中,当反应温度低于 $800℃$ 时,处于低温燃烧状态,此时碳表面吸附能力很强,具有很高的 O_2 浓度,属于零级反应(即反应物浓度方次 $n=0$);当温度高于 $1200℃$ 时,处于高温燃烧状态,碳颗粒表面 O_2 浓度低,属于一级反应(即 $n=1$);当温度介于 $800\sim1200℃$ 之间时,n 介于 $0\sim1$ 级之间。

在描述碳颗粒反应机理时,常用一次反应或二次反应的概念。一次反应即碳和 O_2 直接发生反应,一次反应产物继续发生的化学反应称为二次反应。一次反应和二次反应可能同时进行,并相互影响。

6.2.3.2 碳与氧的一次反应

研究指出,碳颗粒与 O_2 的一次反应首先形成不稳定的碳氧络合物,即:

$$m\mathrm{C}+\frac{n}{2}\mathrm{O}_2 \longrightarrow \mathrm{C}_m\mathrm{O}_n \tag{6-28}$$

进一步地,络合物可能由于高能氧分子撞击而解离,也可能受热而直接分解,并最终形成燃烧产物,即:

$$\mathrm{C}_m\mathrm{O}_n \longrightarrow \alpha\mathrm{CO}_2+\beta\mathrm{CO} \tag{6-29}$$

式中,$\mathrm{C}_m\mathrm{O}_n$ 为不稳定的碳氧络合物;α,β 为化学计量系数,随温度变化而变化。

(1) 当温度 $T<1300℃$ 时

被碳粒所吸附的氧分子溶入碳晶格中,形成碳氧络合物,即:

$$3\mathrm{C}+2\mathrm{O}_2 \longrightarrow \mathrm{C}_3\mathrm{O}_4 \tag{6-30}$$

进一步地,在高能氧分子撞击下,碳氧络合物 $\mathrm{C}_3\mathrm{O}_4$ 发生解离,即:

$$\mathrm{C}_3\mathrm{O}_4+\mathrm{C}+\mathrm{O}_2 \longrightarrow 2\mathrm{CO}+2\mathrm{CO}_2 \tag{6-31}$$

将式(6-30)和式(6-31)合并后,可得:

$$4\mathrm{C}+3\mathrm{O}_2 \longrightarrow 2\mathrm{CO}+2\mathrm{CO}_2 \tag{6-32}$$

此时 CO 和 CO_2 的比例为 $\beta/\alpha=1$。

(2) 当温度 $T>1600℃$ 时

第一步仍是按照式(6-30)形成碳氧络合物 $\mathrm{C}_3\mathrm{O}_4$,第二步则是络合物在高温下受热分解,即:

$$\mathrm{C}_3\mathrm{O}_4 \longrightarrow 2\mathrm{CO}+\mathrm{CO}_2 \tag{6-33}$$

将式(6-30)和式(6-33)合并后,可得:

$$3C + 2O_2 \longrightarrow 2CO + CO_2 \tag{6-34}$$

此时 CO 和 CO_2 的比例为 $\beta/\alpha = 2$。在此反应条件下，氧在碳表面的化学吸附、络合物形成及受热分解三个环节中，化学吸附速率最低，因此碳颗粒的燃烧反应速率取决于氧的吸附速率。

（3）当温度 T 介于 $1300 \sim 1600℃$ 时

CO 和 CO_2 的比例取决于式(6-32)与式(6-34)的综合作用。在常压下，当碳颗粒表面氧浓度较低时，化学吸附环节对化学反应起主导作用。

6.2.3.3　二次反应对碳颗粒燃烧的影响

二次反应也受到温度的显著影响，温度不同，二次反应也各不相同。

（1）当温度 T 介于 $800 \sim 1200℃$ 时

此时一次反应为式(6-32)，所产生的 CO 在向四周扩散时与 O_2 相遇，CO 燃烧生成 CO_2，在碳粒周围形成火焰锋面。此温度下，CO_2 和 C 的反应很微弱，可以不考虑 CO_2 的还原反应。如图 6-6 所示，碳颗粒表面 CO 和 CO_2 浓度最高，CO 在火焰锋面内被完全燃烧，因此火焰锋面以外的 CO 浓度为零。O_2 在向碳颗粒表面的扩散过程中，首先在火焰锋面内被消耗一部分，剩余 O_2 进入碳表面与碳发生一次反应。

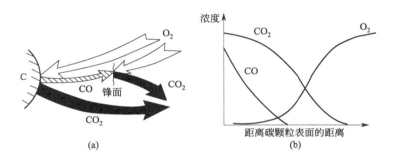

图 6-6　碳颗粒表面的反应及气体浓度变化（$T = 800 \sim 1200℃$）

（2）当温度 T 介于 $1200 \sim 1300℃$ 时

随着温度升高，碳颗粒表面的一次反应逐渐由反应式(6-32)向式(6-34)过渡。此时 CO 浓度增大，从而将扩散至火焰锋面内的 O_2 全部消耗。同时，由于温度升高，CO_2 和 C 的还原反应速率也迅速提高。因此，此温度下碳颗粒表面的反应实际上是 CO_2 和 C 之间的还原反应。如图 6-7 所示，碳颗粒表面生成的 CO 向四周扩散，并在火焰锋面内完全燃烧，并将 O_2 完全消耗。所产生的 CO_2 在火焰锋面处的浓度达到峰值，分别向内外两侧扩散，向内侧扩散的 CO_2 和 C 发生还原反应生成 CO，如此不断地将燃烧过程进行下去。

6.2.4　碳颗粒的燃烧速率

碳颗粒的燃烧速率 w_c 可用 O_2 的消耗速率（即单位面积单位时间内所消耗的 O_2 的质量）来表示，即：

$$w_c = kC'_{O_2} \tag{6-35}$$

式中，k 为化学反应速率常数；C'_{O_2} 为碳颗粒表面的 O_2 浓度。

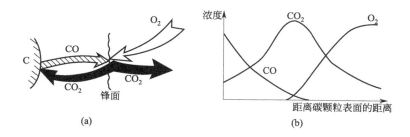

图 6-7　碳颗粒表面的反应及气体浓度变化（T= 1200～1300℃）

根据 Arrhenius 公式，k 可以表示为：

$$k = k_0 \exp\left(-\frac{E}{RT}\right) \tag{6-36}$$

碳颗粒的燃烧速率既取决于化学反应速率，又取决于 O_2 扩散至颗粒表面的速率。而 O_2 的扩散速率 w_d 可表示为：

$$w_d = D_d(C_{O_2} - C'_{O_2}) \tag{6-37}$$

式中，D_d 为 O_2 的扩散速率系数；C_{O_2} 为碳颗粒周围介质中的 O_2 浓度。

当燃烧化学反应速率 w_c 与 O_2 的扩散速率 w_d 相等时，则有：

$$kC'_{O_2} = D_d(C_{O_2} - C'_{O_2}) \tag{6-38}$$

因此：

$$C'_{O_2} = \frac{D_d}{k + D_d}C_{O_2} \tag{6-39}$$

$$w_c = kC'_{O_2} = \frac{kD_d}{k + D_d}C_{O_2} = k_{zs}C_{O_2} \tag{6-40}$$

$$k_{zs} = \frac{kD_d}{k + D_d} \tag{6-41}$$

式中，k_{zs} 为折算化学反应速率常数，它综合考虑了燃料的化学反应能力和 O_2 的扩散能力对燃料燃烧速率的影响。

温度与扩散速率系数及化学反应速率满足以下关系：

$$D_d \propto T^{0.5} \tag{6-42}$$

$$k \propto \exp\left(-\frac{E}{RT}\right) \tag{6-43}$$

因此，碳的燃烧可以分为以下 3 种情况。

（1）动力控制区燃烧

又称为"动力燃烧"，即图 6-8 中所示的 A 区。动力燃烧往往发生在温度较低时（$T <$ 1000℃），此时燃烧化学反应速率远小于 O_2 扩散速率，扩散至燃料表面的氧量远超过燃烧所需。由于 $D_d \gg k$，式（6-41）可简化为 $k_{zs} \approx k$，式（6-40）变为 $w_c = kC_{O_2}$，燃烧速率由图 6-8 中的曲线 Ⅰ 表示。动力区内，影响燃烧速率的决定性因素是化学反应条件，包括燃料性质、反应温度等，与 O_2 扩散速率关系不大，通过升高温度可以显著提高燃料燃烧速率。

（2）扩散控制区燃烧

又称为"扩散燃烧"，即图 6-8 中所示的 C 区。扩散燃烧一般发生在温度很高时（$T >$ 1400℃），此时 O_2 扩散速率远小于燃料燃烧的化学反应速率，燃料燃烧的需氧量远大于扩

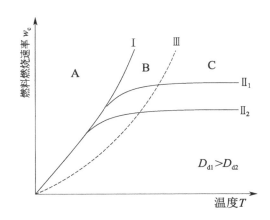

图 6-8 燃料燃烧速率与温度的关系
A—动力燃烧区；B—过渡燃烧区；C—扩散燃烧区

散至碳颗粒表面的氧气量，即 $k \gg D_d$，因此式（6-41）可简化为 $k_{zs} \approx D_d$，式（6-40）变为 $w_c = D_d C_{O_2}$，燃烧速率由图 6-8 中位于 C 区内的曲线 II_1 和 II_2 表示。其中曲线 II_1 的扩散速率系数 D_{d1} 大于曲线 II_2 的扩散速率系数 D_{d2}，显然，提高 O_2 扩散速率系数可以显著增大燃料燃烧速率，而提高温度则没有显著作用。

（3）过渡燃烧

此时燃烧处于过渡燃烧区，即图 6-8 中所示的 B 区，燃烧速率由图中位于 B 区内的曲线 II_1 和 II_2 表示。过渡燃烧温度介于动力燃烧和扩散燃烧之间，即 $1000℃ < T < 1400℃$，此时化学反应速率与 O_2 扩散速率相近，即 $D_d \approx k$，两者都不可忽略。过渡区内，提高反应温度和 O_2 扩散速率均能提高燃料燃烧速率。

由以上可知，燃烧工况的差异取决于燃料化学反应能力和氧气扩散能力之间的关系，即取决于氧气扩散速率系数 D_d 和化学反应速率常数 k 之间的比例关系，两者的比值称为谢苗诺夫（Cemёиол）准则数（S_m），即：

$$S_m = \frac{D_d}{k} \tag{6-44}$$

也可采用谢苗诺夫准则数的倒数，称为德姆科勒（Damköler）第二准则数 D_{aII}，即：

$$D_{aII} = \frac{k}{D_d} \tag{6-45}$$

根据 S_m 的大小，就能判断碳颗粒燃烧是处于动力燃烧区、扩散燃烧区还是过渡燃烧区，如表 6-4 所列。在不同的燃烧工况下，碳颗粒表面的 O_2 浓度 C'_{O_2} 和周围介质中的 O_2 浓度 C_{O_2} 也有不同的比例关系，因此，前苏联学者丘哈诺夫（Чухаиол）提出用 C'_{O_2}/C_{O_2} 值来判别碳颗粒的燃烧区域，即当 C'_{O_2}/C_{O_2} 值接近 1 时，为动力燃烧区；当 C'_{O_2}/C_{O_2} 接近 0 时，为扩散燃烧区。

表 6-4 不同谢苗诺夫准则数 S_m 和 C'_{O_2}/C_{O_2} 值对应的碳颗粒燃烧工况

项目	动力燃烧	过渡燃烧	扩散燃烧
S_m	>9.0	0.11~9.0	<0.1
C'_{O_2}/C_{O_2} 值	>0.9	0.1~0.9	<0.1

根据固体颗粒燃烧理论，O_2 扩散阻力和碳颗粒直径成正比，即碳颗粒越粗，O_2 扩散阻力越大。现代大容量煤粉锅炉燃用的煤粉颗粒直径通常为 $1\sim300\mu m$，虽然煤粉粒径很小，但煤粉粒径分布不均匀，极细的煤粉和较粗的煤粉占少数。较细的煤粉在温度很高的火焰中心才有可能处于扩散燃烧状态。例如，对于烟煤，粒径为 10mm 的煤粉颗粒在 1000℃时一般已处于扩散燃烧状态；而对于粒径为 0.1mm 的煤粉颗粒，温度要提高到 1700℃时才达到扩散燃烧状态。一般情况下，煤粉粒径大都为 $0.001\sim0.1mm$，炉内最高温度水平通常为 1600℃，因此，煤粉炉通常处于动力燃烧或过渡燃烧状态。

6.3 燃料的流化床燃烧原理

固体粒子经与气体或液体接触而转变为类似流体状态的过程，称为流化过程，流化过程用于燃料燃烧，即为流化床燃烧，又称为沸腾燃烧。流化床原理最早应用于化工和冶金工业，诸如干燥、煅烧、气化、焙烧等。流化床用于燃烧始于 20 世纪 20 年代初的煤气发生炉，20 世纪 40 年代以后则主要在石油催化裂化等石油化工和冶金工业中得到应用和发展，它作为一种新型的燃烧技术应用于锅炉则是在 20 世纪 60 年代[2]。

流化床燃烧利用空气动力使燃料颗粒在流化状态下进行燃烧、传热和传质。流化床燃烧所用固体燃料粒度一般在 10mm 以下，运行时，刚加入的燃料颗粒受到气流的作用而迅速与灼热料层中的灰渣粒子强烈混合，并与之一起上下翻滚运动，从而迅速升温并着火燃烧。由灼热灰渣粒子或石英砂等无机固体颗粒组成的床料具有很高的温度和很强的蓄热能力（比热容大），为燃料的稳定着火燃烧提供了优良的条件。因此，即使是燃用高灰分、高水分、低热值的劣质燃料也能维持稳定的燃烧。

流化床燃烧技术的燃料适应性很广，几乎能燃用包括石煤、煤矸石、油页岩等劣质燃料在内的所有燃料。目前，流化床燃烧技术也是城市固体废物（市政污泥、城市垃圾等）燃烧能源利用的主流技术，为城市废物减量和环境保护做出了重大贡献。相比层燃技术和悬浮燃烧技术，流化床燃烧温度更低，可以控制在 $850\sim1050$℃ 范围内而保证稳定和高效的燃烧，因此它属于低温燃烧；热力型 NO_x 生成量很少，因此它是一种清洁的燃烧技术。此外，床温 850℃ 左右是最佳的脱硫反应温度，将石灰石直接投入流化床内，可以有效脱除燃烧过程中产生的 SO_2，脱硫效率高达 $80\%\sim90\%$。因此，流化床燃烧是一种最经济有效的低污染燃烧技术，这也是它近年来在世界范围内受到重视并得到快速发展的根本原因。

6.3.1 流化床内流动的基本理论

6.3.1.1 固体颗粒的基本定义及特征

流化床是气固两相流，床层的流化状态不仅与气体流速密切相关，与固体颗粒的几何尺寸、形状、密度、粒径分布等性质及床层的空隙率也有紧密的关系[4]。

（1）颗粒的当量直径

在进行分析或计算时，往往涉及流化床中的颗粒形状，而实际的固体燃料颗粒形状各异，十分复杂。因此，为了简化计算，通常采用球体模型来代替不规则的燃料颗粒形状。

单颗粒的体积当量直径是指与单个颗粒具有相同体积的球体直径。例如，一个不规则形状的燃料颗粒体积为 $V_p(m^3)$，那么该燃料颗粒的体积当量直径 $d_{V,sp}(m)$ 为：

$$d_{V,sp} = \sqrt[3]{\frac{6V_p}{\pi}} \tag{6-46}$$

单颗粒的表面积当量直径是指与单个颗粒具有相同表面积的球体直径。例如，一个不规则形状的燃料颗粒表面积为 $A_p(m^2)$，那么该燃料颗粒的表面积当量直径 $d_{A,sp}(m)$ 为：

$$d_{A,sp} = \sqrt{\frac{A_p}{\pi}} \tag{6-47}$$

比表面积是指单位体积（或单位质量）的颗粒所具有的表面积。例如，对于一个体积为 V_p、表面积为 A_p 的不规则形状的燃料颗粒，其比表面积 S_p 为：

$$S_p = \frac{A_p}{V_p} \tag{6-48}$$

单颗粒的比表面积当量直径 $d_{S,sp}(m)$ 是指与单个颗粒具有相同比表面积的球体直径，即：

$$S_p = \frac{\pi d_{S,sp}^2}{\frac{1}{6}\pi d_{S,sp}^3} \tag{6-49}$$

（2）颗粒的球形度

不规则颗粒的球形度 Φ_p 是指它的外形接近球形颗粒的程度，Φ_p 定义为：与不规则颗粒具有相同体积的球体表面积 $A_{V,sp}$ 与不规则颗粒表面积 A_p 之比，即：

$$\Phi_p = \frac{A_{V,sp}}{A_p} = \frac{\pi d_{V,sp}^2}{A_p} = \frac{\pi(6V_p/\pi)^{2/3}}{A_p} = \frac{4.84V_p^{2/3}}{A_p} \tag{6-50}$$

显然，球形颗粒的球形度 $\Phi_p = 1$，燃料颗粒的球形度介于 $0 \sim 1$，Φ_p 越接近 1，表明颗粒越接近球形。

（3）颗粒的形状系数

燃料颗粒与球形颗粒的外形差异还可以用形状系数 Φ_s 来表示，Φ_s 定义为：与不规则颗粒具有相同体积的球体表面积 $A_{V,sp}$ 与不规则颗粒表面积 A_p 比值的平方根，即：

$$\Phi_s = \sqrt{\frac{A_{V,sp}}{A_p}} \tag{6-51}$$

因此，对于一个不规则颗粒的粒径 d_p，可表示为：

$$d_p = \frac{d_{V,sp}}{\Phi_s} \tag{6-52}$$

显然，球形颗粒的形状系数也是 1，颗粒越偏离球形，Φ_s 的值就越小，一般煤粉颗粒的形状系数为 $0.63 \sim 0.70$。

（4）颗粒密度

颗粒密度是指单位体积颗粒的质量，由于颗粒与颗粒之间存在空隙，颗粒内部也有孔隙，因此颗粒密度可分为真实密度、表观密度和堆积密度。真实密度是指颗粒质量和不包括内孔隙的颗粒体积之比。它是组成颗粒材料本身的真实密度；表观密度是指包括内孔隙的颗粒密度；堆积密度是指物料颗粒在自然堆积状态下的总质量和堆积物料总体积（包含颗粒间空隙和颗粒内孔隙）的比值。

（5）空隙率与颗粒浓度

设流化床床层的总体积为 V_m，颗粒的总体积为 V_p，流体所占的体积为 V_g，三者关系为 $V_m = V_p + V_g$。床层的空隙率 ε 定义为：流体所占体积 V_g 与床层总体积 V_m 之比，即

$$\varepsilon = \frac{V_g}{V_m} = 1 - \frac{V_p}{V_m} \tag{6-53}$$

6.3.1.2 颗粒分类

颗粒的流动特性与固体颗粒的粒径和密度以及气体的黏度和密度密切相关，而不同类型的颗粒群，其流体动力特性也存在显著差异。Geldart 等[5] 对常温常压空气流化条件下的典型固体颗粒的气固流化特性进行了分析，提出了一种颗粒分类方法。该方法根据颗粒直径、颗粒密度与流化气体密度之差将颗粒分为 A、B、C 和 D 四类，如图 6-9 所示。

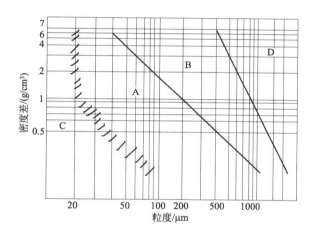

图 6-9　Geldart 颗粒分类

A 类颗粒粒度较小，一般为 $20\sim90\mu m$，并且密度差较小（$\rho<1.49/cm^3$），在鼓泡床床层呈明显的均匀膨胀的流态化；存在最大气泡的极限尺寸，且大多数气泡在床内的上升速度高于颗粒间的气流速度。颗粒容易实现流态化，并且在开始流化到开始形成气泡之间一段很宽的气速范围内床层能均匀膨胀。很多循环流化床系统都采用这类颗粒，当床层停止送风后会有缓慢排气的趋势，由此可以鉴别 A 类颗粒。

B 类颗粒具有中等粒度和中等密度，典型的粒度范围为 $90\sim650\mu m$，具有良好的流化性能。与 A 类颗粒最明显的区别是，在起始流化时即发生鼓泡。床层膨胀不明显，不存在最大气泡的极限尺寸，且大多数气泡的上升速度高于颗粒间的气流速度。流化床中常用的石英砂即属于此类颗粒。

C 类颗粒粒度很小，一般小于 $20\mu m$，颗粒间的相互作用力很大，特别容易受静电效应和颗粒间相互作用力的影响，属于很难流化的颗粒。由于这类颗粒相互黏着力大，因此，当气流通过该颗粒床层时，往往会出现沟流现象。

D 类颗粒通常具有较大的粒度和密度，并且在流化状态时颗粒混合性能较差，大多数燃煤流化床锅炉内的床料及燃料颗粒均属于这类颗粒。D 类颗粒的流化性能与 A、B 类颗粒有

较大差别，如气泡速度低于乳化相间隙的气流速度，即所谓的慢速气泡流化床。

6.3.2 流态化现象及形态

6.3.2.1 流态化现象

通常流化被定义为当固体颗粒群与气体或液体接触时，使固体颗粒转变成类似流体状态的一种操作。流态化的气固两相流，看起来非常像沸腾的液体，并在许多方面表现出类似液体的性质。如图 6-10 所示，流化床类似流体的性质主要有以下几点：a. 在任一高度的静压近似等于在此高度上单位床截面内固体颗粒的质量；b. 无论床层如何倾斜，床表面总是保持水平，床层的形状也保持了容器的形状；c. 床内固体颗粒可以像流体一样从底部或侧面的孔口中排出；d. 当两个床层高度不同的流化床连通时，它们的床面会自动找平；e. 密度高于床层表观密度的物体会下沉，而密度小的物体会上浮；f. 床内颗粒具有良好的混合性能，当床层被加热时整个床层温度基本保持均匀。

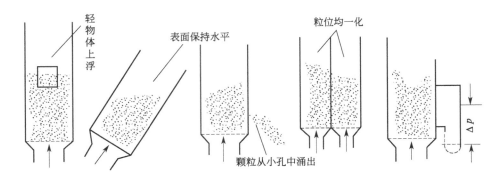

图 6-10　气体流化床的拟流体性质

对于一般的液固流化，颗粒可以较均匀地分散于床层中，因此称之为“散式”流化；而气固流化则不同，气体并不是均匀地流过床层，一部分气体会形成气泡经床层短路逸出，颗粒被分成群体做湍流运动，床层中的空隙率随着时间和空间的变化而变化，因此称这种流化为“聚式”流化。

6.3.2.2 流态化的典型形态

固体流态化的形态及其特点，可通过分析气流对床层内颗粒运动状态的影响以及颗粒运动状态的变化过程来加以说明。当气流速度发生变化时，颗粒的运动状态也将发生变化。不同气流速度下固体颗粒床层的流动状态如图 6-11 所示，随着气体流速提高，床层依次经历固定床、鼓泡流化床、湍流流化床、快速流化床和气力输送状态。

下面分别介绍上述流态化的形成条件及特征。

（1）固定床

当气体进入由固体颗粒组成的床层并穿过颗粒间隙向上流动时，如果颗粒床层静止不动，则称为固定床，此时气流速度小于临界速度 u_{mf}。当气流速度增大时，床层高度保持不变，但床层阻力将随气流速度增大而增大（如图 6-12 所示）。层状燃烧对应的床层即为固定床。

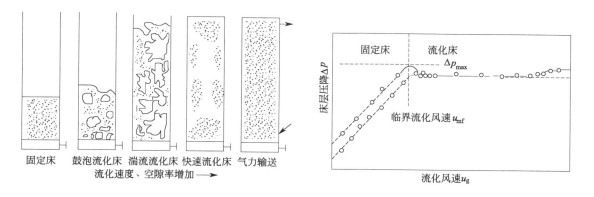

图 6-11　不同气流速度下固体颗粒床层的流动状态　　　图 6-12　床层压降-流速特性曲线

（2）鼓泡流化床

当气流速度继续增大到临界流速 u_{mf} 时，气流对燃料颗粒的向上托升力加上其在空气中的浮力，等于颗粒自身的重力。于是燃料颗粒开始漂浮起来，固定床转变为初始流态化状态。在此状态下，颗粒好像具有流体那样的流动性，多余的气体将以气泡（含有很少颗粒或没有颗粒的气体空腔）的形式向上运动。由于床料内产生大量气泡，在气泡上升过程中，小气泡聚集成较大气泡穿过料层并破裂，此时气固两相有比较强烈的混合，与水被加热至沸腾时的情况相似，这种流化状态称为鼓泡流化床。随着气流速度进一步增加，床层的体积会继续增大，燃料颗粒的运动加剧，床层高度随气流速度增大而增加。由于床层随气流流速增加而膨胀，固体颗粒之间的间隙也随之增加，因此气流的流通截面积也相应增大，且空气量的增加始终与流通截面的增大成正比。因此，流化床中的气体实际流速保持不变，这使得床层阻力也基本保持不变（如图 6-12 所示）。

（3）湍流流化床

随着气流速度增加，气泡作用加剧，气泡的合并和分裂更为频繁，床层压力波动的幅度增大。继续增加气流速度会最终使压力波动幅度大大减小，但波动频率很高，床层的膨胀形式发生变化。此时，气泡由于快速合并和破裂而失去了确定形状，甚至看不到气泡，气固混合更加剧烈，大量颗粒被抛入床层上方的自由空域。床层与自由空域仍有一个界面，虽然远不如鼓泡床的清晰，但是床层内仍存在一个密相区和稀相区。下部密相区的床料浓度比上部稀相区高得多。床层呈现湍流流化状态。湍流流化床最显著的直观特征是"舌状"气流，其中相当分散的颗粒沿着床体呈"之"字形向上抛射，床面很有规律性地周期性上、下波动，造成虚假的气栓流动现象。湍流流化床的床层空隙率一般为 0.65～0.75。

（4）快速流化床

在湍流床状态下继续增大流化风速，颗粒夹带量将随之急剧增大。此时，如果没有颗粒循环及较低位置的床料连续补给，床层颗粒将很快被吹空；当床料补给速率大于床内颗粒的逃离速率时，床层呈现快速流态化形态。快速流态化的主要特征是：床内气泡消失，无明显密相区和稀相区的分界面；床内颗粒浓度一般呈现上稀下浓的不均匀分布，但沿整个床截面颗粒浓度分布均匀；床层底部压力梯度较高，床层顶部压力梯度较低；存在颗粒成团和颗粒返混现象。此外，在快速流化床中，固体颗粒的粒度较细，平均粒径通常为 $100\mu m$ 以下，床层空隙率通常为 0.75～0.95。

（5）气力输送

快速流化床状态下将流化风速继续增大到一定值或减少床料补给量，床料颗粒会被气流夹带离开，床内颗粒浓度变稀，床层将过渡到气力输送状态，又称为悬浮稀相流状态。此时的流化风速称为气力输送速度。对于大颗粒来说，气力输送速度一般等于颗粒终端沉降速度；对于细颗粒群，气力输送速度远高于颗粒终端沉降速度。在上行的悬浮稀相流中，颗粒均匀向上运动且不存在颗粒的下降流动。从快速流态化过渡到气力输送时，伴随着床层空隙率的增加，通常从快速流态化过渡到气力输送的临界空隙率为 0.93～0.98。如果将悬浮稀相区再分成密相气力输送和稀相气力输送，则快速流态化首先向密相气力输送过渡，此时床内颗粒浓度上下均一，单位高度床层压降沿床层高度不变；稀相气力输送的风速高于密相气力输送，其特征是风速增大，床层压降上升。

由以上内容可知，鼓泡流态化可以维持在鼓泡流化床中，也可以维持在循环流化床中；但湍流流态化和快速流态化只能维持在循环流化床中，也即鼓泡床也可以是循环流化床，但湍流床和快速床必须是循环流化床。

6.3.3　流化床内的流体动力学特性

6.3.3.1　床层阻力特性

床层阻力特性是指气流通过床层时的压降 Δp_b 与按床层截面计算的冷态流化速度 u_0（或称为表观速度）之间的关系，即压降-流速特性曲线，一般通过实验测得（如图 6-12 所示）。

（1）固定床的阻力特性

气体通过颗粒固定床的流动随颗粒大小及密度不同而呈现不同的流动状态，对于低密度、小尺寸的颗粒床层，在达到起始流态化前，气体流动处于层流状态；对于高密度、大尺寸的颗粒床，气体流动可能进入过渡区或湍流区。因此，低密度、小尺寸颗粒床层的压损主要归因于气体和颗粒表面的摩擦；而高密度、大尺寸颗粒床层的压损主要归因于流道截面积的突然扩大和收缩，以及气体对颗粒的撞击。由于气体通过颗粒层的流动与气体流经管道相似，因此可以采用流体管内流动理论来计算阻力特性。

气体以层流形式流经床层时，仿照管内层流的流动规律，床层中的通道可视为许多弯曲孔道，通道长度与床层初始深度成正比，则有：

$$\frac{\Delta p}{H_0} \propto \frac{\mu}{d_c^2} u \tag{6-54}$$

式中，Δp 为床层压降，Pa；H_0 为床层初始深度，m；μ 为流体动力黏度，Pa·s；d_c 为床层孔道的当量直径，m；u 为孔道中气流速度，m/s。

床层孔道的当量直径 d_c 与空隙率 ε 和比表面积 S_p 的关系为：

$$d_c = \frac{\varepsilon}{S_p(1-\varepsilon)} \tag{6-55}$$

将式（6-55）代入式（6-54）可得（黏滞损失）：

$$\frac{\Delta p}{H_0} \propto \frac{\mu}{d_{V,sp}^2} \times \frac{(1-\varepsilon)^2}{\varepsilon^3} u \tag{6-56}$$

在充分湍流的情况下（$Re > 1000$），阻力系数与雷诺数无关，因而压降与流动动压成正比，与通道直径成反比，可得（动能损失）：

$$\frac{\Delta p}{H_0} \propto \frac{\mu u^2}{d_{V,\mathrm{sp}}} \times \frac{1-\varepsilon}{\varepsilon^3} \tag{6-57}$$

在过渡区（$Re = 1 \sim 1000$），假设总压力损失为层流与湍流损失之和，则有：

$$\frac{\Delta p}{H_0} = K_1 \frac{\mu}{d_{V,\mathrm{sp}}^2} \times \frac{(1-\varepsilon)^2}{\varepsilon^3} u + K_2 \frac{\mu u^2}{d_{V,\mathrm{sp}}} \times \frac{1-\varepsilon}{\varepsilon^3} \tag{6-58}$$

式中，K_1，K_2 分别为层流和湍流压降损失系数，取决于颗粒形状、粒径、筛分宽度和床层空隙率。

Ergun 公式[6,7] 给出的值为 $K_1 = 150$，$K_2 = 1.75$，即：

$$\frac{\Delta p}{H_0} = 150 \frac{\mu}{d_{V,\mathrm{sp}}^2} \times \frac{(1-\varepsilon)^2}{\varepsilon^3} u + 1.75 \frac{\mu u^2}{d_{V,\mathrm{sp}}} \times \frac{1-\varepsilon}{\varepsilon^3} \tag{6-59}$$

（2）流化床的阻力特性

理想状态下，流化后的流化床床层阻力 Δp_b 等于单位面积布风板上的料层重力，即：

$$\Delta p_b = \frac{G_b}{A} = H_0 (\rho_p - \rho_g)(1-\varepsilon) g \tag{6-60}$$

式中，G_b 为料层重力，N；A 为布风板的有效面积（床层横截面积），m^2；ρ_p 为颗粒密度，kg/m^3；ρ_g 为气流密度，kg/m^3；ε 为料层静止时的空隙率。

由于 ρ_g 远小于 ρ_p，故式（6-60）可改写为：$\Delta p_b = H_0 \rho_b g$；在实际情况下，$\Delta p_b <$ $H_0 \rho_b g$，可进一步改写为：$\Delta p_b = n_p H_0 \rho_b g$。$n_p$ 为压降减弱系数，$n_p < 1$，一般情况下，n_p 值介于 $0.76 \sim 0.82$；ρ_b 为床层堆积密度，kg/m^3。表 6-5 所列为一些常见燃料的压降减弱系数。

表 6-5　常见燃料的压降减弱系数

燃料名称	压降减弱系数 n_p	燃料名称	压降减弱系数 n_p
石煤、煤矸石	0.9~1.0	烟煤矸石	0.82
无烟煤	0.8	油页岩	0.7
烟煤	0.77	褐煤	0.5~0.6

流化床运行中的静止料层厚度 H_0 可按下式计算：

$$H_0 = \frac{\Delta p_t - \Delta p_d}{n_p \rho_b g} \tag{6-61}$$

式中，Δp_t 为布风板阻力与流化床阻力之和，对有溢流的鼓泡流化床，其值等于布风板下的风室静压，Pa；Δp_d 为布风板阻力，可以按运行时的布风板阻力特性曲线查得，Pa。

实践表明，料层太薄（$H_0 < 0.3m$），会导致料层阻力太小，流化床运行不稳定；料层太厚，又会导致阻力过大，鼓风机电耗大幅增加。一般情况下，静止料层高度 $H_0 = 0.35 \sim$ $0.55m$ 或料层阻力 $\Delta p_b = 4000 \sim 5000Pa$ 比较合适。

（3）临界流化风速

临界流化风速 u_{mf} 是指床层从固定状态转变到流化状态时按布风板面积计算的空气流速，也称为最小流化风速。临界流化风速主要通过实验测量得到，测试装置如图 6-13 所示。当测试条件不具备时也可以通过理论计算获得。

当流化介质一定时，临界流化风速取决于固体颗粒的大小和性质。在固定床中气流速度

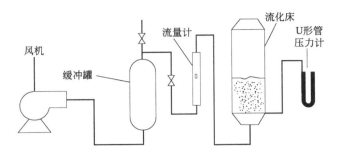

图 6-13　临界流化风速测试装置

和压降的关系满足式(6-59)，当床层处于流化态时，床层压降满足式(6-60)。当流化床中的状态处于临界流化点时，固定床中气体压降近似等于流化后的临界流化气体压降，联立式(6-59) 和式(6-60) 可得：

$$150\frac{(1-\varepsilon_{mf})d_{V,sp}u_{mf}\rho_g}{\mu\varepsilon_{mf}^3}+1.75\frac{(u_{mf}d_{V,sp}\rho_g)^2}{\mu^2\varepsilon_{mf}^3}=\frac{d_{V,sp}^3\rho_g(\rho_p-\rho_g)g}{\mu^2} \tag{6-62}$$

式中，ε_{mf} 为床层临界流化空隙率。

引入临界雷诺数准则 Re_{mf} 及阿基米德准则 Ar，则：

$$Re_{mf}=\frac{u_{mf}d_p\rho_g}{\mu} \tag{6-63}$$

$$Ar=\frac{d_p^3\rho_g(\rho_p-\rho_g)g}{\mu^2} \tag{6-64}$$

将式(6-63) 和式(6-64) 及 $d_p=\dfrac{d_{V,sp}}{\Phi_s}$ 代入式(6-62)，可得：

$$\frac{150(1-\varepsilon_{mf})}{\Phi_s^2\varepsilon_{mf}^3}Re_{mf}+\frac{1.75}{\Phi_s\varepsilon_{mf}^3}Re_{mf}^2=Ar \tag{6-65}$$

大量的实践经验表明，对于各种不同的系统，以下两式均成立，即

$$\frac{(1-\varepsilon_{mf})}{\Phi_s^2\varepsilon_{mf}^3}=11 \tag{6-66}$$

$$\frac{1}{\Phi_s\varepsilon_{mf}^3}=14 \tag{6-67}$$

将其代入式(6-65) 可得：

$$1650Re_{mf}+24.5Re_{mf}^2=Ar \tag{6-68}$$

式中，左边第一项为黏滞损失项；左边第二项为动能损失项。

根据式(6-68) 可计算出临界雷诺数准则 Re_{mf}，进而求得临界流化风速 u_{mf}。当气流速度较低时（$Re<20$），式(6-68) 中的第二项动能损失很小，可以忽略不计，则临界流化风速为：

$$u_{mf}=\frac{d_p^2(\rho_p-\rho_g)g}{1650\mu}(Re<20) \tag{6-69}$$

当气流速度很高时（$Re>1000$），式(6-68) 中的第一项黏滞损失很小，可以忽略不计，则临界流化风速变为：

$$u_{mf} = \sqrt{\frac{d_p(\rho_p - \rho_g)g}{24.5\rho_g}} \quad (Re > 1000) \tag{6-70}$$

实际计算应用结果表明，上述半经验的临界流化风速计算公式所得结果与实际存在较大误差，可靠性不高。因此，目前临界流化风速通常依赖于试验测定或经验公式的近似计算。针对流化床锅炉燃用劣质燃料的宽筛分床料，可以采用以下经验公式：

$$u_{mf} = 0.294 \frac{d_p^{0.584}}{\nu_g^{0.056}} \left(\frac{\rho_p - \rho_g}{\rho_g}\right)^2 \tag{6-71}$$

式中，ν_g 为气流运动黏度，m^2/s。

（4）颗粒终端速度

颗粒终端速度的定义为：颗粒在静止空气中做初速度为零的自由落体运动时，当加速下落速度增至某一大小，颗粒所受的重力、阻力和浮力三者间将达到平衡，此后颗粒将以匀速下落，该速度即为颗粒终端速度，用 u_t 表示。颗粒终端速度也可这样理解：对于一个上升气流系统，随着气流速度增加并达到一定数值后，颗粒将浮起并维持不动，此时的气流速度即为终端气流速度。根据定义可知，尺寸和密度较大的颗粒具有较高的终端速度。当某一球形颗粒被置于自下而上的气流中时，该颗粒同时受到重力、浮力和气流冲力的作用，其平衡状态可由下式表达：

$$\frac{\pi d_p^3}{6}(\rho_p - \rho_g) = C_d \times \frac{\pi d_p^2}{4} \times \frac{u_g^2}{2g} \times \rho_g \tag{6-72}$$

式中，d_p 为颗粒直径，m；ρ_p，ρ_g 为颗粒和气体的密度，kg/m^3；u_g 为气体流速，m/s；C_d 为气体绕流过颗粒的阻力系数，其值随雷诺数而变化。

由此可得颗粒由静止转为运动的终端流速 u_t 为：

$$u_t = \sqrt{\frac{4}{3} \times \frac{\rho_p - \rho_g}{\rho_g} \times \frac{g}{C_d} \times d_p} \tag{6-73}$$

层流区（$Re_p < 2$），$C_d = 24/Re_p$，则有：

$$u_t = \sqrt{\frac{d_p^2(\rho_p - \rho_g)g}{18\mu}} \tag{6-74}$$

式中，Re_p 为相对速度下的雷诺数。

过渡区（$Re_p = 2 \sim 500$），$C_d = 18.5/Re_p^{0.6}$，则有：

$$u_t = \frac{0.153 d_p^{1.14}(\rho_p - \rho_g)^{0.7}g^{1.14}}{\mu^{0.43}\rho_g^{0.29}} \tag{6-75}$$

湍流区（$Re_p = 500 \sim 150000$），$C_d = 0.44$，则有：

$$u_t = 1.74\sqrt{\frac{(\rho_p - \rho_g)d_p g}{\rho_g}} \tag{6-76}$$

对于非球形颗粒，可以引入球形度 Φ_p 进行修正：

层流终端速度为：

$$u_t = k_1 \frac{d_p^2(\rho_p - \rho_g)g}{18\mu} \tag{6-77}$$

$$k_1 = 0.8341g \frac{\Phi_p}{0.065} \tag{6-78}$$

湍流终端速度为：

$$u_t = 1.74 \sqrt{\frac{(\rho_p - \rho_g) d_p g}{k_2 \rho_g}}$$ (6-79)

$$k_2 = 5.31 - 4.88 \Phi_p$$ (6-80)

大量研究表明，颗粒终端速度 u_t 与临界流化风速 u_{mf} 之比 u_t/u_{mf} 大致在 9～90 范围内波动，颗粒越小，则比值越大。它是流化床操作灵活性的一项指标，u_t/u_{mf} 的大小反映了流化床从临界流化状态到颗粒被带出时的范围大小。因此，采用小颗粒物料的操作灵活性更大。

6.3.4　流化床内燃烧基本理论

燃料被加入高温的流化床后，其燃烧过程将经历以下几个主要过程：干燥和加热、挥发分析出和燃烧、焦炭燃烧，期间伴随着颗粒的膨胀、一次破碎、二次破碎及颗粒磨损等过程。图 6-14 以煤粒为例，定性描述了煤粒在流化床内的燃烧过程。实际上，燃料燃烧时的几个阶段并不能被完全划分，往往几个过程有一定的相互重叠部分。

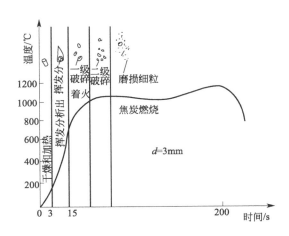

图 6-14　流化床内煤粒的燃烧过程

6.3.4.1　燃料的干燥和加热

流化床锅炉燃用的固体燃料通常有一定的含水率，燃用泥煤浆时水分可超过 40%，而燃用市政污泥时，水分可高达 60% 以上。新鲜燃料被送入流化床后，立即被大量灼热的不可燃床料包围并被加热至接近床温，在此过程中，燃料被加热干燥，水分不断蒸发，加热速率一般可达 100～1000℃/s，即燃料的加热时间仅有几秒钟。

流化床锅炉内的床料绝大部分为灼热的惰性无机物质（如灰渣、石英砂等），可燃物含量仅占一小部分。因此，投加到床内的新鲜燃料仿佛被加入一个庞大的"蓄热池"当中，燃料被灼热的床料迅速包围。并且由于床料在气流带动下进行剧烈混合，使得燃料被迅速加热到着火温度而开始燃烧。在此过程中，燃料加热所吸收的热量一般只占床层总热容量的千分之几，因而对床温的影响很小；而燃料的燃烧又可以释放出热量，从而能使床层温度维持在较稳定的水平。

6.3.4.2 挥发分的析出和燃烧

随着燃料进一步加热升温，将发生燃料的热解反应而释放出挥发分。挥发分的析出及扩散传递过程十分复杂，有学者使用简单的一级反应模型来描述这一过程，即：

$$\frac{dV}{d\tau} = k(V_{max} - V) \tag{6-81}$$

式中，τ 为挥发分的析出时间；k 为反应速率常数；V_{max} 为一定温度下燃料的最大挥发分析出量；V 为一定时间内燃料的挥发分析出量。

式（6-81）中的一级反应模型对于中等温度的热解过程的解释符合性较好，但是当温度进一步升高后，模型的适应性将逐渐变差，此时应将模型改成以下形式：

$$\frac{dV}{d\tau} = k'(V_{max} - V)^n \tag{6-82}$$

式中，n 为反应级数；k' 为 n 级反应速率常数。

通常，当反应级数取到 2 时，模型与试验结果吻合较好。

当挥发分析出受化学反应控制时（即燃料颗粒的传热阻力远小于化学反应阻力时），燃料颗粒内部不存在温度梯度，即处于等温状态，挥发分的析出时间可按照下式计算：

$$\tau = \frac{1}{k} \times \frac{1}{\exp\left(-\frac{E}{RT}\right)} \times \ln\frac{V_{max}}{V_{max} - V} \tag{6-83}$$

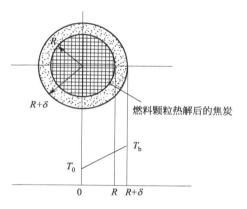

图 6-15 燃料颗粒热解收缩模型

当燃料颗粒的挥发分析出过程受传热控制时（即燃料颗粒的传热阻力远大于化学反应阻力时），颗粒内部存在温度梯度，此时可采用图 6-15 所示的热解收缩模型。该模型假定燃料颗粒是一个处于热解状态下的收缩核模型，初始温度为 T_0，受热后颗粒逐步被加热，经过时间 τ 后，颗粒表面温度升高到床温 T_b，并在颗粒表面一直保持这一温度。由于热量由颗粒表面向颗粒内部传导，颗粒内部各点温度逐渐升高，忽略分解热，则导热微分方程为：

$$(1-\varepsilon)\rho_b c_p \times \frac{\partial T}{\partial \tau} = \lambda \times \frac{1}{r^2} \times \frac{\partial}{\partial r} \times \left(r^2 \times \frac{\partial T}{\partial \tau}\right) \tag{6-84}$$

式中，ε 为燃料颗粒的孔隙率；ρ_b 为颗粒密度，kg/m^3；c_p 为颗粒比热容，$J/(kg \cdot K)$；λ 为颗粒的有效热导率，$W/(m \cdot K)$。

假定上述参数皆为常数，并结合以下条件。

初始条件：$\tau=0$，$T=T_0$；边界条件：$r=R_d$，$T=T_b$；$r=0$，$\frac{\partial T}{\partial \tau}=0$。

令燃料颗粒的热扩散系数为：

$$\alpha = \frac{\lambda}{(1-\varepsilon)\rho_b c_p} \tag{6-85}$$

代入以上条件并求解式（6-84），则：

$$T = T_{oh} - T_0 + \frac{2R_d T_{oh}}{\pi r} \sum_{n=1}^{\infty} \sin\frac{n\pi r}{R_d}\exp\left(-\frac{\alpha\tau}{R_d^2}n^2\pi^2\right) \tag{6-86}$$

由于颗粒内部为非稳态导热过程，热量从颗粒表面逐渐向中心传递，颗粒内温度 T 逐渐升高，达到挥发分的热解温度 T_{py} 后，该处就发生热解，挥发分析出。随着时间推移，热量不断向颗粒中心传递，热解的锋面也不断向中心推进，当中心温度也达到 T_{py} 后，颗粒的挥发分完成析出过程，此时所需的时间为 τ_V。

在任意时间 τ，颗粒中心所达到的温度为：

$$T_{o\tau} = T_{oh} - T_0 + \frac{R_d T_{oh}}{(\pi\alpha\tau)^{0.5}} \sum_{\tau=0}^{\infty} \exp\left[-\frac{(2\pi+1)^2 R_d^2}{4\alpha\tau}\right] \tag{6-87}$$

当 $\tau = \tau_V$，$T_0 = T_{py}$ 时，可以得到挥发分全部析出所需的时间，即

$$\tau_V \approx \frac{1}{\pi\alpha}\left(\frac{R_d T_b}{T_{py} - T_b + T_0}\right)^2 \tag{6-88}$$

式中，T_{oh} 为流化床料层温度；T_b 为燃料颗粒表面温度（等于床温）；R_d 为煤粒半径。

从式(6-88) 可以看出，当燃料颗粒热解过程受内部传热控制时，床温 T_{oh} 和热解温度 T_{py} 假定为常数，则挥发分全部析出所需时间近似地随 R_d^2 的增加而增加，随热扩散系数 α 的增大而减小。

燃料颗粒挥发分全部析出时间也可以采用实验方法确定：将干燥后的燃料颗粒放入热分析天平中，同时通入惰性气体（如 N_2），设定好热分析天平的升温速率、加热终温后便可开始测试颗粒质量随时间的变化规律。当颗粒温度达到热解温度后，挥发分开始析出，颗粒质量不断降低，随着挥发分析出接近完全，颗粒质量接近稳定，颗粒质量开始下降到颗粒质量最终维持稳定所需时间，即为挥发分析出时间。

挥发分析出后，达到相应的着火温度时即着火燃烧，通常挥发分析出和着火是重叠进行的，很难把两个过程区分开来。挥发分燃烧是在氧和未燃挥发分的边界上进行的，燃烧过程通常由界面处挥发分和氧的扩散所控制。而扩散火焰的位置取决于氧的扩散速率和挥发分的析出速率，氧的扩散速率低，火焰离颗粒表面的距离就远。

6.3.4.3　焦炭的着火和燃烧

挥发分析出后或同时，焦炭颗粒开始燃烧。颗粒周围的氧传递到焦炭颗粒的表面或孔隙表面，在焦炭表面与碳反应生成 CO_2 和 CO。在焦炭燃烧过程中，不同特性的焦炭颗粒的燃烧工况可以分为三种，即 O_2 扩散阻力远小于化学反应阻力的动力燃烧工况、扩散阻力远大于化学反应阻力的扩散燃烧工况以及扩散阻力和化学反应阻力相当的过渡燃烧工况，相关理论已在煤粉燃烧中进行了详细介绍，此处不再赘述。

6.4　其他新型燃烧技术

伴随着人类经济水平的不断提高，能源的需求量日益增长。一方面，化石燃料作为不可再生能源，未来很长一段时间仍是主要的能源类型，为了维持能源消费的可持续性，除了开发可再生能源并不断提高可再生能源比例以外，提高燃料的能源利用率也是非常重要的途径；另一方面，日益增长的能源消耗给生态环境带来了巨大压力，包括 NO_x、SO_2、重金属等常规污染物排放，以及近年来备受关注的 CO_2 等温室气体排放。

尤其是温室气体排放，《巴黎协定》明确了全球共同追求的“硬指标”：将全球平均气温较工业化前水平升高控制在2℃之内，并为将升温控制在1.5℃之内努力。我国在第75届联合国大会一般性辩论上指出：中国将提高国家自主贡献力度，采取更加有力的政策和措施，二氧化碳排放力争于2030年前达到峰值，努力争取2060年前实现碳中和。未来能源消费过程中的碳减排将是重中之重。基于此，许多新型的燃烧技术因其在高效或低污染方面的独特优势而备受关注，包括化学链燃烧技术、富氧燃烧技术、温和与低氧强稀释燃烧技术（moderate or intense low-oxygen dilution，MILD）、超临界水热燃烧技术等，以下将分别介绍。

6.4.1 化学链燃烧技术

化学链燃烧（chemical looping combustion）原理最早于1951年由美国的Lewis和Gilliland[8]在所申请的专利中被正式提出，但该技术在当时的社会背景下并未被重视，研究几乎停滞。1983年，德国科学家Richter等[9]提出将化学链燃烧技术应用于降低热电厂气体燃烧过程中产生的熵变，以提高能源使用效率。20世纪90年代后期，化石能源大规模消耗带来的环境问题日益突出，温室气体等有害气体排放控制越来越受重视。在此背景下，许多学者开始把化学链燃烧作为一种CO_2捕集和NO_x控制的新型工艺进行研究，化学链燃烧技术得到了广泛关注。

6.4.1.1 化学链燃烧的基本原理

化学链燃烧的基本原理如图6-16所示，它将传统的燃料与空气直接接触的燃烧借助于载氧体的作用而分解为2个气固反应，燃料与空气无需接触，通过载氧体将空气中的氧传递到燃料中[10]。

（1）化学链燃烧反应式

化学链燃烧系统包括两个连接的流化床反应器，即空气反应器和燃料反应器。固体载氧体在两个反应器之间循环，燃料进入燃料反应器后被固体载氧体的晶格氧氧化，生成CO_2和水蒸气，由于没有空气的稀释，产物

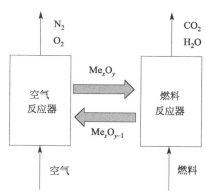

图6-16 化学链燃烧原理示意图

纯度很高，只需将水蒸气冷凝后即可得到较纯的CO_2，而无需消耗额外的能量进行CO_2分离。燃料反应器内进行的反应如式(6-89)~式(6-91)所示，反应温度相比于传统方式低，一般为850~950℃[11]。

$$n\mathrm{Me}_x\mathrm{O}_y + \mathrm{C}_n\mathrm{H}_{2m} \longrightarrow n\mathrm{Me}_x\mathrm{O}_{y-1} + m\mathrm{H}_2 + n\mathrm{CO} \tag{6-89}$$

$$\mathrm{Me}_x\mathrm{O}_y + \mathrm{CO} \Longleftrightarrow \mathrm{Me}_x\mathrm{O}_{y-1} + \mathrm{CO}_2 \tag{6-90}$$

$$\mathrm{Me}_x\mathrm{O}_y + \mathrm{H}_2 \Longleftrightarrow \mathrm{Me}_x\mathrm{O}_{y-1} + \mathrm{H}_2\mathrm{O} \tag{6-91}$$

高温下也可能发生以下烃类化合物重整反应(6-92)和水煤气反应(6-93)：

$$\mathrm{C}_n\mathrm{H}_{2m} + n\mathrm{H}_2\mathrm{O} \longrightarrow n\mathrm{CO} + (n+m)\mathrm{H}_2 \tag{6-92}$$

$$\mathrm{CO} + \mathrm{H}_2\mathrm{O} \Longleftrightarrow \mathrm{CO}_2 + \mathrm{H}_2 \tag{6-93}$$

当燃料反应器中完全反应后，被还原的载氧体（$\mathrm{Me}_x\mathrm{O}_{y-1}$）被输送至空气反应器中，与空气中的气态氧相结合，发生氧化反应，完成载氧体的再生。空气反应器内进行的反应

如下：

$$Me_xO_{y-1}+0.5O_2 \longrightarrow Me_xO_y \qquad (6-94)$$

由此可知，燃料反应器中没有空气的稀释，产物为纯 CO_2 和水蒸气，二者可以通过直接冷凝进行分离而无需消耗能量；空气反应器中没有燃料，载氧体的氧化再生可在较低的温度下进行，避免了 NO_x 的生成，所排放的气体主要为 N_2 和未反应的 O_2，对环境无污染。

从能量利用角度来看，化学链燃烧过程中氧化反应和还原反应的反应热总和与传统燃烧的反应热相同，化学链燃烧过程中没有增加反应的燃烧焓，只是将一步化学反应变成了两步，能够实现能量的梯级利用，因而具有更高的能源利用率。

（2）载氧体的载氧能力

载氧体的载氧能力是化学链燃烧关键参数，以符号 Ro 表示，其定义如下[12]：

$$Ro=\frac{m_{ox}-m_{red}}{m_{ox}} \qquad (6-95)$$

式中，m_{ox} 和 m_{red} 为载氧体在完全氧化和完全还原状态下的质量。

表 6-6 所列为典型金属氧化物载氧体的理论最大载氧能力值。应该指出，金属氧化物通常要负载在惰性载体材料上以维持载氧体颗粒结构和强度，因此，将金属氧化物及其载体作为整体来看，其载氧能力无法达到表 6-6 中所列的水平。

表 6-6　典型金属氧化物载氧体的最大载氧能力

氧化态/还原态	最大载氧能力 Ro	氧化态/还原态	最大载氧能力 Ro
$CaSO_4/CaS$	0.4701	CuO/Cu_2O	0.1006
Co_3O_4/Co	0.2658	Fe_2O_3/FeO	0.1002
NiO/Ni	0.2142	Mn_3O_4/MnO	0.0699
CuO/Cu	0.2011	Fe_2O_3/Fe_3O_4	0.0334

载氧体的相对氧化度 X_S 是指载氧体在当前状态下的载氧量与理论最大载氧量的比值，按下式计算：

$$X_S=\frac{m-m_{red}}{m_{ox}-m_{red}} \qquad (6-96)$$

式中，m 为载氧体在当前状态下的质量。

载氧体的相对氧化度将在空气反应器中逐渐上升，而在燃料反应器中则逐渐下降，因此，载氧体的相对氧循环量 ΔX_S 为：

$$\Delta X_S=X_{S,AR}-X_{S,FR} \qquad (6-97)$$

式中，$X_{S,AR}$ 和 $X_{S,FR}$ 分别为空气反应器和燃料反应器中的相对氧化度。

由此，载氧体的氧传递速率 $\dot{m}_O$ 可计算如下：

$$\dot{m}_O=\dot{m}_{ox} \cdot Ro \cdot \Delta X_S \qquad (6-98)$$

式中，$\dot{m}_{ox}$ 为载氧体在全氧化状态下的质量循环速率，kg/s。

图 6-17 所示为纯甲烷通过化学链燃烧转化为 CO_2 和水蒸气时的载氧体的相对氧化度与载氧体循环量之间的关系，图中的载氧体循环量是指化学链燃烧单位产能（1kW·h）的载氧体循环质量。可以看出，化学链燃烧系统的载氧体循环量随着 ΔX_S 升高而减小，随着载氧能力 Ro 的增大而减小。

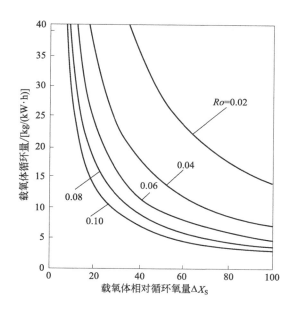

图 6-17　载氧体相对循环氧量和载氧体循环量的关系

燃料在燃料反应器中的气相转化率 γ_{CO_2} 可根据 CO_2 的产率和总输入碳的比值确定，即：

$$\gamma_{CO_2} = \frac{\text{燃料反应器中的} CO_2 \text{产生量}}{\text{输入燃料反应器的总碳量}} \qquad (6\text{-}99)$$

或者，也可根据燃料反应器的燃烧效率 η_{comb} 来评估燃料转化情况，即：

$$\eta_{comb} = 1 - \frac{\dot{n}_{FR,ex} LHV_{FR,ex}}{\dot{n}_{FR,in} LHV_{FR,in}} \qquad (6\text{-}100)$$

式中，$\dot{n}_{FR,in}$ 和 $\dot{n}_{FR,ex}$ 分别为燃料反应器进口和出口混合物组分摩尔数，mol/s；$LHV_{FR,in}$ 和 $LHV_{FR,ex}$ 分别为燃料反应器进口和出口混合物组分低位发热量，J/mol。

当燃料反应完全时，燃料中的碳完全转化为 CO_2，燃料反应器出口混合物组分的低位发热量也降为零，因此，γ_{CO_2} 和 η_{comb} 均为1。

（3）化学链燃烧系统能量平衡

载氧体在空气反应器中的反应［式（6-94）］均为强放热反应，而在燃料反应器中的反应［式（6-89）～式（6-93）］可能为放热反应，也可能为吸热反应，具体取决于燃料类型、载氧体种类以及燃料转化率等因素。基于能量守恒定律，化学链燃烧的总放热量和燃料直接燃烧的放热量是相等的。

图 6-18 所示为 850℃ 下 CH_4、CO 和 H_2 在不同载氧体作用下转化为 CO_2 和水蒸气的反应焓[13]。当燃料为 CH_4 时［图 6-18（a）］，除了铜基载氧体以外，其他载氧体（$CaSO_4$、Co_3O_4、Fe_2O_3、Mn_3O_4、NiO）作用下的燃料反应器均为吸热反应；当燃料为 CO 和 H_2 时［图 6-18（b）和（c）］，燃料反应器内均为放热反应。但不论何种燃料，当燃料种类固定时，燃料反应器和空气反应器中的总反应焓是恒定的，且均为放热反应。由图 6-18 可以看出，CH_4、CO 和 H_2 的总反应焓分别为 -802.09 kJ/mol、-282.1 kJ/mol 和 -248.5 kJ/mol。化

学链燃烧系统总体为放热反应，为维持系统反应温度恒定，燃烧反应所释放的热量需要被及时取出，如调节通入空气反应器的空气流量、设置间接热交换器等。假如燃料反应器为吸热反应或者微放热反应，那么热量需要通过载氧体循环从空气反应器传递到燃料反应器。燃料反应器和空气反应器之间的温差取决于载氧体循环速率、燃料反应器的热量需求和取热点位置等因素。

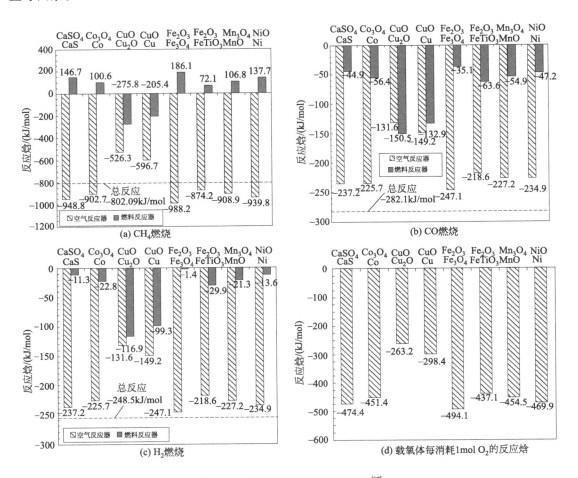

图 6-18　850℃下化学链燃烧反应焓[13]

6.4.1.2　固体燃料的化学链燃烧技术

化学链燃烧自 1983 年以后，研究的重点主要集中在天然气、水煤气等气体燃料，这是因为在燃烧反应器中，固态的载氧体很难与固态燃料发生直接反应，但很容易与气态燃料发生反应。在我国，天然气等气体燃料远不能满足国家能源的长远需求，因此开发固体燃料的化学链燃烧技术对于国家实现清洁、可持续发展的能源战略具有重要意义[14]。目前，实现固体燃料化学链燃烧的基本途径有以下 3 种。

途径 1：引入一个单独的固体燃料气化过程。该过程需要以 O_2 或者 O_2＋水蒸气为气化剂，将固体燃料气化为以 CO、CH_4 和 H_2 为主的气体燃料，然后气体燃料再与载氧体发生反应。但是，固体燃料的气化工艺复杂、能耗高；此外，为了获得 O_2，还需设置高成本的空气分离器，极大限制了该途径的发展和推广应用。

途径 2：将固体燃料直接引入燃料反应器，燃料的气化以及之后与载氧体的反应在燃料反应器中同时进行。该途径的缺点是燃料与载氧体之间发生的固-固反应效率非常低，因此，首先需要使用水蒸气或 CO_2 对固体燃料进行气化，然后载氧体颗粒再与所产生的中间气体发生反应。燃料的气化反应式如下：

$$C + H_2O \longrightarrow CO + H_2 \tag{6-101}$$

$$CO + H_2O \longrightarrow CO_2 + H_2 \tag{6-102}$$

$$CO_2 + C \longrightarrow 2CO \tag{6-103}$$

CO 和 H_2 与载氧体发生的主要反应式如下：

$$Me_xO_y + H_2 \longrightarrow Me_xO_{y-1} + H_2O \tag{6-104}$$

$$Me_xO_y + CO \longrightarrow Me_xO_{y-1} + CO_2 \tag{6-105}$$

由于反应式(6-104) 和式(6-105) 比式(6-101)～式(6-103) 反应速度快，因此化学链燃烧过程快慢受气化时间的限制。

途径 3：称为化学链解耦燃烧技术，即载氧体在燃料反应器中释放气相氧与固体燃料燃烧，该过程主要包括 3 个反应，即载氧体在空气反应器中获得气相氧[式(6-106)]、载氧体在燃料反应器中释放氧[式(6-107)]以及燃料与气相氧发生反应[式(6-108)][15]。各反应式分别如下：

$$O_2 + Me_xO_{y-2} \longrightarrow Me_xO_y \tag{6-106}$$

$$Me_xO_y \longrightarrow O_2 + Me_xO_{y-2} \tag{6-107}$$

$$C_nH_{2m} + (n + m/2)O_2 \longrightarrow nCO_2 + mH_2O \tag{6-108}$$

化学链解耦燃烧的优点是固体燃料不和载氧体直接发生反应，因此无需气化过程；系统所需载氧体量减少，同时也减小了反应器尺寸和系统成本[16]。该技术要求载氧体在高温下与气相氧的反应是可逆的，即要求载氧体既能在空气反应器中被空气中的 O_2 氧化，又能在燃料反应器中释放气相 O_2，这一点与常规化学链燃烧对载氧体的要求不同。

从目前固体燃料化学燃烧技术的研究现状来看，途径 2 体现了极大的可行性和优越性，在国内外得到了越来越多的认可和应用。

6.4.1.3 载氧体

载氧体是制约整个化学链燃烧系统的关键因素，它在空气反应器和燃料反应器中不断循环，为燃料燃烧提供所需的 O_2。载氧体除应在多次循环中保持足够高的氧化-还原速率外，还应能够承受较高的反应温度，具有足够的机械强度和抗烧结能力。此外，在选择载氧体材料时还需考虑是否廉价易得，以及对环境是否构成危害等因素。加拿大 Hossain 等[17] 总结指出，载氧体的性能可以从氧传递能力、氧化还原反应速率、力学性能（抗烧结、团聚、磨损、破碎）、抗积炭、生产成本、环境影响等方面来评价。载氧体按其成分不同，可分为金属氧化物载氧体、硫酸盐载氧体和钙钛矿载氧体等。

（1）金属氧化物载氧体

当前研究较多的金属氧化物载氧体主要集中在包括 Ni、Fe、Cu、Co、Mn 和 Cd 等金属的单一或混合氧化物。按反应性排序为：$NiO > CuO > Fe_2O_3 > Mn_2O_3$。美国肯塔基大学 Cao 等[18] 报道了 CuO、CoO、NiO 等载氧体都具有较大的氧传递能力，是固体燃料化学链燃烧的合适载氧体，载氧体与中间气化产物反应后 CO_2 的浓度至少可达 99%；而 CuO 在还原过程中具有独特的放热特性，非常有利于提高反应的稳定性。Cao 等[19] 还研究了以 CuO

为载氧体，以烟煤、可燃固体废料和生物质为燃料的化学链燃烧过程，结果表明：在 600～900℃下，CuO 在不同的固体燃料的化学链燃烧中都具有较高的活性，CuO 能够完全转化为 Cu，并且 Cu 表面未出现积炭现象，而高挥发分固体燃料是化学链燃烧的最佳选择。

综合来看，铜基载氧体具有较高的活性、较大的载氧能力以及较强的抗积炭能力，但铜基氧化物的熔点较低，高温下容易分解为 Cu_2O，这会降低其在高温下运行的活性。镍基载氧体具有很高的活性、较强的抗高温能力、较低的高温挥发性和较大的载氧量，但其价格较高，且镍作为有害重金属元素会对环境构成危害。此外，镍基载氧体的抗积炭能力弱，这是它的较大缺点。铁基载氧体价格低廉、储量丰富，但其载氧能力较弱，且高温易烧结。

（2）硫酸盐载氧体

主要有 $BaSO_4$、$CaSO_4$、$SrSO_4$ 等，具有载氧能力强、价廉物美、储量丰富、环境友好等优点，受到了广泛关注。Diaz-Bossio 等[20] 较早地研究了 CO 和 H_2（体积分数 1%～6%）在反应温度为 900～1180℃下还原 $CaSO_4$ 的性能。Jemdal 等[21] 对 $SrSO_4$、$BaSO_4$ 等非金属载氧体的性能进行了评价，认为相对于常用的金属氧化物载氧体，$SrSO_4$ 和 $BaSO_4$ 具有较大载氧量，但活性偏低，且在高温反应中易烧结，易发生分解生成 SO_2 等气体。我国学者以水煤气为原料，在串行流化床内对 $CaSO_4$ 的还原反应热力学特性进行了研究，得出的主要结论为：$CaSO_4$ 和 CO、H_2 还原反应的亲和性与 NiO 非常接近，但其单位摩尔质量的载氧能力是 NiO 的 4 倍。

总体来看，非金属氧化物因其环保、廉价、载氧量大而受到广泛关注，但如何防止其高温分解和抑制 SO_2 等有害气体的释放是目前需要重点解决的问题。

（3）钙钛矿载氧体

钙钛矿（perovskite）型复合氧化物是结构与钙钛矿（$CaTiO_3$）相同的一大类具有独特物理和化学性质的新型无机非金属材料，是化学链燃烧载氧体的研究新方向。Rydén 等[22] 研究了 $La_xSr_{1-x}Fe_yCo_{1-y}O_{3-\delta}$ 型钙钛矿和 Fe_2O_3、NiO、Mn_3O_4 等混合金属氧化物为载体，在 900℃下氧化 CH_4 制取合成气，结果表明，载氧体对 CO 或 H_2 具有较高的选择性，适合化学链重整。此后，Rydén 等[23] 以 $CaMn_{0.875}Ti_{0.125}O_3$ 为载氧体进行载氧体解耦燃烧，在 720℃时载氧体粒子可释放出 O_2，在 950℃时的燃烧效率为 95%，并且反应后粒子特性保持不变。Dai 等[24] 比较了 $LaFeO_3$、$La_{0.8}Sr_{0.2}Fe_{0.9}Co_{0.1}O_3$ 和 $La_{0.8}Sr_{0.2}FeO_3$ 3 种钙钛矿氧化物的甲烷部分氧化性能，结果表明 $LaFeO_3$ 和 $La_{0.8}Sr_{0.2}FeO_3$ 具有优异的结构稳定性和良好的氧化还原循环反应活性。

钙钛矿型复合氧化物对甲烷的化学链催化氧化表现出了良好的反应活性，利用钙钛矿能反复失氧、得氧的特性，可以用钙钛矿分子中的晶格氧来代替分子氧，实现化学链燃烧或重整，具有较好的应用前景。

（4）铁矿石载氧体

铁矿石和钛铁矿因其价格低廉、储量丰富等原因得到了许多学者的关注。Leion 等[25] 研究了以石油焦、褐煤、木炭及烟煤等为燃料，以铁矿石和炼钢余料等廉价材料为载氧体的化学链燃烧特性，结果表明两种载氧体与煤的气化产物具有很快的反应速率，多次氧化还原后，载氧体的反应性并没有发生衰减。黄振等[26] 研究了以赤铁矿为载氧体的生物质燃料化学链燃烧特性，结果表明载氧体与生物质热解产物的反应性随着温度的升高而逐渐增强，气化产物中 H_2、CO 的含量随着温度升高而逐渐增加，表明了天然铁矿石载氧体的可行性。

综上所述，载氧体对化学链燃烧过程有至关重要的影响，开发出载氧能力强、反应速率快、耐高温、耐腐蚀、抗磨损、抗烧结，且又环境友好、廉价易得的载氧体，是化学链燃烧技术获得大规模工业化推广应用的先决条件。

6.4.2 富氧燃烧技术

6.4.2.1 富氧燃烧的基本原理

富氧燃烧最早由美国的 Abraham 于 1982 年提出，是为了生产 CO_2 用于提高石油采收率[27]。近 40 年来，富氧燃烧作为能够大规模减少 CO_2 排放的主流碳捕集技术之一，成为全球研究者关注的热点。该技术可以应用于电站锅炉、燃料电池、整体气化联合循环及多联产能源系统等领域。其中，在电站锅炉中的应用，不仅可以是新建煤粉富氧燃烧锅炉，同时也可以是对现行电厂的改造，因此该技术被认为是最具潜力的新型低碳燃烧技术[28]。

富氧燃烧的技术原理如图 6-19 所示（彩图见书后），它是在现有电站锅炉系统基础上，用 O_2 代替助燃空气，同时结合大比例烟气循环（约 70%）调节炉膛内的燃烧和传热特性，可直接获得富含高浓度 CO_2（>80%）的烟气，从而以较低成本实现 CO_2 封存或资源化利用[29]。众多分析表明，富氧燃烧在全生命周期碳减排成本、大型化等方面都具有优越性，与现有主流燃煤发电技术具有良好的承接性，同时也是一种"近零"排放发电技术，容易被电力行业接受。

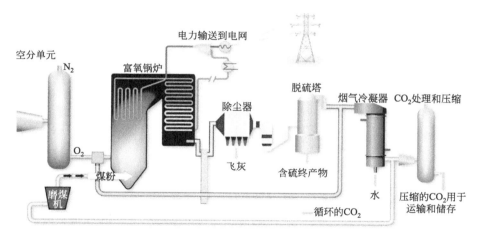

图 6-19 煤粉富氧燃烧技术原理示意图[29]

富氧燃烧技术使用烟气循环将 O_2 浓度降低而不直接使用纯氧的原因是，要控制火焰的温度不至于太高，同时用 CO_2 代替 N_2 作热量的载体进行热交换。而煤粉在空气下燃烧与富氧环境下燃烧的差别主要也是由氧化剂不同造成的，CO_2 气体与 N_2 的区别在于如下几点。

① 密度：标准状态下［1atm（1atm＝101325Pa），25℃］，N_2 的密度为 1.145kg/m³，而 CO_2 的密度为 1.799kg/m³，因此富氧燃烧烟气密度大于空气燃烧产生的烟气密度；

② 比热容：CO_2 的比热容要大于 N_2，1200K 下，CO_2 的定压比热容是 N_2 的 1.6 倍；

③ 辐射特性：CO_2 是三原子气体，其辐射能力强于 N_2；

④ 扩散系数：O_2 在 CO_2 中的扩散系数小于其在 N_2 中的扩散系数。

6.4.2.2 富氧燃烧工艺流程

富氧燃烧燃煤电厂的汽水系统与常规空气燃烧燃煤电厂基本相同，主要区别在于富氧燃烧电厂的锅炉侧系统前端增设了空气分离系统，烟气系统部分新增了烟气再循环系统及其相关的辅助系统，烟气末端增加了 CO_2 压缩纯化系统。根据循环烟气抽取位置不同，富氧燃烧的烟气循环系统分为干循环和湿循环两种类型[30]。

（1）空气燃烧基准方案

在空气燃烧基准方案中，以环境中的空气作为燃料燃烧的氧化剂。燃料在锅炉内燃烧、热交换后，从锅炉尾部的空气预热器出来，进入静电除尘和脱硫装置，成为可排放的洁净烟气，洁净烟气再经烟气换热器加热后进入烟囱排至大气环境。一次风系统采用就地吸风的方式，将空气升压后送入空气预热器加热后再送入制粉系统，用于干燥和输送煤粉。二次风系统也采用就地吸风的方式，空气经送风机升压后，进入空气预热器进行加热，再进入炉膛助燃。

（2）富氧燃烧干循环方案

富氧燃烧干循环烟气系统的主要设备与空气燃烧系统基准方案相同。区别在于，由于循环烟气中水蒸气含量较高，为防止制粉系统结露引起堵粉和设备腐蚀，在烟气脱硫后需增设一级烟气冷凝装置，烟气经脱硝、除尘、脱硫后进入冷凝装置，使烟气中的部分水蒸气冷凝下来，从而达到干燥烟气的目的。

干烟气循环系统流程如图 6-20 所示，烟气冷凝器出口的干燥烟气进入烟气换热器加热后分为三路，其中一路为一次循环烟气，经预热器预热后与来自空气分离装置的 O_2 混合，进入制粉系统后携带煤粉进入炉膛，形成一次循环烟气系统；另一路干烟气也经预热器预热，与 O_2 混合后直接进入炉膛作为助燃气；剩余部分干烟气则进入烟囱排放。在干烟气循环系统中，所有的再循环烟气都要经过烟气冷凝器，充分保证了再循环烟气中较低的含水量，但流经烟气冷凝器的烟气量较大。

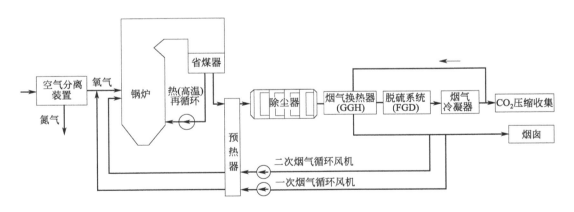

图 6-20 干烟气循环系统示意图

（3）富氧燃烧湿循环方案

富氧燃烧湿循环的烟气系统设置与干循环系统基本相同，唯一的区别是干循环的二次循环烟气是从烟气冷凝器后引出，而湿循环的二次循环烟气是从除尘器后、烟气换热器前的烟道上引出。其系统流程如图 6-21 所示，二次烟气从烟道引出后进入预热器预热后，与 O_2 混合进入炉膛助燃。由于二次烟气没有经过冷凝器，因此烟气中的水蒸气含量较干循环系统的高（一般高10％左右）。在湿烟气循环系统中，仅一次循环烟气经过冷凝器干燥，因此烟气冷凝器所需要干燥的烟气体积较小，设备体积也相应较小。

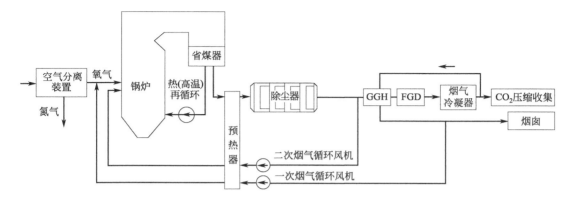

图 6-21　湿烟气循环系统示意图

6.4.2.3　空气分离系统

为满足大规模供氧的富氧燃烧技术要求，目前最为可行的商业技术主要是深冷空气分离技术，即低温精馏的分离方式。其原理是先将空气冷凝为液体，然后再按各组分蒸发温度的不同将它们进行分离。深冷空气分离技术是一种较为成熟、适合大规模工业化生产的空气分离技术。

当前，深冷空气分离技术的制氧能耗较高，约占富氧燃烧电站新增能耗的1/2以上。此外，深冷空气分离技术的变负荷能力较弱，远低于电站锅炉的变负荷速率。因此，开发具有低能耗和快速响应能力的空气分离技术是未来重点研究的方向，目前已在研发多种低能耗的空气分离技术，如化学链解耦制氧技术、陶瓷膜分离技术和陶瓷自热回收制氧技术等。

6.4.2.4　CO_2 压缩纯化系统

富氧燃烧产生的烟气中富含高浓度的 CO_2，通过烟气处理，将富含 CO_2 的烟气进行压缩、冷凝、纯化等一系列操作，最终可达到大规模 CO_2 输送和储运的要求。这一系列过程主要是低温冷凝分离的物理过程，将烟气进行多次压缩和冷凝，以实现 CO_2 的相变，达到分离 CO_2 的目的。为了避免烟气中水蒸气在运输过程中发生相变造成管道堵塞现象，以及水蒸气和其他组分结合生成对管道或者瓶罐产生腐蚀作用的有害物质，需将烟气中的水分脱除到百万分之一量级。

目前，富氧燃烧所产生的高浓度 CO_2 的压缩纯化工艺一般均包含除尘→自然冷却→多级压缩多级冷凝→脱水→提纯等环节，主要差别在于提纯工艺。压缩纯化系统的附加能耗约占富氧燃烧系统新增能耗的30％，且主要源于 CO_2 压缩机的能耗。因此，高效 CO_2 压缩机的研发是重要课题。与此同时，将 NO_x 和 SO_x 等酸性气体的脱除过程和烟气的压缩纯化过程相耦合，可免除庞大和高投资成本的烟气净化设备，从而显著降低富氧燃烧的总体投资和运行成本，也是目前富氧燃烧的研发重点之一。

6.4.2.5　富氧燃烧技术研究现状

自富氧燃烧概念提出以来，全球范围内对富氧燃烧的着火、燃烧、传热和污染物排放等已开展了大量且深入的研究，尤其对于煤粉富氧燃烧的基本特性已经得到了很好的认识。富氧燃烧的核心是燃烧技术与装备，有煤粉锅炉和流化床锅炉两条工艺路线，以下分别做简要介绍。

（1）煤粉富氧燃烧工业示范

煤粉锅炉的富氧燃烧技术目前已具备商业化规模示范条件，但也遇到了难以克服的能耗问题，空分制氧等过程能耗大，发电效率较常规发电站下降 10%～12%，使 CO_2 捕集成本大大增加[31]。

目前，煤粉富氧燃烧技术已在多个国家完成了工业示范，验证了其技术可行性，并进行了多项富氧燃烧大型示范的可行性研究。表 6-7 列举了国内外主要富氧燃烧工业示范项目。在国际上，德国瀑布电力公司黑泵（Schwarze Pumpe）电厂 30MW 富氧燃烧示范系统于 2008 年建成，到 2014 年项目终止为止，运行时间约 18000h，其中在富氧燃烧下运行超过 13000h。西班牙 Ciuden 富氧燃烧示范项目于 2012 年建成，可实现 20MW 煤粉锅炉及 30MW 循环流化床锅炉的富氧燃烧运行。澳大利亚 Callide 富氧燃烧项目于 2012 年建成，到 2015 年项目终止，成功完成了 10200h 的富氧燃烧运行，同时实现了 5600h 的 CO_2 捕集。在工业示范的基础上，德国、英国、美国和韩国等已进行了多项富氧燃烧大型示范的可行性研究[28]。

表 6-7 全球煤粉富氧燃烧工业示范

工业示范电厂	功率/MW	燃烧器布置	新建/改造	建成时间	发电	CO_2 浓缩	CO_2 分离利用
Schwarze Pumpe(德国)	30	顶部	新建	2008 年	否	是	是
Ciuden(西班牙)	30	对冲	新建	2012 年	否	是	否
Callide(澳大利亚)	30	前墙	改造	2012 年	是	是	否
应城(中国)	35	前墙	改造	2015 年	否	否	否

国内从 20 世纪 90 年代开始关注富氧燃烧技术，华中科技大学、浙江大学、东南大学、华北电力大学、清华大学等在富氧燃烧的燃烧特性、污染物生成等基础研究方面开展了诸多研究，并于 2015 年在应城电厂建成了我国第一套十万吨/年（35MW）级富氧燃烧工业示范装置，是目前国内规模最大的富氧燃烧燃煤碳捕集示范系统，完成了富氧燃烧器、富氧锅炉、低纯氧空分等关键装备的研发，实施了"空气燃烧-富氧燃烧"兼容设计方案，并实现了浓度高达 82.7% 的烟气 CO_2 富集。在大型示范方面，神华集团已经牵头完成了 200MW 等级煤粉富氧燃烧项目的可行性研究。山西阳光热电、新疆广汇、黑龙江大庆等也先后与国外制造商合作，进行了 350MW 等级的富氧燃烧大型示范预可行性研究。总体而言，国内煤粉富氧燃烧技术的发展与国际同步[28]。

（2）流化床富氧燃烧研究现状

流化床富氧燃烧由于具有燃料适应性广（煤、生物质、固体废物等）、燃烧强度大、负荷调节性好、高效脱硫和氮氧化物低等优点，受到国际多相燃烧科学技术领域的重要关注，研究内容和方向不断深入、拓展，如从单一固体燃料拓展到混合固体燃料，从常压燃烧发展到加压燃烧，并提出了一些流化床富氧燃烧的新思路，相关基础研究和技术开发取得重要进展。

目前，流化床富氧燃烧最大规模的工业示范仍是西班牙 Ciuden 30MW 循环流化床。在燃料燃烧方面，富氧流化床更适用于低阶、高硫或高灰煤，这也是流化床在处理低品质固体燃料方面的优势。近年来，这一研究拓展到了污泥、生物质、油页岩等其他低品位固体燃料[31]。例如，韩国 Jang 等[32] 在 30kW_{th} 流化床装置上进行了污泥富氧燃烧实验。研究表明，当氧浓度为 21%～25% 时，富氧燃烧烟气温度高于其他情况，烟气中 CO_2 浓度达到 80% 以上，污泥燃烧产生的底灰和飞灰中铝、钾、钙等化合物比空气燃烧和其他情况降低很多。英国诺丁汉大学 Sher 等[33] 在 20kW 流化床上开展了生物质富氧燃烧实验，研究指出，为了保持与空气燃烧条件下相似的温度分布，富氧燃烧气氛中的氧浓度必须提高到 30% 以上；波兰 Kosowska-Golachowska 等[34] 在 12kW 流化床上开展了生物质富氧燃烧实验，研究发现提高氧浓度使总燃烧时间缩短。华中科技大学 Zhang 等[35] 在微型流化床上开展了生物质富氧燃烧机理实验，研究了钾和钠的释放迁移规律，研究表明富氧燃烧条件下钾和钠的总释放率均低于空气燃烧。Loo 等[36] 开展了油页岩流化床富氧燃烧实验，实验装置规模为 60kW，所采用的油页岩是一种富钙碳酸盐矿物，燃烧时除有机碳燃烧外，含碳矿物质还会分解并释放出额外的 CO_2。研究结果显示，油页岩的富氧燃烧降低了碳酸盐的分解，减少了 CO_2 的生成，CO_2 生成量比常规流化床空气燃烧减少 5%，比煤粉锅炉燃烧减少 19%，燃烧后形成的富钙灰，通过水碳酸化技术可安全储存 CO_2 并长期保持无泄漏。

6.4.3 MILD 燃烧技术

MILD 燃烧是低氧稀释条件下的一种温和燃烧模式，在炉内实现该燃烧（特别是烧燃气和轻油）时，整个炉膛透亮，无局部高温火焰存在，故又称之为"无焰燃烧"（flameless combustion）、"无焰氧化"（flameless oxidation，FLOX）、或"低温燃烧"（low-temperature combustion）。由于实现该燃烧目前还需将燃烧空气高温预热到 1000℃ 以上，因此也常被定义为"高温空气燃烧"（high temperature air combustion，HiTAC）[37]。上述不同名称的原始定义范畴不完全一样，其中"MILD"较准确地反映了该燃烧的本质，是目前国际燃烧界较一致认可的名称。目前国际燃烧协会已将"MILD 燃烧"作为国际燃烧会议中新型燃烧方式类别的一个专题供燃烧学研究者投稿和交流。

MILD 燃烧是一种容积燃烧或弥散燃烧，其特征是反应速率低、局部释热少、热流分布均匀、燃烧峰值温度低且噪声极小。该燃烧与传统小区域局部高温燃烧相比，反应在大区域甚至整个炉膛内进行，火焰锋面消失；NO_x 和 CO 等污染物的生成显著减少；炉膛整体温度提高，辐射传热增强。该燃烧自 20 世纪 90 年代问世后，迅速在德国、意大利、日本、美国、瑞典和中国等国家的钢铁和冶金行业得到应用。大量的工业应用证明，蓄热式 MILD（即德国 FLOX 和日本 HiTAC）燃烧系统的使用可提高热利用效率 30% 以上，同时减少 NO_x 排放超过 70%。此外，MILD 燃烧对使用低热值燃料也有明显的优势。由于集节能、减排、环保于一身，该燃烧技术被国际燃烧界誉为 21 世纪最具发展前途的新型燃烧技术之一。

6.4.3.1 MILD 燃烧技术的起源

20 世纪 90 年代，德国和日本的研究者[38] 发现，采用蓄热器将空气预热到约 1600K 并将射流速度提高到 90m/s 时，燃烧的火焰锋面消失。当在场人员以为反应已经停止时，却发现此时烟气中的 O_2 浓度很低，为正常燃烧反应后的浓度。这说明虽然火焰锋面不可见，但燃烧反应并未停止。重要的是，系统的 NO_x 排放量与传统燃烧时 NO_x 排放量随空气温度提高而增加的趋势不相符，此时 NO_x 排放量极低，最高才 $80\mu L/L$，甚至几乎为零。显然，应用蓄热器既实现了燃料的完全燃烧，又回收了烟气余热，满足了节能的要求，且极大地降低了污染物（特别是 NO_x）的排放，于是也满足了减排的要求。进一步的研究结果证实：在满足空气高温预热和射流高动量的条件下，燃烧火焰锋面消失，反应在整个炉内均匀进行，炉内温度场分布均匀，炉内辐射换热提高了超过 30%，燃烧噪声极低。因此，蓄热式 MILD 燃烧技术具有无可置疑的节能与低 NO_x 排放的优势。

6.4.3.2 MILD 燃烧技术的特点

德国和日本最先开始了对 MILD 燃烧的相关研究，瑞典、荷兰、法国、意大利、澳大利亚、美国和中国紧随其后，对 MILD 燃烧形成了以下共识[37]：

① 高温预热空气并配合高速射流是实现 MILD 燃烧的主要方式；

② 卷吸高温烟气并稀释燃料和空气射流是维持 MILD 燃烧的技术关键；

③ 建立 MILD 燃烧的重要条件是射流混合区以后炉内任意位置的 O_2 浓度低于 $5\%\sim10\%$，且温度高于燃料自燃点，这需要依靠炉内高温烟气的强烈内部循环稀释反应物来实现。

为衡量反应物被炉内烟气稀释的程度，Wünning 父子二人[39] 定义了烟气内部循环率来定量分析烟气内部循环对 MILD 燃烧的影响。如图 6-22 所示，燃料射流 M_F 和氧化剂射流 M_A 的轴向演化和径向扩散都会导致其卷吸周围的高温烟气 M_E 并与之混合，加上炉内整体流场带动的气体流动，反应物被烟气（CO_2、N_2 和水蒸气）逐渐稀释。烟气内部循环率（K_v）定义为被燃烧射流卷吸的内部循环烟气与入射燃料和空气的质量流量之比，即：

$$K_v = M_E/(M_F + M_A) = (M_J - M_F - M_A)/(M_F + M_A) \tag{6-109}$$

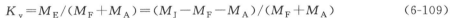

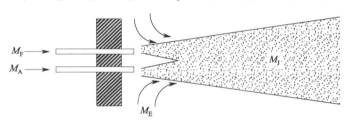

图 6-22 燃料与空气射流演化及其被烟气稀释过程示意图

Wünning 父子[39] 通过实验得到了甲烷在扩散燃烧方式下 K_v 与温度的关系，如图 6-23 所示。在图中的 MILD 燃烧区域，$K_v > 2.5$，炉内温度 $> 1100K$。目前对 MILD 燃烧的研究也大多通过考察 K_v 对燃烧的影响实现。

6.4.3.3 MILD 燃烧评定标准

炉膛内温度分布是否均匀是判断燃烧达到 MILD 状态与否的一条重要标准。为了评定加热炉内的温度场，许多学者提出了不同的评定标准[40]。Yang 和 Wlodzimierz[41] 在实验研究的基础上提出了温度均匀性比率 R_{tu} 的概念，并定义了 R_{tu} 的计算公式，如式（6-110）所示。采用实测温度计算出的 R_{tu} 值越接近 0，说明炉膛内温度均匀性越好。Kumar 等[42] 在分析实验数据时发现常规燃烧的温度梯度很大，而 MILD 燃烧的温度梯度则很小，他由此提出了用温度均方根来衡量燃烧是否达到 MILD 状态，并以此为基础定义了温度波动比值 β 的计算公式，如式（6-111）所示。通过数值计算分析出燃烧处于 MILD 状态时 β 应小于 0.15。

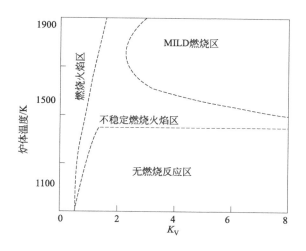

图 6-23　甲烷扩散燃烧方式下 K_V 与温度的关系[39]

$$R_{tu} = \sqrt{\Sigma \left(\frac{T_i - \overline{T}}{\overline{T}} \right)^2} \tag{6-110}$$

$$\beta = \frac{R_{tu}}{\overline{T}} \tag{6-111}$$

式中，T_i 为炉膛内各测点的温度；$\overline{T}$ 为炉膛内各测点的平均温度。

值得注意的是，与单位空间的平均温度不同，式中的平均温度 $\overline{T}$ 为时均温度，因为 NO_x 这类尾气排放物主要与在炉膛的留滞时间相关，为了反映这个事实，在计算时选取测点的时均温度。

在前人研究的基础上，伍永福等[40] 总结出 3 条 MILD 燃烧的评定标准：a. 燃烧火焰呈淡蓝色或无明显火焰；b. 炉膛内温度分布均匀，即判定温度均匀性的温度波动比值 β 小于 0.15；c. 炉膛内 CO 和 NO_x 的质量分数低于 100mg/L。

6.4.3.4　MILD 燃烧技术的应用现状

根据烟气余热回收方式的不同，MILD 燃烧技术的工业应用设备与系统可分为换热式和蓄热式 MILD 燃烧系统，其中以蓄热式 MILD 燃烧系统应用最为广泛。蓄热式 MILD 燃烧（多称为 HiTAC）系统除采用了蓄热器外还应用了换向阀。这类系统在工业加热炉领域得到了应用，其中以钢铁和冶金行业的应用尤为迅速。

如图 6-24 所示，该系统工作时蓄热器在一个周期（一般为 30~120s）内吸收烟气余热，然后在下一个周期内将所吸收储存的热量传递给空气，而烟气流经蓄热器排出，其温度一般低于 450K，甚至能够低于露点温度（约 330K），此时可以进一步回收水的冷凝热，进一步提高余热回收效率，但应注意采用耐酸材料避免腐蚀问题。一个周期过后，换向阀切换管路，冷空气通过上一个周期被烟气加热的蓄热器，并被加热至 1500K 左右，通过高速喷嘴送入炉内。蓄热器的周期性吸放热和换向阀的周期性换向保证了系统的连续运行和大尺度炉膛内部的温度均匀性。在燃烧炉内，燃料和空气高速射流分股进入炉膛，在反应发生前卷吸大量烟气，反应物被充分稀释，燃烧反应稳定，不存在熄火问题。对于低热值燃料，可以采用燃气和空气双预热的方式同时提高两者温度（例如可以将两者都预热到 1300K），以提高低热值燃气的燃烧稳定性。此类蓄热式高温空气燃烧系统平均节能 30％以上，NO_x 排放量降低了至少 70％。

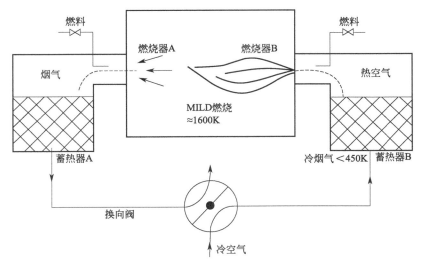

图 6-24　通过高温预热空气实现 MILD 燃烧的工业加热炉系统
（也称为高温空气燃烧系统，　HiTAC）

　　蓄热器是高温空气燃烧技术最关键的部件之一，其性能指标要求为：a. 蓄热量（即材料比热容）大；b. 换热速度（即热导率）高；c. 抗氧化和腐蚀；d. 高温结构强度好，可承受巨大温差、压强和高频变换；e. 材料来源广泛，物美价廉。可选材料主要有：a. 陶瓷类（碳化硅及其他非金属耐火材料）；b. 耐热耐腐蚀钢类（不锈钢、耐热钢和耐热铸铁）；c. 碳素钢类。

　　目前，图 6-24 所示的蓄热式 MILD 燃烧系统是针对气体和液体燃料开发的，其应用于这类燃料具有节能减排的优势。但推广蓄热式 MILD 燃烧系统在固体燃料（如煤粉）和其他燃烧方式下的应用，有以下技术限制：

　　① 高温空气燃烧系统预热空气的要求限制了 MILD 燃烧技术更广泛的应用。

　　② 高温空气燃烧系统的蓄热器为蜂窝体或蓄热球，为防止蓄热介质的堵塞而对烟气中的粉尘含量有一定限制。煤粉燃烧后的大量粉尘极易堵塞蓄热器，因而该系统无法采用煤粉等固体燃料。

　　③ 高温空气燃烧系统对空气进行了预热，为避免回火的危险，该系统很难采用燃料与空气部分预混和全预混的燃烧方式。

　　基于上述限制因素，目前该技术的应用仅限于钢铁和冶金行业中气体或液体燃料的燃烧，这些系统都配置了蓄热式换热器和换向阀，不仅增加了设备的成本和复杂性，还降低了系统的运行稳定性和寿命[37]。

6.4.4　超临界水热燃烧技术

6.4.4.1　超临界水的性质

　　超临界水是指温度和压力高于临界点状态下的水（温度 374.29℃和压力 22.089MPa）。超临界水的物理性质与常温常压水、过热水有着明显的差异。在超临界状态下，水的密度约为常态水的 1/3，水分子间的氢键作用明显减弱，介电常数变小，离子积大幅提高，是常态水的 10~100 倍，扩散系数与常温水相比提升了约 2 个数量级，黏度减小，比常态水要小 1~2 个数量级。

（1）氢键

水分子之间的氢键与水的许多独特性质密切相关，研究表明，氢键数随温度升高而下降。在超临界区域内，水的氢键依然存在，并影响超临界水的性质，但随着温度的升高和密度的减小，氢键的作用越来越弱，且不连续。

（2）密度

液态水可视为不可压缩的流体，其密度基本不随压力变化而变化，而随温度的升高稍有降低。例如，4℃时水的密度为 $1000kg/m^3$，100℃、0.1MPa 时的密度为 $958.4kg/m^3$。但在超临界状态下，水的密度可以从接近于蒸汽的密度值连续地变到接近于液体的密度值，且密度可随温度和压力的变化而变化，尤其在临界点附近，温度和压力的微小变化即会引起水密度的显著变化。例如，350℃、16.54MPa 时水的密度为 $574.4kg/m^3$，在临界点处密度为 $322.6kg/m^3$。

图 6-25 所示为水密度随压力、温度的变化曲线，超临界水的密度随压力升高而增大，随温度升高而减小。超临界水密度的变化也会引起其他性质的改变，如黏度、离子积、介电常数、热导率等均随密度增加而增大，扩散系数则随密度增加而减小。因此，通过改变温度和压力可以调节水的密度，进而改变超临界水的其他性质。

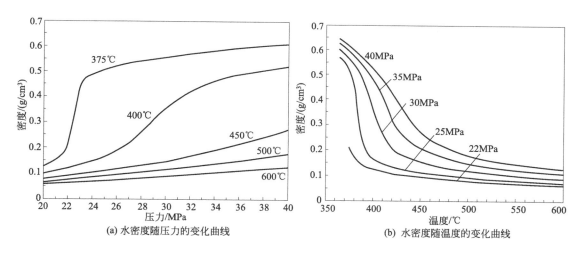

(a) 水密度随压力的变化曲线   (b) 水密度随温度的变化曲线

图 6-25　水密度随压力和温度的变化曲线

（3）电离度

水的电离常数随温度变化的实质是由于水的密度变化所导致的。标准状态下水的离子积为 1×10^{-14}，但在临界点附近，离子积却比标准状态下高了约 3 个数量级，即近临界水中 H^+ 和 OH^- 的浓度更高，可作为一些有机物酸碱催化反应的反应介质。如图 6-26 所示，进入超临界区域后，水的密度随温度升高快速下降，离子积快速减小，如 450℃、25MPa 时，离子积仅为 $1 \times 10^{-21.6}$，远小于标态下的离子积。研究指出，当水的离子积大于 10^{-14} 时，有助于离子反应；离子积小于 10^{-14} 时有助于自由基反应。因此，在超临界水中自由基反应占主导地位[43]。

（4）介电常数及溶解度

水的介电常数是衡量氢键强弱的指标，反映了水的极性。常温常压条件下，水具有很强的氢键作用，水的介电常数也很大；随着水温升高，水的密度降低，氢键强度变弱，介电常数也快速下降。水的介电常数随密度增大而增大，随温度的升高而减小，但温度的影响更为突出。

图 6-27 所示为水的温度与密度和介电常数的关系。水的介电常数的变化会引起溶解能力的变化，通常状态下，水是极性溶剂，可以溶解包括盐在内的大多数电解质，对气体和有机物微溶或者不溶。而超临界水却能够以任何比例与 CO_2、空气、O_2、N_2 等完全互溶，也可以与烃类等有机物完全互溶，而对无机物特别是盐类的溶解度则很低。其原因是，常态水的介电常数很高（接近 80），此时水对离子电荷有较好的屏蔽作用，使得离子化合物易于解离。在高密度的超临界高温区域，水的介电常数为 10～25，相当于中等极性溶剂的值。在低密度的超临界高温区域，其介电常数降低一个数量级，此时超临界水和非极性有机溶剂相似，根据"相似相溶原理"，几乎全部有机物都能被溶解；而无机物的溶解度迅速降低，强电解质变成了弱电解质。这是由于当介电常数小于 15 时，超临界水对电荷的屏蔽作用很低，很难屏蔽离子间的静电势能，因此在水中溶解的溶质以离子对的形式出现，发生大规模缔结而沉淀下来。例如，NaCl 在 50℃ 水中的溶解度为 3.7g/kg，而在 450℃、25MPa 水中的溶解度仅为 250mg/kg。又如，KOH 在 20℃ 水中的溶解度为 112g/kg，而在 450℃、27.7MPa 水中的溶解度仅为 331mg/kg。

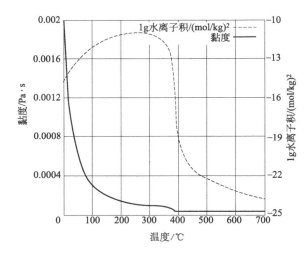

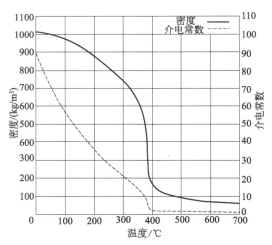

图 6-26　水的离子积和黏度随温度的变化（25MPa）　　**图 6-27　水的密度和介电常数与温度的关系**

在临界点附近，有机化合物在水中的溶解度随水的介电常数减小而增加。例如，25℃ 时苯在水中的溶解度为 0.07％（质量分数），295℃ 时溶解度上升至 35％，300℃ 时已超越苯和水混合物的临界点，两者能以任何比例互溶。同理，当温度超过 375℃ 时，超临界水可以和 N_2、O_2、空气等气体以任意比例互溶。由于超临界水对有机物和气体具有不同寻常的溶解能力，使得它成为非常有用的反应介质。

（5）水的黏度和扩散系数

常温常压条件下，液态水的黏度约为水蒸气黏度的 100 倍；超临界条件下，水的黏度与气体接近，其变化规律为：低密度区（≤0.6g/cm³），黏度随温度升高缓慢增大；高密度区（≥0.9g/cm³），黏度随温度升高而急剧下降；当密度为0.6～0.9g/cm³且温度为400～600℃时，黏度对温度和密度的依赖性变得很弱。由于超临界水的黏度与空气接近，具有很高的流动性，使得溶质分子在超临界水中极易发生扩散。超临界水的扩散系数虽然比过热蒸汽小，但仍然比液态水大得多。在超临界状态下，水中的大部分氢键发生断裂，使得分子传递和旋转的阻力减小，因此水的自扩散系数随温度升高和密度减小而增大。当水的密度从1g/m³减小至0.1g/m³时，扩散系数增大一个数量级，因此超临界水具有极佳的传递性能[44]。

6.4.4.2 超临界水热燃烧定义及发展历程

超临界水热燃烧（supercritical hydrothermal combustion，SCHC）是指燃料或者一定浓度的有机废物与氧化剂在超临界水环境中发生剧烈氧化反应，产生水热火焰（hydrothermal flame）的一种新型燃烧方式[45]。O_2、N_2、H_2以及非极性有机物可与超临界水完全互溶形成均相体系，一旦该体系着火，将发生水热燃烧，产生明亮的水热火焰，即产生"水-火相容"现象。相对于传统的超临界水氧化（supercritical water oxidation，SCWO），超临界水热燃烧又被称作有火焰超临界水氧化。

1984年，德国学者Franck[46]首次使用术语"水热燃烧（hydrothermal combustion）"来描述发生在超临界水相中伴随有水热火焰的有机物剧烈氧化过程。1987年，Franck[47]在研究高温高压水中不同气体（如甲烷、氢气等）的热物性时首次发现了水热火焰，并通过摄像机记录了水热火焰图像，然而此次报道并未对该水热火焰进行详细的论述。1988年，Franck及其合作者[48]再次撰文，系统地阐述了水热火焰产生装置的结构及操作以及火焰特性（如火焰高度）等。2002年，日本学者Serikawa等[49]以异丙醇为燃料，采用摄像机透过蓝宝石视窗清晰地记录了超临界水热火焰从起燃到熄灭的过程，如图6-28所示（彩图见书后）。迄今为止，国内外许多高校和科研机构针对超临界水热燃烧技术进行了一系列研究（如德国卡尔斯鲁厄大学、美国Sandia国家实验室、瑞士苏黎世联邦理工大学、西班牙巴利亚多利德大学、中国西安交通大学等），充分证明了该技术的可行性。

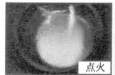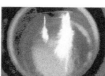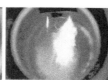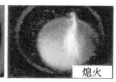

图6-28 超临界水热火焰从着火到熄火的过程[49]

超临界水热燃烧技术发展的主要驱动力是进一步提升超临界水氧化处理高浓度有机废物的工艺优势。当水热燃烧的水热火焰作为超临界水氧化反应的内热源时，反应器进口物料无须预热至超临界温度，从而使得超临界水氧化系统工艺中可省去工作于易腐蚀、堵塞临界温度区（320～410℃）的设备，从而提高系统的整体可靠性[45]。

如前所述，在超临界水体系中，O_2、空气、过氧化氢、水及绝大多数有机物可以任意比例互溶，气液相界面消失，超临界水氧化体系成为均相反应体系，消除了相间的传质传热阻力，从而加快了反应速率，可在几秒至几分钟内将有机物彻底氧化降解为CO_2、H_2O、

N_2 及其他一些有机小分子化合物，对大多数有机废物的去除率高达 99.9%。超临界水氧化技术在处理难降解、有毒有害有机物方面表现出了极大的技术优势。

然而，在高温高压、高浓度氧化剂以及高浓度自由基、酸/碱/盐等苛刻的反应条件下，极易引发反应器及其进出输送管道的腐蚀，即使对耐腐蚀材料（如不锈钢、非金属碳化硅、氮化硅等）也有较强的腐蚀性。当处理的有机物中含有卤素、硫或者磷等杂原子时，在反应过程中会产生无机酸，使设备腐蚀加剧。此外，有机废水中自带的以及反应过程中产生的无机盐和无机酸，在超临界水中的溶解度很低，极易发生沉积，形成团聚物覆盖在设备表面，轻者降低换热效率、增加系统压力，严重时会引起反应器和系统管路堵塞，造成超临界水氧化系统无法正常工作，而且团聚物覆盖下的金属壁面容易发生严重的垢下腐蚀。超临界水氧化系统中出现的系统设备及管道腐蚀、盐沉积及其引发的堵塞等问题一定程度上制约了其工业化发展。

1996 年，von-Rohr 等[50] 提出在超临界水氧化装置中引入水热火焰（即超临界水热燃烧技术），以解决超临界水氧化工艺中无机盐堵塞与腐蚀两大问题。该技术思路引起了各国学者对超临界水热燃烧处理高浓度有机废物的广泛关注，并产生了与此相关的大量研究成果，极大地推动了超临界水热燃烧技术在煤基等固体燃料的高效清洁利用、油气资源开采、劣质燃料品质提升、热裂钻井技术等领域的研究与应用。

6.4.4.3 超临界水热燃烧技术优势

相比传统的燃烧方式，超临界水热燃烧具有燃烧温度低、不产生热力型 NO_x 等优点。稳定的水热火焰温度可低至 500～700℃，远低于传统燃烧火焰温度，水热燃烧过程几乎不会产生二噁英、NO_x、SO_2 等大气污染物；燃料中的 N、S 等元素基本以 N_2、硫含氧酸根形式排放，实现了可燃物的清洁燃烧[45]。相比无火焰的超临界水氧化技术，超临界水热燃烧也具有显著优势，主要表现在以下几方面：

① 更高的反应速率。超临界水氧化工艺的常见操作温度为 450～650℃，停留时间约为几秒钟至几分钟；而超临界水热燃烧工艺具有较高的水热火焰温度，加速了有机物的燃烧反应速率，氨氮、乙酸、苯酚等顽固有机物的完全降解所需停留时间可控制在 1s 以内，从而有效降低了反应器体积，节约了成本。

② 可避免设备在近临界区的严重腐蚀。对于无水热火焰的超临界水热氧化装置，进口物料必须预热至超临界温度条件，以便物料在反应器内接触到氧化剂后可立即反应，物料本身所包含的或预热阶段所释放出来的腐蚀性物质，会加剧设备腐蚀。当系统处于 320～410℃的近临界点高密度水区时，水的介电常数和无机盐溶解度都较大，此时设备腐蚀以电化学腐蚀为主，是快速腐蚀敏感区（即反应器前的预热器和反应器后的冷却器），在超临界水氧化系统中，该敏感区通常是腐蚀最严重的区域。当以高温水热火焰作为超临界水热反应的内热源时，反应器进口物料可以控制在 300℃以下，甚至接近室温，从而避免了近临界区的严重腐蚀。

③ 可避免敏感区的堵塞问题。对于无水热火焰的超临界水热氧化装置，当入口物料预热至超临界状态时，无机盐溶解度极低，极易引起无机盐沉积。同时，物料在预热器和给料管线中容易发生热解缩合反应形成焦油和污垢，进一步加重预热器和管道的堵塞。而水热燃烧火焰极大降低了物料预热温度，物料可以以亚临界温度甚至常温进入水热燃烧反应器，跨越了盐析出及大分子有机物结焦的温度敏感区，从而避免了服务于该敏感区设施的堵塞

问题。

④ 其他。高温水热火焰可以将反应器入口物料预热升温至着火燃烧，无需额外的辅热设备，缩减了工艺系统的设备投资；相比于传统超临界水氧化核心反应温度，水热火焰温度较高，因而水热燃烧反应器具有较高的能量密度，有利于能量回收；此外，相对于空气，水环境具有更强的蓄热能力，因而水热燃烧的火焰稳定性高。

6.4.4.4 超临界水热燃烧的着火和熄火

目前有关超临界水热燃烧火焰的研究主要停留在宏观层面（如着火温度、熄火温度和燃烧区温度分布等），不同燃料的水热燃烧特性存在显著差异，例如，气体、醇类和其他易燃有机物的水热火焰很容易出现，而对于一些不易氧化的有机物，一般需要通过加入易燃燃料来辅助产生水热火焰。

着火温度是指在一定超临界压力和燃料浓度下燃料产生水热火焰的最低温度[45]。目前主要通过实验研究揭示不同燃料的水热燃烧着火特性，典型的着火温度研究实验是 Steeper 等[51] 所开展的甲烷与甲醇在超临界水中的半间歇式逆向扩散火焰研究，他们将 O_2 通入预先充满甲烷或甲醇溶液的反应器中，当反应器内燃料溶液具有适宜的温度和燃料浓度时，即可产生水热火焰。如图 6-29 所示，通过调整反应器内物料的初始温度，得到了在不同温度下，产生水热火焰的浓度条件。

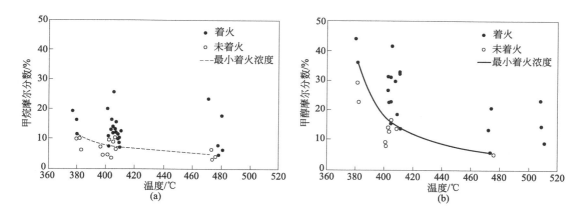

图 6-29　27.5MPa 下甲烷（a）和甲醇（b）在超临界水中的着火浓度随温度的变化曲线[51]

日本学者 Serikawa 等[49] 通过可视化途径（即蓝宝石视窗及高速摄影机）观察到了异丙醇的水热燃烧火焰，得到了异丙醇产生水热火焰的条件：反应区域（喷嘴出口）温度大于470℃，异丙醇体积分数大于 2%，以及较大的过量空气系数。Cabeza 等[52] 以异丙醇为燃料研究了管式反应器内流体的温升规律，当流体温度从 400℃ 突升至 700℃ 时，表明反应器内产生了水热火焰。着火温度受诸多燃烧工况的影响，即使同一燃料，当反应条件不同时（如不同的氧化剂或反应器类型），着火温度也存在差异。

水热燃烧反应为放热反应，当水热火焰着火后，可以适当降低燃料的入射温度，保持水热火焰不熄灭的燃料最低入射温度为水热火焰的熄火温度，这与 Wellig 等[53] 将熄火温度定义为熄火时燃烧器喷嘴处的燃料温度是一致的。研究发现，燃料浓度对熄火温度有很大影响，如图 6-30 所示为甲醇在蒸发壁式水热燃烧反应器内的超临界水热燃烧熄火特性，熄火温度随着甲醇浓度升高而显著降低，几乎呈线性相关[54]。由图可知，甲醇质量分数至少为

11％才能保证熄火温度处于亚临界状态（即熄火温度小于临界温度 T_c），若甲醇质量分数增加到 27％，在保证水热火焰稳定的前提下，燃料入射温度可以低至 100℃以下。

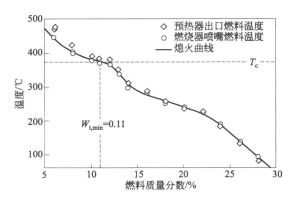

图 6-30　蒸发壁式水热燃烧反应器内甲醇溶液熄火曲线[54]

熄火温度是反映某一水热燃烧反应器内水热火焰稳定性的重要指标，相同燃料浓度下，熄火温度越低，表明该反应器的水热火焰稳定性越高。总体而言，对于同一连续式水热燃烧反应器，着火温度与燃料浓度的相关性较小，但熄火温度对燃料浓度的依赖性比较显著。

6.4.4.5　超临界水热燃烧反应器

一般而言，传统的超临界水氧化反应器只要能承受较高的水热火焰温度所引起的高壁温及腐蚀加剧等一系列问题都可以直接作为水热燃烧反应器。从满足超临界水热燃烧处理有机废物、能源转化、抑制 NO_x 生成等实际需求出发，水热燃烧火焰温度一般控制在 700℃左右较为理想，而多数常规的超临界水氧化反应器并不能满足这一要求。为和超临界水氧化反应器相区别，以下将可以承受超临界水热燃烧的反应器称为水热燃烧反应器。

超临界水热燃烧目前还主要处于实验室研究阶段，因此，所涉及的水热燃烧反应器主要满足实验研究的需求。目前，超临界水热燃烧反应器主要分为半间歇式和连续式两类：半间歇式反应器，即反应器预先充满一种物料（燃料或者氧化剂，通常为燃料溶液），加压至超临界压力并预热至适宜的温度，另一物料（氧化剂或者燃料）连续注入反应器，继而燃料与氧化剂接触而产生水热火焰。随着反应的进行，由于预先充满反应器的物料不断消耗，使得浓度不断下降，直至一段时间后水热火焰熄灭。半间歇式水热燃烧反应器主要应用于各类燃料的水热燃烧可行性及水热火焰着火特性研究，该类反应器并不能直接应用于超临界水热燃烧的工程实践。

相对于半间歇式水热燃烧反应器，各国学者对连续式水热燃烧反应器的研究相对较为广泛。连续式装置可应用于研究工程实践中需着重关注的水热火焰稳定性、水热燃烧过程等问题。典型的反应器有水冷壁式和蒸发壁式水热燃烧反应器。两者分别通过水冷壁和蒸发壁的形式来冷却反应器壁并保护其免受腐蚀与堵塞，是当前水热燃烧反应器的主要形式。

 思考题

1. 简述燃料的层燃燃烧过程及气体分布规律。
2. 简述影响煤粉着火的因素。

3. 煤粉锅炉的煤粉燃烧通常属于什么燃烧类型？如何提高其燃烧速率？

4. 用图表描述煤粉热力着火点和熄火点，并比较两者大小。

5. 试比较流化床燃烧和悬浮燃烧的差异。

6. 什么是最小流化风速和颗粒终端速度？

7. 简述化学链燃烧技术的基本原理。

8. 相比传统燃烧技术，化学链燃烧技术有何优势？

9. 化学链燃烧技术的载氧体都有哪些类型？

10. 若载氧体在氧化态的质量为 56kg，还原态的质量为 35kg，该载氧体的载氧能力是多少？

11. 富氧燃烧技术与传统空气燃烧技术有何区别？为何称之为低碳燃烧技术？

12. MILD 燃烧有何特点？为何能实现超低 NO_x 排放？

13. 简述高温空气燃烧工业加热炉的工作原理。

14. 超临界水的介电常数和离子积相比常态水有何变化？这对无机盐和有机盐的溶解度有何影响？

15. 简述超临界水热燃烧的技术优势。

参考文献

[1] 徐旭常，周力行. 燃烧技术手册. 北京：化学工业出版社，2007.

[2] 吴味隆. 锅炉及锅炉房设备. 北京：中国建筑工业出版社，2014.

[3] 汪军，马其良，张振东. 工程燃烧学. 北京：中国电力出版社，2008.

[4] 程祖田. 流化床燃烧技术及应用. 北京：中国电力出版社，2013.

[5] Geldart D. Types of gas fluidization. Powder Technol. ，1973（19）：285-292.

[6] Ergun S. Fluid flow through the packed columns. Chem. Eng. Progress，1952（48）：89-94.

[7] Ergun S，Orning A A. Fluid flow through randomly packed columns and fluidized beds. Ind. Eng. Chem. ，1949（41）：1179-1184.

[8] Lewis W K，Gilliland E R. Production of pure carbon dioxide：US，US2665971A. 1954-01-12.

[9] Richter H，Knoche K. Reversibility of combustion process. ACS Symposium Series，1983（235）：71-86.

[10] 魏国强，何方，黄振，等. 化学链燃烧技术的研究进展. 化工进展，2012（31）：713-725.

[11] 葛晖骏，沈来宏，顾海明，等. 天然铁矿石为氧载体的准东煤化学链燃烧特性. 燃料化学学报，2016（44）：184-191.

[12] Lyngfelt A，Leckner B，Mattisson T. A fluidized-bed combustion process with inherent CO_2 separation：Application of chemical-looping combustion. Chem. Eng. Sci. ，2001（56）：3101-3113.

[13] Pröll T. Fundamentals of chemical looping combustion and introduction to CLC reactor design. Calcium and Chemical Looping Technology for Power Generation and Carbon Dioxide（CO_2）Capture，2015：197-219.

[14] 王国贤，王树众，罗明. 固体燃料化学链燃烧技术的研究进展. 化工进展，2010（29）：1443-1450.

[15] Mattisson T，Leion H，Lyngfelt A. Chemical-looping with oxygen uncoupling using CuO/ZrO_2 with petroleum coke. Fuel，2009（88）：683-690.

[16] Leion H，Mattisson T，Lyngfelt A. Using chemical-looping with oxygen uncoupling for combustion of six different solid fuels. Energy Procedia，2009（1）：447-453.

[17] Hossain M H，deLasa H I. Chemical-looping combustion（CLC）for inherent CO_2 separations—A review. Chem. Eng. Sci. ，2008（63）：4433-4451.

[18] Cao Y，Pan W P. Investigation of chemical looping combustion by solid fuels. 1. Process analysis，Energy & Fuels，2006（20）：1836-1844.

[19] Cao Y，Casenas B，Pan W P. Investigation of chemical-looping combustion by solid fuels：Redox reaction kinetics and product characterization with coal，biomass and solid waste as solid fuels and CuO as an oxygen carrier. Energy & Fuels，2006（20）：1845-1854.

[20] Diaz-Bossio L M，Suier S E，Pulsifer A H. Reductive decomposition of calcium sulfate utilizaing carbon monoxide and hydrogen. Chem. Eng. Sci. ，1985（40）：319-324.

[21] Jemdal E，Mattisson A. Thermal analysis of chemical looping combustion. Chem. Eng. Res. Design，2006（84）：795-806.

[22] Rydén M，Lyngfelt A，Mattisson T. Chemical-looping combustion and chemical-looping reforming in a circulating

fluidized bed reactor using Ni-based oxygen carriers. Energy & Fuels，2008（22）：2585-2597.

[23] Rydén M，Lyngeelt A，Mattisson T. CaMn$_{0.875}$Ti$_{0.125}$O$_3$ as oxygen carrier for chemical-looping combustion with oxygen uncoupling（CLOU）—Experiments in a continuously operating fluidized-bed reactor system. Int. J. Greenhouse Gas Control，2011（5）：356-366.

[24] Dai X，Yu C，Wu Q. Comparison of LaFeO$_3$，La$_{0.8}$Sr$_{0.2}$FeO$_3$，and La$_{0.8}$Sr$_{0.2}$Fe$_{0.9}$Co$_{0.1}$O$_3$ perovskiet oxides as oxygen carrier for partial oxidation of methane. J. Natural Gas Chem.，2008（17）：415-418.

[25] Leion H，Jerndal E，Steenari B M. Solid fuels in chemical-looping combustion using oxide scale and unprocessed iron ore as oxygen carriers. Fuel，2009（88）：1945-1954.

[26] 黄振，何方，李海滨，等. 赤铁矿用于生物质化学链气化氧载体的反应性能. 农业工程学报，2011（27）：105-109.

[27] Abraham B M，Asbury J G，Lynch E P，et al. Coal-oxygen process provides CO$_2$ for enhanced recovery. Oil and Gas Journal，1982（80）：68-70.

[28] 郭军军，张泰，李鹏飞，等. 中国煤粉富氧燃烧的工业示范进展及展望. 中国电机工程学报，2021（41）：1197-1208.

[29] Marion J，Back A，Ison R. Overview of Alstom's efforts to commercialize oxy-combustion for steam power plants. in：Proceedings of the 5th Meeting of the IEAGHG International Oxyfuel Combustion Research Network，Wuhan，China，2015.

[30] 宋畅. 富氧燃烧碳捕集关键技术. 北京：中国电力出版社，2020.

[31] 刘沁雯，钟文琪，邵应娟，等. 固体燃料流化床富氧燃烧的研究动态与进展. 化工进展，2019（70）：3791-3807.

[32] Jang H N，Kim J H，Back S K，et al. Combustion characteristics of waste sludge at air and oxy-fuel combustion conditions in a circulating fluidized bed reactor. Fuel，2016（170）：92-99.

[33] Sher F，Pans M A，Sun C G，et al. Oxy-fuel combustion study of biomass fuels in a 20 kW$_{th}$ fluidized bed combustor. Fuel，2018（215）：778-786.

[34] Kosowska-Golachowska M，Kijo-Kleczkowska A，Luckos A，et al. Oxy-combustion of biomass in a circulating fluidized bed. Archives of Thermodynamics，2016（37）：17-30.

[35] Zhang Z，Shen F，Zhang Z，et al. Release of Na from sawdust during air and oxy-fuel combustion：A combined temporal detection，thermodynamics and kinetic study. Fuel，2018（221）：249-256.

[36] Loo L，Maaten B，Konist A，et al. Carbon dioxide emission factors for oxy-fuel CFBC and aqueous carbonation of the Ca-rich oil shale ash. Energy Procedia，2017（128）：144-149.

[37] 李鹏飞，米建春，Dally B B，等. MILD 燃烧的最新进展和发展趋势. 中国科学：技术科学，2011（41）：135-149.

[38] Katsuki M，Hasegawa T. The science and technology of combustion in highly preheated air. Proceedings of the Combustion Institute，1998（27）：3135-3146.

[39] Wünning J A，Wünning J G. Flameless oxidation to reduce thermal no-formation. Progress in Energy and Combustion Science，1997（23）：81-94.

[40] 伍永福，赵光磊，刘中兴，等. MILD 燃烧评定标准验证实验. 热力发电，2018（47）：106-111.

[41] Yang W，Wlodzimierz B. CFD as applied to high temperature air combustion in industrial furnaces. IFRF Combustion Journal，2006（11）：59.

[42] Kumar S，Paul P J，Mukunda H S. Studies on a new high-intensity low-emission burner. Proceedings of the Combustion Institute，2002（29）：1131-1137.

[43] Antal M J，et al. Heterolysis and homolysis in supercritical water. Am Chem Soc，1987：77.

[44] 李淑芬，张敏华. 超临界流体技术及应用. 北京：化学工业出版社，2014.

[45] 李艳辉，王树众，任萌萌，等. 超临界水热燃烧技术研究及应用进展. 化工进展，2016（35）：1942-1955.

[46] Franck E U. Physicochemical properties of supercritical solvents. Berichte Der Bunsen-Gesellschaft-Physical Chemistry Chemical Physics，1984（88）：820-825.

[47] Franck E U. Fluids at high pressures and temperatures. Pure Appl. Chem.，1987（59）：25-34.

[48] Schilling W，Franck E U. Combustion and diffusion flames at high pressures to 2000 bar. Berichte der Bunsengesellschaft für Physikalische Chemie，1988（92）：631-636.

[49] Serkawa R M，Usui T，Nishimura T，et al. Hydrothermal flames in supercritical water oxidation：Investigation in a pilot scale continuous reactor. Fuel，2002（81）：1147-1159.

[50] von-Rohr P R，Trepp C. High pressure chemical engineering. Amsterdam：Elsevier，1996.

[51] Steeper R，Rice S，Brown M，et al. Methane and methanol diffusion flames in supercritical water. J. Supercritical Fluids，1992（5）：262-268.

[52] Cabeza P，Bermejo M D，Jiménez C，et al. Experimental study of the supercritical water oxidation of recalcitrant compounds under hydrothermal flames using tubular reactors. Water Res.，2011（45）：2485-2495.

[53] Wellig B，Weber M，Príkopský K，et al. Hydrothermal methanol diffusion flame as internal heat source in a SCWO reactor. J. Supercritical Fluids，2009（49）：59-70.

[54] Augustine C，Tester J W. Hydrothermal flames：from phenomenological experimental demonstrations to quantitative understanding. J. Supercritical Fluids，2009（47）：415-430.

第 7 章

燃料的燃烧设备

汽锅和炉子是锅炉的两大基本组成部分。燃料在炉子中燃烧，由燃烧放出的热量则被汽锅受热面吸收。显而易见，放热是根本。只有在燃料燃烧良好的前提下，研究汽锅受热面如何更好地吸热才有意义。燃烧是燃料中的可燃物质与氧进行的剧烈氧化反应，是一种复杂的物理化学综合过程。炉子作为锅炉的燃烧设备，功能在于为燃料的良好燃烧提供和创造合适的物理、化学条件，将化学能最大限度地转化为热能。同时，还要兼顾炉内辐射、对流等换热过程的要求。燃烧设备的配置及其结构的完善程度，与锅炉运行的安全性、可靠性、能效，以及污染物排放等性能紧密相关。

燃料有多种形式，燃烧特性差别很大；锅炉容量、参数又有大小高低之分。为适应和满足各种锅炉的需求，燃烧设备有着多种类型，其中按照燃烧方式可划分为三大类。

① 层燃炉：又名火床炉，燃料被层铺在炉排上进行燃烧的炉子。为供热锅炉中常用的一种燃烧设备，包括手烧炉、风力-机械抛煤机炉、链条炉排炉、往复炉排炉和振动炉排炉等多种形式。

② 室燃炉：又名悬燃炉，燃料在炉室内呈悬浮状燃烧的炉子。有固体、液体和气体三大类别，如燃用煤粉的煤粉炉，燃用液体、气体燃料的燃油炉和燃气炉。

③ 流化床炉：又名沸腾炉，燃料在炉室中完全被空气流所"流化"，形成一种类似于液体沸腾状态燃烧的炉子。主要包括鼓泡床，循环流化床。为目前能脱硫、脱氮和燃用几乎所有固体燃料的一种高效、清洁燃烧设备。

我国是以煤为主要能源的国家，锅炉配置的燃烧设备主要是层燃炉和煤粉炉。对于供热锅炉重点在层燃炉，并以链条炉排炉作为代表形式；另外，该类炉型还广泛应用于垃圾焚烧处理。对于电站锅炉，容量大、参数高，通常配置煤粉炉。近年来，通过与超临界发电技术相结合，循环流化床燃烧技术在电站锅炉领域备受关注。随着我国城市建设的发展和环境保护要求的提高，中、小型燃油燃气锅炉日益增多。

7.1 层燃炉

7.1.1 层状燃烧简述

7.1.1.1 层燃技术概述

层状燃烧是基于气固两相流动的固定床状态实现的，是燃烧设备最早的形式。经过不断发展和完善，至今仍普遍在小型锅炉上使用。层燃的特点是把燃料放在炉排上，并形成一定厚度的燃料层，在燃烧过程中燃料不离开燃料层，故称层燃。层燃时燃烧所需空气由炉排下面送入，经过炉排的间隙进入燃料层。燃料层和穿过它的空气中的氧发生燃烧和气化反应。通过燃烧，形成燃烧气体产物，燃烧气体产物穿过燃料层进入炉膛。其中包含的部分可燃气体继续在燃料层上方与氧发生反应。

最早的层燃设备是固定炉排，人工加煤。但是由于这种燃烧方式耗费人力，燃烧效率较低，热损失大，用于大规模的工业生产比较困难，因此除锅炉容量非常小的情况外，在工业上较少使用。在此基础上，发展的抛煤机层燃炉，将人工加煤改进为自动加煤，但是除渣问题仍旧限制了其容量的发展。

针对加煤和除渣问题，出现了链条炉排炉。链条炉排炉中，炉排是运动的，用链轮带动炉排，从前往后将燃料从料斗中带入炉内燃烧。燃料燃烧后形成的残渣也由炉排自动地排到排渣通道中，实现了燃烧过程的机械化，不再需要人工拨火。经过多年来的不断改进，如炉拱形式的改进、给煤分层、燃烧添加脱硫剂的型煤等，链条炉排炉已经得到完善，在容量小于160MW的热水炉或36.11kg/s的蒸汽炉上广泛使用。

由于抛煤机炉在着火方面的优势、炉排炉在燃烧和排渣上的优势，出现了抛煤机炉排炉。将抛煤机结合到倒转炉排的链条炉上，解决了抛煤机固定炉排炉的排渣问题，在某些条件下可以改善正转链条炉的性能。

某些条件下，为改善正转链条炉的传质过程，尤其是对燃用结焦性很强的燃料时，希望燃烧过程中燃料不断翻滚，此时采用振动炉排或者往复推进炉排，则可以明显改善性能。对于一些小型特定燃料，可以采用螺旋给料机，从炉排下方将燃料送去燃烧，称为下饲炉。

7.1.1.2 层状燃烧的基本过程

燃料的燃烧过程是一个非常复杂的物理化学过程。然而，无论哪种层燃炉，其燃烧的基本原理是相似的。层燃炉中，燃料的燃烧过程通常要经历脱水和热解、挥发分着火、焦炭燃烧和燃尽几个阶段。

（1）着火前的热力准备阶段

燃料进入炉内首先被加热、干燥，当其温度升至100℃时水分迅速汽化，直至完全烘干。随着煤的温度继续升高，挥发分开始析出，最终形成多孔的焦炭。

在这一阶段，炉子的中心任务是要及时为新入炉的燃料提供足够的热量，使之迅速升温，尽快完成着火前的热力准备。对于层燃炉，燃料的预热干燥热量主要来源于火焰、灼热的炉墙及灰渣等的热辐射、高温烟气的对流放热以及和已燃燃料的接触传热。此外，炉子结构（如前、后拱的设置等）对加速新入炉燃料的预热干燥也起着重要作用。燃料在炉内预热干燥所需热量的大小和时间长短，与燃料特性、含水率、炉温等多种因素有关。燃料水分含量越高，预热所需热量越多，干燥时间越长。挥发物越多，开始逸出的温度就越低；反之，挥发物逸出的温度就越高。显然，提高炉温或采用预热空气都将有利于燃料的预热干燥。

（2）挥发分与焦炭的燃烧阶段

如前所述，挥发分是由 C_xH_y、H_2、CO 等组成的可燃气态物质。它在燃料加热逸出的同时就开始氧化，只是氧化进程缓慢，既无火焰也无光亮。当析出的挥发物达到一定温度和浓度时，马上着火燃烧，发光发热，在燃料颗粒外围形成一层火膜。此时，放出的热量一部分被汽锅受热面吸收，另一部分则用来提高燃料自身温度，以致将它加热至赤红，为焦炭燃烧创造高温条件。所以，通常把挥发分着火温度粗略地看作燃料的着火温度。

一般说来，挥发分多的燃料，着火温度较低；反之，着火温度较高。如褐煤在 $350\sim400℃$ 就可着火燃烧，而无烟煤则需加热到 $600\sim700℃$ 才能着火燃烧。挥发分高的燃料，不但容易着火，而且也易燃烧完全。这是因为挥发分的大量析出会使固体颗粒中的孔隙增多，有利于 O_2 向里扩散而加速燃烧反应。

在挥发分燃烧的后期，焦炭颗粒已被加热至高温。随着挥发分的减少，燃烧产物的边界层变薄，O_2 得以扩散到炭粒表面而使其着火燃烧。焦炭的燃烧，因其所含的固定碳含量很高，如无烟煤可燃基含碳量可达 $93\%\sim95\%$，不仅着火温度高，所需时间长，而且燃烧的同时在表面会形成灰壳，灰壳向外还依次包围有 CO 和 CO_2 两层气体，空气中的氧难以扩散进入内部与碳发生氧化反应，也即焦炭要燃烧完全也相当困难。焦炭燃烧是固体燃料发热量的主要来源，因此可以说固体燃料燃烧是否完全，在很大程度上取决于焦炭的燃烧。

不难看出，挥发分和焦炭的燃烧阶段是燃烧过程的主要阶段，其特点是燃烧反应剧烈，放出大量热能。因此，为使这一阶段燃烧完全和提高燃烧反应速率，除了保持炉内高温和一定空间外，更重要的是必须提供充足而适量的空气，并使之与燃料有良好的混合接触，加快氧的扩散，以提高燃烧反应速率。

（3）灰渣形成阶段

灰渣形成阶段又称燃尽阶段。事实上，焦炭一经燃烧，灰就随之形成，焦炭表面披着一层薄薄的"灰壳"。此后，"灰壳"逐渐增厚，最后会因高温而变软或熔化将焦炭紧紧包裹，O_2 很难扩散进入，以致燃尽过程进行得十分缓慢，甚至造成较大的固体不完全燃烧损失。高灰分低熔点的煤，情况更甚。如果灰熔点低，还常常会形成黏性渣而将炉排通风孔堵塞，使炉子工作恶化。

燃尽阶段放热量不大，所需空气也很少。在层燃炉中，为了减少固体不完全燃烧热损失，此阶段应让灰渣在较高的温度条件下，延长在炉内停留的时间，并配以拨火等操作，击破"灰壳"，使灰渣中的可燃物烧透燃尽。

燃烧设备的任务，就是要为燃料的良好燃烧创造这些客观条件。为使燃烧顺利进行和尽可能完善，应根据燃料的特性，创造有利于燃烧的条件：a. 保持一定的高温环境，以便能产生急剧的燃烧反应；b. 供应燃料燃烧所需的充足而适量的空气；c. 采取适当措施以保证空气与燃料能很好接触、混合，并提供燃烧反应所必需的时间和空间；d. 及时排出烟气和灰渣等燃烧产物。

7.1.2 固定炉排炉

人工操作层燃炉，即手烧炉，是最古老、最简单的层燃炉，也是典型的固定炉排。构造如图 7-1 所示，燃料由人工经炉门铺撒在炉排上形成燃料层，燃烧所需空气则经灰坑穿过炉排的通风孔隙进入炉内参与燃烧反应。燃烧形成的灰渣，大块的从炉门钩出，细屑碎末则漏落灰坑，由灰门耙出。高温烟气经与布置在炉内的受

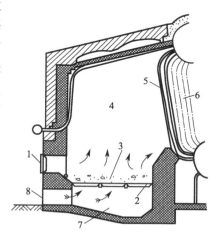

图 7-1 手烧炉结构
1—炉门；2—炉排；3—燃烧层；4—炉膛；
5—水冷壁；6—汽锅管束；7—灰坑；8—灰门

热面辐射换热后，进入汽锅对流管束烟道[1]。

手烧炉结构简单，有"双面引火"的着火条件和煤种适应性广的优点。但它的根本缺点是燃烧工况呈周期性变化，燃烧效率较低，黑烟对环境的污染严重，司炉劳动强度大。从节能和保护环境的角度出发，近十余年中对手烧炉的燃烧和结构做了诸多研究和改进，相继发展了反烧法和双层炉排手烧炉等新的燃烧方式及设备。

7.1.3 移动炉排

链条炉排炉简称链条炉，是一种结构比较完善的层燃炉，至今已有百余年的历史。由于它的加煤、清渣、除灰等项主要操作都实现了机械化，运行可靠稳定，因此，在我国链条炉在中、小型电站锅炉和供热锅炉中得以广泛应用。

链条炉的关键燃烧设备是炉排，链条炉排的具体结构形式很多，按其结构形式可分为三类，即链带式炉排、鳞片式炉排和横梁式炉排。按照炉排的运动特点，有平动式、往复式、振动式等类型。各种链条炉排各有其优缺点，在设计时主要根据具体情况来选择合适的形式。篇幅所限，在此仅简要介绍链条炉的一些共性特征。

7.1.3.1　链条炉的基本构造

依照燃料供给的方式，链条炉是一种典型的前饲式炉子。煤自炉前由缓缓移动的链条炉排引入炉内，与空气气流交叉而遇。因此，无论在炉子结构上还是燃烧过程诸方面，链条炉都有自己的特点。

图7-2为链条炉的结构简图。燃料靠自重由炉前料斗落于链条炉排上，链条炉排则由主动链轮带动，由前向后徐徐运动；燃料随之通过闸门被带入炉内，并逐渐依次完成预热干燥、挥发分析出、燃烧和燃尽各阶段，形成的灰渣最后由设置在炉排末端的除渣板铲落渣斗。

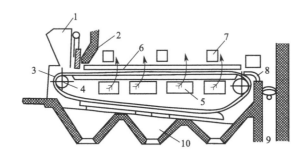

图7-2　链条炉结构简图

1—料斗；2—闸门；3—炉拱；4—主动链轮；5—分区送风仓；6—防渣仓；

7—看火孔及检查板；8—除渣板；9—渣斗；10—灰斗

闸门可以上升、下降，是用以调节所需燃料层厚度的。除渣板，俗称老鹰铁，其作用是使灰渣在炉排上略有停滞而延长它在炉内的停留时间，以降低灰渣含碳量；同时也可减少炉排后端的漏风。闸门至除渣板的距离，称为炉排有效长度，约占链条总长的40%；有效长度与炉排宽度的乘积即为链条炉的燃烧面积，其余部分则为空行程，炉排在空行过程中得到冷却。在链条炉排的腹中框架里，设置有几个能单独调节送风的风仓，燃烧所需的空气穿过炉排的通风孔隙进入燃烧层，参与燃烧反应。

在炉膛的两侧，分别设置有纵向的防渣箱。它一半嵌入炉墙，一半贴近运动着的炉排而敞露于炉膛。通常以侧水冷壁下集箱兼作防渣箱。防渣箱的作用，一是保护炉墙不受高温燃烧层的侵蚀和磨损，二是防止侧墙黏结渣瘤，确保炉排上的煤横向均匀满布，避免炉排两侧严重漏风而影响正常燃烧。

链条炉排的结构形式有多种，目前我国常用的是鳞片式链条炉排和链带式链条炉排。

7.1.3.2 链条炉的燃烧过程

链条炉的工作与手烧炉不同，燃料自料斗滑落在冷炉排上，而不是铺撒在灼热的燃烧层上。燃料在炉内主要依靠来自炉膛的高温辐射，自上而下地着火、燃烧。显然，链条炉是一种"单面引火"的炉子，着火条件不及手烧炉。但因整个燃烧过程的几个阶段是沿炉排长度自前至后，依次连续地完成，所以不存在手烧炉的周期性燃烧特点，燃烧工况大为改善。

链条炉的第二特点是燃烧过程的区段性。由于燃料与炉排没有相对运动，链条炉自上向下的燃烧过程受到炉排运动的影响，使燃烧的各个阶段分界面均与水平成一倾角。图 7-3（b）形象地显示了这一情况，燃烧层被划分为四个区域。燃料在新燃料区 I 中预热干燥，从 O_1K 线所示的斜面开始析出挥发分。O_1K 线实际上代表着一个等温面，其斜倾程度取决于炉排运动速度和自上而下燃烧的传播速度。因为燃料层的导热性能很差，以致向下的燃烧传播速度仅为 0.2～0.5m/h，大约只有炉排速度的几十分之一。因此燃烧热力准备阶段在炉排上占据有相当长的区段。

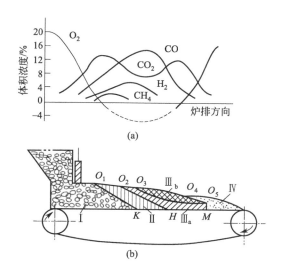

(a)

(b)

图 7-3 烟气组分变化规律（a）以及链条炉燃烧过程示意（b）

I—新燃料区；II—挥发分析出、燃烧区；III$_a$—焦炭燃烧氧化区；III$_b$—焦炭燃烧还原区；IV—灰渣形成区

燃料在 O_1K 至 O_2H 区间内释放出全部的挥发分。O_1K 与 O_2H 相距不远，因为挥发分沿 O_1K 线析出的同时，就开始在层间空隙着火燃烧，燃烧层的温度急速上升，至挥发分析出殆尽的 O_2H 线，温度已达 1100～1200℃。

焦炭着火燃烧从 O_2H 线开始，温度进一步上升，燃烧更加剧烈，通常是煤等固体燃料的主要燃烧阶段。由于燃烧层厚度一般都超过氧化区的高度，因此焦炭燃烧区又可分为氧化区Ⅲ_a和还原区Ⅲ_b两块。来自炉排下的空气中的 O_2 在氧化区中被迅速耗尽；燃烧产物中的 CO_2 和水蒸气上升至还原区，立即被灼热的焦炭所还原，此处温度略低于氧化区。

最后是燃尽阶段，即灰渣形成区Ⅳ。链条炉是"单面引火"，最上层的燃料首先着火，因此灰渣也先在表面形成。此外，因空气由下进入，最底层的燃料燃尽也较快，较早形成了灰渣。可见，炉排末端焦炭的燃尽是夹在上、下灰渣层中的，这对多灰分燃料更为不利，使 O_5 点向后延伸，易造成较大的固体不完全燃烧热损失。

在链条炉中，燃料的燃烧沿炉排自前往后分阶段进行，因此燃烧层的烟气各组成成分在炉排长度方向各不相同，其变化规律如图 7-3(a) 所示。

在预热干燥阶段，基本不消耗 O_2，通过燃烧层进入的空气，其含氧浓度几乎不变。自点 O_1 开始，挥发分析出并着火燃烧，O_2 浓度下降，燃烧生成的 CO_2 浓度随之增高。当进入焦炭燃烧区后，燃烧层温度很高，氧化层渐厚，以致来自炉排下的空气中的氧未穿越燃烧层就已全部被消耗殆尽，此时 $\alpha=1$，CO_2 浓度出现了第一个峰值。此后开始了还原反应，CO 逐渐增多，CO_2 浓度则逐渐降低；燃烧产物中的水蒸气进入还原区也被炽热焦炭还原，并产生了少量 H_2。在严重缺氧的情况下，挥发分中的 CH_4 等可燃气体也无法燃尽。

当 CO 和 H_2 浓度达到最大值后，由于燃烧层部分燃尽成灰，还原层渐薄，这两个成分又逐渐下降。当还原区消失时，CO_2 浓度又达到了一个新的高峰。此后，灰渣不断增多，焦灰层厚度越来越薄，所需 O_2 量也渐少，最后在炉排末端 O_2 浓度增大，接近空气中 O_2 的浓度。

显然，当燃烧层中出现了还原反应，就表明供应的空气量不足以适应燃烧的需要，即 $\alpha<1$，如图 7-3(a) 中含氧量曲线的虚线所示区段；在还原反应区的前后两段，O_2 过剩，即 $\alpha>1$。

7.1.3.3　链条炉燃烧的改善措施

根据上述对燃烧过程和燃烧层上气体成分变化规律的分析，为改善链条炉的燃烧以提高燃烧的经济性，目前链条炉在空气供应、炉膛结构及炉内气流组织等方面采取了相应的技术措施，获得到了很好的效果。

（1）分区配风

如前所述，链条炉的燃烧过程是分区段的，沿炉排长度方向燃烧所需空气量各不相同。热力准备阶段基本上不需要空气，灰渣形成阶段所需空气也不多，挥发分和焦炭燃烧区段对空气的需求量最大。显然，如果空气供给不加以分配和控制（即统仓送风方式），如图 7-4 中 ab 线所示，则必然会出现前、后两端空气过量很多，而中间主燃烧区段空气严重不足，使得燃烧层上方产生较多的 CO、H_2 和 CH_4 等未完全燃烧产物，结果是既增加了不完全燃烧热损失，也增大了排烟热损失。为改善燃烧，需进行配风系统优化。

国内链条炉配风的优化，都采用"两端少、中间多"的分区配风方式，即把炉排下的统仓风室沿长度方向分成几段，互相隔开做成多个独立的小风室。每个小风室则各自装设有调节风门，可以按燃烧的实际需要调节和分配给不同的风量，如图 7-4 中虚线所示。显然，分区越多，供给的空气量就越符合燃料的燃烧需要，但配风结构会因此而过于复杂。所以，通常是将炉排下的风室分隔成 4~6 个小风室。

实际运行发现，要切实做到按燃烧的需要配风并非易事，不仅小风室之间必须有良好的隔离密封结构，也要特别重视炉排宽度方向上的配风均匀性。研究表明，小风室横向配风的

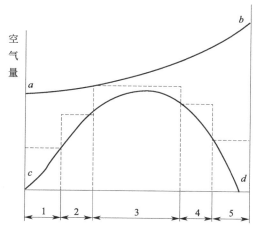

图 7-4　链条炉空气分配情况

ab—统仓送风时进风量分配情况；*cd*—燃烧所需空气量；　···—分区送风时进风量分配情况

均匀性与进风口结构、风室内空气的轴向气流动能和风室密封性等多种因素有关，其中以进风口尺寸的影响最为显著，随进风口与风室的截面比的增大而更趋均匀。此外，对于单侧进风的链条炉，设置导风板或采用风室节流挡板装置，对改善炉排横向配风的均匀性也是有效的。对于炉排宽度较大的链条炉，则应采取双侧相对进风的方式。

采取分区配风后，炉子前后端的送风量可大幅度地调小，有效地降低了炉膛中总的过量空气系数 α，既保持了炉膛高温，又减少了排烟热损失；在需氧最多的中段主燃烧区及时得到了更多的 O_2 补给。但需指出，增大中段风量，只能增强燃烧，而无法消除还原区的出现，燃烧产物中依然存在有许多可燃气体。因此，如何使各燃烧区段上升的气体在炉膛空间中良好混合，保证其中所含可燃气体成分的燃尽，乃是改善链条炉燃烧的又一重要课题。目前采取的措施是：改变炉膛的形状（即在前、后炉墙下部砌筑凸向炉膛的炉拱）和吹送高速的二次风。

（2）炉拱

炉拱在链条炉中有着相当重要的作用。它不但可以改变自燃料层上升的气流方向，使可燃气体与空气得以良好混合，为可燃气体燃尽创造条件；同时，炉拱还有加速新入炉煤着火燃烧的作用。炉拱的形状与燃料的性质密切相关。前拱和后拱同时布设，各自伸入炉膛形成"喉口"，对炉内气体有强烈的扰动作用（图 7-5）。为了保证对炉排前段有较好热辐射条件，前拱一般应有足够的开敞度，某些老式链条炉中采用低而长的前拱则不尽合理。因为炉拱本身并不产生热量，它只是接受来自火焰和高温烟气的辐射热，并加以积蓄和再辐射，使之集中于刚进炉的新燃料上，以加速着火。炉膛内的三原子气体 RO_2 和 H_2O 是不透明体，只要烟气层有足够厚度，不但可以防止新燃料层直接向水冷壁放热，而且高温的烟气层本身还能将热量辐射给它们。当前拱低长时，反而挡住了拱外空间的高温烟气的热辐射，不利于新煤的着火。因此，当锅炉容量较大时，通常在宽阔高大的炉膛空间里设置高而短的前拱，其目的主要是为了与后拱配合，造成一个扰动气流的"喉口"。前拱的长度，一般以保证喉口的烟速在 $7\sim10\mathrm{m/s}$ 为宜。前拱下部紧靠闸门处的炉拱，称为引燃拱。引燃拱距炉排高仅 $300\sim400\mathrm{mm}$，其作用一是再辐射引燃新进入炉内的燃料，二是保护闸门不受高温而烧损。

斜面式引燃拱是目前采用最多的结构，引燃效果较好，如图 7-6 所示。

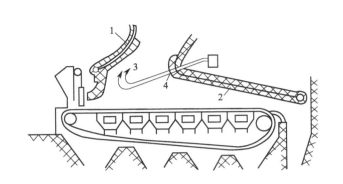

图 7-5　炉拱与喉口及二次风的关系

1—前拱；2—后拱；3—喉口；4—二次风

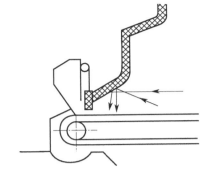

图 7-6　斜面式引燃拱

　　后拱除了与前拱组成喉口外，还可以将炉排后端有较多过量氧的气体导向燃烧中心，以供可燃气体在炉膛空间进一步燃烧的需要；同时，被导向前端的这部分炽热的烟气以及为它所夹带的火红炭粒在气流转弯向上时分离下来，如同"火雨"一般投落在刚进闸门的新燃料上，十分有利于着火燃烧。因此，在燃用低挥发分的无烟煤时，因其着火温度较高，通常采用低而长的后拱（图 7-7），以利用其"火雨"来改善着火条件；拱的覆盖长度有时甚至占炉排有效工作长度的 1/2 以上，后拱倾角一般为 8°～12°。为了便于炉排检修，除渣板处的净高不宜小于 500mm。

　　当燃用挥发分较高的燃料时（如烟煤和褐煤），因其较易着火，如何加强炉内气体的扰动以减少气体不完全燃烧损失，则显得更加重要。因此，燃用这类燃料的链条炉（图 7-8）一般采用高而短的前拱，后拱也不必太长，但所组成的喉口应有较大扰动作用；或在喉口处加设二次风，以使炉内气体获得更强烈的扰动和混合。

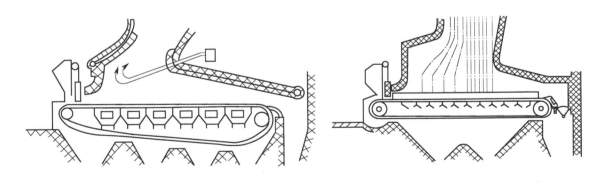

图 7-7　燃用无烟煤的链条炉　　　　　　　　　　图 7-8　燃用烟煤、褐煤的链条炉

　　人们先后就炉拱对不同燃料的适应性、炉拱对新燃料的预热和着火作用进行了系统的理论分析和大量的试验，积累了丰富的经验，证实了炉拱的辐射并非以镜面辐射为主，而是一个漫辐射的过程。因此，炉拱的辐射与形状无关，而与炉拱的投影面积有关。这就使炉拱的设计有了很大的灵活性。实践进一步证明，除炉拱的作用外，炉内高温烟气的冲刷和辐射对新燃料（特别是难着火的燃料）的预热和着火也起着相当大的作用，从而设计出了各种形式

的拱的组合，如水平拱组合、倾斜前拱和人字拱组合、前后拱加中拱组合、前拱加倒弧形后拱组合甚至活动拱组合等，都取得了很好的效果。

（3）二次风

在链条炉中，除了砌筑炉拱外，还常常布设二次风，即在燃烧层上方借喷嘴送入炉膛的高速气流，以进一步强化炉内气流的扰动和混合，防止结焦，降低气体不完全燃烧热损失和炉膛过量空气系数。布置于后拱的二次风能将高温烟气引向炉前，帮助新燃料着火。同时，在二次风作用下形成的烟气旋涡，一方面延长了悬浮于烟气中的细屑燃料在炉膛中的行程和停留时间，促成了更好的燃尽，提高了锅炉效率；另一方面，借旋涡的分离作用，把许多未燃尽的碎屑炭粒甩回炉排复燃，减少了飞灰，有利于消烟除尘。此外，如二次风布置得当，还可提高炉内火焰充满度，减少炉膛死角涡流区，防止炉内局部积灰结渣，保证锅炉的正常运行。

由此可知，链条炉二次风的作用不在于补给空气，主要在于加强对烟气的扰动混合。因此，二次风的工质可以是空气，也可用蒸汽或烟气。为了达到预想的效果，二次风必须具有一定的风量和风速。但由于层燃炉的主要燃烧过程是在炉排上进行的，加上冷却炉排的需要，一次风量不宜过小；这样，为保持合理的炉膛过量空气系数，二次风量则受到限制，一般控制在总风量的 5%～15% 之间，挥发分较多的燃料取用较高值。二次风量既不能多，就要求有高的出口速度，才能获得应有的穿透深度。二次风初速一般为 50～80m/s，相应风压为 2000～4000Pa。

二次风的布置形式视锅炉类型和燃料品种而异。小容量锅炉，其炉膛深度也小，常取前墙或后墙单面布置，二次风喷嘴的位置应尽可能低些。链条炉中燃料的挥发分大部分在前端逸出，单面布置时布设在前墙较优，喷嘴轴线通常向下倾斜 10°～25°；对燃用无烟煤的链条炉，为了帮助着火，二次风宜装置在后拱鼻尖处。当采用前、后墙两面布置时，应尽可能利用前后喷嘴布置的高度差和不同喷射方向，避免互相干扰，使之造成一股强有力的切圆旋转气流，以提高二次风的功能。炉膛中的前后拱组成喉口时，二次风应布设在喉口处。喷嘴数量和间距应满足二次风的扰动区尽可能地充满整个炉膛的横截面。

最后需强调的是，上述设置分区送风、炉拱和二次风等改善燃烧工况的措施，不单适用于链条炉，在其他类似燃烧过程的炉型中，也可因炉制宜，按燃料及燃烧上的要求，恰当地采用上述全部措施或个别措施，以提高燃烧的经济性。

7.2　室燃炉

煤粉炉和燃油炉及燃气炉，统称为室燃炉。与层燃炉相比，无论在炉子的结构上还是燃料的燃烧方式上，室燃炉都有自己的特点：

① 没有炉排，燃料随空气流进入炉内，燃料燃烧的各个阶段都是在悬浮状态下进行的，其容量大小不受炉排面的制造和布置的限制；

② 燃料燃烧反应面积很大，与空气混合良好，可以采用较小的过量空气系数，燃烧速度和效率显著高于层燃炉；

③ 由于燃料在室燃炉中停留时间一般都很短促，为保证燃烧充分完全，炉膛体积较大；

④ 燃料适应性广，可以燃用固体、液体和气体燃料；

⑤ 燃烧调节、运行和管理易于实现机械化和自动化。

7.2.1 煤粉炉

与气体及液体燃料燃烧相同，在煤粉炉中，燃烧所需的空气被分成一次风和二次风。一次风的作用是将煤粉送到燃烧器和燃烧室，并供给煤粉在着火阶段所需的空气；二次风则在着火以后混入，以保证煤粉的燃尽。在某些条件下还会设置三次风，一般是制粉系统排出的含有煤粉的干燥乏气。为了降低燃烧污染物排放，可以采用空气分级的燃烧技术，此时需要设置火上风。

一般认为，煤粉的燃烧大致经历水分的蒸发、挥发分的析出与燃烧、焦炭的燃烧等过程。煤粉的点燃过程是将一次风气流和高温炽热的烟气混合，同时接受燃烧室的辐射热，使煤粉空气混合物的温度升高到煤粉着火温度，发生着火。煤粉的着火温度与气体燃料和液体燃料的着火温度一样，是由一定的环境条件下煤粉着火的临界条件决定的。不同的环境条件下所测得的着火温度是不同的。影响煤粉气流着火的主要因素是燃料性质、一次风量及其温度，以及燃烧器的空气动力工况等。

煤粉气流正常燃烧时，一般在离燃烧器喷口 0.3～0.5m 处开始着火。在离喷口 1～2m 的距离内，大部分挥发分已经析出和烧掉，但是焦炭颗粒的燃烧常要延续 10～20m 或者更远的距离，有一个较长的燃尽过程。一般的煤粉锅炉燃烧室都设计得足够大，对于大多数煤种，在燃烧室的 1/2 高度处就能达到约 98% 的燃尽分数。对于难以燃尽的煤种，必须要在燃烧设备上采取一些特殊措施，来提高煤粉的燃烧效率。

煤粉燃烧设备主要由煤粉制备系统、燃烧器和燃烧室组成。这些部件是相互联系的，在工程设计中需要综合考虑，实际运行时要注意其相互影响，才能取得最佳效果。

7.2.1.1 煤粉制备系统

为了实现煤的火炬燃烧过程，煤粉必须磨得很细，一般平均直径小于 $80\mu m$。煤粉颗粒和气流之间的相对速度大大减小，在其飞越燃烧室的数秒有限时间内，能够在炉内保持悬浮状态。同时，当煤磨成煤粉时，受热面和单位质量面积大大增加，大大提高了煤粉颗粒的反应面积和燃尽程度。

显然，煤粉制备系统的合理配置与优化运行，对设备能耗、炉内燃烧过程具有十分重要的影响。相关内容见本书第 3 章。

7.2.1.2 燃烧器与燃烧室

燃烧器是煤粉炉的重要组成部分，其作用是将煤粉和空气送入燃烧室并组织气流，使燃料和空气充分混合，迅速而稳定地着火燃烧和尽可能地充满整个炉膛空间。煤粉燃烧器分为直流式和旋流式两大类。燃烧室的结构与燃烧器的类型和布局紧密相关。

旋流式煤粉燃烧器喷口喷出的旋转射流轴向速度衰减较快，射程不是很远，一般安装在煤粉锅炉燃烧室的前墙或者前、后墙上，见图 7-9，也有装在两侧墙上的；燃烧室界面常呈长方形。旋流燃烧器每个都能独立地燃烧，燃烧器相互之间、燃烧器与燃烧室之间的关联较弱，具有较强的独立性。由于采用旋转燃烧器的水冷壁横向热流均匀性相对较好，在大容量电站尤其是超临界煤粉锅炉中有广泛应用。

直流煤粉燃烧器，则依赖于相互之间的支撑，与燃烧室之间的整体性更强。直流煤粉燃烧器在燃烧室中的安装位置不同，可形成不同形状的火炬。大部分情况下，直流燃烧器安装在燃烧室的四角或者接近角部的位置，喷出的射流射向燃烧室截面中央的假想切圆，成为切圆燃烧方式。从每个喷口喷出的射流火炬呈 L 形，共同围绕燃烧室中心轴线旋转，然后向上汇集成略有旋转的上升火焰并向燃烧室出口流出，火炬形状如图 7-10 所示。

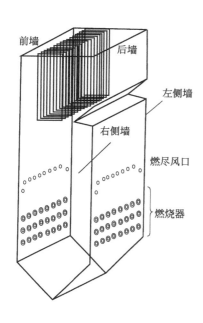

图 7-9 前后墙对冲 π 形布置及 600MW
超临界煤粉燃烧器布置

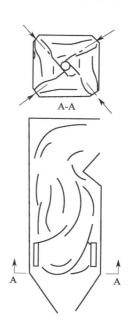

图 7-10 切向燃烧燃烧器布置

锅炉中的燃烧问题不是独立存在的，而是与锅内的工质吸热耦合发生的。炉内燃烧和锅内吸热通过传热联系起来，炉内的温度既是燃烧的结果，也是燃烧持续进行的条件，因此，燃烧室的布置中，不仅要考虑燃烧问题，还要考虑对受热面的影响。随着容量和蒸汽参数的提高，受热面的热偏差的重要性尤显突出，并要从燃烧的角度改善热偏差。我国的煤粉锅炉历史上以四角切圆和 π 形布置为主流。在超临界煤粉炉上，近年来人们似乎开始偏爱前后墙对冲布置，以减小热偏差。

在锅炉的设计中，π 形是我国用得最广泛的一种布置形式，锅炉整体由垂直的柱体炉膛、转向室及下行对流烟道三部分组成。这种形式设计，布置受热面方便，燃烧室中工质向上流动，锅炉排烟在下部，锅炉构架较低；尾部对流烟道烟气流向下，易于吹灰，并有自吹灰作用；锅炉本身以及机炉之间连接管道不太长。但这种布置在炉膛和水平烟道之间形成烟气转弯，导致炉膛中的受热面以及水平烟道中的受热面的受热不均匀，设计不当可能出现一定的热偏差。这个问题在亚临界条件下不是很突出，但在超临界条件下，对热偏差的要求更高。与其相对应的塔式布置中，几乎全部的对流受热面都布置在炉膛上方的烟道里，取消了易引起受热面热偏差的烟气转弯，位于燃烧室内部的对流受热面烟气冲刷均匀。塔式布置中受热面全部水平布置，易于疏水。但过热器、再热器布置得很高，蒸汽管道较长；锅炉构架集中，造价提高。

从已经投运的超临界锅炉来看，塔式布置或π形布置都是可靠的。从热偏差的角度来看，和π形布置相比，塔式布置由于没有烟气流的偏转，其燃烧室出口及各个受热面的左右烟温偏差很小。在超超临界条件下，蒸汽温度提高，高温蒸汽对过热器和再热器受热面的氧化加剧，当负荷变化较大，尤其在启停时，氧化皮由于膨胀差不可避免地部分自行脱落。过热器和再热器垂直布置时，氧化皮一般沉积在管子下弯管。当蒸汽流量较小时，不能有效带出，沉积到一定程度时会堵管，引起流量下降、冷却不足而发生爆管。当蒸汽流量较大时，氧化皮集中带入汽轮机，可能对汽轮机叶片产生侵蚀。而水平布置受热面，蒸汽流量较低时也易携带氧化皮，在启动阶段通过启动旁路系统直接送入凝汽器，更有利于减小过热器或再热器氧化皮的危害。

也有把直流煤粉燃烧器装在燃烧室顶部的，煤粉空气流向下喷射，火焰呈 U 形。还有在燃烧室上部两侧对称地把煤粉气流向下喷射，火焰在燃烧室中心汇集后向上流出，火焰呈 W 形。这种 W 形火焰在燃烧室中心处温度很高，对称的煤粉火焰互相支持易于使燃烧稳定，可用来燃烧难以着火的低挥发分无烟煤煤粉。U 形和 W 形火焰中，若燃烧组织不佳，部分煤粉常易过早到达燃烧室出口处，引起燃烧不完全热损失，甚至引起结渣，这是不利之处。

绝大部分煤粉锅炉都希望燃烧室内受热面上不会黏结灰渣，希望灰粒在碰到壁面以前都能被充分冷却而凝固。这种燃烧设备称为固态排渣煤粉炉。对于灰熔点很低的煤，因很难在燃烧室内使灰粒碰到壁面前都降低到足够低的温度而凝固，炉内结渣很难避免，有时故意提高燃烧室热负荷，减少主燃区的吸热量，提高炉内的烟气和灰粒的温度，使灰颗粒在碰壁时仍处于有足够流动性的熔融状态。这种燃烧室就称为液态排渣煤粉炉。

我国在煤粉燃烧器设计方面积累了很多经验，针对我国煤炭资源的各种煤质，可分别设计出适应性良好的直流式或旋流式煤粉燃烧器和燃烧室。旋流式和直流式煤粉燃烧器目前还在不断创新和发展。

煤粉燃烧的热惰性较小，燃烧调节方便，适应负荷变化快。它被广泛地应用于中、大容量的锅炉，蒸发量从 10~20t/h 一直到 2000t/h 上下，或更大的容量。目前，我国电厂中的燃煤锅炉，大多采用这种悬浮燃烧的方式。在供热锅炉中，由于它需要配置磨煤设备，电耗大，系统也较复杂，且不能低负荷运行和压火，以及飞灰多、易污染环境等原因，应用受到限制。

煤粉燃烧所产生的污染物，主要是粉尘、SO_x、NO_x 以及重金属。不同的燃烧方式和燃烧条件对污染物的产生和排放影响很大。例如，煤粉燃烧时所产生的粉尘排放量比层燃炉大得多，NO_x 的排放量比流化床大。因此，对煤粉燃烧所产生的污染物的控制更加重要。

7.2.2 燃油炉

油作为一种液体燃料，有两类燃烧方式：一类为预蒸发型，即燃料油先行蒸发为油蒸气，然后按一定比例与空气混合进入燃烧室燃烧，这种燃烧方式与预混气体燃料燃烧相同；另一类为喷雾型，即采用喷嘴将液体燃料油以雾状细小液滴的形式喷入燃烧空间中，细小液滴在燃烧室内受热而蒸发，当燃料气与空气混合并达到着火条件时即开始着火、燃烧。燃油炉所用液体燃料多为重质油或劣质重油，必须采用喷雾燃烧方式，下面讨论的液体燃料燃烧器主要针对于此。

为满足雾化出较细且均匀的液滴，并使液滴蒸气迅速且均匀地与 O_2 混合，以及火焰根部避免缺氧，并能在尽量小的过量空气系数下使燃烧效率最高，这个任务主要由燃烧器及燃烧室来完成。燃烧器由喷嘴（雾化器）和调风器组成。燃烧器除了要达到设计出力即喷油量外，消耗的能量应少，系统和结构应尽量简单，液滴细度、均匀度、滴径分布等雾化质量要符合设计要求。调风器供给燃烧需要的空气量及分布应与喷嘴、燃烧室匹配，即让油滴尽量均匀地分布在空气流中，以达到低过量空气系数下燃烧损失最小。燃烧室结构应合理，要使燃料停留时间足够长，要有足够大的燃烧室容积，即炉膛容积热负荷不能太大，这样可以达到较高的燃尽度。

7.2.2.1 油的燃烧过程

锅炉燃用重质油时，需要预先加热以降低其黏度，再由油泵加压送至炉前，然后通过油喷嘴喷入炉内，此时油被散开并形成极细的雾状油滴，这个过程称为雾化。雾化后的油滴置于高温、含氧的介质中，吸热并蒸发为气态的烃类化合物。由于液体燃料的着火温度永远高于沸点温度，只能在表面蒸发，液体燃料的燃烧不同于固体燃料的异相化学反应。

燃油蒸气在离液滴表面一定的距离内，与喷引入炉中的空气混合，进而继续吸热而升温。气态的烃类化合物，包括油蒸气以及热解、裂化产生的气态产物，当与氧分子接触后并达到一定的温度和浓度后，便开始着火，进而发生剧烈的燃烧反应，即便是炭黑微粒和焦粒也有可能在这种条件下开始燃烧。

图 7-11 为燃油喷雾火炬结构示意图。油从油喷嘴向炉内喷射形成雾化炬，这股射流在炉膛内含氧的高温介质中，其中油蒸气和热解、裂化产物等可燃物不断向外扩散，而空气则不断向内扩散。当二者混合达到一定程度（化学当量）时，就开始着火燃烧并形成火焰锋面。火焰锋面上产生的热和炉膛辐射热又将微细油粒加热，继而蒸发和燃烧。燃烧反应释放的一部分热量又传给液滴加热蒸发，这是一种边蒸发、边扩散、边燃烧的综合过程。

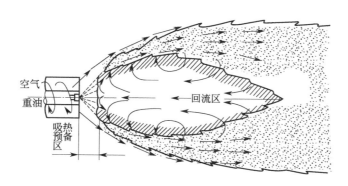

图 7-11　油的雾化与燃烧

不难发现，油粒的燃烧经历着两个互相依存的过程，即一方面燃烧反应需要由油的蒸发来提供反应物质，另一方面油的蒸发又需依赖燃烧反应提供热量。如果燃烧处于稳态过程中，油的蒸发速度和燃烧速度应该相等。当油蒸气和氧的混合燃烧过程强烈时，只要有油蒸气就可以即刻燃尽，此时的燃烧速度取决于蒸发速度；如果蒸发速度很快而燃烧缓慢，显然燃烧过程的速度此时取决于油蒸气和空气混合物的燃烧速度。换言之，油的燃烧过程不单包括混合物的均相燃烧，同时还包含有对油粒表面的异相传热和传质过程。

油及其蒸气都是由烃类化合物组成的，其中高分子烃类化合物所占的比例较大，它们如若在与氧接触前已达到高温（＞700℃），则会因缺氧、受热而发生分解，产生固体炭黑微粒。另外，如有尚未蒸发的油滴会因急剧受热发生裂化，一部分较轻的分子从油滴中飞溅而出，较重的部分可能变成固态物质——焦粒或沥青。炭黑微粒和焦粒不仅造成固体不完全燃烧热损失，还将污染环境。因此，必须重视油喷嘴的设计、制造，以保证油的雾化质量。

7.2.2.2 油的雾化

油的雾化质量对燃烧速度和燃烧的完全程度起着重要作用，通过燃油喷嘴来实现。所以喷嘴也称油雾化器，它的作用是把油雾化成雾状粒子，并使油雾保持一定的雾化角和流量密度，促使其与空气混合，以强化燃烧过程和提高燃烧效率。如果将 1kg 油雾化成直径为 $30\mu m$ 的油粒，总表面积约达 $200m^2$，可以极大地强化油的燃烧。

油的雾化过程是一个复杂的物理过程，需要消耗能量。按消耗的能量来源，喷嘴按原理不同可以分为介质雾化喷嘴和机械雾化喷嘴两大类。

介质雾化喷嘴借助雾化介质膨胀产生的动能，将液体燃料破碎成细液滴。雾化介质通常采用压缩空气或具有一定压力的水蒸气。雾化介质的压力越高，破碎的液滴也越细，但消耗的能量也越多。如使用水蒸气作雾化介质，还可以利用其携带的热量加热液体燃料，以降低其黏度，改善雾化质量，故进入喷嘴前的燃料油黏度较高时，仍能保证喷嘴雾化的质量。如使用空气作为雾化介质，由于空气压力一般较低，空气的动量较低，喷嘴的容量也就受到限制而不能太大，雾化质量也比采用蒸汽作介质的喷嘴差。当液体是轻质柴油时，由于燃料本身黏度不大，故采用压缩空气雾化也能达到较好的效果。

机械雾化喷嘴主要依靠油泵提高燃料油压力，使其以较高的速度喷射进燃烧室，液流由于受到空气阻力而破碎成液滴。工程上常用离心机械喷嘴，这种喷嘴内有使液流旋转的切向槽，液流经过切向槽转变成旋转液流，旋转液流离开喷嘴出口处即可形成一股中空的薄膜流，故容易受空气的阻力而破碎成细液滴。

（1）机械雾化喷嘴

又名离心式雾化喷嘴，分有简单压力式和回油式两种，最常用的是切向槽简单压力式雾化喷嘴（图 7-12）。经油泵升压的压力油由进油管经分流片的小孔汇合到环形槽中，然后流经旋流片的切向槽切向进入旋流片中心的旋流室，从而获得高速的旋转运动，最后由喷孔喷出。由于油具有很大的旋转动能，喷出喷孔时油不但被雾化，并形成具有一定的雾化角的圆锥雾化炬。雾化角一般在 60°～100°范围内，雾化后油粒的平均直径小于 $150\mu m$。

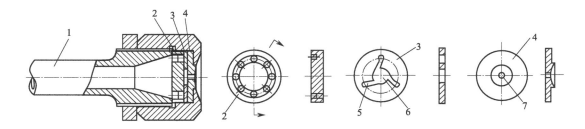

图 7-12　切向槽简单压力式雾化喷嘴
1—进油管；2—分流片；3—旋流片；4—雾化片；5—切向槽；6—旋流室；7—喷孔

试验资料表明，机械雾化喷嘴的雾化质量，与燃料油的性质、喷嘴结构特性和进油压力有关。燃料油的性质，主要是指它的黏度。黏度增大，雾化质量下降，即雾化粒子变粗。机械雾化要求油的黏度不大于 $4°E$，所以通常都将重油加热至 $110\sim130℃$ 使用，以降低黏度使其符合喷嘴的雾化要求。喷嘴结构特性，重要的是喷孔、旋流室和切向槽的尺寸，喷孔较小、旋流室直径较大和切向槽较长都将有利雾化质量的提高。

这种简单压力式雾化喷嘴，主要靠油的高压把油雾化成细微的油粒，油的压力越高，动能越大，喷出后紊流脉动越加强烈，雾化得越细，质量越好。机械雾化喷嘴的设计油压通常为 $2.0\sim2.5MPa$；对于特大容量的电站锅炉，如国产的 $1000t/h$ 直流锅炉，需用高达 $6.0MPa$ 的油压才能保证其雾化质量（油粒平均直径不大于 $100\mu m$）。当油压下降至 $1.0\sim1.2MPa$ 时，油的雾化粒子平均直径迅速增大，雾化质量急剧下降。

简单压力式机械雾化油喷嘴是依靠改变油压来调节其油量的。由于流量与压力的平方根成正比，当油压降至额定压力的 $1/2$，喷油量才降低 30%；而油压的过大降低，雾化质量将显著下降。可见，此型喷嘴的调节性能差，只选用于带基本负荷或负荷稳定的锅炉，其最大优点是系统简单。

对于负荷变动幅度较大的供热锅炉，常采用在喷嘴中心设有回油管的回油式机械雾化喷嘴，既可扩大调节幅度而又不影响雾化质量。此型喷嘴的雾化原理与简单压力式喷嘴基本相同，不同的是它的旋流室前、后有两个油的通道，一个喷向炉内，另一个则通过回油管和回油阀流回油箱。这样，可以保持喷嘴的油压基本恒定，喷油量大小则可由回油阀来控制和调节。喷油量的调节幅度可从 30% 到 100%，特别适用于自动调节的锅炉。

（2）蒸汽雾化喷嘴

蒸汽雾化喷嘴是利用高压蒸汽的喷射而将燃料油雾化的油喷嘴，其结构如图 7-13 所示。压力为 $0.4\sim1.0MPa$ 的蒸汽由支管 2 进入环形套管，从头部喷孔高速喷射而出，将中心油管 1 中的燃料油引射带出并撞碎为细小油滴，再借蒸汽的膨胀和与热烟气的相撞进一步把油滴粉碎为更细的油雾。根据锅炉负荷，中心油管可用手轮伸前或缩后调节，以改变蒸汽喷孔的截面大小，从而实现蒸汽量和喷油量的调节，其负荷调节比较大。蒸汽雾化质量可以比机械雾化还好，平均油粒直径在 $100\mu m$ 以下，而且比较均匀；燃烧火炬细而长。此外，高压蒸汽因温度高，能量大，可降低对油的黏度要求，一般为 $4\sim10°E$。同时，由于中心油管有宽敞的油路，不致受阻堵塞，可以燃用质量较差的油，送油压力也不需太高，通常有 $0.2\sim0.3MPa$ 即可。

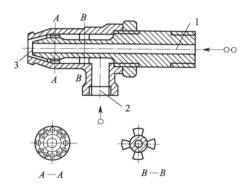

图 7-13　蒸汽雾化喷嘴
1—重油入口；2—蒸汽入口；3—喷油出口

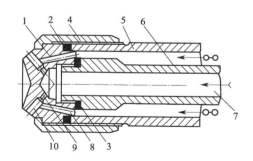

图 7-14　Y 型蒸汽雾化喷嘴
1—头部；2，3—垫圈；4—套嘴，5—外管（油管）；
6—内管（汽管）；7—蒸汽入口；8—油孔；
9—汽孔；10—混合孔

此型喷嘴虽结构简单、制造方便、运行安全可靠，但蒸汽耗量较大，雾化 1kg 重油约需 0.4~0.6kg 蒸汽，降低了锅炉运行的经济性。同时，还会加剧尾部受热面金属的低温腐蚀和积灰堵塞。

为了减少蒸汽用量，容量较大的锅炉上采用了如图 7-14 所示的 Y 型蒸汽雾化喷嘴。蒸汽通过内管进入头部一圈小孔——汽孔，而油则由外管流入头部与汽孔一一相对应的油孔。油和汽在混合孔中相遇，相互猛烈撞击喷入炉膛而将油雾化。Y 型雾化喷嘴的耗汽量很小，仅 0.002~0.003kg/kg，调节比可达 1∶6，仍能保持良好的雾化燃烧工况。一般这种油喷嘴的额定油压为 1.5MPa 左右，蒸汽额定压力为 1.0MPa。

7.2.2.3 油燃烧设备配风要求

为保证燃料油燃烧完全，除喷嘴应具有良好的雾化性能外，尚需得到合理的配风[2-4]。

为防止燃料油在高温下热裂解，必须在火焰根部送入一部分空气，即一次风。这股风一般在油气着火前已与其混合，通常经过旋流叶片并在出口处产生旋转气流。由于旋转射流的扩展角较大，故难以按需要送入火焰根部，因此在油配风器的中心管内通入部分空气，称为中心风。送入火焰根部的一次风与中心风量占总风量的 15%~30%，中心风量不宜太大，否则会影响回流区的形成，从而影响燃料油的着火位置。

在油燃烧设备的配风中，送入的空气必须与油雾强烈混合。由于燃料油的发热量高，一般为 42000kJ/kg 左右，空气与油气混合强烈，可使燃烧反应速率提高，一般在离燃烧器出口约 1m 距离内，即能使大部分燃料油燃尽。为此，燃料油雾化气流的扩角与空气射流的扩角应匹配合理。一般旋流燃烧器出口的旋转射流衰减较快，当油雾气流与空气在前期混合不好时，后期混合更加困难，故空气射流的扩角不宜过大。一般气流扩角比油雾扩角小些，以便使空气高速喷入油雾中，达到早期强烈混合的要求，扩角的匹配见图 7-15。为了不使空气射出的扩角过大，应控制配风器的旋流强度不宜过大。试验证明，除过量空气系数对燃烧影响外，如果调节旋流器的叶片角度使气流扩角过大或过小时，也会增加炭黑的生成而对燃烧不利。

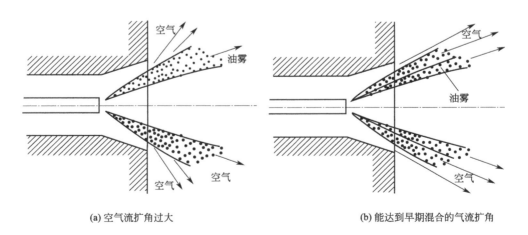

(a) 空气流扩角过大　　　　　　　　　　　　(b) 能达到早期混合的气流扩角

图 7-15　空气流与油雾气流扩角的配合

油燃烧设备一般要采用旋转气流，使燃烧器出口附近形成大小适当的回流区，以利于燃料的着火与燃烧。回流区离喷口不应太近，以免高温回流烟气烧坏喷口与叶片，但也不应离喷口太远，否则会使燃料在燃烧室内不易燃尽。回流区大小的定性尺寸可用回流区长度和回流区最宽处的直径来表示。图 7-16 为平流燃烧器在出口附近形成的回流区示意图，从图中还可见空气与雾化气流扩角的配合情况。回流区的大小主要由配风器的旋流强度大小决定，与气流出口处的扩口角度正相关，也与旋流强度（旋流数）的大小正相关。当旋流强度过小，形成的回流区过小时，燃料油着火、燃烧延后；当旋流强度过大，形成的回流区过大时，燃烧器喷口易烧坏，雾化气流容易喷入回流区因缺氧而热裂解，因此对燃尽不一定有利。为了在运行中得到较高的燃烧效率，一般采用能调节旋流强度的调风器，以调节合适的回流区大小及位置。调节旋流强度通常采用改变旋流器内叶片出口角度的方法。经验表明，当燃烧器出口风速较高时，必须采用较大旋流强度才能稳定火焰。

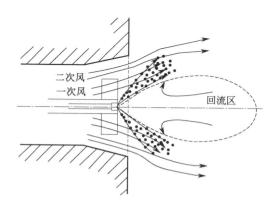

图 7-16　平流燃烧器出口回流区示意

油燃烧设备配风中，要加强风、油后期的混合。离心式机械雾化喷嘴出口的油雾分布很不均匀，大量油滴集中在靠近回流区边界的环形截面内。这个区域的配风容易不足而缺氧，一些粗油滴难免发生热裂解而形成炭黑，这些难燃的炭黑将在火焰尾部燃烧，如果后期混合较差，则火焰会变长，导致燃烧不完全损失增加。为减少局部缺氧，不能用增加总风量的办法，而只能利用合理配风来解决。提高燃烧器出口风速，可以达到加强后期混合的作用，以此强化燃烧，也有利于低氧燃烧，这对于提高燃烧效率、降低低温腐蚀和大气污染是极为有效的。配风器的一、二次风速一般采用 25～35m/s。对于平流燃烧器的直流二次风，风速可达 50～60m/s，其阻力与其他燃烧器相近。对于四角布置的燃烧器，因气流沿燃烧室轴中心旋转，而且气流的动量衰减比旋转射流慢，这对后期混合极为有利。这种燃烧器的出口风速较墙式布置的旋流燃烧器要高些。因此，维持低氧燃烧、提高风速、降低阻力以及尽量促使后期混合等，都是重要的配风原则。设计配风器一般采用一次风和二次风分别送入。为保证火焰的稳定，一次风常采用旋转气流，以产生适当的回流区，旋流一次风扩角较大，扰动也较大，并携带油雾与二次风相交混合。二次风可采用弱旋流或直流，以使二次风扩角较小，且采用直流风可以提高风速，以加强后期混合，又不使阻力增大。使用较为广泛的平流燃烧器就是按上述原则设计的。

7.2.3 燃气炉

天然气是一种优质的清洁燃料。此外，还有其他多种非常规气体燃料来源，例如高炉煤气、发生炉煤气、焦炉煤气、炼油裂化煤气、矿区石油气、煤层气、火法采油尾气、化工驰放气等。

气体燃料（也称为煤气或燃气）燃烧设备，常应用于居民炊事、冶金工业、建筑材料工业、各种轻工业以及有燃气资源的地区性发电厂和热能供应站。用于发电的气体燃料，一般不直接在锅炉中燃烧产生蒸汽发电，而是采用燃气轮机的燃气蒸汽联合循环，可以获得比蒸汽单循环更高的发电效率。只有一些特定的场合，如热值很低、燃气产量不稳定，才会用于锅炉燃烧发电。有时，为了避免直接烧煤引起环境污染，或者由于某些加工工艺过程（如食品、玻璃、精细陶瓷等）要求制成品不受沾污，就要求燃烧气体燃料。

7.2.3.1 气体燃料的燃烧

燃气炉启动时，要求它能迅速而又可靠地点燃着火。燃烧工况一旦建立，则要求在炉膛空间里火焰仍保持稳定燃烧。可以说，气体燃料的燃烧过程均由着火和稳定燃烧这两个阶段组成。

气体燃料的着火方法有两类：一类是将燃气和空气混合物预先加热，达到某一温度时便着火，称热自燃；另一类是用电火花、灼热物体等高温热源靠近可燃混合气而使其着火、燃烧，称为点燃或点火。事实上，这两种起因不同的着火现象有时是无法互相分割的。

气体燃料与空气的混合方式不同，会形成不同结构和形状的火焰，各自满足不同的需要。据此，气体燃料的燃烧可分为三类，即扩散式燃烧、部分预混式燃烧和完全预混式燃烧。

（1）扩散式燃烧

气体燃料没有预先与空气混合，燃烧所需的空气依靠扩散作用从周围空气中获得，这种燃烧方法称为扩散式燃烧，此时一次空气的过量空气系数 $\alpha_1 = 0$。扩散式燃烧的燃烧速度和燃烧完全程度主要取决于燃气与空气分子之间的扩散速率和混合的完全程度。

当燃气出口速度小，气流处于层流状态时，分子扩散缓慢而燃烧的化学反应速率很快，呈现火焰长而火焰厚度很小，燃烧速度取决于空气的扩散速率。当燃气流量逐渐增加时，火焰中心的气流速度也随之增大，直至气体状态由层流转变成紊流。此时，火焰本身开始扰动，提高了扩散速率和燃烧速度，火焰长度缩短。

扩散式燃烧的特点，首先是燃烧稳定，热负荷调节范围大，不会回火，脱火极限也高。其次，它的过量空气量大，燃烧速度不高，火焰温度低。对燃烧烃类化合物含量高的燃气，在高温下因火焰面内 O_2 供应不足，各种烃类化合物热稳定性差，分解温度低而析出炭黑粒子，会造成气体不完全燃烧损失。再则，层流扩散的燃烧强度低，火焰长，需要较大的燃烧室，也即增大了炉膛的体积。

（2）部分预混式燃烧

即燃气与燃烧所需的一部分空气预先混合而进行的燃烧，也称大气式燃烧。此时，它的一次空气系数为 $0 < \alpha_1 < 1$。燃烧速度取决于化学反应强烈程度和火焰传播速度，与燃气和空气之间的扩散与混合速度无关。根据燃气与空气混合物出口速度不同，可形成部分预混层流火焰和部分预混紊流火焰。

部分预混层流火焰结构，由内焰、外焰及其外围不可见的高温区组成。首先，一次空气中的 O_2 与燃气中的可燃成分在内焰反应，称为还原火焰或预混火焰。处于外焰的 CO、H_2 及其中间产物与周围空气发生氧化反应，称氧化火焰或扩散火焰。如果二次空气和温度等其他条件满足要求，则在此区域完成燃烧并生成 CO_2 和水蒸气。

部分预混紊流火焰结构与层流火焰相比，其长度明显缩短，而且顶部较圆，可见火焰厚度增加，火焰总表面积也相应增大。当紊流程度很大时，焰面将强烈扰动，气体各个质点飞离焰面，最后完全燃尽。这时，焰面变为由许多燃烧中心组成的一个燃烧层，其厚度取决于在该气流速度下质点燃尽所需的时间。

部分预混式燃烧的特点是，由于燃烧前预混了部分空气，克服了扩散式燃烧的某些缺点，提高了燃烧速度，降低了不完全燃烧损失。另外，当一次空气系数适当时，这种燃烧方式有一定的燃烧稳定范围。随着一次空气系数的增大，燃烧稳定范围变小。

（3）完全预混式燃烧

燃气与燃烧所需的全部空气预先进行混合，也即 $\alpha_1 \geqslant 1$，瞬时完成燃烧过程的燃烧方式，称为完全预混式燃烧。因它的火焰很短，甚至看不见，所以又称无焰燃烧。

为保证完全预混式燃烧的完好进行，首先是燃气与空气在着火前应预先按化学当量比混合均匀，其次是要有稳定可靠的点火源。通常，点火源是炽热的炉膛内壁、专门设置的火道、高温烟气形成的旋涡区或其他稳焰设施。

专门设置的火道对完全预混式燃烧过程的影响至关重要，它不仅能够提高燃烧的稳定性，增加燃烧强度，而且可以促成迅速燃尽。一般来说，燃气和空气混合物进入灼热发红的火道，瞬间即着火燃烧。随气流的扩大，在转角处会形成旋涡区，高温烟气在此旋转循环流动。如此，灼热的火道壁和高温的循环旋转烟气又成为继续燃烧的高温点热源。此刻，只见火红灼热的火道壁，几乎不见火焰。若火道足够长，火焰将充满火道的整个断面，燃烧稳定。显而易见，如果火道壁面温度不高，火道就失去了点燃可燃混合物的能力，所以燃气炉的燃烧室必须要有良好、可靠的保温措施。

实践表明，完全预混式燃烧的火焰传播速率快，火道的容积热负荷很高，可达 100～200MJ/$(m^3 \cdot h)$ 或更高，并且能在很低的过量空气系数（$\alpha=1.05～1.10$）下达到完全燃烧，几乎不存在气体不完全燃烧损失。但火焰稳定性差，易发生回火。

原来在燃烧器喷口之外的火焰缩回到燃烧器内部燃烧的现象，称为回火，是火焰传播速率高于混合气体流速的结果。为了防止回火现象发生，必须保证燃烧器中的流速不能过低，而且其出口截面上的气流速度分布还要尽量均匀；有时也采取在燃烧器管口上加装水冷却套的措施来局部降低气流的温度，从而达到降低火焰传播速率，以避免回火的目的。反之，如果预混可燃气体在燃烧器出口处流速过高，就容易发生火焰被吹熄的燃烧不稳定（脱火）现象，这也是需要注意和防止的。

7.2.3.2　燃气燃烧器

燃气燃烧器是用以组织燃气燃烧过程并将化学能转变为热能的装置，其性能质量将直接影响燃气炉（窑）等设备工作的安全和性能。不同应用场合，需要采用与之相对应的燃烧器类型，以满足各自对燃气燃烧的温度、火焰形状以及过量空气系数等的要求。

下面介绍几种常见的燃烧器结构。

（1）自然引风式扩散燃烧器

家庭用的煤气灶是最典型最简单的一种自然引风式扩散燃烧器。煤气从多个小孔喷出点燃为多个小火炬，周围空气能很快地与单个小火炬的煤气混合，小火炬的长度要比不分股的单股煤气要短得多，可在较小的燃烧空间达到尽可能燃烧完全。分股后即使个别小火炬熄火，还有被其他火炬点燃的可能。所以，分股燃烧的方法虽然简单，但却大大提高了燃烧的经济性和可靠性。

燃气锅炉的燃烧器通常用钢管制作成矩形管排或体育场跑道形环管，其上开若干直径为1.0～5mm 的小孔，孔间距取 0.6～1.0 倍小管管径。这种燃气燃烧器的燃气压力分布较均匀，火焰高度大体整齐一致，燃烧稳定。但它的燃烧速度低，热负荷小，所需炉膛体积大，无法满足容量较大锅炉的燃烧需要。

自然引风式扩散燃烧器也可做成炉床式的，结构如图 7-17 所示，它由直管燃烧器和火管组成，适合小型燃煤炉改造为燃气炉时使用。它的直管管径一般为 40～100mm，火孔直径为 2～4mm，孔间距为 6～10 倍火孔直径。火孔呈双排布置，燃用低压燃气时夹角可取 90°。

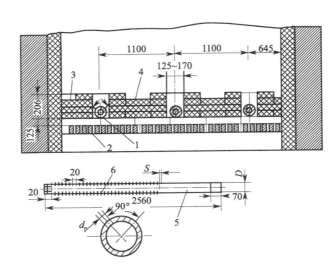

图 7-17　炉床式扩散燃烧器（单位：　mm）
1—燃烧器；2—炉箅；3—石棉；4—耐火砖；5—燃气管；6—火孔

燃气燃烧所需空气由炉膛负压吸入，燃气经火孔喷出后与空气构成一定角度相遇，进行紊流扩散混合，在离开火孔 20～40mm 处着火，在 0.5～1.0m 区段强烈燃烧。由于燃气管嵌在耐火砖砌成的开口狭缝中，灼热的耐火砖既为燃气的点火源，又因蓄储有大量热量可使燃烧更加稳定。火道截面热强度可达 2.9～23MW/m^2，火道最高温度可达 900～1200℃，过量空气系数为 1.1～1.3。

为了保证燃气燃烧所需的空气量，对于 2～10t/h 的锅炉，要求炉内负压不低于 20～30Pa；对于小型采暖和生活锅炉，则要求不低于 8Pa。当燃用天然气时，火孔出口的最佳速度为 25～80m/s，空气流速为 2.5～8m/s。

（2）鼓风式扩散燃烧器

鼓风式扩散燃烧器是工业炉窑中常用的燃烧器，燃烧所需的空气与燃气没有预混而是在炉膛空间混合的，点燃后形成拉长的扩散火焰。这样，它不仅因排除了回火的可能性，具有极大的负荷调节范围，空气和燃气的预热温度也得以进一步提高，而且由于混合过程不在燃烧器内部进行，可使尺寸大为缩小。此外，它可便捷地改换使用不同热值的燃气，甚至可改燃气为燃油，而且可在燃气热值和空气、燃气预热温度波动的情况下保持稳定的工作。常见的鼓风式扩散燃烧器有套管式和旋流式两类。

套管式燃烧器的基本结构如图7-18所示，它由大、小套管组成。通常燃气从中间小管流出，空气从大小管夹套中流出，燃气和空气在火道和炉膛里边混合边燃烧。在燃烧器前的管道中，燃气和空气的流速可分别取 $10\sim15\text{m/s}$ 和 $8\sim10\text{m/s}$，燃气在燃烧器内部管道中的流速要大些，可取 $20\sim25\text{m/s}$；燃气出口流速不宜大于 100m/s，相当于燃烧器前的燃气压力为 6kPa，空气出口流速为 $40\sim60\text{m/s}$，相当于冷空气压力为 $1\sim2.5\text{kPa}$。这样，燃烧器出口处可燃混合物流速可达 $25\sim30\text{m/s}$。

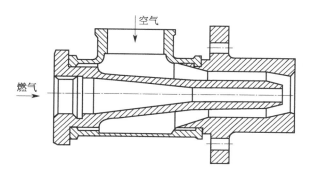

图 7-18　套管式燃烧器

旋流式燃烧器的结构特点是燃烧器本身带有旋流器，有中心供燃气轴向、切向叶片旋流式燃烧器和周边供燃气蜗壳旋流式燃烧器三种。图7-19所示为蜗壳旋流式燃烧器，它主要由蜗壳配风器和三层圆柱形套筒组成。空气切向进入蜗壳，形成旋转的中心送风，进入内圆筒后继续以螺旋形前进，其中一小部分空气从一排矩形孔进入外环形夹套，直接从燃烧器头部喷出。燃气则进入内环形夹套，并从圆柱形内筒周边上的 $2\sim3$ 排小孔呈径向分成多股气流，高速喷入空气的旋流中，二者强烈混合后进入火道燃烧。燃气的压力，对于焦炉煤气为 10kPa，对于天然气为 15kPa；空气压力为 1kPa，过量空气系数约为 1.05。

（3）引射式预混燃烧器

图7-20所示为引射式预混燃烧器，又称大气式燃烧器，是应用十分广泛的一种燃烧设备。它由头部和引射器两部分组成，结构十分简单。燃气以一定压力和流速从喷嘴喷出，靠引射作用将一次空气从一次空气入口吸入并与其在引射器内均匀混合，然后由分布于头部的火孔中喷出而着火燃烧。这种燃烧器的一次空气的空气过量系数 α_1 通常控制在 $0.45\sim0.75$，根据燃烧室工作状况的不同，过量空气系数在 $1.3\sim1.8$ 之间。

由于有一次空气的预混，此型燃烧器比自然引风扩散式燃烧器的火焰短，火力强，燃烧温度高。它可以燃用不同性质的燃气，燃烧比较完全，燃烧效率相对也较高；而且，所需燃气压力不高，适合燃用低压燃气。这种燃烧器适应性强，可以满足多种生产工艺需要。但当要求热负荷较大时，它的结构比较笨重。此型燃烧器的多火孔式广泛用于家庭和公共事业中的燃气用具，单火孔的在中小型锅炉和工业炉窑中应用甚多。

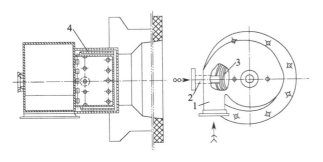

图 7-19 蜗壳旋流式燃烧器
1—空气入口；2—天然气入口短管；
3—中夹套；4—送风管内套筒

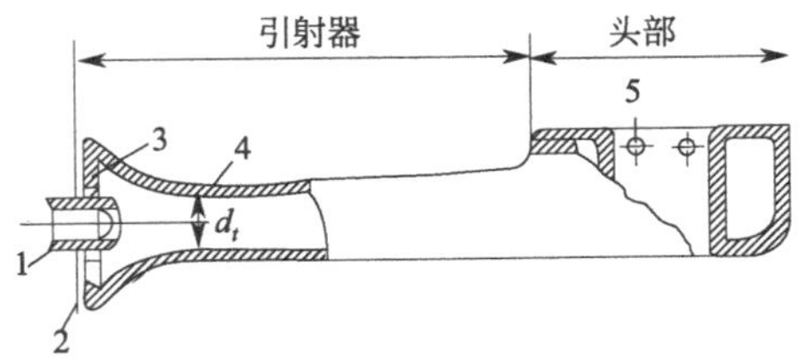

图 7-20 燃气引射式大气燃烧器
1—喷嘴；2—调风口；3——次空气口；
4—引射器喉部；5—火孔

7.3 流化床炉

7.3.1 概述

流化理论用于燃烧始于 20 世纪 20 年代，40 年代以后主要用于石油化工和冶金工业。流化床燃烧是在 20 世纪 60 年代开始发展起来的新型燃烧技术。由于能源紧缺和环境保护要求的日益提高，流化床炉因燃烧效率高、传热效果好以及结构简单、钢耗量低，而且它的燃料适应性广，能燃用包括煤矸石、石煤、油页岩等劣质煤在内的所有固体燃料，特别是它具有氮氧化物排放少、采用石灰石低成本炉内脱硫、灰渣便于综合利用等优点，受到世界各国的普遍重视，得到了迅速的发展。除了早已广泛使用的鼓泡流化床炉，又研究开发了新一代流化床炉——循环流化床炉，此项技术日臻成熟和完善[5,6]。

依据床内物料分布与循环特点，流化床炉可分为鼓泡流化床炉与循环流化床炉两种。

7.3.2 鼓泡流化床炉

鼓泡流化床炉是流化床炉的主要炉型，因进入流化床的空气部分以气泡形态穿过料层而得名，是一种介于层燃和煤粉气力输送之间的燃烧方式。图 7-21 为此型炉子的结构示意图，主要由给料机、布风板、风室、灰渣溢流口以及沉浸受热面等部分组成。

鼓泡流化床炉的给料方式，除了在料层下给料（正压给料），也可以在料层上的炉膛负压区给料（负压给料）。所不同的是正压给料飞灰较少，但需装设给料机，以保证连续进料；而负压给料装置简单，飞灰不完全燃烧损失较大。

布风板是流化床炉的主要部件之一，兼有炉排（停炉时）和布风装置的作用。布风板的结构类型较多，以能达到均匀布风和扰动床料为原则，常用的有直孔式和侧孔式两种。直孔式，又名密孔板式炉排，由一钢板或铸铁板钻孔制成，空气通过密集小孔垂直向上吹送。侧孔式，又称风帽式炉排，它由开孔的布风板和蘑菇形风帽组装而成，空气从风帽的侧向小孔中送出，与上升气流呈垂直或交叉形式。在额定负荷时，风帽小孔风速一般为 $30 \sim 34 \text{m/s}$

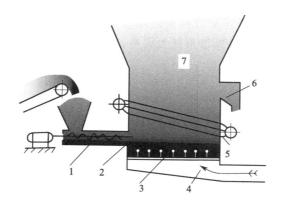

图 7-21　流化床结构示意

1—给料机；2—料层；3—风帽式炉排（布风板）；4—风室；5—沉浸受热面；6—灰渣溢流口；7—悬浮段

（风温为 20℃时），如燃料密度较大或锅炉负荷波动较大，风速宜取上限，反之风速取下限。实验表明，直孔式布风板通风阻力小，鼓风启动时容易造成穿风，会使局部料层堆积而结焦，停炉时又易发生漏料现象；侧孔式布风板则无此弊病，但通风阻力较直孔式大些。所以，侧孔式布风板成为目前国内外应用最普遍的一种形式。

流化床炉的风室，采用较多的是等压风室结构，以使风室各截面的上升速度相同，从而达到整个风室配风均匀的目的。风室内的空气流速一般宜控制在 1.5m/s 以下。

流化床炉的炉膛应根据燃烧和传热两方面的要求综合考虑，由流化段和悬浮燃烧段组成，其分界线即为灰渣溢流口的中心线，离布风板高度一般为 1400～1500mm。为了减少气流从流化层带出的细颗粒，减小飞灰不完全燃烧损失，促进各种粒径的燃料的燃尽，流化段通常由等截面直段和倒锥形扩散段组成。但倒锥形扩散段的倾角不宜过小，避免在炉膛折角处形成死滞区，造成结焦；一般采用倾角为 60°～70°。

在流化段内布置有相当一部分受热面，称为沉浸受热面，又名埋管。埋管的布置形式有立式和卧式两种。二者相比，卧式埋管能防止大气泡的形成，飞灰带出量较小，传热系数较高，但磨损严重，而且对流化质量也有一定干扰作用。对于自然循环锅炉，卧式埋管与水平夹角应大于 15°，其相对节距 $S_1/d \geqslant 2$，$S_2/d \approx 2$。

沉浸受热面布置的多少，直接关系流化床的温度。实验研究表明，欲从料床中多吸收热量和减少烟气中的 SO_2 与 NO_x 含量，床温可控制在 900℃左右。为使挥发分低的无烟煤以及煤矸石一类劣质燃料更好燃尽，沉浸受热面不宜布设太多，以保证有较高的床温。

在灰渣溢流口中心线以上的悬浮燃烧段，气流速度较低（一般小于 1m/s），有利于较大颗粒自由沉降，落回流化段燃烧，也延长了细颗粒燃料在悬浮段的停留时间。悬浮段温度一般在 700℃左右，为保证足够的分离空间，防止大量颗粒被带到后面的对流受热面去，悬浮段高度不宜过低。

鼓泡流化床炉结构简单，传热系数大，燃料适应性广，是目前我国流化床炉配置的主要炉型。它特别适合于低热值劣质燃料，而且可以往炉内添加石灰石、白云石等脱硫剂，大幅降低烟气中的 SO_2 浓度，实现炉内脱硫。然而，鼓泡流化床在运行实践中也暴露出了一些缺点，主要有：a. 电耗高，床层总阻力高达 4000～6000Pa，风机电耗为一般锅炉的 1.5～1.8 倍，与竖井式煤粉炉相当；b. 飞灰多且碳含量高，导致锅炉效率下降；c. 沉浸受热面磨损严重；炉内脱硫率低等。此外，鼓泡流化床在增大容量时床面积随之增大，据计算，一台蒸发量为 200t/h 的工业锅炉需要鼓泡流化床面积为 $80\sim100m^2$，这将给锅炉布置、给煤和供风均匀性等一系列问题的处理带来极大困难，因此鼓泡流化床难以实现大型化。

7.3.3 循环流化床炉

循环流化床炉是在炉膛里把颗粒燃料控制在特殊的流化状态下燃烧，细小的固体颗粒以一定速度携带出炉膛，再由气固分离器分离后在距布风板一定高度处送回炉膛，形成足够的固体物料循环，并保持比较均匀的炉膛温度的一种燃烧设备。

图 7-22 为一循环流化床锅炉结构简图。炉膛不分流化段和悬浮燃烧段，其出口直接与气固分离器相接。来自炉膛的高温烟气经分离器进入对流管束，而被分离下来的飞灰则经回料器重新返回炉内，与新添加的煤一起继续燃烧并再次被气流携带出炉膛，如此往复不断地"循环"。调节循环灰量、给料量和风量，即可实现负荷调节，燃尽的灰渣则从炉子下部的排灰口（冷灰管）排出。

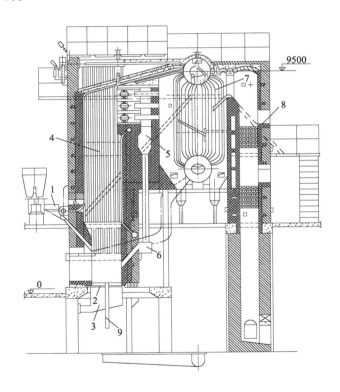

图 7-22　循环流化床锅炉结构简图
1—给料装置；2—布风板；3—风室；4—炉膛；5—气固分离器；
6—回料器；7—对流管束；8—省煤器；9—排灰口（冷灰管）

循环流化床炉的炉膛由水冷壁管构成，离开气固分离器后的高温烟气经由对流管束和尾部烟道中省煤器排于炉外。对于较大型的循环流化床锅炉，尾部烟道中通常还装有蒸汽过热器和空气预热器，以至还有蒸汽再热器。

循环流化床炉是一种接近于气力输送的炉子，炉内气流速度较高，最高可达 10m/s，一般在稀相区的运行风速为 4.5～6m/s，比鼓泡流化床炉的 1～3m/s 要高出许多。因此，床内气-固两相混合十分强烈，传热传质良好，整个床内能达到均匀的温度分布（850℃左右）和快速燃烧反应。由于飞灰及未燃尽的物料颗粒多次循环燃烧，燃烧效率可达 99％以上，完全可以与目前电站广泛采用的煤粉炉相比。

鼓泡流化床炉虽也可实现炉内脱硫，但脱硫剂的利用率低，脱硫效果差（30％左右）。循环流化床炉中加入石灰石等脱硫剂，可与燃料一起在床内多次循环，利用率高；烟气与脱硫剂接触时间长，脱硫效果显著，即便在钙硫比较低（约 1.5）的条件下，脱硫率也可达 80％以上。此外，循环流化床炉采用分级送风和低温燃烧，炉温比煤粉炉低，仅 850℃左右，可有效地抑制热力型 NO_x 的产生和排放。

循环流化床炉在密相区通常不布置受热面，从根本上消除了磨损问题；稀相区虽布置有受热面，但因其流速低，颗粒小，磨损并不严重。此外，循环流化床炉负荷调节范围宽，速度快，锅炉能稳定运行的最低负荷为 25％左右，负荷调节速度可达每分钟 5％的额定负荷。

相比鼓泡流化床，循环流化床炉的结构、系统更复杂，体积庞大，投资和运行费用较高，但在向大容量发展时具有明显的优越性，更为重要的是它能实现燃料的高效、清洁燃烧，因而受到世界各国的普遍重视。

除了上述在常压下燃烧运行的流化床炉，由于流化床燃烧技术的发展，又有一种工作压力高于大气压的流化床——增压流化床燃烧装置。增压流化床锅炉排出的烟气温度为 850～900℃，经气固分离或过滤后送至燃气轮机中去推动燃气轮发电机组发电，而锅炉产生的蒸汽则送到蒸汽轮机带动发电机发电。与常压流化床炉相比，它采用压气机鼓风，具有可用深床、流化速度低（<1m/s）、燃烧效率高（>99％）、环境污染少（硫含量 2％时，脱硫率可达 98％；以 NO_2 为代表的 NO_x 排放量低于 100mg/m³）、燃料适应性更广和单机功率大等特点。随着环境保护问题的日益突出，增压流化床燃烧技术和整体煤气化联合循环、低 NO_x 燃烧及磁流体发电等高新技术一样，受到世界各国动力界的普遍重视，将作为最有前途的一种清洁、高效燃烧方式而得到迅速的发展。

 思考题

1. 按照组织燃烧过程的基本原理和特点，燃烧设备可分为几类？几种不同燃烧方式的主要特点是什么？

2. 燃料的燃烧过程分为哪几个阶段？应为不同燃烧阶段创造什么样的条件以改善燃烧？

3. 在链条炉中，炉排上燃烧区域的划分及气体成分的变化规律如何？

4. 改善链条炉燃烧的措施有哪些？

5. 链条炉的炉拱有哪些类型？各有什么作用？

6. 简述煤粉燃烧器有哪些类型，各有什么特点。

7. 什么叫一次风和二次风？层燃炉和室燃炉中一、二次风的作用有何不同？

8. 燃油锅炉常用的油喷嘴有哪几种类型？各自有何优点？

9. 常用的燃气燃烧器有哪几种？试比较它们的优缺点和使用的场合。

10. 鼓泡流化床和循环流化床锅炉在结构上有何异同？

参考文献

[1] 吴味隆，等．锅炉及锅炉房设备．5 版．北京：中国建筑工业出版社，2014.
[2] 徐旭常，吕俊复，张海．燃烧理论与燃烧设备．2 版．北京：科学出版社，2012.
[3] 徐旭常，周力行．燃烧技术手册．北京：化学工业出版社，2007.
[4] 汪军，马其良，张振东．工程燃烧学．北京：中国电力出版社，2008.
[5] 胡昌华，卢啸风．600MW 超临界循环流化床锅炉设备与运行．北京：中国电力出版社，2012.
[6] 程祖田，韦迎旭，孟胜利，等．流化床燃烧技术及应用．北京：中国电力出版社，2013.

第8章

燃烧设备的热平衡及热效率

燃烧设备的任务是将燃料的燃烧组织好，使燃料的化学能以热能的形式充分地释放出来，并利用吸热工质将燃料释放的热能加以充分地吸收。但再好的燃烧设备，也不能保证燃料化学能的完全释放和热能的完全吸收，总会有一部分燃料的能量因燃烧和热能吸收不完全而浪费掉，导致各项热损失。燃烧设备的热平衡是基于能量守恒和质量不灭的规律，研究在稳定工况下燃烧设备的输入热量和输出热量及各项热损失之间的平衡关系。研究的目的在于找出各项热损失的占比，确定燃烧设备的热效率，为燃烧设备的结构和运行优化提供重要依据。

锅炉是一种复杂的带燃烧设备的装置，应用最为广泛，故以锅炉为例分析其热量平衡及热效率[1-3]。

8.1 热平衡的组成

锅炉是一个复杂的能源转化和利用系统，当它维持稳态运行时，进入锅炉的能量和离开锅炉的能量会达到动态平衡，称为"热平衡"。锅炉热平衡是以 1kg 收到基燃料（或标态下 1m³ 气体燃料）为单位进行计算的，涉及锅炉的输入热量 Q_r；锅炉有效利用热量 Q_1；锅炉排烟热损失 Q_2，即锅炉排放的烟气所带走的热量；气体不完全燃烧热损失 Q_3，即气态未完全燃烧产物损失的热量；固体不完全燃烧热损失 Q_4，即固态未完全燃烧产物损失的热量；锅炉散热损失 Q_5，即通过锅炉本体外表面散失的热量；以及其他损失 Q_6，即除了上述损失以外的其他损失，其中最主要的是锅炉灰渣排放产生的热损失，因此也称为灰渣物理热损失。热平衡方程如下：

$$Q_r[\text{kJ/kg(或 kJ/m}^3)] = Q_1 + Q_2 + Q_3 + Q_4 + Q_5 + Q_6 \tag{8-1}$$

图 8-1 所示为 1kg 收到基燃料输入锅炉的热量和锅炉有效利用热量及各项热损失之间的关系示意图。值得注意的是，图中有一项锅炉内循环项，为预热空气循环。这是由于锅炉燃烧所需的空气通过预热器从烟气中接受的热量又返回到炉腔，成为烟气焓的一部分，随后又通过空气预热器放热给空气，如此循环，因此在热平衡计算中无需考虑这部分循环热量。

在等式(8-1) 两端同时乘以 $\frac{1}{Q_r} \times 100\%$，并令 $q_i = \frac{Q_i}{Q_r} \times 100\%$，则式(8-1) 转换为以下形式：

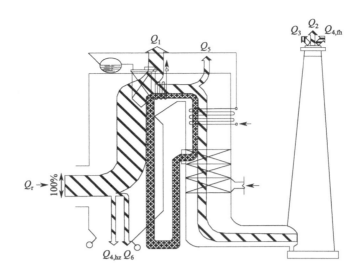

图 8-1　锅炉热平衡示意图[1]

$$q_1 + q_2 + q_3 + q_4 + q_5 + q_6 = 100\%$$ （8-2）

其中，q_1 为锅炉有效利用热量占锅炉输入热量的百分比，即为锅炉热效率 η_{gl}，也称为锅炉的正平衡效率，即：

$$\eta_{gl} = \frac{Q_1}{Q_r} \times 100\%$$ （8-3）

$q_2 \sim q_5$ 为热损失率，即各项热损失量占输入热量的百分比。锅炉热效率也可根据各项热损失率得到，即：

$$\eta_{gl} = 100\% - (q_2 + q_3 + q_4 + q_5 + q_6)$$ （8-4）

锅炉热效率也称为锅炉的反平衡效率。

8.2　输入热量

锅炉的输入热量 Q_r 是指由锅炉外部输入的热量，由以下各项组成：

$$Q_r[kJ/kg（或 kJ/m^3）] = Q_{ar,net} + Q_f + Q_v + Q_{ex}$$ （8-5）

式中，Q_f 为燃料的物理显热；Q_v 为雾化蒸汽带入锅炉的热量，当用蒸汽雾化重油等高黏性液体燃料时考虑；Q_{ex} 为锅炉以外的热量加热空气时空气带入锅炉的热量。

以上各项中，燃料的收到基低位发热量 $Q_{ar,net}$ 是锅炉输入热量的主要来源。燃料的物理显热为：

$$Q_f = C_{ar} T_f$$ （8-6）

式中，C_{ar} 为燃料收到基的比热容，$kJ/(kg \cdot ℃)$[或 $kJ/(m^3 \cdot ℃)$]；T_f 为燃料温度，℃，常温燃料可取 20℃，燃料没有外界加热的情况下只有当燃料的水分 $M_{ar} \geqslant \dfrac{Q_{ar,net}}{628}$ 时才需要考虑。

固体燃料比热容计算式为：

$$C_{ar} = 4.187 \frac{M_{ar}}{100} + C_{ar,g} \frac{100 - M_{ar}}{100} \tag{8-7}$$

式中，$C_{ar,g}$ 为干基燃料的比热容，$kJ/(kg \cdot ℃)$，可按表 8-1 取值。

表 8-1　典型固体干基燃料比热容（20℃）

项目	无烟煤、贫煤	烟煤	褐煤	页岩	生物质秸秆	市政污泥
$C_{ar,g}/[kJ/(kg \cdot ℃)]$	0.92	1.09	1.13	0.88	1.3	1.09

对于燃料油，可根据其 20℃ 下的密度 ρ^{20} 和温度 T_f 按下式计算：

$$C_{ar} = \frac{1}{\sqrt{\rho^{20}}} (53.09 + 0.107 T_f) \tag{8-8}$$

对于重油：
$$C_{ar} = 1.738 + 0.0025 T_f \tag{8-9}$$

对于气体燃料，其定压比热容为混合气体组分的平均定压比热容：

$$C_{ar} = \sum x_i C_i \tag{8-10}$$

式中，x_i 为第 i 种气体组分的体积分数，$0 \leqslant x_i \leqslant 1$；$C_i$ 为第 i 种气体组分的定压比热容，$kJ/(m^3 \cdot ℃)$，可查表 8-2 获得。

表 8-2　不同温度（T_f）时气体的平均定压比热容（0.1MPa）单位：$kJ/(m^3 \cdot ℃)$

气体组分	0℃	100℃	200℃	300℃	400℃	500℃	600℃	700℃	800℃
H_2	1.277	1.298	1.302	1.302	1.306	1.306	1.310	1.310	1.319
N_2	1.299	1.302	1.310	1.315	1.327	1.336	1.348	1.361	1.373
O_2	1.306	1.327	1.348	1.361	1.377	1.403	1.419	1.436	1.453
CO	1.299	1.302	1.310	1.319	1.331	1.344	1.361	1.373	1.390
CO_2	1.600	1.725	1.817	1.892	1.955	2.022	2.077	2.106	2.164
SO_2	1.779	1.863	1.943	2.010	2.072	2.123	2.169	2.206	2.240
干空气	1.297	1.302	1.310	1.319	1.331	1.344	1.356	1.373	1.386
水蒸气	1.494	1.499	1.520	1.536	1.557	1.583	1.608	1.633	1.662
CH_4	1.550	1.620	1.758	1.892	2.018	2.135	2.252	2.361	2.466
C_2H_6	2.210	2.478	2.763	2.973	3.308	3.492			
C_3H_8	3.048	3.358	3.760	4.157	4.559	4.957	5.359	5.757	6.159
C_4H_{10}	4.128	4.233	4.752	5.275	5.794	6.318	6.837	7.360	7.879
C_2H_2	1.870	2.072	2.198	2.307	2.374	2.445	2.516	2.575	2.638
C_2H_4	1.827	2.098	2.345	2.550	2.742	2.914	3.056	3.190	3.349
H_2S	1.465	1.566	1.583	1.608	1.641	1.683	1.721	1.754	1.792
C_6H_6(蒸气)	3.266	3.977	4.605	5.192	5.694	6.154	6.531	6.908	7.201
NH_3	1.591	1.645	1.700	1.779	1.838	1.897	1.964	2.026	2.089

当蒸汽雾化重油或蒸汽喷入锅炉时，应计算蒸汽带入的热量 Q_v，按下式计算：

$$Q_v = G_v(h_v - 2512) \tag{8-11}$$

式中，G_v 为 1kg 收到基燃料（或 $1m^3$ 气体燃料）的蒸汽消耗量，kg/kg（或 kg/m^3）；h_v 为蒸汽的比焓，kJ/kg；2512 为烟气中蒸汽焓的近似值，kJ/kg。

当用锅炉外部热源预热空气时，随同空气进入锅炉的热量 Q_{ex} 也应计入锅炉输入热量，并按下式计算：

$$Q_{ex}[kJ/kg(或\ kJ/m^3)] = \beta(I_{rk} - I_{lk}) \tag{8-12}$$

式中，β 为空气侧的过量空气系数；I_{rk} 为锅炉入口处的理论热空气焓；I_{lk} 为理论冷空气焓。

8.3 热效率

锅炉热效率是评价锅炉性能的重要指标之一，可采用热平衡试验进行测定，包括正平衡法和反平衡法两种。热平衡测试要求在锅炉稳定运行工况下进行。

8.3.1 正平衡法

根据锅炉有效利用的热量占锅炉输入热量百分比，可以确定锅炉效率，该方法称为正平衡法，按照式(8-3)计算。对于 1kg 收到基燃料（或标态下 $1m^3$ 气体燃料）的有效利用热量 Q_1，可按下式计算：

$$Q_1[kJ/kg(或\ kJ/m^3)]=\frac{Q_{gl}}{B} \tag{8-13}$$

式中，Q_{gl} 为锅炉每小时有效吸热量，kJ/h；B 为每小时燃料消耗量，kg/h（或 m^3/h）。

对于生产过热蒸汽的锅炉，每小时有效吸热量 Q_{gl} 为：

$$Q_{gl}(kJ/h)=D(h''-h')+D_{ps}(h_{ps}-h') \tag{8-14}$$

式中，D 为锅炉蒸发率，kg/h；h''，h' 分别为蒸汽焓和锅炉给水焓，kJ/kg；D_{ps} 为锅炉排污量，kg/h；h_{ps} 为排污水焓，kJ/kg。

对于生产饱和蒸汽的锅炉，蒸汽的干度一般小于1，蒸汽焓 h'' 可按下式计算：

$$h''=h_d-\frac{h_{fg}d_v}{100} \tag{8-15}$$

式中，h_d 为干饱和蒸汽焓，kJ/kg；h_{fg} 为蒸汽的汽化潜热，kJ/kg；d_v 为蒸汽湿度，%。

对于生产热水的锅炉，每小时有效吸热量 Q_{gl} 为：

$$Q_{gl}(kJ/h)=G(h_o-h_i) \tag{8-16}$$

式中，G 为热水锅炉循环水量，kg/h；h_i，h_o 分别为热水锅炉进、出口的水焓，kJ/kg。

由此可知，采用正平衡法测定锅炉效率，需要测量的数据包括燃料消耗量 B、燃料收到基低位发热量 $Q_{ar,net}$、锅炉蒸发量（或循环水量）、蒸汽和热水参数（温度、压力），即可根据式(8-13)和式(8-3)算出锅炉热效率，是比较简便且常用的方法。

8.3.2 反平衡法

由式(8-3)可知，正平衡方法只能测出锅炉热效率，无法找出影响热效率的各种原因和提高热效率的措施。此外，正平衡法要求锅炉在比较长的时间内保持稳定的运行工况，即保持试验期间锅炉压力、负荷一定，试验始末燃烧状态和汽包水位相同，这在锅炉运行期间难以精确做到；对于额定蒸发率（额定热功率）$\geqslant20t/h$（14MW）的大型锅炉，很难准确测量燃料消耗量。

正因如此，需要在实际试验中测量各项热损失，应用式(8-4)计算锅炉的热效率，这种方法称为反平衡法。

为求出各项热损失，热平衡试验中需要对许多运行参数进行测量。以煤粉锅炉为例，需要测量烟气中的过量空气系数 α、排烟温度以及 CO、RO_2 和 O_2 的体积分数，灰渣份额 α_{hz} 及含碳量 C_{hz}，飞灰份额 α_{fh} 及含碳量 C_{fh}，以及燃料的工业分析和发热量等。反平衡法不要求试验期间锅炉负荷严格保持不变，同时能求出锅炉各项热损失，因此可以了解锅炉工作情况并找出提高锅炉热效率的措施。

8.3.3 能效限定值与能效等级

锅炉热效率与燃烧方式及燃料类型有关，通常层燃炉热效率低于流化床炉和室燃炉，固体燃料锅炉热效率（80%～90%）低于液体和气体燃料锅炉（90%～95%）。《工业锅炉能效限定值及能效等级》（GB/T 24500—2020）对不同类型锅炉的能效做出了具体规定。工业锅炉能效限定值，即在标准规定测试条件下，工业锅炉在额定工况下所允许的热效率最低值。GB/T 24500—2020 将工业锅炉能效等级分为 3 级，其中 1 级能效最高，表 8-3 列举了生物质锅炉额定工况能效等级。

表 8-3　生物质锅炉额定工况能效等级

燃料品种与特性		能效等级	锅炉热效率/%	
燃料品种	$Q_{ar,net}$/(kJ/kg)		蒸发量 D/(t/h) 或热功率 Q/MW	
			$D \leqslant 10$ 或 $Q \leqslant 7$	$D > 10$ 或 $Q > 7$
生物质	按燃料实际化验值	1 级	88	91
		2 级	84	88
		3 级	80	86

注：燃用 $Q_{ar,net} < 8374$kJ/kg 的生物质锅炉能效限定值不低于设计热效率值，其他等级按表中执行。

8.3.4 热平衡试验的要求

热平衡试验是锅炉最基本的热工特性试验，在锅炉新产品鉴定、锅炉运行调整、设备改进和检修等情况下，都需对锅炉进行热平衡试验。热平衡试验应在锅炉热工况稳定（即锅炉主要热力参数在许可波动范围内的平均值不随时间变化）一定时间后开始，对于无砖墙的锅壳式燃油、燃气锅炉稳定时间不小于 1h；燃煤锅炉不少于 4h；轻型和重型炉墙锅炉分别不小于 8h 和 24h。

锅炉试验所用燃料应符合设计要求，并指明燃料所属类别。热平衡试验期间应保持工况稳定，且锅炉出力最大允许波动正负值不应超过 7%～10%；蒸汽锅炉压力不得小于设计压力的 85%～95%；过热蒸汽温度波动正负值在设计温度的 20%～30% 以内，且最大和最小温差不得超过 15℃。蒸汽锅炉的实际给水温度与设计值之差应控制在 −20～30℃ 之间；热水锅炉进、出口水温与设计值之差不应大于 ±10℃，且出水温度比试验压力下的饱和水温度至少低 20℃。此外，试验期间给水量、过量空气系数、燃料供应量等也应基本相同。

热平衡试验期间安全阀不得起跳，锅炉不得吹灰，关闭定期排污和连续排污。试验结束时，锅筒水位应保持与试验开始时一致。

8.4　固体不完全燃烧热损失

固体不完全燃烧热损失又称为机械不完全燃烧热损失，是指部分固体燃料颗粒（或液体燃料焦炭颗粒）在炉内未能燃尽就被排出炉外而造成的热损失。这些未燃尽的颗粒以飞灰和灰渣的形式排出炉外，层燃炉还可能从炉排间隙漏掉部分固体燃料，产生漏煤损失。

8.4.1　固体不完全燃烧损失的计算

为定量计算固体不完全燃烧损失，需分别收集飞灰和灰渣，计算它们每小时的排放量，同时分析它们当中的可燃物的质量百分数。则飞灰和灰渣的热损失可按下式计算[2]：

$$Q_{4,\text{fh}} = Q_{\text{fh}} \frac{C_{\text{fh}} G_{\text{fh}}}{100B} \tag{8-17}$$

$$Q_{4,\text{hz}} = Q_{\text{hz}} \frac{C_{\text{hz}} G_{\text{hz}}}{100B} \tag{8-18}$$

式中，$Q_{4,\text{fh}}$ 和 $Q_{4,\text{hz}}$ 分别为飞灰和灰渣热损失，kJ/kg；C_{fh} 和 C_{hz} 分别为飞灰和灰渣中的可燃物的质量百分数，%；G_{fh} 和 G_{hz} 分别为飞灰和灰渣的排放量，kg/h；Q_{fh} 和 Q_{hz} 分别为飞灰和灰渣中可燃物的发热量，kJ/kg，通常认为可燃物质是固定碳，其发热量取 32866kJ/kg；B 为燃料消耗量，kg/h。

因此，1kg 燃料的固体不完全燃烧损失可按式（8-19）计算，前提是需要收集每小时飞灰和灰渣的质量，并测出它们所含可燃物的质量分数。但在实际的热平衡试验中，一部分飞灰会沉积在受热面和烟道内，导致飞灰量难以准确测量。

$$Q_4 = Q_{4,\text{fh}} + Q_{4,\text{hz}} = \frac{32866}{100B}(G_{\text{fh}} C_{\text{fh}} + G_{\text{hz}} C_{\text{hz}}) \tag{8-19}$$

通常通过灰平衡来求得飞灰量。灰平衡是指入炉燃料的含灰量等于燃烧后飞灰和灰渣中的灰量之和：

$$G_{\text{fh}} \frac{100 - C_{\text{fh}}}{100} + G_{\text{hz}} \frac{100 - C_{\text{hz}}}{100} = \frac{B A_{\text{ar}}}{100} \tag{8-20}$$

式（8-20）两边同时除以 $\frac{B A_{\text{ar}}}{100}$，可得：

$$G_{\text{fh}} \frac{100 - C_{\text{fh}}}{B A_{\text{ar}}} + G_{\text{hz}} \frac{100 - C_{\text{hz}}}{B A_{\text{ar}}} = 1 \tag{8-21}$$

方程式（8-21）左边第一项和第二项分别为飞灰和灰渣中的灰量占入炉总灰量的份额，分别定义为飞灰份额 α_{fh} 和灰渣份额 α_{hz}，即：

$$\alpha_{\text{fh}} = G_{\text{fh}} \frac{100 - C_{\text{fh}}}{B A_{\text{ar}}} \tag{8-22}$$

$$\alpha_{\text{hz}} = G_{\text{hz}} \frac{100 - C_{\text{hz}}}{B A_{\text{ar}}} \tag{8-23}$$

因此有：

$$\alpha_{\text{fh}} + \alpha_{\text{hz}} = 1 \tag{8-24}$$

$$G_{\text{fh}} = \alpha_{\text{fh}} \frac{B A_{\text{ar}}}{100 - C_{\text{fh}}} \tag{8-25}$$

$$G_{\text{hz}} = \alpha_{\text{hz}} \frac{B A_{\text{ar}}}{100 - C_{\text{hz}}} \tag{8-26}$$

式（8-25）和式（8-26）代入式（8-19）得：

$$Q_4(\text{kJ/kg}) = \frac{32866A_{ar}}{100}\left(\frac{\alpha_{fh}C_{fh}}{100-C_{fh}} + \frac{\alpha_{hz}C_{hz}}{100-C_{hz}}\right) \tag{8-27}$$

因此，固体不完全燃烧热损失率为：

$$q_4 = \frac{Q_4}{Q_r} \times 100\% = \frac{32866A_{ar}}{Q_r}\left(\frac{\alpha_{fh}C_{fh}}{100-C_{fh}} + \frac{\alpha_{hz}C_{hz}}{100-C_{hz}}\right)\% \tag{8-28}$$

8.4.2 固体不完全燃烧热损失的影响因素

固体不完全燃烧热损失是燃用固体燃料锅炉的主要热损失之一，通常仅次于排烟热损失。影响这项损失的因素主要有燃料特性、燃烧方式、炉膛结构及运行情况等。

① 燃料特性的影响。q_4 通常只存在于燃用固体燃料的锅炉，对于燃用液体或气体燃料的锅炉，q_4 通常近似为 0。燃用的固体燃料灰分越高、挥发分含量越低、燃料颗粒越粗，则 q_4 就越大；反之，q_4 越小。

② 燃烧方式的影响。不同燃烧方式对 q_4 的影响很大，例如煤粉炉和流化床炉的飞灰损失较大，而灰渣损失则很小；而层燃炉的飞灰损失较小，q_4 主要来自灰渣和漏煤损失。

③ 炉膛结构的影响。层燃炉的炉拱、二次风及炉排的大小、长短和通风孔隙大小均对燃烧有影响。而煤粉炉的炉膛高低、燃烧器的类型和布置方式也对燃烧有影响。如炉膛尺寸过小，烟气在炉内的停留时间过短，就会使燃料来不及燃尽而导致 q_4 增大。

④ 锅炉运行工况的影响。当锅炉负荷增大时，导致烟气流速增加，烟气停留时间缩短，以致飞灰损失增大。炉膛出口过量空气系数 α_l'' 也对 q_4 有影响，α_l'' 过大或过小均会导致 q_4 增大，存在一个最佳的 α_l'' 使 q_4 为最小。

8.5 气体不完全燃烧热损失

气体不完全燃烧热损失也称为化学未完全燃烧热损失，是指烟气中残留的如 CO、H_2、CH_4 和重烃类化合物 C_xH_y 等不完全燃烧的可燃气体而造成的热损失。一般烟气中 H_2、CH_4 和 C_xH_y 的含量极低，可以忽略不计。

8.5.1 气体不完全燃烧热损失的计算

为了简化计算，可认为烟气中的可燃气体成分只有 CO，则 1kg 收到基燃料（或标态下 1m³ 气体燃料）的气体不完全燃烧热损失为：

$$Q_3(\text{kJ/kg 或 kJ/m}^3) = 12630V_{CO}\left(1 - \frac{q_4}{100}\right) \tag{8-29}$$

式中，V_{CO} 为 1kg（或 1m³）收到基燃料燃烧所产生的 CO 体积，m³/kg（或 m³/m³）；12630 为标态下 CO 的体积发热量，kJ/m³；$\left(1 - \frac{q_4}{100}\right)$ 是考虑由于固体不完全燃烧 q_4 的存在，导致 1kg 燃料中有一部分固体可燃成分并没有参与燃烧和产生烟气，故应对生成的干烟气体积进行修正。

$$因：\qquad V_{CO} = \frac{CO}{100} V_{gy} \qquad (8-30)$$

代入式(8-29) 得：

$$Q_3(kJ/kg) = 126.3 CO V_{gy} \left(1 - \frac{q_4}{100}\right) \qquad (8-31)$$

式中，CO 为干烟气中的一氧化碳体积百分比，%；V_{gy} 为 1kg（或 $1m^3$）收到基燃料燃烧所产生干烟气体积，m^3/kg。

对于固体燃料，将式(5-58) 代入式(8-31) 可得：

$$Q_3(kJ/kg) = 235.7 CO \frac{C_{ar} + 0.375 S_{ar}}{RO_2 + CO} \left(1 - \frac{q_4}{100}\right) \qquad (8-32)$$

则气体不完全燃烧热损失率为：

$$q_3(\%) = 23568 CO \frac{C_{ar} + 0.375 S_{ar}}{Q_r(RO_2 + CO)} \left(1 - \frac{q_4}{100}\right) \qquad (8-33)$$

对于气体燃料，将式(5-60) 代入式(8-31) 可得：

$$Q_3(kJ/m^3) = 126.3 CO \frac{CO_f + x C_x H_{y,f} + CO_{2,f} + H_2 S_f}{RO_2 + CO} \left(1 - \frac{q_4}{100}\right) \qquad (8-34)$$

要注意区分，式中 CO 和 CO_f 分别表示烟气中和燃料成分中的一氧化碳体积分数。气体不完全燃烧热损失率可表示为：

$$q_3(\%) = 12630 CO \frac{CO_f + x C_x H_{y,f} + CO_{2,f} + H_2 S_f}{Q_r(RO_2 + CO)} \left(1 - \frac{q_4}{100}\right) \qquad (8-35)$$

上式中，RO_2 和 CO 可通过烟气分析仪测得，当缺乏燃料成分数据时，也可采用下述经验公式进行估算：

$$q_3(\%) = 3.2 \alpha CO \qquad (8-36)$$

8.5.2 气体不完全燃烧热损失影响因素

气体不完全燃烧热损失大小与燃料特性、炉膛结构及锅炉运行工况等因素有关。

① 燃料特性的影响。当燃用挥发分较高的燃料、液体燃料或气体燃料时，炉内可燃气体量大，较易产生气体不完全燃烧损失。

② 炉膛结构的影响。当炉膛容积过小时，烟气在炉内的流程和停留时间不足，会导致一部分可燃气体来不及燃尽就离开炉膛，导致 q_3 增大。

③ 锅炉运行工况的影响。当锅炉负荷增大时，导致烟气流速增加，烟气停留时间缩短，以致 q_3 增大。炉膛出口过量空气系数 α_l'' 也对 q_3 有影响，α_l'' 过大或过小均会导致 q_3 增大。这与 α_l'' 对 q_4 的影响规律相似，存在一个最佳的 α_l'' 使 q_3 为最小。

8.6 排烟热损失

由于技术经济条件的限制，当烟气离开锅炉排入大气时烟气仍然具有较高温度，当中有一部分热量没有被利用，这部分损失的热量即为排烟热损失[3]。

8.6.1 排烟热损失的计算

排烟热损失以 1kg 收到基燃料（或标态下 $1m^3$ 气体燃料）燃烧的排烟焓为依据进行计算。烟气焓本质上是气体组分的物理显热，基准温度为 0℃，因此理论上只要排烟温度高于 0℃ 就会产生排烟热损失。此外，进入炉膛的空气温度通常为 20～30℃，因此空气携带的热量最终也称为烟气焓的一部分，在计算排烟热损失时应扣除空气焓。

1kg（或 $1m^3$）收到基燃料燃烧的排烟热损失为：

$$Q_2 = \left[I_{py} - \alpha_{py} V_k^0 (c\theta)_{lk} \right] \left(1 - \frac{q_4}{100} \right) \tag{8-37}$$

$$q_2(\%) = \frac{Q_2}{Q_r} \times 100\% \tag{8-38}$$

式中，I_{py} 为排烟焓，kJ/kg（或 kJ/m^3），由烟气离开锅炉最后一个受热面处的过量空气系数 α_{py} 和排烟温度 θ_{py} 决定；$(c\theta)_{lk}$ 为进入锅炉的干空气连同其所带入的水蒸气焓，kJ/kg（或 kJ/m^3），烟气焓和空气焓可查表 5-1 获得。

当缺少排烟焓 I_{py} 和理论空气量 V_k^0 数据时，也可采用以下经验公式进行排烟热损失的估算：

$$q_2(\%) = (m + n\alpha_{py}) \left(1 - \frac{q_4}{100} \right) \frac{T_{py} - T_{lk}}{100} \tag{8-39}$$

式中，m，n 为经验系数，和燃料种类有关，可查表 8-4 获得；T_{py} 和 T_{lk} 分别为排烟温度和冷空气温度，℃。

表 8-4　m 和 n 值[4]

项目	木柴 $M_{ar} \approx 40\%$	泥煤 $M_{ar} \approx 45\%$	褐煤 $M_{ar} \approx 20\%$，$A_{ad} \approx 30\%$	烟煤 $V_{daf} \approx 30\% \sim 45\%$	无烟煤	重油（机械雾化）
m	1.4	1.7	0.6	0.4	0.3	0.5
n	3.8	3.9	3.8	3.6	3.5	3.45

排烟热损失通常为锅炉各项热损失中最大的一项，电站锅炉排烟热损失一般为 5%～6%，而小型工业锅炉则高达 6%～12%。

8.6.2 排烟热损失的影响因素

影响排烟热损失的主要因素为排烟温度和排烟体积，显然，排烟温度 θ_{py} 越高，排烟热损失越大，θ_{py} 每升高 15～20℃，q_2 约增加 1%。因此，一方面应设法降低排烟温度，以提高锅炉热效率和节约燃料；另一方面，也应考虑经济上的合理性，过低的排烟温度导致锅炉尾部受热面的换热温差过低，所需金属受热面的换热面积必然要大幅提高，其结果是导致锅炉金属耗量、锅炉体积和建设成本大幅增加，锅炉通风阻力和风机电耗也随之增大。

排烟热损失也与燃料性质有关，当燃用含硫量较高的燃料时，排放的烟气中会携带较高浓度的 SO_2、SO_3 等酸性气体，并与水蒸气结合生成亚硫酸和硫酸蒸气。当排烟温度低于酸露点温度时，会导致亚硫酸和硫酸蒸气冷凝，造成受热面严重的低温腐蚀。因此，为了避免或减轻低温腐蚀，也只能采用较高的排烟温度。

排烟热损失还与锅炉受热面的清洁程度有关，当受热面表面积灰严重时，会增加烟气传热热阻，导致受热面出口烟气温度上升，排烟热损失增大。

影响排烟体积大小的因素主要包括炉膛出口过量空气系数 α_l''、烟道各处的漏风量以及燃料含水率。

① α_l'' 越大，则排烟体积越大，排烟热损失越高；同时应注意，α_l'' 和 q_3、q_4 也密切相关，当 α_l'' 过小时，虽可降低排烟热损失，但会引起 q_3、q_4 增大，因此最佳的炉膛出口过量空气系数 $\alpha_{l,\mathrm{opt}}''$ 应使 q_2、q_3 和 q_4 之和达到最小，如图 8-2 所示。

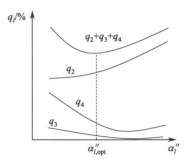

② 烟道漏风也会导致排烟体积增大；另外，当烟道各处的漏风量较大时，漏入烟道的冷空气会降低烟气温度，导致漏风点后的所有受热面的传热量减小，最终导致排烟温度升高，q_2 增大。

③ 燃料水分含量越高，烟气中的水蒸气体积就越大，q_2 也相应增大。

图 8-2　过量空气系数与 q_2、q_3 和 q_4 的关系

8.7　散热损失

在锅炉工作过程中，锅炉炉墙、金属结构及锅炉范围内的烟风通道、汽水管道、锅筒和集箱等设施的外表面温度高于环境温度，热量通过自然对流和辐射的方式向环境散发，从而形成了散热损失。

8.7.1　散热损失的计算

根据传热理论，1kg 收到基固体/液体燃料（或标态下 1m³ 气体燃料）的散热损失为：

$$Q_5\left[\mathrm{kJ/kg（或\ kJ/m^3）}\right]=\frac{Q_{\mathrm{hl}}}{B}=\frac{A(h_{\mathrm{c}}+h_{\mathrm{r}})}{B}(T_{\mathrm{sur}}-T_{\mathrm{am}}) \tag{8-40}$$

$$q_5=\frac{Q_5}{Q_{\mathrm{r}}}\times100\% \tag{8-41}$$

式中，Q_{hl} 为每小时锅炉散热量，kJ/h；B 为锅炉燃料消耗量，kg/h（或 m³/h）；A 为锅炉散热面积，m²；h_{c} 和 h_{r} 分别为对流和辐射放热系数，kW/(m²·℃)；T_{sur} 和 T_{am} 分别为锅炉散热表面温度和环境温度，℃。

然而，式(8-40)在实际应用中存在很大困难，锅炉散热表面通常为不规则形状，表面温度分布也不均匀，使得对流换热系数 h_{c}、辐射换热系数 h_{r} 和表面温度 T_{sur} 等参数极难精确测定，这一问题对于大容量锅炉更加突出。因此，锅炉散热损失通常是通过大量的工程试验，建立散热损失与额定蒸发量之间的关系，并绘制成如图 8-3 所示的曲线。已知锅炉额定蒸发量，通过查表可直接读取锅炉额定负荷下的散热损失。

当锅炉在非额定负荷下运行时，锅炉散热表面的温度相比额定负荷变化不大，因此锅炉

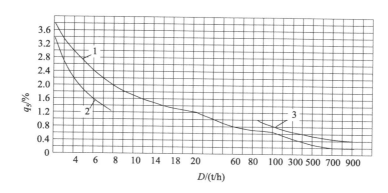

图 8-3 不同额定蒸发量下锅炉散热损失

1—前苏联标准（有尾部受热面）；2—前苏联标准（无尾部受热面）；3—我国国家标准

每小时散热量 Q_{hl} 也变化不大。但锅炉燃料消耗量 B 发生了较大变化，因此，相对于 1kg（或 1m^3）燃料的散热损失 Q_5 变化也较大。可近似认为散热损失与锅炉负荷成反比，即：

$$q_5 = q_5' \frac{D'}{D} \tag{8-42}$$

式中，q_5' 和 q_5 分别为锅炉额定负荷和运行负荷下的散热损失，%；D' 和 D 分别为锅炉额定蒸发量和实际蒸发量，t/h。

8.7.2 保热系数

在锅炉热力计算时需考虑各段受热面所在烟道的散热损失，为了简化计算，假定烟道温度、尺寸、保温情况及外界环境等影响因素没有差别，该段烟道的散热损失仅与该段烟道中烟气传递给受热面的热量成正比，各段烟道的散热量总和等于整个锅炉机组的散热损失。热力计算过程中，各段受热面的散热损失可通过引入保热系数 φ 加以考虑。其定义为：工质吸热量和烟气放热量的比值，即烟气放出的热量被烟道中受热面吸收的程度。

假定各段烟道和整台锅炉的保热系数相等，就可按锅炉整体计算保热系数：

$$\varphi = \frac{Q_1 + Q_{ky}}{Q_1 + Q_{ky} + Q_5} \tag{8-43}$$

式中，Q_{ky} 为空气预热器的吸热量，kJ/kg（或 kJ/m^3）。

当锅炉没有空气预热器或 Q_{ky} 相比 Q_1 很小时，保热系数简化为：

$$\varphi = \frac{Q_1}{Q_1 + Q_5} = 1 - \frac{q_5}{\eta_{gl} + q_5} \tag{8-44}$$

因此，根据散热损失 q_5 和锅炉热效率 η_{gl} 即可算出保热系数。

8.7.3 影响散热损失的因素

8.7.3.1 锅炉蒸发量的影响

蒸发量对散热损失的影响要考虑两种情形，即相同额定蒸发量下实际蒸发量变化对散热损失的影响，以及额定蒸发量变化对散热损失的影响。对于某一台锅炉，它的额定蒸发量和额定蒸发量下的散热损失是固定的，由式（8-42）可知，当该锅炉实际蒸发量越大时，其实际散热损失也越小。或者由式（8-40）也可看出，当锅炉外表散热面积 A 固定时，随着锅炉蒸发量增大，燃料消耗量 B 近似成比例地增加，因此 Q_5 随之减小。

对于不同额定蒸发量的锅炉，尽管燃料消耗量 B 和散热面积 A 均随着额定蒸发量的增大而增大，但 B 是近似成比例地增大，而 A 则增加得慢一些，因此锅炉的散热损失也是随额定蒸发量增大而减小的。

8.7.3.2 锅炉的保温性能

锅炉的墙体、集箱、烟风通道、汽水管道等设施的保温性能越好，锅炉外表面温度就越低，散热损失就越小。

8.7.3.3 环境温度

环境温度越低，则锅炉外表面温度和环境温度的温差越大，散热损失也越高。因此，冬季散热损失高于夏季，我国北方寒冷地区的散热损失高于南方地区。

8.8 其他损失

其他损失 Q_6 是锅炉热损失扣除排烟损失 Q_2、气体不完全燃烧热损失 Q_3、固体不完全燃烧热损失 Q_4 和散热损失 Q_5 后的热损失。当锅炉燃用固体燃料时，由高温（600～800℃）的灰渣离开锅炉时所带走的物理热损失是 Q_6 的最主要部分，因此 Q_6 通常也称为灰渣物理热损失。

8.8.1 灰渣物理热损失的计算

根据灰渣的温度和比热容，其物理热损失可计算如下：

$$Q_6 = \frac{\alpha_{hz} A_{ar} (c\theta)_{hz}}{100 - C_{hz}} \quad \text{kJ/kg} \tag{8-45}$$

$$q_6 = \frac{Q_6}{Q_r} \times 100\% \tag{8-46}$$

式中，$(c\theta)_{hz}$ 为灰渣焓，kJ/kg，可查表 5-1 选取。

8.8.2 影响因素

由式（8-45）可知，影响灰渣物理热损失 Q_6 的因素有燃料的灰分含量 A_{ar}、灰渣中可燃物含量 C_{hz}、灰渣温度 θ_{hz} 和灰渣份额 α_{hz}。其中，灰分含量与燃料类型有关，液体和气体燃料燃烧几乎不产生灰渣，因此无需考虑 Q_6；不同类型的固体燃料灰分含量差异较大，如表2-9、表2-10 和表2-13 所列。C_{hz}、θ_{hz} 和 α_{hz} 均与燃烧方式有关，例如，相比层燃炉，煤粉炉和流化床炉燃烧时更容易产生飞灰，灰渣份额 α_{hz} 有所减少；层燃炉和固态排渣的排渣温度约为 600℃，流化床炉的排渣温度约为 800℃。

8.9 燃料消耗量

锅炉燃料消耗量有两种表述方式，即实际燃料消耗量 B 和计算燃料消耗量 B_j。实际燃料消耗量是指单位时间内实际入炉的燃料量，可由式(8-13)转换而来，即

$$B(\mathrm{kg/h})=\frac{Q_{gl}}{Q_1}=\frac{Q_{gl}}{\eta_{gl}Q_r} \tag{8-47}$$

如前所述，对于额定蒸发率（额定热功率）$\geqslant20\mathrm{t/h}$（14MW）的大型锅炉，燃料消耗量很难准确测量，在热平衡试验中通常根据式(8-47)计算 B 的值。即根据式(8-5)计算锅炉输入热量 Q_r，根据式(8-14)或式(8-16)计算锅炉吸热量 Q_{gl}，再通过反平衡法求得锅炉热效率 η_{gl}，即可由式(8-47)算得实际燃料消耗量。

在进行燃料的燃烧计算时，假定燃料是完全燃烧的，但由于固体不完全燃烧损失 q_4，实际上 1kg 入炉燃料只有 $\left(1-\dfrac{q_4}{100}\right)\mathrm{kg}$ 参与燃烧反应，使得实际燃烧所需空气体积和生成的烟气体积均相应减小。因此，在计算这些体积量时，需要对燃料消耗量进行修正，修正值即为计算燃料消耗量 B_j，它与实际燃料消耗量的关系为：

$$B_j(\mathrm{kg/h})=B\left(1-\frac{q_4}{100}\right) \tag{8-48}$$

 思考题

1. 锅炉热平衡是指什么？建立锅炉热平衡有何意义？

2. 锅炉的输入热由哪些组成？输出热又由哪些组成？

3. 为什么炉膛出口过量空气系数存在一个最佳值？如何确定最佳过量空气系数？

4. 在排烟热损失和气体不完全燃烧热损失计算式中都包含有 $\left(1-\dfrac{q_4}{100}\right)$ 项，它的物理意义是什么？

5. 烟气中的水蒸气的蒸发潜热来自燃料燃烧释放的热量，但为什么排烟热损失却没有计及水蒸气的潜热？

6. 经空气预热器预热后的热空气送入炉膛参与燃烧，但热空气所携带热量为什么不计入锅炉输入热？

7. 锅炉漏风会对排烟热损失产生怎样的影响？为什么？

8. 锅炉容量大小和负荷调节分别对锅炉散热损失产生什么影响？为什么？

9. 锅炉各项热损失中通常哪些热损失项较大？如何降低这些热损失？

10. 什么是灰平衡？建立灰平衡的意义何在？

11. 某锅炉在运行过程中发现排烟温度升高，可能是由哪些原因导致的？应如何改进？

12. 锅炉的燃料消耗量和计算燃料消耗量有何区别？引入"计算燃料消耗量"的意义是什么？

习 题

1. 一台蒸发量为4t/h 的蒸汽锅炉，蒸汽压力 $P=1.37\mathrm{MPa}$，蒸汽温度 $T_s=350℃$，给水温度为

$T_g=50℃$，在没有装空气预热器时测得 $q_2=14\%$，燃料消耗量 $B=950\mathrm{kg/h}$，$Q_{\mathrm{ar,net}}=18841\mathrm{kJ/kg}$，加装空气预热器后测得 $q_2=8\%$，求加装空气预热器后每小时节约多少燃料？

2. 某生物质锅炉燃用的生物质灰分含量为 $A_{\mathrm{ar}}=12.5\%$，低位发热量为 $18.4\mathrm{MJ/kg}$，燃料消耗量为 $10\mathrm{t/h}$，运行过程中测得灰渣量为 $1000\mathrm{kg/h}$，灰渣中的可燃物含量为 8.5%，飞灰中的可燃物含量为 42.5%，求 q_4。

3. 某燃气锅炉以人工燃气为燃料，燃气组分体积分数：$H_2=59.2\%$，$CO=8.6\%$，$CH_4=23.4\%$，$C_3H_8=2\%$，$N_2=3.6\%$，$CO_2=3.2\%$。过量空气系数为 1.04，测得锅炉尾部烟气成分 $CO=0.1\%$，$RO_2=9.2\%$，忽略 q_4，求 q_3。

4. 某锅炉热工数据如下：$C_{\mathrm{ar}}=55.5\%$，$H_{\mathrm{ar}}=3.72\%$，$S_{\mathrm{ar}}=0.99\%$，$O_{\mathrm{ar}}=10.38\%$，$N_{\mathrm{ar}}=0.98\%$，$A_{\mathrm{ar}}=18.43\%$，$M_{\mathrm{ar}}=10.0\%$，$Q_{\mathrm{ar,net}}=21353\mathrm{kJ/kg}$，测得锅炉尾部烟气成分 $O_2=6.2\%$，$RO_2=11.4\%$，$q_4=8.4\%$，求 q_3。

5. 某燃气锅炉，干燃气体积分数：$H_2=56.2\%$，$CO=11.6\%$，$CH_4=22.2\%$，$C_3H_8=3.2\%$，$N_2=3.4\%$，$CO_2=3.4\%$，$d_r=15\mathrm{g/m^3}$。已知 $\alpha=1.1$，燃气高位热值 $57.1\mathrm{MJ/m^3}$，排烟温度 $80℃$，冷空气温度 $30℃$，忽略 q_4，求 q_2。

6. 某燃煤锅炉，煤成分分析数据：$C_{\mathrm{ar}}=59.6\%$，$H_{\mathrm{ar}}=2.0\%$，$S_{\mathrm{ar}}=0.5\%$，$O_{\mathrm{ar}}=0.8\%$，$N_{\mathrm{ar}}=0.8\%$，$A_{\mathrm{ar}}=26.3\%$，$M_{\mathrm{ar}}=10.0\%$，$Q_{\mathrm{ar,net}}=22190\mathrm{kJ/kg}$，过量空气系数 1.4，排烟温度 $150℃$，冷空气温度 $30℃$，$q_4=7.4\%$，求 q_2。

7. 某工业锅炉参数和热平衡试验数据如表8-5所列，用正平衡和反平衡法求该锅炉的效率和各项热损失。

表 8-5　锅炉参数及热平衡试验数据

项目		符号	单位	数据	项目	符号	单位	数据
蒸发量		D	t/h	36.5	飞灰可燃物含量	C_{fh}	%	11.5
蒸汽压力		P	MPa	2.55	燃料消耗量	B	t/h	4.96
蒸汽温度		T_s	℃		收到基低位发热量	$Q_{\mathrm{ar,net}}$	kJ/kg	22391
给水压力		P_g	MPa	2.94	燃料元素分析成分	C_{ar}	%	58.3
给水温度		T_g	℃	150		H_{ar}	%	3.09
排烟温度		T_y	℃	150		S_{ar}	%	4.34
冷空气温度		T_{lk}	℃	25		O_{ar}	%	0.74
排烟成分	三原子气体	RO_2	%	12.2		N_{ar}	%	0.51
	氧气	O_2	%	6.9		A_{ar}	%	27.90
	一氧化碳	CO	%	0.2		M_{ar}	%	5.12
灰渣	灰渣量	G_{hz}	t/h	1.19	散热损失	q_5	%	1.1
	可燃物含量	C_{hz}	%	8.8				

8. 某热水锅炉额定热功率为 $2.9\mathrm{MW}$，每小时燃料消耗量为 $1790\mathrm{kg}$，燃料的收到基低位发热量为 $21502\mathrm{kJ/kg}$，求锅炉热效率。

参考文献

[1] 樊泉桂，阎维平，闫顺林，等．锅炉原理．北京：中国电力出版社，2014.
[2] 周强泰，周克毅，冷伟，等．锅炉原理．北京：中国电力出版社，2013.
[3] 冯俊凯，沈幼庭，杨瑞昌．锅炉原理及计算．3版．北京：科学出版社，2003.
[4] 吴味隆．锅炉及锅炉房设备．5版．北京：中国建筑工业出版社，2014.

燃烧烟气的余热利用

燃烧可将燃料的化学能转化为烟气中的热能，使烟气温度急剧升高，在燃烧火焰中心区域，温度可高达 1500～1600℃。为了充分利用高温烟气中的热能，锅炉内部布置了大量的金属受热面，并采用最为安全和经济的方式进行热交换。例如，炉膛空间大、烟气温度高（＞1000℃），热辐射是最为经济和高效的热交换方式，通过在炉膛四周布置辐射受热面，不仅可以吸收高温烟气余热，还能降低炉壁温度，减小炉墙保温层厚度。当烟气温度低于 1000℃时，对流换热相比辐射换热更加经济，因此在锅炉烟气通道中布置了大量对流受热面，并针对对流换热的特点对受热面进行合理的结构设计。

根据热交换原理的不同，锅炉的受热面可分为辐射受热面、半辐射受热面和对流受热面三大类。因受热面和锅炉工质（水）流动密切相关，而且烟气的余热利用也是为了加热工质。因此，本章将首先介绍锅炉工质流动，在此基础上再介绍各种不同类型受热面的结构类型、布置方式和工作特点。

9.1 工质流动

锅炉是实现燃料燃烧并将燃烧产生的热能传递给工质的设备，水是锅炉最为常用的工质；在个别特殊场合，也会采用导热油作为小型锅炉的工质。在锅炉运行过程中，低温水源源不断地进入锅炉并流经各种类型受热面，被加热为高温水（热水锅炉）、饱和蒸汽（饱和蒸汽锅炉）或过热蒸汽（过热蒸汽锅炉），最终离开锅炉。

图 9-1 所示为典型的自然循环蒸汽锅炉的水流程，给水依次流经省煤器、汽包、下降管、下集箱、上升管、屏式过热器和对流过热器，最终变为过热蒸汽离开锅炉。

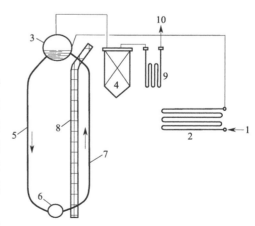

图 9-1 自然循环锅炉水流程图

1—给水；2—省煤器；3—汽包；4—屏式过热器；
5—下降管；6—下集箱；7—上升管；8—炉墙；
9—对流过热器；10—过热蒸汽

9.1.1 水循环基本概念

水和汽水混合物在锅炉蒸发受热面回路中的循环流动，称为锅炉的水循环。如图 9-1 所示，锅炉水循环回路由汽包、下降管、下集箱和上升管（水冷壁管）所组成。水在其中做下降流动的管子称为下降管；汽水混合物在其中做上升流动的管子称为上升管。汽包是连接预热（省煤器）、蒸发（水冷壁管）和过热受热面（屏式过热器）的枢纽及分界点；汽包中储存了大量汽水工质，能够适应负荷变化，稳定蒸汽压力。

循环回路又分为简单回路和复杂回路两种：简单回路是由一根上升管和一根下降管组成的回路；而复杂回路是由几个回路组合而成的。为便于分析，以下以简单回路为例介绍水循环原理。

水自汽包进入不受热的下降管，然后经下集箱进入布置于炉墙内的上升管；上升管内的水在炉内吸收炉膛辐射热后部分汽化成为汽水混合物，汽水混合物由于密度较小而向上流动回到汽包，由此完成一个水循环。这种利用密度差所产生的水和汽水混合物的循环流动，又称为自然循环。

良好的水循环是锅炉正常工作的基础，当水循环不正常时，会使水冷壁管得不到足够的冷却而升温，强度降低，造成爆管事故。

9.1.2 水循环动力

因下降管是不受热管，其内工质为水，上升管为受热管，其内工质为汽水混合物，因此下降管和上升管之间会产生工质密度差，这是锅炉水循环的动力来源。如图 9-2 所示为水循环简单回路，在上升管中存在一个汽化点 Q。在 Q 以下区域，管内水仍处于欠饱和状态；在 Q 点处，水温等于该点压力下的饱和温度，开始沸腾汽化；在 Q 点往上，工质不断吸热，而工质压力却持续降低，水的汽化更加剧烈，含汽率也随上升流动不断增大。

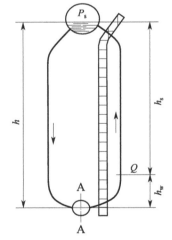

图 9-2 水循环简单回路

当管内工质静止时，下集箱截面 A-A 两侧的压力如下。

A-A 截面左侧压力：

$$P_z = h\rho'g = (h_w + h_s)\rho'g + P_s \qquad (9-1)$$

A-A 截面右侧压力：

$$P_y = h_w\rho'g + h_s\overline{\rho_s}g + P_s \qquad (9-2)$$

式中，h 为下集箱中心点和汽包液面的高度差，m；h_w 和 h_s 分别为下集箱中心点和 Q 点以及 Q 点和汽包液面的高度差，m；ρ' 为下降管和上升管欠饱和段内水的密度，kg/m^3；$\overline{\rho_s}$ 为上升管汽水段内工质的平均密度，kg/m^3；P_s 为汽包内汽空间压力，Pa；g 为重力加速度，$9.8m/s^2$。

因此，静止条件下 A-A 截面两侧压力差为：

$$\Delta P_{yd} = P_z - P_y = h_s(\rho' - \overline{\rho_s})g \qquad (9-3)$$

因水的密度大于汽水混合物，即 $\rho' > \overline{\rho_s}$，所以 $\Delta P_{yd} > 0$，A-A 截面左侧有一个向右侧

的推动力，驱动管内工质逆时针流动，因此 ΔP_{yd} 称为水循环的运动压头。当管内流体开始流动时，会产生流动阻力，当阻力压头 ΔP_{re} 小于运动压头 ΔP_{yd} 时，流体继续加速；直至 $\Delta P_{re} = \Delta P_{yd}$ 时达到受力平衡，工质流速稳定，此时 A-A 两侧的压力为：

A-A 截面左侧压力： $\quad P_z' = h\rho'g = (h_w + h_s)\rho'g + P_s - \Delta P_{xj}$ （9-4）

A-A 截面右侧压力： $\quad P_y' = h_w\rho'g + h_s\overline{\rho_s}g + P_s + \Delta P_{ss}$ （9-5）

式中，ΔP_{xj} 和 ΔP_{ss} 分别为工质在下降管和上升管中的流动阻力，Pa。因此有：

$$\Delta P_{re} = \Delta P_{xj} + \Delta P_{ss} \tag{9-6}$$

平衡条件下 $P_z' = P_y'$，由式（9-4）和式（9-5）整理得：

$$h_s(\rho' - \overline{\rho_s})g - \Delta P_{ss} = \Delta P_{xj} \tag{9-7}$$

式（9-7）表明，自然循环的运动压头，扣除上升管的流动阻力后的剩余部分，称为水循环回路的有效压头 ΔP_{yx}，即：

$$\Delta P_{yx} = h_s(\rho' - \overline{\rho_s})g - \Delta P_{ss} \tag{9-8}$$

有效压头的作用是用来克服下降管的流动阻力。

9.1.3　循环流速和循环倍率

循环流速和循环倍率是自然循环回路两个重要的安全性指标。循环流速是指循环回路中水进入上升管时的流速，用符号 w_0 表示，其计算式为：

$$w_0 = \frac{G}{3600\rho'A_{ss}}\text{m/s} \tag{9-9}$$

式中，G 为循环水流量，kg/h；ρ' 为水进入上升管时的密度，可近似取锅炉压力下的饱和水密度，kg/m³；A_{ss} 为上升管入口截面积，m²。

循环流速的大小，直接反映了管内工质带走上升管所吸收的炉膛辐射热量的能力，即工质对上升管的冷却能力。当 w_0 很小甚至为负值时，就会出现循环停滞、倒流等水循环故障，并发生传热恶化，导致上升管因超温而被破坏。循环流速越大，工质放热系数越大，带走的热量越多，冷却能力越强，就可避免上升管超温。表 9-1 所列为上升管入口 w_0 推荐值。

表 9-1　上升管入口 w_0 推荐值

项目		单位	数值			
汽包压力		MPa	4～6	10～12	14～16	17～19
锅炉蒸发量		t/h	35～240	160～420	400～670	≥800
循环流速	直接引入汽包的水冷壁	m/s	0.5～1	1～1.5	1～1.5	1.5～2.5
	有上联箱的水冷壁		0.4～0.8	0.7～1.2	1～1.5	1.5～2.5
	双面水冷壁		—	1～1.5	1.5～2	2.5～3.5
	蒸发管束		0.4～0.7	0.5～1	—	

循环倍率是指进入上升管的循环水流量 G 与上升管出口蒸汽流量 D 的比值，以符号 K 表示。其表达式为：

$$K = \frac{G}{D} = \frac{1}{x} \tag{9-10}$$

式中，x 为上升管出口含汽率，即循环倍率为出口含汽率的倒数。

图 9-3 所示为循环流速 w_0 与含汽率 x 之间的关系，随着 x 增大，上升管工质平均密度 $\overline{\rho_s}$ 减小，运动压头增大，w_0 增大至新的受力平衡点，即热负荷高的上升管对应的循环流速也高，这就是所谓的自然循环自补偿能力。但是当 x 过大时，上升管中汽水混合物流速提高引起的阻力 ΔP_{ss} 增加，甚至超过了运动压头的增量，使得 w_0 随着 x 的增加反而降低，这意味着自补偿能力的丧失，其结果是热负荷高的管子循环流速反而低，从而可能出现传热恶化。通常把开始失去自补偿能力时的循环倍率称为界限循环倍率 K_{jx}，对应的含汽率为 x_{jx}。因此，为了保证锅炉水循环安全，对受热最强管子的出口含汽率 x 一般限制在 0.4 以下，即 K 应大于 2.5。

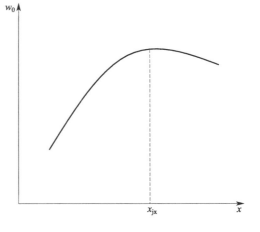

图 9-3 循环流速 w_0 与含汽率 x 的关系

表 9-2 不同参数的自然循环锅炉循环倍率推荐值

项目		数值			
汽包压力/MPa		4～6	10～12	14～16	17～19
锅炉蒸发量/(t/h)		35～240	160～420	400～670	≥800
界限循环倍率		10	5	3	≥2.5
推荐循环倍率	燃煤锅炉	15～25	8～15	5～8	4～6
	燃油锅炉	12～20	7～12	4～6	3.5～5

表 9-2 所列为自然循环锅炉在额定工况下的循环倍率推荐值。当锅炉在非额定负荷下工作时，可按下式估算 K 值：

$$K = \frac{1}{0.15 + 0.85D/D'} K' \tag{9-11}$$

式中，D' 和 D 分别为锅炉额定蒸发量和实际蒸发量，t/h；K' 为额定负荷下的循环倍率。

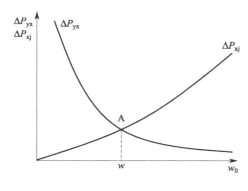

图 9-4 水循环特性曲线

9.1.4 循环回路特性曲线

循环回路特性曲线是指在一定的热负荷下，有效压头 ΔP_{yx}、下降管阻力 ΔP_{xj} 和水循环流速 w_0 之间的关系，如图 9-4 所示。

对于结构已经确定的循环回路，下降管流动阻力是循环流速 w_0 的函数，即 ΔP_{xj} 随着 w_0 的增大而增大。在负荷不变的情况下，w_0 增大时，上升管流阻 ΔP_{ss} 增大，含汽率减小，管内工质平均密度 $\overline{\rho_s}$ 增大，运动压头 ΔP_{yd} 减小。

用减小的 ΔP_{yd} 减去增大的 ΔP_{ss}，所得有效压

头 ΔP_{yx} 的下降幅度更大。在 ΔP_{yx} 曲线和 ΔP_{xj} 曲线的相交点 A 处，$\Delta P_{yx} = \Delta P_{xj}$，A 点称为水循环工作点，对应的流速为实际水循环流速。

9.2 汽水工质吸热量的分配

给水进入锅炉后，经各个受热面加热为高温水（热水锅炉）、饱和蒸汽（饱和蒸汽锅炉）或过热蒸汽（过热蒸汽锅炉）。以大型电站锅炉为例，锅炉给水最终被加热至额定参数的过热蒸汽，经历了 3 个不同的加热阶段：

① 水的预热，即给水温度被烟气加热至相应压力下的饱和温度；

② 水的蒸发，即饱和水受热汽化变成饱和蒸汽，该阶段工质温度保持不变，蒸汽干度由 $x = 0$ 加热至 $x = 1$；

③ 蒸汽过热，即饱和蒸汽被加热至额定参数的过热蒸汽。

针对这 3 个不同的加热阶段，锅炉设置了大体相应的 3 种受热面，即省煤器、蒸发受热面（水冷壁）和过热器。当锅炉的蒸汽参数（压力、温度）不同时，工质的预热、蒸发和过热的吸热量比例是不同的。如表 9-3 所列为不同参数等级电站锅炉工质吸热比例，随着蒸汽参数提高，水的预热和过热吸热比例增加，蒸发吸热比例下降。

表 9-3　不同参数等级电站锅炉工质吸热比例

蒸汽参数和给水温度			吸热比例/%			
蒸汽压力/MPa	蒸汽温度/℃	给水温度/℃	水的预热	蒸发	过热	再热
9.8	540	215	18.7	52.1	29.2	0
13.7	540/540	240	21.2	33.8	29.8	15.2
17.5	540/540	280	21.3	26.9	35.8	16.0
25.4	543/569	289	34.6	0	44.8	20.6
27.5	605/603	296	30	0	51.7	18.3

锅炉出口工质参数对锅炉受热面的布置有决定性的影响。例如，对于小容量、低参数的工业锅炉，蒸发吸热比例超过 60%，仅水冷壁可能无法满足工质蒸发吸热要求，需要在烟道中布置对流蒸发管束。随着锅炉容量和蒸汽参数提高，水的预热和过热吸热比例显著上升，省煤器无法满足水的预热要求，此时水冷壁也承担部分水的预热；过热器数量也需要相应增加，甚至要在炉膛顶部布置屏式过热器和墙式过热器。对于更高参数的超临界和超超临界锅炉，水的蒸发吸热为零，水的加热和蒸汽过热吸热比例更高，过热器和再热器布置得更加密集。

9.3 辐射受热面

顾名思义，辐射受热面即以辐射换热为主要方式接受烟气中热能的受热设备。锅炉中的辐射受热面主要有水冷壁和辐射式过热器（或再热器）两种。

9.3.1 水冷壁

水冷壁由布置在炉膛四周内壁、紧贴着炉墙且连续排列的光管或鳍片管所组成，它的作用是吸收炉内高温火焰的辐射热，使管内工质受热汽化产生蒸汽。如图 9-5 所示，水冷壁结构有光管式、膜式和销钉式。光管水冷壁由光滑的无缝钢管组成[图 9-5(a)]，管外径一般为 $50\sim60\mathrm{mm}$，相对节距 $s/d=1.05\sim1.1$。因此，高温辐射仍能透过管间缝隙到达炉墙，导致炉墙温度较高，需要设计得比较厚以提高炉体保温效果[1-3]。

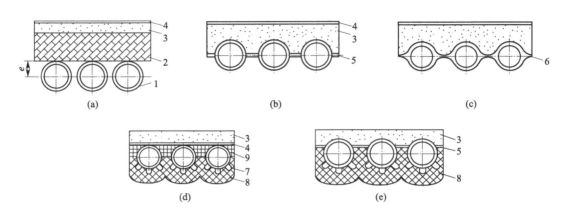

图 9-5 水冷壁结构
1—光管水冷壁；2—耐火材料；3—绝缘材料；4—炉墙护板；5—扁钢；
6—轧制鳍片管；7—销钉；8—耐火填料；9—铬矿砂材料

如图 9-5(b) 和图 9-5(c) 所示为膜式水冷壁，现代锅炉都采用膜式水冷壁，即由水冷壁管焊接而成的连续钢制结构。它可防止高温辐射透过水冷壁，炉壁温度大大降低，因此可减轻炉墙和保温材料厚度和质量；同时也可显著提高炉膛密封性，降低炉内结焦的可能性。膜式水冷壁的外径一般为 $50\sim70\mathrm{mm}$，相对节距 $s/d=1.2\sim1.5$。

当燃用低挥发分燃料时，需保持燃烧区的高温以促进燃烧和着火，可在燃烧器区域敷设卫燃带，以降低该区域水冷壁管的吸热量，维持该区域的高温。卫燃带，即在水冷壁管子上焊上销钉并敷设耐火材料，即为销钉式水冷壁，如图 9-5(d) 和图 9-5(e) 所示。销钉的主要作用是让耐火材料与水冷壁牢固连接，使之不易脱落。

水冷壁与下降管、下集箱、汽水引出管和汽包组成了蒸发受热面系统。图 9-6 所示为自然循环锅炉水蒸发系统，锅炉给水通过省煤器进入汽包，汽包内的水再通过 4 根下降管进入供水管分配器，分配给前墙、后墙、左墙和右墙水冷壁，4 个墙面的水冷壁按图 9-7 所示划分为若干独立回路。工质受热蒸发后再由汽水混合物引出管引回至汽包。

从图 9-7 可以看出，从汽包底部引出的大直径集中下降管布置在炉膛的四个角上（有的锅炉布置于炉前），以便通过供水管分配器向水冷壁均匀供水。图 9-7 中下集箱旁所列的数字为每个回路水冷壁管子的数目。

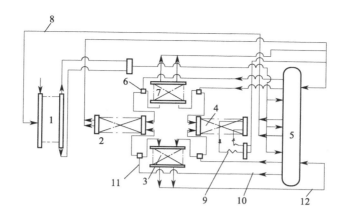

图 9-6　自然循环锅炉水蒸发系统

1—省煤器；2—前墙水冷壁；3—右墙水冷壁；4—后墙水冷壁；5—汽包；6—供水管分配器；
7—左墙水冷壁；8—省煤器再循环管；9—后墙悬吊管；10—集中下降管；11—供水管；12—汽水混合物引出管

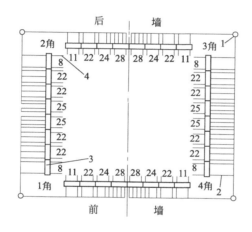

图 9-7　锅炉水冷壁划分示意图

1—集中下降管；2—供水管；3—水冷壁下集箱；4—水冷壁管

9.3.2　辐射式过热器

过热器，是指将源自汽包的饱和蒸汽或来自上一级过热器的蒸汽进一步加热以提高蒸汽过热度的设备。辐射式过热器是指布置在炉膛中直接吸收炉膛辐射热的过热器。如图 9-8 所示，辐射式过热器有多种布置方式，若布设在炉墙内壁上，称为墙式过热器，结构与水冷壁相似；若敷设在炉膛顶部，称为顶棚过热器；若悬挂在炉膛上部，称为前屏过热器（又称为大屏或分割屏）。其中前屏过热器由许多紧密排列的管子所组成的管片（管屏）沿横向排列而成，屏间距离（即横向节距）较大，一般为 2500 ～ 4000mm；纵向节距很小，一般 $s_2/d = 1.1 \sim 1.25$。

高参数、大容量锅炉的过热热比例很高，蒸发热比例小，需在炉内布置一定数量的辐射式过热器以降低烟气温度。辐射式过热器和对流式过热器具有相反的温度特性，可达到改善锅炉汽温调节特性的目的。前屏过热器可减少烟气的扰动和旋转，减小烟气在水平烟道内的残余旋转。

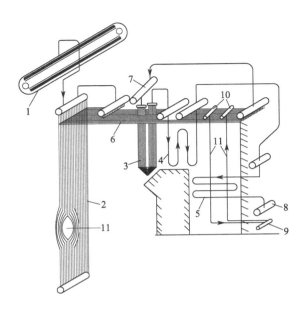

图 9-8　过热器结构示例

1—汽包；2—墙式过热器；3—后屏过热器；4—立式对流过热器；5—卧式对流过热器；6—顶棚过热器；
7—喷水减温器；8—过热蒸汽出口集箱；9—垂吊管进口集箱；10—悬吊管出口集箱；11—燃烧器

9.4　半辐射式受热面

　　半辐射式受热面是指布置在炉膛出口烟窗处，既接收炉内高温烟气辐射，又接收烟气对流传热的受热面，通常这类受热面包括后屏过热器（或半大屏过热器）和凝渣管。图 9-9 所示为后屏过热器，其结构和前屏过热器类似，也是由许多横向排列的管片（管屏）组成，只是屏与屏之间的间距比前屏过热器小，一般为 500~1000mm。也正是因为后屏过热器的屏间距较小，烟气流速增大，使得烟气与屏间的对流换热不可忽略。

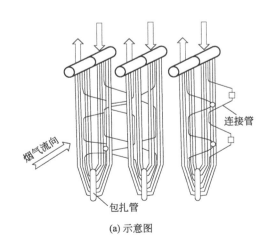

(a) 示意图

(b) 实景图

图 9-9　后屏过热器示意图与实景图

大型锅炉的后屏过热器既吸收炉膛辐射热，又吸收烟气的对流热，烟气温度通常在1200～1400℃，烟气流速一般为5～8m/s，因此热负荷非常高。尤其是外圈管子长度最长、受热最强、流动阻力大，因此容易发生超温爆管。为保证安全，对于接受炉内辐射热最多的外圈管子，除了采用更好的材料以外，结构上通常采取外圈两圈管子截短、外圈一圈管子短路、内外圈管子交叉、外圈管子短路而内外管屏交叉等措施，如图9-10所示。

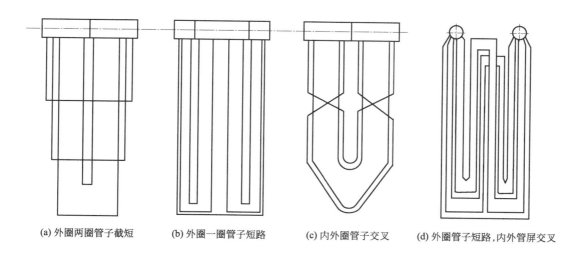

(a) 外圈两圈管子截短 (b) 外圈一圈管子短路 (c) 内外圈管子交叉 (d) 外圈管子短路，内外管屏交叉

图 9-10 屏式过热器防止外圈管子超温的改进措施

凝渣管，又叫防渣管、拉稀管等。对于高参数、大容量锅炉（蒸汽压力 $p \geq 9.8MPa$），锅炉后墙水冷壁在形成折焰角后一部分向上（一般是三取一），经过炉膛出口烟窗后进入上联箱，从而在炉膛出口烟窗处形成横向节距较大的管排；对于低参数锅炉（$p < 9.8MPa$），后墙水冷壁在经过炉膛出口烟窗时拉稀成为几排，形成凝渣管，仍为蒸发受热面。其主要作用是使烟气中的灰粒凝固，从而降低其后密集布置的对流受热面结渣的风险；同时，也兼具降低烟气残余旋转动能的作用。

9.5 对流受热面

对流受热面是指布置在锅炉的对流烟道内、主要以对流换热的方式吸收烟气热量的换热设备，包括对流式过热器和再热器、省煤器和空气预热器。根据烟气和管内工质的相互流向，可分为逆流、顺流和混合流三种流动方式（图9-11）。其中，逆流式受热面具有最大的传热温差，可节约金属耗量，经济性较高；但工质出口管道的内侧工质和外侧烟气都为最高温，因此该处管子容易超温而爆管，安全性较低。相反，顺流布置的传热温差较小，经济性较差；但工质出口管道的烟气温度最低，安全性较高。对流换热是锅炉中低温烟气余热利用的最主要方式。从经济性和安全性角度综合考虑，逆流布置方式常用于较低温烟气区域，如低温过热器和省煤器；顺流布置方式多用于高温烟气区域，如屏式过热器和高温过热器。

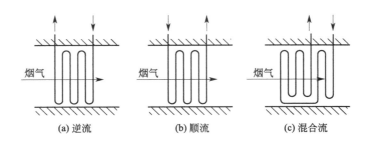

(a) 逆流　　　　　(b) 顺流　　　　　(c) 混合流

图 9-11　对流式受热面示意图

9.5.1　对流式过热器和再热器

对流式过热器和再热器由蛇形管排（图 9-12）组成，根据布置方式，可分为垂直式（立式）和水平式（卧式）两种，如图 9-13 所示。

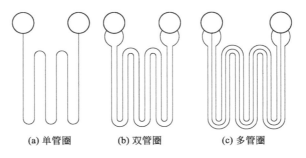

(a) 单管圈　　　　　(b) 双管圈　　　　　(c) 多管圈

图 9-12　蛇形管圈

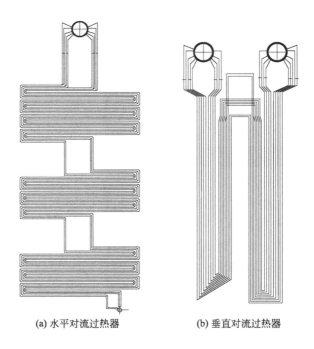

(a) 水平对流过热器　　　　　(b) 垂直对流过热器

图 9-13　水平和垂直对流过热器

立式对流过热器一般布置在水平烟道中，布置结构简单，吊挂方便，积灰较少，应用广泛；缺点是停炉后管内积水难以排除。卧式对流过热器一般布置在尾部垂直烟道中，停炉时较易排除管内积水，但支吊结构比较复杂，较易积灰。

对流式过热器和再热器的排列方式分为错列和顺列。在相同的烟温和烟气流速下，烟气横向冲刷顺列管的传热系数小于错列管，但顺列管更易清灰。高烟温区内，过热器和再热器较易产生黏结性积灰，为便于清灰，都采用顺列方式布置；在烟气温度较低的尾部垂直烟道，为了强化对流换热，低温过热器和再热器一般采用错列布置。

过热器和再热器的蛇形管可以做成单管圈、双管圈和多管圈结构（图 9-12）。管圈的数量与锅炉的容量以及管内必须维持的蒸汽速度有关。大容量锅炉一般采用多管圈结构，如图 9-13 中的水平对流过热器，每排有 10 个管圈。

9.5.2 省煤器

9.5.2.1 省煤器的作用

省煤器布置在烟气温度较低的锅炉尾部，主要作用是：

① 利用锅炉尾部烟气的热量加热给水，降低排烟温度，提高效率，节省燃料；

② 提高给水温度，减少汽包金属壁面和给水之间的温差，降低汽包热应力，提高机组安全性。

9.5.2.2 省煤器的分类

按制造材料的不同，省煤器可分为铸铁省煤器和钢管省煤器。铸铁省煤器主要用于小容量、低参数的供热锅炉，以降低锅炉造价。如图 9-14（a）所示，它由一根外侧带有鳍片的铸铁管通过 180°弯头串接而成，水从最下层排管的一侧管口进入省煤器，水平来回流动至另一侧的管口，再进入上一层排管，如此自下而上流动受热后进入汽包。

大容量、高参数锅炉均采用钢管省煤器，如图 9-14（b）所示，它由许多并列的蛇形无缝钢管和进出口集箱组成。管材一般为 28～51mm 的 20G 碳钢，水平布置。锅炉给水自下而上流经省煤器，与自上而下的烟气进行逆流换热，以提高传热效果。

按照省煤器出口水温可分为沸腾式和非沸腾式省煤器。沸腾式省煤器即出口水温达到饱和温度，且有部分发生汽化，汽化水量一般为给水量的 10%～15%，最大不超过 20%，以防工质流动阻力过大。这类省煤器通常在中低压锅炉中有所采用，因为中低压下水的蒸发吸热比例大，水的预热吸热比例小，故可以把一部分水的蒸发放到省煤器中进行。非沸腾式省煤器出口水温通常低于饱和温度 20～25℃，主要用于高压以上锅炉。如前所述，压力越高，水的蒸发吸热比例越小，水的预热吸热比例相应增大，故需把水的部分加热过程转移到水冷壁内进行。

对于钢管省煤器，蛇形钢管的排列方式也有错列和顺列之分。错列布置传热效果好，结构紧凑，并能减少积灰，但磨损较严重，吹灰也困难；顺列布置则刚好相反。此外，钢管省煤器的钢管有光管式和肋片式，肋片结构有鳍片式、膜片式和螺旋肋片式等几种，如图 9-15 所示。

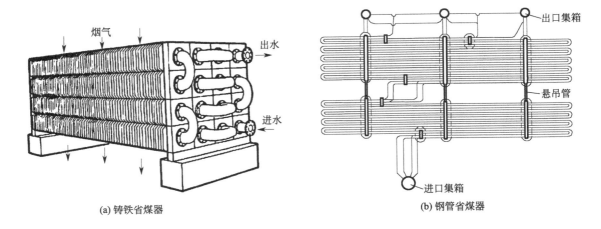

(a) 铸铁省煤器　　　　　　　　　　　(b) 钢管省煤器

图 9-14　铸铁省煤器和钢管省煤器结构

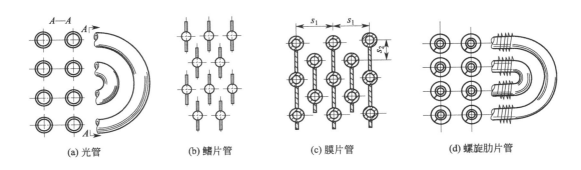

(a) 光管　　　　(b) 鳍片管　　　　(c) 膜片管　　　　(d) 螺旋肋片管

图 9-15　钢管省煤器钢管结构

9.5.3　空气预热器

　　空气预热器简称空预器，是一种利用低温烟气加热燃烧所需空气的热交换器，是锅炉中唯一以空气为工质的换热设备。

9.5.3.1　空预器的作用

　　① 大容量、高参数锅炉的给水温度通常在 200～300℃ 之间，因此省煤器出口烟气温度仍然较高，需利用空预器进一步降低烟气温度，从而降低排烟损失，提高锅炉热效率；

　　② 燃烧空气被预热，提高了燃烧初始温度，强化了燃料的着火与燃烧过程，减少了燃料不完全燃烧损失，从而进一步提高了锅炉效率；

　　③ 由于排烟温度的降低，也改善了引风机的工作条件，可以降低引风机电耗；

　　④ 当燃料为煤粉时，在煤粉的磨制、烘干过程要求热空气的参与，因此空预器更加不可或缺。

　　表 9-4 所列为不同燃料和燃烧方式对预热空气温度的要求。

表 9-4　不同燃料和燃烧方式下预热空气温度推荐值

燃料及燃烧方式		预热空气温度/℃
固态排渣煤粉炉	无烟煤,贫煤	350～400
	烟煤	250～300
	褐煤(用空气干燥煤粉)	350～400
	褐煤(用烟气干燥煤粉)	300～350
	液态排渣煤粉炉	380～420
	燃油炉和燃气炉	250～300
层燃炉	无烟煤,贫煤	25～180
	烟煤	25～100
	褐煤	25～200

9.5.3.2　管式空预器

空预器按其换热方式可分为传热式和蓄热式(再生式) 两大类:传热式空预器,空气和烟气各有独立的通路,热量通过金属传热面由烟气传递给空气,通常称为管式空预器;蓄热式空预器,烟气和空气交替流过受热面 (蓄热片),受热面先将烟气中的热量储蓄起来,当空气通过时再将热量释放出来加热空气,如此反复,实现将烟气的热量传递给空气,通常称为回转式空预器。

管式空预器常用于中小型锅炉,有立式和卧式两种布置方式,其中立式结构应用更为广泛。图 9-16(a) 所示为立式管式空预器工作流程,其中烟气垂直由上往下由金属钢管内流过,空气则横向冲刷钢管。相反,在卧式空预器中,空气走管程,烟气则横向冲刷钢管。管式空预器通常由若干标准尺寸的立方形管箱[图 9-16(b)]、联通风罩及密封装置组成。其中管箱由许多平行直立的有缝薄壁钢管及上、下管板所组成。钢管外径通常为 30～51mm,壁厚为 1.2～1.5mm,两端焊接到上、下管板上。钢管的数量和管间距取决于烟气流量及流速,一般情况下,立式结构的烟气流速取 10～14m/s,空气流速一般为烟气流速的 45%～55%,即烟气流速为空气流速的两倍左右,这是因为管外横向冲刷空气的对流换热系数相较管内烟气的顺流更高。

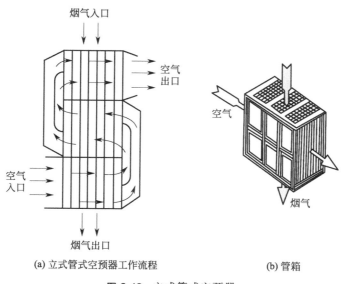

(a) 立式管式空预器工作流程　　　　(b) 管箱

图 9-16　立式管式空预器

管式空预器的优点包括结构简单、制造和安装方便、漏风量小等；但其外形尺寸和金属用量大，应用于大型电厂时会面临造价高、设备布置困难等问题。因此，一般用于蒸发量为670t/h及以下的中、小容量锅炉。此外，基于漏风量小的优点，管式空预器被广泛应用于循环流化床锅炉。

9.5.3.3 回转式空预器

大型电站锅炉通常采用结构紧凑、质量较轻的回转式空预器。在相同体积内，回转式空预器的受热面面积是管式空预器的6~8倍。图9-17所示为回转式空预器结构示意图，受热面波形板安装于被钢板分为若干扇形仓格的圆形筒体内。每个仓格内装满了由金属薄板制成的波形板组件，即预热器的蓄热板。圆形（或八角形）外壳的顶部和底部被对应分割成烟气通道、空气通道和密封区三部分。空气和烟气流过各自通道，装有受热面的转子在电机带动下，以1~3r/min的速度转动，交替流过烟气和空气通道，通过蓄热→放热→再蓄热不断循环的方式，将烟气的热量不断地传递给空气。由于烟气体积流量大于空气，因此烟气通道截面一般占总截面的46％，空气通道截面占38％~42％，其余部分被密封区扇形板所占。

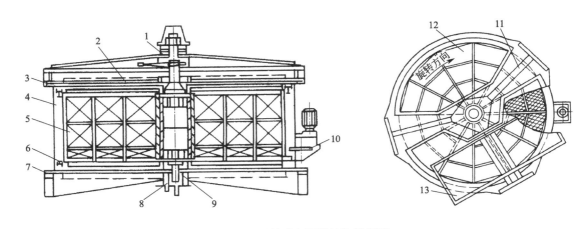

图 9-17　回转式空预器结构示意图

1—上轴承；2—径向密封；3—上端板（上梁）；4—外壳；5—转子；6—旁路密封；7—下端板（下梁）；
8—下轴承；9—主轴；10—传动装置；11—三叉梁；12—空气出口；13—烟气进口

回转式空预器由静子和转子组成，为便于转子转动，转子和静子之间总要留有一定的缝隙，导致高压的空气侧向低压的烟气侧漏风，产生密封漏风。此外，当空气侧的转子转向烟气侧时，扇形转子空间内的空气也不可避免地会被带入烟气侧，从而产生携带漏风。密封漏风和携带漏风构成了回转式空预器漏风的主要来源，其中以密封漏风为主，携带漏风一般不超过总漏风量的1％。

如图9-18所示，回转式空预器的密封漏风主要包括径向漏风、轴向漏风、环向漏风和轮毂漏风。为减少漏风，在不同部位装设了密封装置，主要包括径向密封装置、轴向密封装置和环向密封装置。

径向密封系统由热端和冷端扇形板，以及热端和冷端径向密封叶片组成，用于阻止冷热端面与扇形板之间因压差而导致的漏风。

轴向密封片沿转子的轴向高度布置，由螺栓固定于扇形仓格径向隔板的轴向外缘，与转子一同转动。

环向密封也称为旁路密封，其密封装置在转子冷热端面的整个外侧圆周上，是为阻止空气沿转子外表面和主壳体内表面之间的动静部件间隙通过。

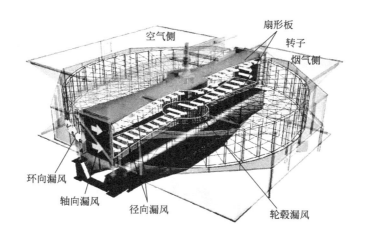

图 9-18　回转式空预器的密封漏风

9.5.3.4　空预器的低温腐蚀现象

当锅炉燃用不含硫燃料时，燃料中的水分或氢元素燃烧转化为烟气中的水蒸气，当烟气放热降温后，水蒸气可能凝结为水，其露点温度取决于水蒸气分压力。在燃用固体燃料的烟气中，水蒸气分压力为 0.01~0.015MPa，水蒸气露点温度低至 45~54℃。因此，一般不易发生结露的现象。

当锅炉燃用含硫燃料时，会产生 SO_2，其中约有 0.5%~0.7% 会进一步转化为 SO_3。随着烟气的流动，SO_3 又结合烟气中的水蒸气生成硫酸蒸气。硫酸蒸气的凝结温度称为酸露点，它比水露点温度高很多，当烟气中的 SO_3 含量仅为 0.005% 时，酸露点温度就可达 150℃，且 SO_3 含量越多，酸露点温度就越高。如此高的酸露点温度，使得烟气流经空预器这一低温受热面时极有可能发生硫酸蒸气凝结，从而引起受热面的严重腐蚀，这一现象称为低温腐蚀。

管式空预器较易发生低温腐蚀，低温腐蚀会导致空预器钢管泄漏，大量空气进入烟气中，不仅影响燃烧空气量，并使送、引风机负荷增加。回转式空预器具有更好的耐腐蚀能力，因为热空气和烟气交替冲刷转子中的受热面，当烟气通过时硫酸蒸气凝结在受热面上；而热空气通过受热面时，可将凝结的硫酸蒸气再次蒸发，从而大大减轻了低温腐蚀。此外，回转式空预器中的蓄热片可采用玻璃和陶瓷等耐腐蚀材料，也可有效抑制低温腐蚀。

烟气的酸露点温度与燃料含硫量及单位时间内送入炉内的总硫量有关，在锅炉负荷不变时，单位时间入炉总含硫量随燃料发热量增加而降低。因此，烟气的酸露点温度与燃料的折算含硫量相关，即折算含硫量越高，烟气的酸露点温度也越高。当燃用固体燃料时，烟气中包含大量飞灰颗粒，飞灰浓度与燃料折算灰分含量有关。飞灰中的碱性金属化合物对烟气中的硫酸蒸气具有吸附作用，可降低硫酸蒸气分压，有利于降低酸露点温度。综合折算含硫量与折算灰分含量的影响，酸露点温度可用下述经验公式计算：

$$T_d^s = T_d + \frac{125\sqrt[3]{S_{ar,red}}}{1.05^{\alpha_{fh}A_{ar,red}}} \tag{9-12}$$

式中，T_d^s 和 T_d 分别为烟气的酸露点温度和按照烟气中的水蒸气分压力计算的水露点温度，℃。

9.5.3.5 防止和减轻低温腐蚀的措施

（1）提高受热面的壁温

提高空预器壁温是防止低温腐蚀最有效的方法，而提高壁温最常用的方法是提高空预器的入口空气温度。目前常用的提高空气温度的措施有两种：一种是通过热风再循环，如图 9-19（a）所示；另一种是加装暖风器，如图 9-19（b）所示。

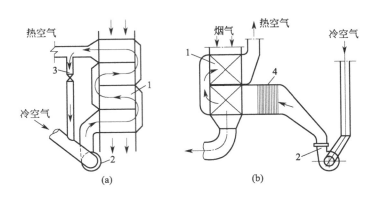

图 9-19 热风再循环（a）和暖风器系统（b）
1—空预器；2—送风机；3—调节挡板；4—暖风机

（2）采用耐腐蚀材料

在燃用高硫燃料时，管式空预器的低温段可采用耐腐蚀玻璃管或其他耐腐蚀材料制作的管子；回转式空预器的冷端受热面可采用耐腐蚀的玻璃、陶瓷或搪瓷等作为蓄热材料，金属部件可选用耐腐蚀的低合金钢材制造。

（3）采用低氧燃烧技术

在保证完全燃烧或不降低锅炉热效率的前提下，可适当降低过量空气系数，减少烟气中的剩余氧量，从而控制烟气中 SO_3 的生成，降低露点温度，减轻低温腐蚀。低氧燃烧的实现往往需要采用更加先进的燃烧器，以提供更加合理的配风方式，否则可能导致不完全燃烧损失的增加。

（4）采用脱硫剂

将粉状的石灰石或白云石等碱性脱硫剂混入燃料中燃烧，可使烟气中的 SO_3 与碱性脱硫剂反应生成 $CaSO_4$ 和 $MgSO_4$，从而降低酸腐蚀。同时也应考虑到，脱硫剂的添加会增加飞灰浓度，导致受热面污染加重，对烟气传热产生不利影响，尾部受热面的磨损也会加剧。因此，需在原有基础上升级吹灰和防磨措施。

（5）燃料燃烧前脱硫

当燃料中的含硫量较高时，应尽可能在燃烧前将燃料中的硫分进行脱除。例如，煤中硫化物主要以黄铁矿形态存在，在煤粉制备过程中，可采用重力法将黄铁矿分离出来；对于煤中的有机硫，则需采用洗煤的方法加以脱除。

（6）采用其他类型的空预器

如前所述，回转式空预器具有更好的耐低温腐蚀性能，当条件允许时可优先采用这类空预器。此外，热管式空预器也具有优良的抗低温腐蚀性能，它主要由热管和壳体组成，利用了热管内的真空介质在烟气侧受热蒸发，在空气侧放热冷凝，并反复循环的原理。其结构如图 9-20 所示，空气和烟气有独立通道，漏风几乎为零。空气侧不易发生腐蚀，而烟气侧即使有个别热管发生腐蚀也不会造成漏风。因此，热管式空预器具有抗腐蚀性能优异、故障率低的优点，但造价较高。

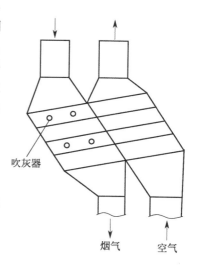

图 9-20　热管式空预器

9.5.4　对流管束

对于小容量的工业锅炉，如热水锅炉和低参数的蒸汽锅炉，一般不设蒸汽过热器（热水锅炉和饱和蒸汽锅炉），或者蒸汽过热器所占的吸热份额很小。以蒸汽压力为 1.3MPa 的饱和蒸汽锅炉为例，水分蒸发吸热量占比高达 71%，因此单独通过水冷壁无法完成水的蒸发，通常需要在炉膛以外的烟气通道布置大量的对流管束[4,5]。

对流管束是指与锅筒相连、以对流换热为主的金属管簇，常见于纵置式和横置式水管锅炉。

9.5.4.1　纵置式水管锅炉内的对流管束

纵置式水管锅炉通常与移动炉排配套使用，又分为单锅筒水管锅炉和双锅筒水管锅炉。图 9-21 所示为典型的单锅筒纵置式锅炉，蒸发量为 20t/h，蒸汽压力 2.5MPa，蒸汽温度 400℃，燃用烟煤。可以看出，纵置式锅炉的结构特点是锅筒的轴线和炉排的长度方向平行。该型锅炉的对流管束分为两组，对称地设置于炉膛两侧，构成了"人"字形结构布局。炉内四壁均布置了水冷壁，炉内高温烟气经靠近前墙的左右两侧的狭长烟窗进入对流烟道，烟气由前向后流动，横向冲刷对流管束。在炉后的顶部，左右两侧的烟气汇合，折转 90°向下，依次流过铸铁省煤器和空预器，经除尘器后排入烟囱。

双锅筒纵置式锅炉设有两个锅筒，对流管束布置在上下两个锅筒之间。图 9-22 所示为典型的双锅筒纵置式饱和蒸汽锅炉，蒸发量为 2t/h，饱和蒸汽压力 1.25MPa，燃用Ⅱ类烟煤。该锅炉的炉膛与纵置双锅筒和胀接其间的对流管束受热面烟道平行布置，各居一侧，犹如字母"D"，故又称为"D"形锅炉。在炉膛出口设有燃尽室，燃尽室的后墙是一圆弧形壁面，高温烟气一出炉膛就沿切线方向高速进入燃尽室，飞灰和焦炭颗粒在惯性作用下被分离出来继续燃尽的同时，也巧妙完成了炉内的一次旋风除尘。高温烟气出燃尽室后，折转 90° 自后向前横向冲刷顺列布置的第一对流管束，在前端折回又横向冲刷第二对流管束至锅炉出口。

9.5.4.2　横置式水管锅炉

由上述内容可知，纵置式锅炉的炉膛尺寸受到锅筒长度、对流管束等尺寸的限制，不利于锅炉大型化。为了满足锅炉容量不断增大的需求，锅炉必须采用横置式的结构布局。

图 9-23 所示为蒸发量 20t/h 的双锅筒横置式锅炉，是这种锅炉的一种典型样式，它配有煤粉炉。如果从烟气在锅炉内部的整体流程来看，锅炉本体被布置成"M"形，所以也称

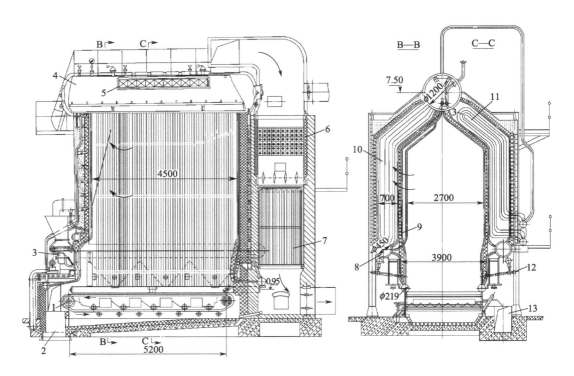

图 9-21 DZD20-2.5/400-A 型锅炉（单位：mm）

1—倒转链条炉排；2—灰渣槽；3—机械-风力抛煤机；4—锅筒；5—钢丝网汽水分离器；6—铸铁省煤器；7—空预器；
8—对流管束下集箱；9—水冷管壁；10—对流管束；11—蒸汽过热器；12—飞灰回收再燃装置；13—风道

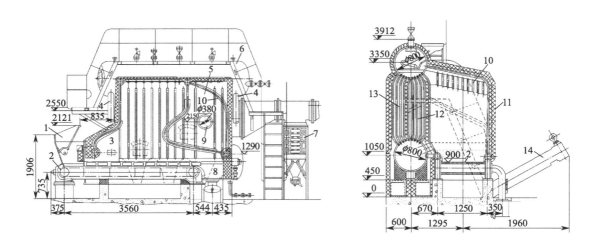

图 9-22 SZL2-1.25-AⅡ型锅炉（单位：mm）

1—煤斗；2—链条炉排；3—炉膛；4—右侧水冷壁的下降管；5—燃尽室；6—上锅筒；7—铸铁省煤器；8—灰渣斗；
9—燃尽室烟气出口；10—后墙管排；11—右侧水冷壁；12—第一对流管束；13—第二对流管束；14—螺旋出渣机

为"M"形锅炉。对流管束布置在过热器之后、上下两个锅筒之间。炉膛空间不受对流管束的牵制，适合于室燃炉、流化床炉等大炉膛空间的锅炉类型。烟气从炉膛出来后依次经过过热器、对流管束、省煤器和空预器等对流受热面，然后进入除尘器，最后排入烟囱。

9.5.4.3 对流管束的水循环

图 9-24 所示为横置式锅炉对流管束简图，以此来分析对流管束水循环组织。高温烟气依次流经第一管束、第二管束和第三管束，在第二管束和第三管束处设有烟气挡板，烟气在管束内呈"S"形流动，从而促进了烟气的对流换热效率。

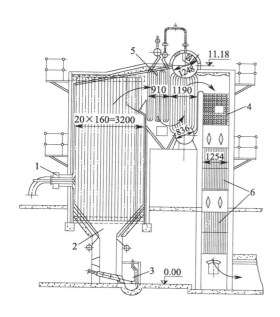

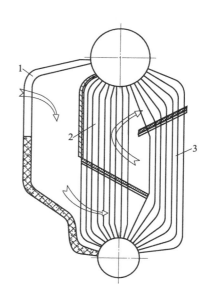

图 9-23　SHS20-2.5/400-A 型锅炉（单位：mm）
1—煤粉燃烧器；2—冷炉斗；3—水力冲渣器；
4—过热器；5—省煤器；6—空预器

图 9-24　对流管束的布置
1—第一管束；2—第二管束；3—第三管束

对流管束受热特点是，同一回路的并联上升管的吸热不均匀性一般都比较大。如图 9-24 中的第一管束，处于炉膛出口（可视为半辐射式受热面），受热最强，第二管束次之，第三管束受热最弱。因此，在对流管束的水循环中，受热强的第一、二管束基本为上升管，受热弱的第三管束则为下降管。然而，即使在同一管束中，各排管子的吸热强度也存在差异。第二管束的后几排及第三管束的前几排的循环工况是变化的。当负荷较高时，炉膛出口烟温较高，第二、三管束的热负荷增大，第三管束的前几排管子可能变为上升管；反之，负荷较低时，第二管束的后几排管子就可能变为下降管。因此，在布置循环回路时，循环工况随负荷变化的管子应与上锅筒的水空间相接，并尽可能接近锅筒底部，以保证水循环的安全性。

 思考题

1. 锅炉水循环由哪些基本单元构成？水循环的良好与否为什么对锅炉安全运行有重大意义？
2. 自然循环运动压头如何产生？何为水循环的运动压头？何为有效压头？
3. 循环倍率和循环流速的定义是什么？为什么说它们是水循环的重要指标？
4. 随着含汽率增加，循环流速有怎样的变化规律？为什么会有这种规律？
5. 界限循环倍率的定义是什么？水循环工作点如何确定？
6. 锅炉工质的加热、蒸发和过热阶段的吸热比例，随锅炉蒸汽压力如何变化？试绘制一张工质焓

i 与压力 p 的关系图并加以说明。

7. 不同工质压力下，加热、蒸发和过热阶段的吸热分别在锅炉哪些受热面内完成？

8. 锅炉的辐射受热面有哪些？各有什么作用？锅炉水冷壁有哪些类型？各有什么特点？

9. 详细说明自然循环锅炉的蒸发受热面系统的构成和工质流程。

10. 辐射式过热器都有哪些类型？结构布置有何特点？

11. 屏式过热器都有哪些分布类型？传热方式有何不同？

12. 对流受热面都有哪些类型？说明其在锅炉中的布置位置。

13. 省煤器的作用是什么？有哪些类型？不同类型的省煤器适用于什么条件？

14. 空预器的作用是什么？有哪些类型？不同类型的空预器各有什么特点？

15. 回转式空预器存在哪些漏风？如何减少漏风？

16. 什么是低温腐蚀？如何减轻空预器的低温腐蚀？

17. 具有双锅筒的水管锅炉，锅筒的横放与纵放各有什么特点？

参考文献

[1] 樊泉桂，阎维平，闫顺林，等．锅炉原理．北京：中国电力出版社，2014.
[2] 周强泰，周克毅，冷伟，等．锅炉原理．北京：中国电力出版社，2013.
[3] 冯俊凯，沈幼庭，杨瑞昌．锅炉原理及计算．3 版．北京：科学出版社，2003.
[4] 吴味隆．锅炉及锅炉房设备．5 版．北京：中国建筑工业出版社，2014.
[5] 李之光，梁耀东，牛全正，等．工业锅炉现代设计与开发．北京：中国质检出版社，中国标准出版社，2011.

燃烧烟气受热面换热计算

燃烧设备热力计算的目的是确定燃烧产物和工质在流经各受热面时的压力、温度和流量等参数，为燃烧设备的设计或校核提供依据，包括设备本体热力计算和辅助热力计算两部分。根据热交换方式的不同，燃烧设备本体热力计算又可分为炉膛辐射传热计算和对流受热面传热计算两部分。辅助热力计算包括燃料的燃烧计算和热平衡计算，辅助热力计算是本体热力计算的基础。根据热力计算方法的不同，可分为设计计算和校核计算。设计计算是针对新设备的设计制造开展的热力计算；当现有设备出现燃料种类或成分发生变更、受热面改造、运行方式发生改变等情况时，需开展校核计算以确定新情况下的参数变化。

燃烧设备的本体热力计算均以辐射、对流和热传导为理论依据，尽管如此，当燃烧设备（室燃炉、流化床和层燃炉）或燃料种类（气体、液体和固体燃料）不同时热力计算方法也存在或多或少的差异。本章将以应用最为广泛的电站煤粉锅炉为例，分别介绍炉膛辐射传热和对流换热计算的基本方法[1-5]。

10.1 辐射受热面热力计算

10.1.1 炉内辐射传热的特点

燃料进入炉膛后被瞬间点燃，燃料中几乎所有的化学能以热能的形式释放出来，并将燃烧产物迅速加热至极高的温度。例如，常规煤粉炉膛的火焰温度可达 1500～1600℃。因此，在高温和大空间的炉膛内部，辐射传热是主要的热交换方式；相反，由于炉膛截面积很大，炉内烟气流速低，对流换热占比很小，甚至可以忽略不计。

10.1.1.1 炉膛换热的主要任务

炉膛的主要功能是为燃料提供良好的燃烧环境，并通过辐射受热面吸收燃烧释放的部分热能，使烟气离开炉膛时，烟温低于灰软化温度，避免烟气进入炉膛后的对流管束时发生受热面结渣的现象。

因此，炉膛热力计算以炉膛出口截面上的平均烟气温度为核心。在炉膛的设计计算中，根据给定的燃料种类确定合适的炉膛出口烟气温度，再根据出口烟气温度和锅炉负荷大小计算炉内受热面的数量；校核计算则是在已知炉内受热面布置数量的情况下，计算炉膛出口烟气温度。

10.1.1.2 炉膛换热计算的复杂性

在炉膛内，燃料的燃烧和传热是一个极其复杂的过程，原因有以下几方面：

① 炉内燃烧和换热涉及燃烧热化学和动力学、辐射和对流换热、固体颗粒-气体复杂两相流动等多个物理场，每一个物理场的求解都充满了挑战，而炉内燃烧和换热是多个物理场耦合的结果；

② 燃烧灰分在辐射受热面的沉积对辐射换热产生显著的影响，且影响的显著程度和积灰的部位、积灰的厚度都有关，这也是极难定量分析的过程；

③ 炉膛本身结构复杂，火焰温度分布不均匀，火焰的辐射特性不易确定。

正是由于过程极其复杂且影响因素众多，基于纯数学方法描述物理化学过程的炉膛换热计算方法尚未进入工程实用阶段。目前国内外所广泛采用的方法，是依靠大量工程试验所积累的经验数据，并在此基础上建立起符合工程实用的计算方法。

迄今为止，国内外的大型锅炉制造商通过长期的工程实践和经验积累，各自开发了行之有效的工程计算方法。尽管不同的计算方法差别很大，但所遵循的基本思路是一致的，包括简化的炉膛辐射换热物理模型，依靠先进测试手段获取的大量工程数据及其总结的经验参数，和先进的数值计算技术等。随着锅炉技术的不断发展，各种工程计算方法也在不断地改进和完善。本章所介绍的炉膛热力计算方法，重点围绕计算的基本原理、过程和规定，详细的细节可参考有关技术手册和计算标准。

10.1.1.3 炉膛工作过程的简化

在我国现行的工程计算方法中，对炉内复杂的工作过程做了以下简化。

① 将炉内的燃烧过程和换热过程分开考虑。尽管炉内燃烧与换热密切相关、不可分割，但如果将二者同时考虑，将极大增加工程计算的复杂程度，使后续的炉膛热力计算过程举步维艰。因此，人为将换热与燃烧分开，再进行后续分析，是首要开展的简化过程，即在炉膛换热计算中，认为燃料通过燃烧器进入炉膛的瞬间即完成了燃烧过程，并且达到了绝热燃烧温度，同时，通过经验系数的方式来考虑燃烧工况对炉膛换热的影响。

② 假设炉内换热主要以辐射换热方式进行。如前所述，炉膛截面积大，烟气流速低，对流换热并不突出，其份额不足 5%；相反，在大空间、高温环境下，辐射换热则非常突出。因此，忽略对流换热，将炉膛换热计算按纯辐射换热的方式计算是合理的假设。

③ 辐射换热按照火焰平均温度进行计算。火焰温度对炉内辐射换热起到决定性的作用，但实际的炉内温度场分布很不均匀，换热计算难度极大。为简化计算，必须将炉内火焰温度看作是均匀的，按照火焰平均温度进行近似计算，并通过引入经验系数来纠正火焰均匀化带来的计算偏差。

④ 规定炉膛辐射受热面及火焰面为灰体。灰体是一种理想的换热表面，通过灰体假设，可将传热学理论中的有效辐射概念直接应用于炉内辐射换热，从而大大简化了计算的复杂程度。辐射受热面作为固体表面，具有连续辐射光谱，按照灰体处理是合理的。而火焰面是固体颗粒（飞灰和焦炭颗粒）和烟气组分的混合物，其中固体颗粒也具有连续辐射光谱，可视为灰体。烟气组分中的 N_2 和 O_2 是辐射透明体，对辐射并无影响，因此与波长也没有关系；

烟气组分中的三原子气体主要有 CO_2、SO_2 和水蒸气，它们的辐射与辐射吸收及波长有关。然而，在炉膛火焰温度范围内（<2000K），热辐射波长位于红外区域（$0.76 \sim 20\mu m$），三原子气体对辐射的吸收系数随波长变化较小。因此，火焰面按照灰体处理并不会产生很大误差，同样可通过引入经验系数加以修正。

10.1.1.4 炉膛辐射换热的基本物理模型

在以上合理假设和简化的基础上，可得到目前工程计算方法中所采用的炉膛辐射计算基本物理模型。如图 10-1 所示，简化前炉膛火焰为复杂结构，简化后成为与炉膛内壁无限接近的灰体表面。火焰面和炉膛壁面间的辐射换热可近似为两个无限大平行灰体平面间的辐射换热，即"双灰体模型"。火焰面参数包括平均火焰温度 T_{hy}、火焰黑度 a_{hy} 和火焰面积 F_{hy}；炉膛水冷壁投影面是接受火焰辐射的表面，称为炉膛辐射壁面，其参数包括壁面平均温度 T_b、壁面黑度 a_b 和壁面面积 F_l，其中 $F_l = F_{hy}$。

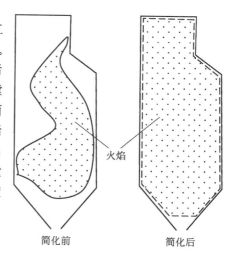

火焰

简化前　　　　　简化后

图 10-1 简化前后的炉膛燃烧模型

10.1.2　炉膛辐射换热基本方程

基于图 10-1 中简化的炉膛换热基本物理模型，并结合辐射换热理论以及炉内热平衡理论，可分别得到炉膛换热方程和热平衡方程。高温烟气与辐射受热面间的辐射换热方程为：

$$B_j Q_f = \sigma_0 a_s F_l (T_{hy}^4 - T_b^4) \tag{10-1}$$

$$a_s = \frac{1}{\dfrac{1}{a_{hy}} + \dfrac{1}{a_b} - 1} \tag{10-2}$$

高温烟气在炉内放热的热平衡方程为：

$$B_j Q_f = \varphi B_j (Q_l - h_l'') = \varphi B_j \overline{Vc_p}(T_a - T_l'') \tag{10-3}$$

式中，σ_0 为斯蒂芬-玻尔兹曼常数，$kW/(m^2 \cdot K^4)$，取值为 $5.67 \times 10^{-11} kW/(m^2 \cdot K^4)$；$a_s$，$a_{hy}$ 和 a_b 分别为炉膛系统黑度、火焰黑度和炉膛壁面黑度；Q_f 为以 1kg 计算燃料量为基准的辐射换热量，kJ/kg；F_l 为炉内辐射换热壁面面积，m^2；T_{hy} 和 T_b 分别为火焰温度和炉膛壁面温度，K；φ 为考虑炉膛散热损失的保热系数；Q_l 为以 1kg 计算燃料为基准送入炉膛内的有效热量，包括燃烧用空气带入的热量，kJ/kg；h_l'' 为炉膛出口截面上燃烧产物的焓，kJ/kg；$\overline{Vc_p}$ 为燃烧产物平均比热容，$kJ/(kg \cdot K)$；T_a 和 T_l'' 分别为理论燃烧温度和炉膛出口烟气温度，K。

综合式(10-1) 和式(10-3) 可得炉膛换热基本方程，即：

$$\sigma_0 a_s F_l (T_{hy}^4 - T_b^4) = \varphi B_j \overline{Vc_p}(T_a - T_l'') \tag{10-4}$$

根据上式可以达到炉膛换热计算的主要目的，即当炉膛出口烟温 T_l'' 已知时，可确定炉膛所需的辐射换热面积 F_l（设计计算）；或者，当辐射换热面积已知时，可确定炉膛出口烟温（校核计算）。式中，相关参数如 φ、B_j、a_{hy}、T_a 和 $\overline{Vc_p}$ 等可以根据炉膛热力计算初始条件计算得到；但炉膛壁面黑度 a_b、壁面温度 T_b 和火焰温度 T_{hy} 等参数却极难确定。因此，以式(10-4) 当前的形式无法直接用于炉膛换热计算，需根据辐射传热基本理论对该式做适当的变换，即通过引入其他容易由实验方法确定的参数来代替上述极难确定的参数。

新引入的参数为水冷壁热有效系数 ψ，定义为受热面的吸热量与投射到炉壁上的热量的比值，即：

$$\psi = \frac{受热面的吸热量}{投射到炉壁上的热量} \tag{10-5}$$

炉膛壁面的有效辐射 J_b 为本身辐射 εE_b 与反射辐射 ρG 之和，三者关系如图 10-2(a) 所示，即：

$$J_b = \varepsilon E_b + \rho G = \varepsilon_b E_b + (1-a_b)G \tag{10-6}$$

式中，ε_b 为壁面辐射率；E_b 为同温度下黑体辐射力，kW/m^2；G 为投射辐射，kW/m^2；ρ 为壁面反射率；a_b 为壁面黑度。

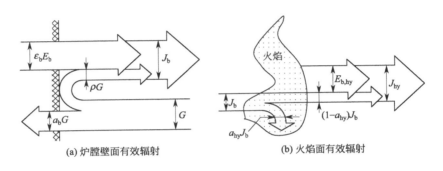

(a) 炉膛壁面有效辐射   (b) 火焰面有效辐射

图 10-2 炉膛壁面有效辐射与火焰面有效辐射

根据灰体有效辐射理论，炉膛内灰体辐射壁面的辐射率和吸收率相等，投射辐射 G 实际上为火焰的有效辐射 J_{hy}，因此式(10-6) 可写为：

$$J_b = a_b E_b + (1-a_b)J_{hy} \tag{10-7}$$

火焰的有效辐射 J_{hy} 包含火焰本身辐射 $E_{b,hy}$，以及炉膛有效辐射 J_b 被火焰吸收后穿过火焰投射到对面炉壁的部分 $(1-a_{hy})J_b$，其关系如图 10-2(b) 所示：

$$J_{hy} = E_{b,hy} + (1-a_{hy})J_b \tag{10-8}$$

根据水冷壁热有效系数 ψ 的定义，炉膛受热面的吸热量可用火焰和水冷壁间的辐射换热量表示；投射到炉壁上的热量可用火焰的有效辐射热量表示，因此 ψ 可写为：

$$\psi = \frac{火焰和水冷壁间的辐射换热量}{火焰的有效辐射热量} \tag{10-9}$$

其中，火焰与水冷壁间的单位面积辐射换热量 q_f（kW/m^2）为火焰与水冷壁有效辐射热的差值，即：

$$q_f = J_{hy} - J_b \tag{10-10}$$

因此式(10-9) 可写为：

$$\psi = \frac{J_{hy} - J_b}{J_{hy}} \tag{10-11}$$

根据辐射换热理论，火焰的本身辐射为：$\quad E_{b,hy} = a_{hy}\sigma_0 T_{hy}^4 \tag{10-12}$

由式(10-11) 可得：$\quad J_b = (1-\psi)J_{hy} \tag{10-13}$

将式(10-13) 代入式(10-8) 并整理后可得:

$$J_{hy} = \frac{\sigma_0 a_{hy} T_{hy}^4}{a_{hy} + \psi(1 - a_{hy})} \tag{10-14}$$

上式可改写为:

$$J_{hy} = a_l \sigma_0 T_{hy}^4 \tag{10-15}$$

其中:

$$a_l = \frac{a_{hy}}{a_{hy} + \psi(1 - a_{hy})} \tag{10-16}$$

式中,a_l 定义为炉膛黑度。

对比式(10-15) 和式(10-12) 可以看出,火焰有效辐射在数值上相当于某一表面的本身辐射,该表面温度为火焰平均温度,表面黑度为炉膛黑度 a_l。

由式(10-11) 和式(10-15),可将炉膛内辐射换热量表示为:

$$B_j Q_f = F_l (J_{hy} - J_b) = F_l \psi J_{hy} = F_l \psi a_l \sigma_0 T_{hy}^4 \tag{10-17}$$

联合式(10-4) 和式(10-17),炉内辐射换热基本方程变为:

$$F_l \psi a_l \sigma_0 T_{hy}^4 = \varphi B_j \overline{V c_p} (T_a - T_l'') \tag{10-18}$$

可以看出,通过引入炉膛黑度 a_l 和水冷壁热有效系数 ψ,避免了直接确定 T_b 和 a_b 的困难;影响炉膛辐射换热的主要因素为火焰平均温度 T_{hy}、辐射受热面面积 F_l、水冷壁热有效系数 ψ 和炉膛黑度 a_l。

10.1.3 基于相似理论的炉内辐射传热计算方法

国内常用的炉内辐射换热计算方法是在式(10-18) 的基础上,通过对火焰温度的近似表述,应用相似理论所得到的半经验关联式,进行炉膛出口烟气温度 T_l''(校核计算)或炉内辐射面积 F_l 计算 (设计计算)。

绝热火焰温度 T_a (或称为理论燃烧温度),是指绝热条件下燃料完全燃烧所释放的热量全部用于加热烟气时,烟气所能达到的温度。由于锅炉散热损失和烟气组分高温解离等情况是无法避免的,因此燃料燃烧无法达到理论燃烧温度,即炉内火焰平均温度 T_{hy} 一定是介于理论燃烧温度 T_a 和炉膛出口烟气温度 T_l'' 之间,三者间的关系与燃烧和传热过程有关。利用 T_a 对炉内火焰平均温度和炉膛出口烟气温度进行无量纲化,并通过引入两个经验参数,使得无量纲的平均火焰温度 θ_{hy} 可用无量纲的炉膛出口烟气温度 θ_l'' 来表示,即:

$$\theta_{hy} = c (\theta_l'')^n \tag{10-19}$$

式中,c 和 n 为经验参数,通过大量工程试验和数据总结获得。

所谓无量纲的 θ_{hy} 和 θ_l'',即:

$$\theta_{hy} = \frac{T_{hy}}{T_a} \tag{10-20}$$

$$\theta_l'' = \frac{T_l''}{T_a} \tag{10-21}$$

将炉内辐射换热基本方程式(10-18) 中的火焰平均温度和炉膛出口温度进行无量纲化,并引入式(10-19) 可得:

$$\frac{a_l c}{Bo} \theta_l''^{4n} + \theta_l'' - 1 = 0 \tag{10-22}$$

$$Bo = \frac{\varphi B_j \overline{V c_p}}{\sigma_o \psi F_l T_a^3} \tag{10-23}$$

式中，Bo 为玻尔兹曼特征数。

由式(10-22) 可知，无量纲的炉膛出口烟气温度是 Bo、a_l、c 和 n 的函数，即：

$$\theta''_l = f\left(\frac{T_{hy}}{T_a}, n, c\right) \tag{10-24}$$

θ''_l 与玻尔兹曼特征数和炉膛黑度的关系如下：

$$\theta''_l = \frac{Bo^{0.6}}{Ma_l^{0.6} + Bo^{0.6}} \tag{10-25}$$

式(10-25) 是在大量工程试验和数据总结的基础上获得的。式中，M 为经验系数，与燃料的性质、燃烧器布置的相对高度、燃烧方法、炉内火焰平均温度和理论燃烧温度的关系等因素相关。当需要计算炉膛出口烟气温度时，式(10-25) 可改写为如下形式：

$$T''_l(K) = \frac{T_a}{M\left(\dfrac{\sigma_0 a_l \psi F_l T_a^3}{\varphi B_j \overline{Vc_p}}\right)^{0.6} + 1} \tag{10-26}$$

当需要计算水冷壁面积时，可改写为以下形式：

$$F_l(m^2) = \frac{\varphi B_j \overline{Vc_p}}{\sigma_0 a_l \psi T_a^3}\left[\frac{1}{M}\left(\frac{T_a}{T''_l} - 1\right)\right]^{5/3} \tag{10-27}$$

该式是《锅炉机组热力计算标准方法》（1973 年）的推荐方法，是基于容量 400t/h 以下的试验数据总结获得的。值得注意的是，式(10-26) 为隐式方程，因为 $\overline{Vc_p}$ 和炉膛黑度 a_l 中的火焰黑度 a_{hy} 均为炉膛出口烟气温度 T''_l 的函数。必须采用迭代法，先假设一个 T''_l 值，再通过式(10-26) 得到 T''_l 的计算值。如果 T''_l 的假设值和计算值相差绝对值超过 100℃，则重新假设 T''_l，并重复以上过程。《锅炉机组热力计算标准方法》规定，T''_l 的假设值和计算值相差绝对值必须小于 100℃才能满足设计要求。

10.1.4 炉膛受热面的辐射特性

在燃用固体燃料时，炉膛辐射受热面会不同程度地被燃烧产物中的焦炭和飞灰等固体颗粒所污染，其污染的程度与炉膛结构、燃料特性和燃烧工况等因素都有关联。当受热面被灰垢污染时，炉内的辐射换热实际上是高温火焰与灰垢层之间的换热，灰垢外表面温度将高于金属管壁外表面温度，影响受热面的辐射特性。如前所述，炉内结垢特性极其复杂，难以定量计算和分析。在本章所述的计算方法中，通过引入水冷壁热有效系数 ψ 和沾污系数 ζ 来考虑炉内灰垢对辐射换热的影响。

根据式(10-7) 所示的壁面有效辐射方程，将黑体辐射方程和火焰有效辐射方程式(10-15) 代入式(10-7)：

$$J_b = a_b \sigma_0 T_b^4 + (1 - a_b)a_l \sigma_0 T_{hy}^4 \tag{10-28}$$

对于洁净的辐射受热面，壁面温度 T_b 为金属表面温度，在管内工质的冷却作用下，$T_b \ll T_{hy}$，且 a_b 接近于 1，因此 J_b 相比 J_{hy} 要小得多。根据式(10-11)，当忽略 J_b 时，水冷壁热有效系数 $\psi = 1$。考虑到受热面的角系数 x，则火焰的有效辐射能够投射到受热面的部分为 xJ_{hy}，因此有 $\psi = x$。

当炉膛辐射受热面被污染时，金属外壁积有灰垢，辐射换热能力减弱。且污染越严重，辐射换热能力越弱。此时灰垢层外表面温度较洁净受热面外壁温度要高得多，且灰垢层的吸收率也小于金属壁面，J_b 大幅增加。因此，为修正忽略 J_b 所带来的误差，引入表征辐射受热面污染程度的沾污系数 ζ 进行修正。

沾污系数 ζ 定义为火焰投射到水冷壁的热量最终被水冷壁所吸收的份额，即：

$$\zeta = \frac{受热面的吸热量}{投射到受热面上的热量} \tag{10-29}$$

ζ 越大表明受热面污染越轻；反之，则污染越严重。

水冷壁角系数 x 定义为：

$$x = \frac{投射到受热面的热量}{投射到炉壁的热量} \tag{10-30}$$

沾污系数、角系数和热有效系数从不同角度描述了炉膛受热面的辐射特性，它们之间的相互关系为：

$$\psi = \zeta x \tag{10-31}$$

显然，当 $\zeta = 1$ 时有 $\psi = x$，即为洁净受热面的热有效系数。炉内有效辐射热可直接测量获得，进而可获得 ψ 的计算值，角系数 x 也可以根据受热面的结构尺寸参数进行计算。这样就可通过工程试验获得大量的 ζ 值供设计计算参考用，如表 10-1 所列为沾污系数的参考值，它与燃烧工况、燃料性质以及水冷壁结构等因素相关。

表 10-1　沾污系数参考值

水冷壁结构	燃料种类		沾污系数
光管水冷壁或膜式水冷壁	气体燃料		0.65
	重油		0.55
	煤粉炉	无烟煤（飞灰可燃物含量≥12%）	0.45
		贫煤（飞灰可燃物含量≥8%）	
		烟煤和褐煤	
		无烟煤（飞灰可燃物含量<12%）	0.35
		贫煤（飞灰可燃物含量<8%）	
固态排渣炉覆盖耐火涂料的水冷壁	所有燃料		0.20
固态排渣炉覆盖耐火砖的水冷壁	所有燃料		0.10

注：如水冷壁可有效吹灰，基本不结渣时，ζ 可提升 $0.03 \sim 0.05$。

当炉膛受热面中局部覆盖有耐火材料时（如卫燃带），ζ 的平均值按下式计算：

$$\zeta = \frac{\zeta_1 F_{11} + \zeta_2 F_{12}}{F_{11} + F_{12}} \tag{10-32}$$

式中，F_{11} 和 F_{12} 分别为未覆盖及覆盖耐火材料的受热面积，m^2；ζ_1 和 ζ_2 分别为未覆盖及覆盖耐火材料受热面的沾污系数。

10.1.5　火焰黑度的确定

炉膛黑度 a_l 是炉膛辐射换热计算的重要参数之一，根据式（10-16）计算 a_l 需首先计算火焰黑度 a_{hy}。

10.1.5.1　火焰黑度

火焰黑度表征了炉膛内高温烟气的辐射能力，因高温烟气组分的复杂性、烟气温度和组分分布的不均匀性，实际的高温火焰辐射是一个非常复杂的现象。为简化这一复杂问题，首先，假设火焰的温度和组分是均匀分布的，即火焰黑度按照平均温度处理；其次，将辐射传热理论中求解气体单色辐射黑度的贝尔定律，近似地应用于多组分、非单色辐射的高温烟气，即：

$$a_{hy} = 1 - e^{kps} \qquad (10\text{-}33)$$

式中，k 为炉内介质的辐射减弱系数，为烟气中气体和固体介质减弱系数的代数和，$1/(\text{m} \cdot \text{MPa})$；$p$ 为炉膛中的火焰压力，MPa，对于微负压燃烧的炉膛可近似取 $p = 0.1\text{MPa}$；s 为有效辐射层厚度，m。

由上式可知，要计算火焰黑度，核心是要计算辐射减弱系数，而辐射减弱系数又与火焰成分有关。炉膛火焰可以分为单原子气体和对称结构的双原子气体，三原子气体和水蒸气，以及固体颗粒三部分。其中，单原子气体和对称结构的双原子气体在温度低于 2000K 时没有辐射和吸收能力；三原子气体和水蒸气具有辐射和吸收能力，但其火焰肉眼不可观测，称为"不发光火焰"；烟气中的固体颗粒主要有炭黑颗粒、焦炭颗粒与灰粒等，具有固体辐射的特点，使火焰发光，称为"发光火焰"。

10.1.5.2 气体与液体燃料火焰黑度的计算

尽管气体和液体燃料中通常极少含有固体颗粒，但它们燃烧过程中不可避免地会产生一定浓度的炭黑颗粒。因此，气体和液体燃烧火焰也分为发光和不发光火焰，并可按下式计算火焰黑度：

$$a_{hy} = m a_{fg} + (1 - m) a_q \qquad (10\text{-}34)$$

式中，a_{fg} 为发光火焰黑度；a_q 为三原子气体和水蒸气（即不发光火焰）的火焰黑度；m 为火焰发光系数，表示火焰发光部分充满炉膛的份额。

由于液体燃料较气体燃料更容易产生炭黑颗粒，其发光程度也显著高于气体燃料。当炉膛容积热负荷 $q_v \leqslant 400 \times 10^3 \text{W/m}^3$ 时，气体和液体燃料的 m 值分别取 0.1 和 0.5；当 $q_v \geqslant 1.16 \times 10^6 \text{W/m}^3$ 时，气体和液体燃料的 m 值分别取 0.6 和 1；当 q_v 处于两者之间时，采用线性内插法确定 m 值。

发光火焰黑度 a_{fg} 的计算式如下：

$$a_{fg} = 1 - e^{-(k_c + k_q)ps} \qquad (10\text{-}35)$$

式中，k_c 为炭黑颗粒辐射减弱系数，$1/(\text{m} \cdot \text{MPa})$；$k_q$ 为三原子气体和水蒸气的总辐射减弱系数。

k_c 和 k_q 的计算式如下：

$$k_c = 0.3 \times (2_l - a_l'') \left(1.6 \frac{T_l''}{1000} - 0.5 \right) \frac{\text{C}_{ar}}{\text{H}_{ar}} \qquad (10\text{-}36)$$

$$k_q = 10.2 \times \left(\frac{0.78 + 1.6 r_{H_2O}}{\sqrt{10.2 p r_n s}} - 0.1 \right) \left(1 - 0.37 \frac{T_l''}{1000} \right) r_n \qquad (10\text{-}37)$$

式中，r_{H_2O} 为烟气中水蒸气的容积份额；r_n 为三原子气体的总容积份额。

不发光火焰黑度 a_q 可按下式计算：

$$a_q = 1 - e^{-k_q ps} \qquad (10\text{-}38)$$

10.1.5.3 煤粉火焰黑度的计算

煤粉燃烧火焰中具有辐射能力的介质包括灰粒、焦炭颗粒、三原子气体和水蒸气，其中灰粒辐射力占火焰总辐射力的 40%～60%，焦炭占 25%～30%。和气体及液体燃料燃烧火焰黑度计算方法不同，在我国锅炉热力计算所推荐的煤粉火焰黑度计算方法中，将火焰中所有辐射成分的贡献合并在一个总的辐射减弱系数中考虑。火焰黑度按照式(10-33) 计算，总的辐射减弱系数 k 按下式计算：

$$k = k_q + k_h + k_t \tag{10-39}$$

其中，k_q 为三原子气体和水蒸气的总辐射减弱系数，按照式(10-37) 计算。k_h 为灰粒的减弱系数，其影响因素主要包括烟气中的灰浓度及灰颗粒直径，按下式计算：

$$k_h[1/(\text{m} \cdot \text{MPa})] = \frac{43850\rho_y}{\sqrt[3]{T_l''^2 d_{pj}^2}}\mu \tag{10-40}$$

式中，ρ_y 为烟气密度，kg/m^3；d_{pj} 为灰粒的平均直径，μm；μ 为灰粒浓度，kg/m^3。煤粉炉灰分和焦炭颗粒的平均直径分别由表 10-2 和表 10-3 查取。

表 10-2　固态排渣煤粉炉灰分颗粒平均尺寸

磨煤机类型	燃料	$d_{pj}/\mu\text{m}$
筒式钢球球磨机	无烟煤	8～10
	贫煤	10～13
	烟煤	14
中速磨煤机	烟煤	11～13
锤式磨煤机	褐煤	15～28

表 10-3　煤粉炉焦炭颗粒平均尺寸

燃料	$d_{pj}/\mu\text{m}$
无烟煤	24
烟煤	38
褐煤	70

火焰中的焦炭颗粒具有强烈的发光性，影响其减弱系数的主要因素为焦炭颗粒浓度，而焦炭颗粒浓度又与燃料种类及燃烧方式有关。因此，计算焦炭颗粒减弱系数需综合考虑以上各因素的影响，即：

$$k_t[1/(\text{m} \cdot \text{MPa})] = 10x_1x_2 \tag{10-41}$$

式中，x_1 为燃料种类影响系数，无烟煤和贫煤取 1，褐煤和烟煤等高挥发分煤取 0.5；x_2 为燃烧方式影响系数，煤粉炉取 0.1，层燃炉取 0.03。

10.1.5.4　炉膛火焰有效辐射层厚度的计算

火焰有效辐射层厚度即火焰辐射平均射线程长，它的大小与火焰容积的形状和尺寸有关。对于炉膛火焰，其有效辐射层厚度按照下式计算：

$$s = 3.6\frac{V_l}{F_l} \tag{10-42}$$

式中，V_l 为炉膛容积，m^3；F_l 为炉膛包覆面积，m^2。

10.1.6　火焰中心位置修正系数

上述各炉膛辐射换热计算式的推导是假设炉膛内部温度和成分分布处处相同。这一假设与炉膛内真实的火焰情况有很大差别，实际上，火焰温度沿炉膛深度、宽度和高度方向都是变化的。沿炉膛任一高度截面，都是靠近截面中心的温度较高，而四周温度较低。图 10-3 所示为沿炉膛横截面方向的火焰温度场分布。火焰温度沿炉膛高度方向的变化则更加显著，图 10-4 所示为一台 800MW 煤粉锅炉炉内无量纲火焰温度 θ 随无量纲高度 X 的变化（即测量点高度与炉膛高度的比值）。可以看出，火焰温度大约在燃烧器布置区域最高，此后温度沿炉膛高度而逐渐下降。

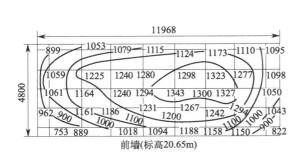

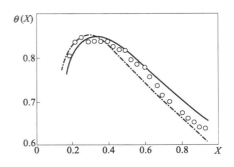

图 10-3　炉膛横截面火焰温度场示例　　　　图 10-4　无量纲火焰温度沿炉膛高度的变化

基于火焰温度变化对辐射换热的重要影响，炉膛辐射换热计算式（10-25）中引入的系数 M，其作用是用于修正沿炉膛高度方向温度最大值的相对位置对炉膛辐射换热的影响。M 是炉膛热力计算重要的修正系数之一，对计算结果有很大影响。M 值的大小可按下式计算：

$$M = A - B(x_r - \Delta x) \tag{10-43}$$

$$x_r = h_r/h_l \tag{10-44}$$

式中，A 和 B 是与燃料种类和炉膛结构有关的经验系数，按表 10-4 查取；x_r 为燃烧器的相对高度；Δx 为火焰最高点的相对位置修正系数，其值按表 10-5 查取；h_l 为炉膛高度，即从炉膛底部（平炉底的炉膛）或冷灰斗中间平面（炉底为冷灰斗的炉膛）至炉膛出口烟窗中部的高度，m；h_r 为燃烧器的布置高度，即从炉膛底部或冷灰斗中间平面至燃烧器轴线的高度，m。

表 10-4　M 计算关联式中 A 和 B 的取值

燃料	开式炉膛		半开式炉膛	
	A	B	A	B
气体、重油	0.54	0.2	0.48	0
高反应性能固体燃料	0.59	0.5	0.48	0
无烟煤、贫煤和多灰燃料	0.56	0.5	0.46	0

表 10-5　M 计算关联式中 Δx 的取值

燃烧器类型		Δx
水平、四角切向布置燃烧器		0
前墙或对冲布置煤粉燃烧器	$D > 420\text{t/h}$	0.05
	$D \leqslant 420\text{t/h}$	0.1
摆动燃烧器向上下摆动±20°		±0.1

当燃烧器布置有多层时（如图 10-5 所示），h_r 按照下式计算，即：

$$h_r = \frac{\sum_{i=1} n_i B_i h_{ri}}{\sum_{i=1} n_i B_i} \qquad (10\text{-}45)$$

式中，B_i 为第 i 层燃烧器的燃煤量，kg/s；h_{ri} 为第 i 层燃烧器的布置高度，m；n_i 为第 i 层燃烧器的数量。

10.1.7 炉膛辐射换热其他相关参数的计算

10.1.7.1 炉膛容积和炉壁面积

（1）炉膛容积 V_l

为计算火焰有效辐射层厚度等参数，需要确定炉膛容积和炉壁面积。炉膛容积按图 10-6 所示阴影范围确定，容积边界是水冷壁管中心线所在的平面，或者耐火绝缘层的向火面。炉膛容积的出口边界为凝渣管最左侧第一排管子的中心线平面；当炉膛上部布置了屏式受热面，则炉膛容积要扣除屏区的容积，如图 10-6(a)～(d)所示；当屏式受热面按图 10-6(e) 和（f）所示方式布置时，则炉膛容积应包含屏间容积。

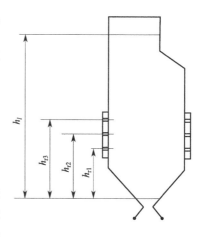

图 10-5 煤粉燃烧器标高示意图

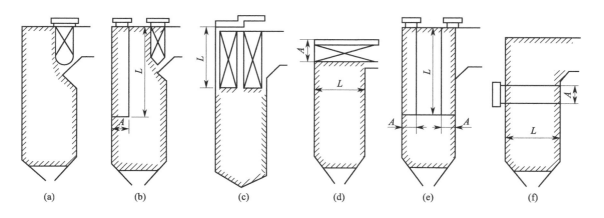

图 10-6 不同结构炉膛的容积确定方法

（2）炉壁面积 F_l

对于膜式水冷壁，炉壁面积按包覆炉膛容积的表面积计算，它也是炉壁受热面接受火焰辐射的表面积。当水冷壁为双面曝光的光管水冷壁时，则以管子中心线间的距离和曝光长度乘积的两倍作为相应的炉壁面积，对于双面曝光的屏式受热面也是同样的计算方法。

10.1.7.2 炉壁的有效辐射面积

一般情况下，炉壁有效辐射面积 H_l 和炉壁面积 F_l 并不相等，H_l 的计算式如下：

$$H_l = x F_l \qquad (10\text{-}46)$$

式中，x 为角系数，对于光管水冷壁，角系数是炉内辐射受热面金属几何结构的函数，即：

$$x = f\left(\frac{s}{d}, \frac{e}{d}\right) \tag{10-47}$$

式中，s 为管节距；e 为管中心线距炉墙的距离；d 为管子外径。

通过查图 10-7 可以查找对应的角系数值。对于采用膜式水冷壁的受热面，不论管子节距多大，角系数均为 1。

在炉膛壁面的不同位置，角系数大小可能不同，此时炉膛的总有效辐射面积可按下式确定：

$$H = \sum_{i=1}^{n} F_i x_i \tag{10-48}$$

则整个炉壁的平均角系数 $\overline{x}$ 为：

$$\overline{x} = \frac{H}{\sum_{i=1}^{n} F_i} \tag{10-49}$$

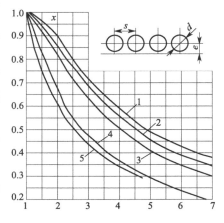

图 10-7 单排光管水冷壁的有效角系数
1—考虑炉墙辐射，$e \geqslant 1.4d$；2—考虑炉墙辐射，
$e = 0.8d$；3—考虑炉墙辐射，$e = 0.5d$；
4—考虑炉墙辐射，$e = 0$；5—不考虑炉墙辐射

炉壁的平均角系数也称为炉膛的水冷程度，现代电站锅炉的水冷程度一般都在 0.95 以上。

10.1.7.3 输入炉膛的有效热量及绝热火焰温度

输入炉膛的有效热量 Q_l 定义为 1kg 计算燃料所带入炉膛的有效热，包括燃料的有效放热和随燃烧空气所带入的热量，计算式为：

$$Q_l = (Q_r - Q_3 - Q_4 - Q_6 + Q_{ky} - Q_{ex})\frac{100}{100 - q_4} = Q_r\left(1 - \frac{q_3 + q_6}{100 - q_4}\right) + (Q_{ky} - Q_{ex})\frac{100}{100 - q_4} \tag{10-50}$$

Q_r 和 Q_{ex} 参照式(8-5)。Q_{ky} 为进入炉膛的燃烧热空气所带入的热量，kJ/kg，按照下式计算：

$$Q_{ky} = (\alpha_l'' - \Delta\alpha_l - \Delta\alpha_{zf})I_{rk} + (\Delta\alpha_l + \Delta\alpha_{zf})I_{lk} \tag{10-51}$$

式中，$\Delta\alpha_l$ 和 $\Delta\alpha_{zf}$ 分别为炉膛漏风系数和制粉系统漏风系数；I_{rk} 和 I_{lk} 分别为进入炉膛的热空气焓和冷空气焓，kJ/kg。

以输入炉膛的有效热量作为火焰的绝热燃烧焓，可以根据燃料燃烧的烟温-焓的对应关系确定理论燃烧温度。

10.1.7.4 燃烧产物的平均比热容

燃烧产物的平均比热容 $\overline{Vc_p}$ 是指烟气温度在理论燃烧温度 T_a 和炉膛出口温度 T_l'' 范围内的烟气比热容平均值，即：

$$\overline{Vc_p} = \frac{Q_l - I_y''}{T_a - T_l''} \tag{10-52}$$

式中，I_y'' 为炉膛出口烟气焓，kJ/kg。

由式(10-52) 可知，计算 $\overline{Vc_p}$ 需已知炉膛出口烟气温度 T_l''，因此通过式(10-26) 计算炉膛出口温度是一个先假设、后迭代，并逐次逼近的计算过程。

10.1.7.5　炉膛平均热负荷

炉膛平均热负荷 q_H 是指单位炉壁有效辐射面积所吸收的炉内辐射热量的平均值，即：

$$q_H(\mathrm{kW/m^2}) = \frac{B_j Q_f}{H_l} \tag{10-53}$$

炉膛平均热负荷的大小也表征了炉膛内温度水平的高低，q_H 过小会导致炉温过低，影响燃料着火和燃烧稳定性；q_H 过大又会导致炉温过高，造成炉壁结渣和水冷壁管金属温度过高。

由于炉膛温度场分布不均，要精确计算某一部分受热面的热负荷难度很大。因此，炉膛热力计算是从整体出发计算平均热负荷，并通过引入热负荷不均匀系数来近似计算炉内某一区段的热负荷。热负荷不均匀系数定义为局部热负荷和平均热负荷的比值。

设系数 η_i 为沿炉膛高度方向的热负荷不均匀系数，则炉膛某一高度区段内的辐射受热面的热负荷为：

$$q_i(\mathrm{kW/m^2}) = \eta_i q_H \tag{10-54}$$

图 10-8 所示为固态排渣煤粉炉沿炉膛高度热负荷不均匀系数的分布规律，可以看出燃烧器附近是热负荷的峰值区域。此外，炉膛的结构形式、燃烧方式、燃料种类、燃烧器数量都会影响热负荷分布。

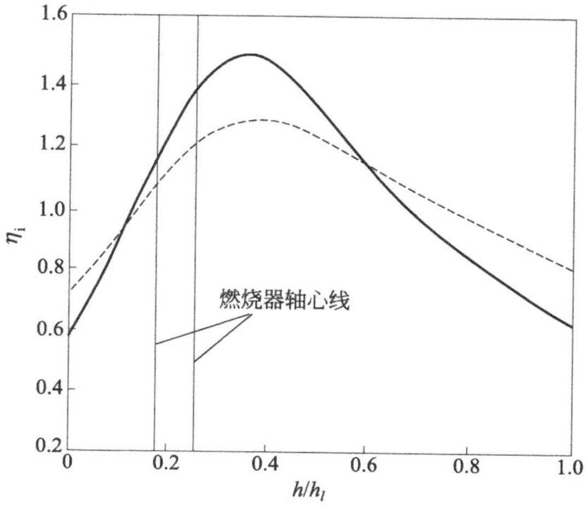

图 10-8　固态排渣煤粉炉沿炉膛高度
热负荷分布不均匀系数
实线—燃用无烟煤、贫煤和烟煤；虚线—燃用褐煤
h—炉膛任意高度；h_l—炉膛总高度

10.1.8　炉膛换热计算的修正方法

大容量锅炉的炉内辐射换热准确性是锅炉行业普遍关注的问题，长期工程应用实践表明，上述计算方法所基于的计算原理和修正方法是合理的，但用于较大容量锅炉的炉膛热力计算时，炉膛出口实际温度与计算值存在较大差别，即炉膛出口烟温的计算值通常比实际值低 $100 \sim 130\,℃$。其可能的原因是：

① 采用"双灰体"模型所带来的误差，尤其将火焰看成灰体的误差影响更大。

② 在对炉内温度场不均匀性的处理中，只考虑了沿炉膛高度方向的不均匀，而忽略了炉膛截面上的温度不均匀。对于大容量锅炉，炉膛截面温度的不均匀将更加突出，从而影响了计算的准确性。

③ 没有直接考虑炉膛几何形状对炉膛出口烟温的影响。

为了克服上述计算方法的不足，提出了若干修正方案，以下简要叙述其中一种供参考。该方案将式(10-26)中的炉膛出口烟温计算公式修正为下式：

$$T_l''(\mathrm{K}) = T_a \left[1 - M \left(\frac{a_l \psi T_a^2}{10800 q_F} \right)^{0.6} \right] \tag{10-55}$$

$$q_F = \frac{B_j Q_l}{F_l} \tag{10-56}$$

式中，q_F 为水冷壁受热面的热负荷，$\mathrm{kW/m^2}$。

10.2 对流受热面换热计算

对流换热计算是针对锅炉对流受热面的热力计算，对于大型电站锅炉，对流受热面包括后屏过热器、高温和低温过热器、对流再热器、省煤器和空预器等。尽管后屏过热器属于半辐射式受热面，但具有对流换热的特点，也一并归到本节介绍。从本书9.5部分中对各类对流式受热面的特点介绍可以知道，各种类型的对流受热面结构和工质流动存在很大差异，但也有共通之处，即均由排列整齐密集的金属换热管组成，这是由对流换热特点所决定的，为了保证有足够的受热面积和烟气流速。除了空预器以外，烟气在其他所有对流受热面中均为管外横向冲刷，这对提高烟气侧对流换热系数是有利的。在这些受热面中，对流是主要的传热方式，但烟气中的固体颗粒、水蒸气以及三原子气体的辐射换热也不能忽略，通常将辐射换热部分折算到对流换热中。

对流受热面的热力计算是基于对流传热理论，为考虑各受热面表面积灰和结垢对换热的影响，在传热计算方程中引入修正系数是十分必要的。这些修正系数同样来自大量的工程实验和数据总结，它们的选取对计算结果的影响是至关重要的，不同国家或锅炉制造厂在锅炉热力计算方法中的区别也主要在于修正系数的选取。本节仅以燃煤锅炉为例，介绍我国电站锅炉行业通用计算方法的基本原理、计算过程和主要规定。

10.2.1 对流受热面热力计算基本方程

对流受热面热力计算基本方程包括对流换热方程和烟气侧与工质侧的热平衡方程，分别从对流换热和热平衡的角度来表达对流受热面的换热量。

10.2.1.1 受热面的对流换热方程

根据对流换热基本理论，以 1kg 计算燃料为基准计算的对流换热量 Q_{con}（kJ/kg）为：

$$Q_{con} = \frac{K \Delta T H}{B_j} \tag{10-57}$$

式中，K 为传热系数，$W/(m^2 \cdot ℃)$；ΔT 为传热温差，$℃$；H 为对流换热面积，m^2；B_j 为锅炉计算燃料量，kg/s。

10.2.1.2 烟气侧热平衡方程

对于锅炉中任何类型的对流受热面，烟气侧的热平衡方程都可按下式计算，即：

$$Q_{con}(kJ/kg) = \varphi(I'_y - I''_y + \Delta \alpha I_{lk}) \tag{10-58}$$

式中，φ 为保热系数；I'_y 和 I''_y 分别为受热面入口及出口截面上的烟气平均焓值，kJ/kg；$\Delta \alpha$ 为该受热面的漏风系数。

10.2.1.3 工质侧热平衡方程

对于布置在不同位置的不同类型受热面，如后屏过热器、省煤器和空预器等，它们的工质吸热量计算方法有所不同。

（1）接受炉膛辐射的半辐射式和对流式受热面

炉膛高温烟气辐射可以通过炉膛出口烟窗向对流受热面投射热量，因此，当受热面布置在靠近炉膛出口位置时就可能会吸收部分来自炉膛的辐射热。这种情况下，工质所吸收的热量包括了烟气对流传热量和炉膛辐射热量。因此，为计算工质的对流吸热量，需通过工质的总吸热量扣除炉膛辐射热量 Q_{rad} 后得到，即：

$$Q_{con} = \frac{D(I'' - I')}{B_j} - Q_{rad} \tag{10-59}$$

式中，D 为工质质量流量，kg/s；I' 和 I'' 分别为受热面入口及出口工质的焓值，kJ/kg。

以后屏过热器为例，假设来自炉膛的烟气辐射热量为 Q'_{rad}，其中一部分被屏所吸收，另有一部分热量将透过屏投射到屏后的受热面上，并假设透射的热量为 Q''_{rad}。此外，屏间的烟气热辐射也会投射到屏后受热面上，用 $Q''_{p,rad}$ 表示。屏区辐射热量的平衡关系如图 10-9 所示。

因此，后屏过热器内工质吸收的炉膛辐射热 Q_{rad} 可按下式计算，即：

$$Q_{rad} = Q'_{rad} - (Q''_{rad} + Q''_{p,rad}) \tag{10-60}$$

其中，来自炉膛的烟气辐射热 Q'_{rad} 由炉膛热力计算确定，即：

$$Q'_{rad}(kJ/kg) = \frac{\beta \eta_i q_H F''_l}{B_j} \tag{10-61}$$

式中，β 为考虑炉膛与屏相互辐射影响的修正系数，按照图 10-10 取值；q_H 为炉膛有效辐射受热面的平均热负荷，kW/m^2；F''_l 为炉膛出口烟窗面积，m^2。

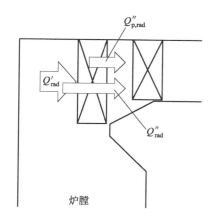

图 10-9　屏区辐射热平衡示意图

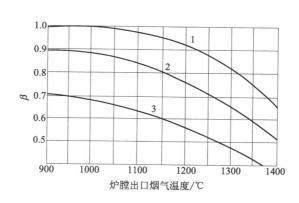

图 10-10　考虑炉膛与屏相互辐射影响的修正系数
1—煤；2—重油；3—天然气

炉膛辐射透射到屏后受热面的热量 Q'_{rad} 按下式计算，即：

$$Q''_{rad}(kJ/kg) = \frac{Q'_{rad}(1-a)x''_p}{\beta} \tag{10-62}$$

式中，a 为屏间烟气的吸收率；x''_p 为屏进口截面对出口截面的角系数。

屏间烟气对屏后受热面的辐射热 $Q''_{p,rad}$ 按下式计算：

$$Q''_{p,rad}(kJ/kg) = \frac{\sigma_0 a F''_p T^4_{pj} \xi_r}{B_j} \tag{10-63}$$

式中，F''_p 为屏的烟气出口面积，m^2；T_{pj} 为屏间烟气的平均温度，K；ξ_r 为燃料种类修正系数，对煤和液体燃料取 0.5，对天然气取 0.7。

（2）布置在水平烟道和尾部烟道中的受热面（除空预器）

除空预器以外，布置在水平烟道和尾部烟道的对流受热面包括过热器、再热器和省煤器，这些受热面不受炉内辐射影响，其吸热量按下式计算，即：

$$Q_{con} = \frac{D(I'' - I')}{B_j} \tag{10-64}$$

（3）空预器

空预器是锅炉中唯一不以水或水蒸气为工质的受热面。假设空预器出口空气侧过量空气系数为 β''_{ky}，空气侧漏到烟气侧的漏风系数为 $\Delta\alpha_{ky}$，则空预器进口空气侧过量空气系数为 $(\beta''_{ky} + \Delta\alpha_{ky})$。因此，空气侧的平均过量空气系数为：

$$\frac{1}{2}(\beta''_{ky} + \beta''_{ky} + \Delta\alpha_{ky}) = \beta''_{ky} + \frac{\Delta\alpha_{ky}}{2} \tag{10-65}$$

空预器中的空气吸热量按下式计算：

$$Q_{con}(kJ/kg) = \left(\beta''_{ky} + \frac{\Delta\alpha_{ky}}{2}\right)(I''_k - I'_k) \tag{10-66}$$

式中，I'_k 和 I''_k 分别为空预器入口及出口截面理论空气焓，kJ/kg。

10.2.2　传热系数计算方法

传热系数是对流受热面热力计算中最为核心的环节，其准确程度直接影响换热计算结果的准确性。除空预器外，对流受热面均采用烟气在管外、工质在管内流动的管式受热面。为简化计算，传热系数按平壁处理，即：

$$K = \frac{1}{\dfrac{1}{\alpha_{1h}} + \dfrac{\delta_h}{\lambda_h} + \dfrac{\delta_b}{\lambda_b} + \dfrac{\delta_{sg}}{\lambda_{sg}} + \dfrac{1}{\alpha_2}} \tag{10-67}$$

式中，α_{1h} 为烟气与管外壁灰垢层之间的传热系数，$W/(m^2 \cdot \text{℃})$；δ_h，δ_b 和 δ_{sg} 分为管外壁灰垢、金属管壁和管内壁水垢的厚度，m；λ_h，λ_b 和 λ_{sg} 分别为管外壁灰垢、金属管壁和管内壁水垢的热导率，$W/(m \cdot \text{℃})$；α_2 为管内工质与管内壁之间的对流换热系数，$W/(m^2 \cdot \text{℃})$。

因此，式(10-67) 中的 $\dfrac{1}{\alpha_{1h}}$、$\dfrac{\delta_h}{\lambda_h}$、$\dfrac{\delta_b}{\lambda_b}$、$\dfrac{\delta_{sg}}{\lambda_{sg}}$ 和 $\dfrac{1}{\alpha_2}$ 分别对应于烟气对流换热热阻、灰垢导热热阻、管壁导热热阻、水垢导热热阻和工质对流换热热阻。其中管壁导热热阻和管内水垢导热热阻通常可忽略不计。式(10-67) 可简化为：

$$K = \frac{1}{\dfrac{1}{\alpha_{1h}} + \dfrac{\delta_h}{\lambda_h} + \dfrac{1}{\alpha_2}} \tag{10-68}$$

10.2.2.1　管外灰垢层的处理

对于洁净管的管外气流冲刷对流换热系数可以较容易通过实验测试获得，但管外灰垢层与烟气间的对流换热系数却极难通过实验测定。因此，在实际的工程计算中，是在洁净管对流换热系数的基础上，通过引入经验系数来修正管外灰垢层对换热的影响，包括灰污系数 ε

和热有效系数 ψ 两种。

（1）灰污系数 ε

在这一方法中，将灰垢层对传热的影响，即灰垢层的导热热阻以及灰垢层对对流换热的影响，都归到灰污系数 ε，即：

$$\frac{1}{\alpha_{1h}}+\frac{\delta_h}{\lambda_h}=\frac{1}{\alpha_1}+\varepsilon \tag{10-69}$$

因此，式（10-68）可写为：

$$K=\frac{1}{\dfrac{1}{\alpha_1}+\varepsilon+\dfrac{1}{\alpha_2}} \tag{10-70}$$

式中，α_1 为不含灰气流冲刷干净管壁时的传热系数，$W/(m^2 \cdot \text{℃})$；ε 为灰污系数，$m^2 \cdot \text{℃}/W$。

（2）热有效系数 ψ

热有效系数通过修正洁净管的传热系数来处理灰垢污染的问题，它的定义为换热管实际传热系数 K 与洁净管传热系数 K_0 的比值，即 $\psi=\dfrac{K}{K_0}$。因此，传热系数 K 可写为：

$$K=\psi\frac{1}{\dfrac{1}{\alpha_1}+\dfrac{1}{\alpha_2}} \tag{10-71}$$

10.2.2.2　烟气辐射的处理

对流受热面管外烟气传热以对流换热为主，但烟气中三原子气体、水蒸气和固体颗粒产生的辐射热也不容忽略。因此，管外烟气传热量包括对流换热量和辐射换热量两部分。为方便工程计算，引入辐射传热系数 α_{rad}，将辐射换热公式写成对流换热公式的形式。

对于含灰的气流（考虑灰粒的辐射），有：

$$\alpha_{rad}(T-T_{hb})(W/m^2)=\sigma_0\frac{1+a_{hb}}{2}a_h(T^4-T_{hb}^4) \tag{10-72}$$

即：

$$\alpha_{rad}[W/(m^2 \cdot \text{℃})]=\sigma_0\frac{1+a_{hb}}{2}a_h T^3 \times \frac{1-\left(\dfrac{T_{hb}}{T}\right)^4}{1-\dfrac{T_{hb}}{T}} \tag{10-73}$$

对于不含灰气流（不考虑灰粒的辐射），有：

$$\alpha_{rad}[W/(m^2 \cdot \text{℃})]=\sigma_0\frac{1+a_{hb}}{2}a_q T^3 \times \frac{1-\left(\dfrac{T_{hb}}{T}\right)^4}{1-\dfrac{T_{hb}}{T}} \tag{10-74}$$

式中，T 为燃烧产物的温度，K；T_{hb} 为管壁灰垢层表面温度，K；a_{hb} 为辐射受热面管壁黑度，计算燃烧产物对锅炉受热面辐射换热时可取 $a_{hb}=0.82$。

当管壁是灰体而不是黑体时，则必须考虑管壁对气体辐射的多次反射，气体被多次吸收减弱。显然，在多次反射和吸收之后，管壁的有效辐射 a'_{hb} 数值上应大于 a_{hb}，但应小于 1，即：

$$1>a'_{hb}>a_{hb} \tag{10-75}$$

因此，认为等式(10-76)成立，所得近似解已足够精确，即：

$$a'_{hb} = \frac{1 + a_{hb}}{2} \tag{10-76}$$

a_h 和 a_q 分别为含灰与不含灰气流在温度 T 下的黑度，按照式(10-33)中的贝尔定律计算。对于屏式受热面中的烟气空间，式(10-33)中的有效辐射层厚度 s 应按下式计算，即：

$$s = \frac{1.8}{\dfrac{1}{A} + \dfrac{1}{B} + \dfrac{1}{C}} \tag{10-77}$$

式中，A，B，C 分别为屏间辐射空间的宽、深、高，m。

对于光管管束，当已知管束的平均横向节距 s_1、纵向节距 s_2 及管束外径 d 时，其有效辐射层厚度计算式为：

当 $\dfrac{s_1 + s_2}{d} \leqslant 7$ 时：$\qquad s(\mathrm{m}) = \left(1.87\dfrac{s_1 + s_2}{d} - 4.1\right)d$

当 $7 < \dfrac{s_1 + s_2}{d} \leqslant 13$ 时：$\qquad s(\mathrm{m}) = \left(2.82\dfrac{s_1 + s_2}{d} - 10.6\right)d$

对于鳍片管管束，将按光管管束求得的有效辐射层厚度乘以 0.4 即可；对于肋片管束，由于有效辐射层厚度很小，可不计算燃烧产物的辐射换热。对流受热面布置在锅炉烟道中，为便于检修，烟道中总有不布置受热面的区域，如图 10-11 所示，这些区域统称为气室。在气室空间中，烟气有效辐射层厚度明显增加，因此应考虑气室辐射对对流换热的影响。当受热面范围内有烟气气室，或者受热面前有烟气气室时，可通过引入修正系数来考虑气室对有效辐射层厚度的影响，如式(10-78)所示；而位于管束后面的气室对该管束的辐射很小，可以忽略不计。

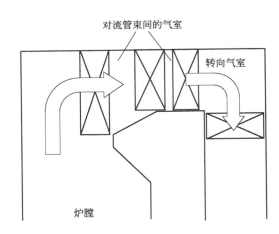

图 10-11 对流受热面间的气室示意图

$$s' = ks \tag{10-78}$$

$$k = \frac{l_{gs} + Al_{qs}}{l_{gs}} \tag{10-79}$$

式中，k 为修正系数；l_{gs} 为管束沿烟气流动方向上的深度，m；l_{qs} 为气室沿烟气流动方向上的深度，m；A 为系数，气室对过热器的辐射取 0.5，气室对布置于过热器之后的受热面的辐射取 0.2。

此外，也可以采用直接修正管束辐射传热系数 α_{rad} 的方法来考虑气室辐射的影响，即：

$$\alpha'_{rad} = \alpha_{rad} \left[1 + A \left(\frac{T_{qs}}{1000} \right)^{0.25} \left(\frac{l_{qs}}{l_{gs}} \right)^{0.07} \right] \tag{10-80}$$

式中，T_{qs} 为计算管束前气室中的烟气温度，K；A 为系数，烟煤和无烟煤取 0.4，褐煤取 0.5。

辐射传热系数也可根据线算图直接读取，线算图可参考相关的设计手册和计算标准。因此，在综合考虑了对流换热系数和辐射传热系数之后，烟气侧不含灰气流对洁净管壁冲刷的传热系数 α_1 可表示如下：

$$\alpha_1 = \zeta (\alpha_{con} + \alpha_{rad}) \tag{10-81}$$

式中，ζ 称为利用系数，为考虑烟气对受热面冲刷的不均匀而引入的修正系数；α_{con} 为烟气与管壁间的对流换热系数，W/(m²·℃)。

10.2.2.3 不同类型对流受热面的传热系数表达式

由于管内工质及受热面结构上的差异，对于不同类型的对流受热面，其传热系数表达式有所区别。

（1）对流式过热器和再热器

当燃用固体燃料，且管束为错列排布时，传热系数表达式采用式(10-70) 的形式；当燃用固体燃料，且管束为顺列排布时，传热系数表达式采用式(10-71) 的形式；当燃用气体和重油燃料时（不论错列或顺列管束），传热系数也采用式(10-71) 表达式计算。

（2）省煤器、直流锅炉的过渡区、蒸发受热面以及超临界压力锅炉的受热面

因这类受热面的管内工质与管内壁之间的对流换热系数 α_2 一般为 5800～23250W/(m²·℃)，远大于烟气侧的传热系数，因此工质侧对流换热热阻 $\frac{1}{\alpha_2}$ 可忽略不计。

由此，当燃用固体燃料，且管束为错列排布时，式(10-70) 简化为：

$$K = \frac{\alpha_1}{1 + \varepsilon \alpha_1} \tag{10-82}$$

当燃用固体燃料，且管束为顺列排布，或燃用气体和重油燃料时，式(10-71) 简化为：

$$K = \psi \alpha_1 \tag{10-83}$$

（3）半辐射后屏式受热面

如前所述，后屏式受热面既接收来自炉膛的辐射热量 Q_{rad}，也接收烟气的对流热量 Q_{con}。而传热系数 K 是用于计算烟气对流放热量的（含烟气本身的辐射热），因此须考虑炉膛辐射对传热系数的影响，式(10-70) 修正如下：

$$K = \frac{1}{\dfrac{1}{\alpha_1} + \left(1 + \dfrac{Q_{rad}}{Q_{con}} \right) \left(\varepsilon + \dfrac{1}{\alpha_2} \right)} \tag{10-84}$$

此外，屏的传热面积是按平壁面积计算的，而对流放热要按照屏式受热面的管子外表面积计算。因此，烟气侧的表面传热系数计算式有所不同。按照屏的平壁面积计算的换热量为：

$$Q_{con} = 2 F_p x_p \alpha_{con,p} \Delta T = 2 s_p h x_p \alpha_{con,p} \Delta T \tag{10-85}$$

式中，F_p 为屏的平壁面积，m^2；x_p 为屏的角系数；$\alpha_{con,p}$ 为按屏的平壁面积计算的表面对流换热系数，$W/(m^2 \cdot ℃)$；s_p 和 h 分别为屏的纵向节距和高度，m；ΔT 为对流换热温差，$℃$。

按照屏式受热面管子外表面积计算的换热量为：

$$Q_{con} = \pi d h \alpha_{con} \Delta T \tag{10-86}$$

式中，d 为屏式受热面管外径，m；α_{con} 为按管子外表面积计算的对流换热系数，$W/(m^2 \cdot ℃)$。

式(10-85) 和式(10-86) 的换热量相等，所以有：

$$\alpha_{con,p} = \alpha_{con} \frac{\pi d}{2 s_p x_p} \tag{10-87}$$

因此，屏式受热面的烟气侧表面传热系数为：

$$\alpha_1 [W/(m^2 \cdot ℃)] = \zeta \left(\alpha_{con} \frac{\pi d}{2 s_p x_p} + \alpha_{rad} \right) \tag{10-88}$$

式中，ζ 为考虑烟气对屏冲刷不均匀而引入的利用系数。

(4) 空预器

对于管式空预器，引入利用系数 ζ 来综合考虑受热面灰污和冲刷不均匀的影响，传热系数为：

$$K = \zeta \frac{\alpha_1 \alpha_2}{\alpha_1 + \alpha_2} \tag{10-89}$$

对于回转式空预器，同样引入利用系数 ζ 来综合考虑灰污与冲刷不均匀的影响。由于它的工作是非稳态蓄热式传热过程，传热系数以蓄热板两侧传热面积之和为基准，其计算公式为：

$$K = \zeta \frac{C}{\dfrac{1}{x_y \alpha_1} + \dfrac{1}{x_k \alpha_2}} \tag{10-90}$$

式中，C 为考虑低转速时非稳态传热影响的系数，对于厚度为 $0.6 \sim 1.2mm$ 的蓄热板，C 值大小与转子转速有关，如表 10-6 所列；x_y 和 x_k 分别为烟气和空气冲刷转子的份额（当烟气冲刷份额为 $180°$，空气冲刷份额为 $120°$，则 $x_y = 0.5$，$x_k = 0.333$；当烟气冲刷份额为 $200°$，空气冲刷份额为 $100°$，则 $x_y = 0.555$，$x_k = 0.278$）；α_1 和 α_2 为烟气与空气侧的表面传热系数，$W/(m^2 \cdot ℃)$。

表 10-6 回转式空预器转速对 C 取值的影响

转速 $n/(r/min)$	0.5	1.0	>1.5
C	0.85	0.97	1.0

10.2.2.4 对流换热系数表达式

对流换热系数与流体的物性（比热容、温度、压力、密度等）和流动状态，以及管束布置方式、结构参数、管壁温度、冲刷方式等因素有关。锅炉对流受热面的传热系数是基于大量的实验测试及数据总结，最终获得的以准则数表达的经验关联式。锅炉对流受热面的工质流动均为强迫对流，稳态强制对流换热的准则数方程为：

$$Nu = CRe^n Pr^m \qquad (10\text{-}91)$$

通过实验可以确定式(10-91)中的系数和指数，从而得到适合于特定工况参数范围的对流换热系数计算关联式。

（1）气流横向冲刷光滑顺列管束的对流换热系数

图 10-12 为烟气横向冲刷顺列管束的示意图，图中 d 为管外径，s_1 为横向节距，s_2 为纵向节距，σ_1 为横向相对节距，σ_2 为纵向相对节距，即：

$$\sigma_1 = \frac{s_1}{d} \qquad (10\text{-}92)$$

$$\sigma_2 = \frac{s_2}{d} \qquad (10\text{-}93)$$

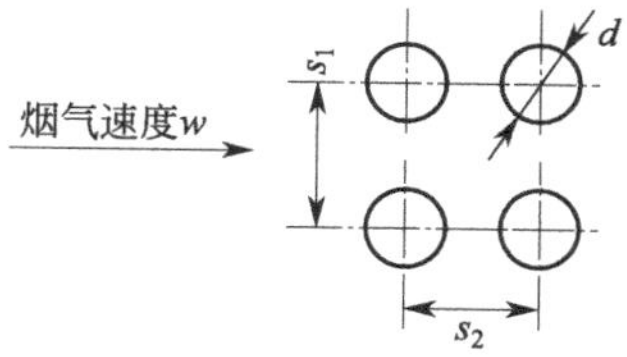

图 10-12 顺列管束示意图

气流横向冲刷顺列管束时的对流换热系数表达式为：

$$Nu = 0.2C_z C_s Re^{0.65} Pr^{0.33} \qquad (10\text{-}94)$$

或：

$$\alpha_{con} = 0.2C_z C_s \frac{\lambda}{d}\left(\frac{wd}{\nu}\right)^{0.65} Pr^{0.33} \qquad (10\text{-}95)$$

式中，C_z 为气流流动方向上纵向管排数修正系数，按所计算管束各个管组的平均排数取值，管排数 $z \geqslant 10$，$C_z = 1.0$；$z < 10$ 时，$C_z = 0.91 + 0.0125(z-2)$。C_s 为考虑管束相对节距影响的修正系数，当 $\sigma_1 \leqslant 1.5$ 或 $\sigma_1 \geqslant 2$ 时，$C_s = 1.0$；其他情况下，$C_s = \left[1+(2\sigma_1-3)\left(1-\dfrac{\sigma_2}{2}\right)^3\right]^{-2}$；$\lambda$ 为气流平均温度下的热导率，W/(m·℃)；ν 为气流平均温度下的运动黏度，m^2/s；w 为气流速度，m/s。

（2）气流横向冲刷光滑错列管束的对流换热系数

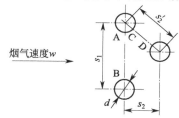

图 10-13 错列管束示意图

如图 10-13 所示，为气流横向冲刷光滑错列管束示意图，其中 s_2' 为对角线节距，它与 d 的比值为对角线相对节距，即：

$$\sigma_2' = \frac{s_2'}{d} = \frac{\sqrt{\left(\dfrac{s_1}{2}\right)^2 + s_2^2}}{d} = \sqrt{\frac{1}{4}\sigma_1^2 + \sigma_2^2} \qquad (10\text{-}96)$$

图 10-13 中，横向管间流通断面 AB 与斜向管间流通断面 CD 之比为 φ_σ，即：

$$\varphi_\sigma = \frac{AB}{CD} = \frac{s_1-d}{s_2'-d} = \frac{\sigma_1-1}{\sigma_2'-1} \qquad (10\text{-}97)$$

气流横向冲刷错列管束时的对流换热系数表达式为：

$$Nu = C_z C_s Re^{0.6} Pr^{0.33} \qquad (10\text{-}98)$$

或：

$$\alpha_{con} = C_z C_s \frac{\lambda}{d}\left(\frac{wd}{\nu}\right)^{0.6} Pr^{0.33} \qquad (10\text{-}99)$$

式中，C_z 为纵向管排数修正系数；C_s 为与管子节距有关的修正系数。

C_z 的取值与纵向管排数 Z_2 和横向相对节距 σ_1 有关：当 $Z_2 < 10$ 且 $\sigma_1 < 3.0$ 时，$C_z = 3.12 Z_2^{0.05} - 2.5$；当 $Z_2 < 10$ 且 $\sigma_1 \geqslant 3.0$ 时，$C_z = 4Z_2^{0.02} - 3.2$；当 $Z_2 \geqslant 10$ 时，$C_z = 1$。

C_s 的取值与横向相对节距 σ_1 和 φ_σ 有关：当 $0.1 < \varphi_\sigma \leqslant 1.7$ 时，$C_s = 0.34\varphi_\sigma^{0.1}$；当 1.7

$<\varphi_\sigma \leqslant 4.5$ 且 $\sigma_1 < 3.0$ 时，$C_s = 0.275\varphi_\sigma^{0.5}$；当 $1.7 < \varphi_\sigma \leqslant 4.5$ 且 $\sigma_1 \geqslant 3.0$ 时，$C_s = 0.34\varphi_\sigma^{0.1}$。

此外，烟气横向冲刷单排管束时的对流换热系数，也按横向冲刷错列管束计算。

（3）流体管内纵向冲刷光滑管的对流换热系数

对于锅炉中不发生相变的工质（水和过热蒸汽）、管式空预器中烟气或空气在管内的流动，均属于管内纵向冲刷对流放热，其表达式为：

$$Nu = CRe^{0.8}Pr^{0.4} \tag{10-100}$$

或：

$$\alpha_{con} = 0.023\frac{\lambda}{d}\left(\frac{wd_{dl}}{\nu}\right)^{0.8}Pr^{0.4}c_t c_1 \tag{10-101}$$

式中，c_1 为冲刷受热面相对长度的修正系数，当长径比 $l/d > 50$ 时 $c_1 = 1.0$；c_t 为流体温度 T 和管壁温度 T_b 的修正系数，对于气体 $c_t = (T/T_b)^{0.5}$，对于水蒸气和水，此时壁温和流体温度接近，$c_t = 1.0$；d_{dl} 为当量直径，m。

对于管内流动，当量直径等于管内径；当气流在非圆形端面内流动时，当量直径按下式计算：

$$d_{dl} = \frac{4F}{u} \tag{10-102}$$

式中，F 为气流有效流通截面积，m^2；u 为流通截面内进行热交换断面的周长，m。

（4）回转式空预器烟气与空气侧对流换热系数

在式（10-90）中，烟气与空气侧的表面传热系数 α_1 和 α_2 的计算式是相同的，即：

$$\alpha_{con} = 0.03\frac{\lambda}{d_{dl}}Re^{0.83}Pr^{0.4} \tag{10-103}$$

式中，Re 和 Pr 分别为烟气（或空气）平均温度下的雷诺数和普朗特数；λ 为烟气（或空气）平均温度下的热导率，W/(m·℃)；d_{dl} 为蓄热板气流通道的当量直径，m。

值得指出的是，为了工程计算方便，上述所有对流换热系数均有对应的线算图（可参考相关的设计手册和计算标准），可以根据所要求的已知参数直接查找相应的线算图得到对流换热系数。

10.2.3　对流受热面污染对换热的影响

当锅炉燃用固体燃料时，锅炉受热面不可避免地会受到含灰烟气的污染，导致受热面发生积灰或结渣而形成灰垢层。相比金属，灰垢具有非常高的热阻，通常会使受热面的换热能力下降 30%～50%。

为考虑灰垢对换热的影响，在对流受热面的热力计算中，针对不同类型受热面分别引入了灰污系数 ε、热有效系数 ψ 和利用系数 ζ 来修正灰垢层的影响。这些系数的取值受到许多因素的影响，如受热面结构尺寸和排布方式、灰垢的性质、颗粒尺寸、吹灰方式、烟气流速、烟气温度，等等。因此，目前无论是理论上还是实验上都无法获得能考虑如此众多影响因素的灰污系数、热有效系数和利用系数。工程计算中最好能参考具有相近燃料、受热面结构和工况的锅炉实测数据谨慎选用。

10.2.3.1　灰污系数

灰污系数 ε 用于修正烟气横向冲刷错列排布光管管束时灰垢对传热系数的影响，可按下述经验公式计算：

$$\varepsilon(m^2 \cdot ℃/W) = c_d c_{hl} \varepsilon_0 + \Delta\varepsilon \tag{10-104}$$

式中，ε_0 为灰污系数基本值，取决于烟气流速和管子排布等因素，$m^2 \cdot ℃/W$，按式（10-105）计算：

$$\varepsilon_0 = 0.0126 \times 10^{-n_s w} \tag{10-105}$$

$$n_s = 0.052 + 0.094 \frac{d^4}{s_2} \tag{10-106}$$

c_{hl} 为灰分颗粒组成的修正系数，对于无烟煤、贫煤、烟煤和褐煤，均取 $c_{hl}=1$；$\Delta\varepsilon$ 为灰污系数附加值，用于考虑实验测试条件与实际运行条件的差异，按表 10-7 取值。

表 10-7　灰污系数附加值 $\Delta\varepsilon$

受热面名称或进口温度/℃		$\Delta\varepsilon$	
		松散积灰或带吹灰	黏结积灰、无烟煤不带吹灰
过热器、再热器		0.0026	0.0035~0.0043
省煤器	入口烟温>400℃	0.017	0.0026~0.0043
	入口烟温<400℃	0	0~0.0017

c_d 为管子直径的修正系数，按式（10-107）计算：

$$c_d = 5.26 + \ln d / 0.7676 \tag{10-107}$$

10.2.3.2　受热面的热有效系数

受热面的热有效系数 ψ 用于修正烟气横向冲刷顺列排布光管管束时灰垢对传热系数的影响，以及燃用液体和气体燃料时灰垢对传热的影响。对于顺列布置的受热面，如对流式过热器、对流式再热器、凝渣管等，当燃用无烟煤和贫煤时，取 $\psi=0.6$；当燃用烟煤、褐煤和洗中煤时，取 $\psi=0.65$；当燃用油页岩时，取 $\psi=0.6$。

10.2.3.3　利用系数

在对流受热面的热力计算中，不同类型受热面的利用系数 ζ 含义有所差别。承压对流受热面的利用系数是考虑气流对受热面横向冲刷不完全的影响，例如屏式受热面布置在炉膛顶部烟气进入水平烟道的转弯处，烟气流速易出现不均匀现象，因此在计算烟气和屏之间的传热系数时需引入利用系数。当烟气流速 $w>4m/s$，取 $\zeta=0.85$；随着流速降低，烟气不均匀性增加，ζ 值也相应减小。

对于空预器，利用系数是考虑受热面积灰和气流冲刷不均匀的综合影响。对于回转式空预器，不论燃用什么类型的燃料，均取 $\zeta=0.8\sim0.9$（漏风系数 $\Delta\alpha=0.2\sim0.25$ 时取小值，$\Delta\alpha=0.15$ 时取大值）；对于管式或板式空预器，利用系数按表 10-8 取值。

表 10-8　空预器受热面利用系数 ζ

燃料	管式空预器	板式空预器	铸铁肋片式空预器
重油	0.65	0.75	0.70
天然气、木材	0.70	0.80	0.70
其他燃料	0.75	0.85	0.80

10.2.3.4　灰垢层表面温度

当金属受热面管外壁沉积有灰垢层时，由于灰垢具有很高的热阻，导致灰垢层表面温度显著高于金属管壁温度。灰垢层表面平均温度 t_{hb} 可按下式计算：

$$t_{hb}(℃)=t+\left(\varepsilon+\frac{1}{\alpha_2}\right)\frac{B_j Q}{H} \tag{10-108}$$

式中，t 为管内流动介质进出口平均温度，℃；ε 为灰污系数，$m^2 \cdot ℃/W$；α_2 为受热管内壁与管内介质之间的对流换热系数，$W/(m^2 \cdot ℃)$；Q 为受热面吸热量，kJ/kg；H 为受热面的热交换面积，m^2。

为简化计算，当受热面进口烟气温度小于 400℃ 时（如省煤器），受热面的表面灰垢层温度可近似按下式计算：

$$t_{hb}(℃)=t+25 \tag{10-109}$$

当受热面进口烟气温度大于 400℃（如单级省煤器、双级省煤器的上级或直流锅炉的过渡区），且燃烧固体或液体燃料时，则可按下式计算：

$$t_{hb}(℃)=t+60 \tag{10-110}$$

10.2.4 传热温差的计算

对流换热的传热温差 ΔT 是指参与热交换的管内外两种介质在整个受热面中的平均温差，其大小与介质在受热面内的温度变换规律及流动方向有关。当其中某一介质温度在换热过程中维持恒定时（如饱和水的蒸发过程），则平均温差与流向无关。

10.2.4.1 顺流和逆流传热温差的计算

顺流和逆流是受热面冷、热两种介质相互流动的基本方式，平均温差 ΔT 计算式为：

$$\Delta T(℃)=\frac{\Delta T_{max}-\Delta T_{min}}{\ln\dfrac{\Delta T_{max}}{\Delta T_{min}}} \tag{10-111}$$

式中，ΔT_{max} 和 ΔT_{min} 分别为工质进口或出口处较大和较小的温差，℃。

当 $\Delta T_{max} \leqslant 1.7\Delta T_{min}$ 时，采用算数平均就足够精确，即：

$$\Delta T(℃)=\frac{\Delta T_{max}+\Delta T_{min}}{2}=\overline{\theta}-\overline{T} \tag{10-112}$$

式中，$\overline{\theta}$ 和 $\overline{T}$ 分别为放热介质和受热介质的平均温度。

10.2.4.2 混合流系统传热温差计算

由对流传热理论可知，在相同的进、出口温度条件下，逆流温差最大，而顺流温差最小，其他流动方式的温差介于两者之间。对于锅炉对流受热面，大都采用蛇形管布置（空预器除外），烟气和管内介质方向呈相互垂直的交叉流，当交叉流交叉次数在 5 次及以上时，即蛇形管折流次数超过 4 次时，可按顺流或逆流计算。

锅炉对流受热面中还常见不是纯逆流或纯顺流的复杂流动系统，包括并联混合流、串联混合流和交叉混合流等情况。图 10-14 所示为若干并联混合流和串联混合流示意图，其特点是受热面由两部分组成，并联时烟气同时流经两部分受热面；串联时烟气先后流经两部分受热面。交叉流是指两种介质流动相互交叉，且交叉流程数不超过 4 的系统。混合流系统的平均温差计算方法是，先将系统看成是逆流并计算逆流温差，再引入经验系数修正，即：

$$\Delta T=\psi_t \Delta T_{nl} \tag{10-113}$$

式中，ΔT_{nl} 为把系统看成逆流时的平均温差；ψ_t 为温差修正系数，其值大小可参考锅炉相关设计手册或计算标准。

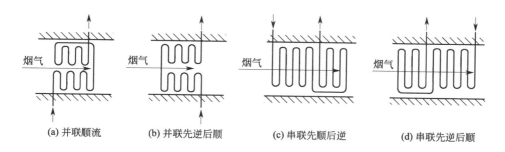

(a) 并联顺流　(b) 并联先逆后顺　(c) 串联先顺后逆　(d) 串联先逆后顺

图 10-14　若干并联和串联混合流示意图

对于任何系统，如果把系统看作顺流时的平均温差 ΔT_{sl} 和看作逆流时的平均温差 ΔT_{nl} 满足关系：$\Delta T_{sl} \geqslant \Delta T_{nl}$，则该系统的平均温差可按下式计算：

$$\Delta T = \frac{\Delta T_{nl} - \Delta T_{sl}}{2} \tag{10-114}$$

10.2.5　对流换热面和流速的计算

10.2.5.1　对流换热面积

锅炉对流受热面换热面积计算的一般原则为：当管壁两侧表面传热系数相差很大时，以表面传热系数较小一侧的润湿面积作为换热面积；当表面传热系数相近时，以管壁内外两侧表面积的算术平均值作为换热面积。因此，根据锅炉不同受热面内工质特点，规定：

① 过热器、再热器、省煤器和对流管束等受热面，换热面积以烟气侧的管子表面积计算；

② 管式空预器的换热面积以管子内外表面积平均值计算；

③ 回转式空预器的换热面为蓄热板两侧面积之和；

④ 屏式过热器的换热面积按平壁表面积计算，即：

$$H(\text{m}^2) = 2x_p F_p \tag{10-115}$$

式中，F_p 为屏的平面面积；x_p 为屏的角系数。

10.2.5.2　流体流速和流通面积的计算

流体流速是对流放热系数计算所必需的基础数据，它是根据流体平均体积流量和平均流通截面积之比确定的。

（1）流体的平均体积流量

流体流经受热面时，由于温度和压力的变化，流体的体积流量也随之变化。因此，流体流经受热面的平均体积流量根据流体进、出口截面温度的算术平均值计算。因此，烟气的平均体积流量 $\overline{V_y}$、空气的平均体积流量 $\overline{V_k}$ 以及水和水蒸气的平均体积流量 $\overline{V_s}$ 分别按下式计算：

$$\overline{V_y}(\text{m}^3/\text{s}) = \frac{B_j V_y T_y}{273} \tag{10-116}$$

$$\overline{V_k}(\text{m}^3/\text{s}) = \frac{\beta_{ky} B_j V_k^0 T_k}{273} \tag{10-117}$$

$$\overline{V_s}(\text{m}^3/\text{s}) = Dv \tag{10-118}$$

式中，T_y 和 T_k 分别为烟气和空气平均温度，K；β_{ky} 为空气侧过量空气系数；D 为水或水蒸气流量，kg/s；v 为水或水蒸气的平均比体积，m^3/kg。

（2）流体的平均流通截面积

烟气横向冲刷光管的流通截面积为：

$$F(\text{m}^2) = ab - z_1 ld \tag{10-119}$$

式中，a，b 为烟道的横截面尺寸，m；z_1 为烟道横截面上的管子根数；l 为管子的计算长度，弯管取管子在直管上的投影作为管长，m；d 为管子外径，m。

流体管内流通面积为：

$$F(\text{m}^2) = z \frac{\pi d_n^2}{4} \tag{10-120}$$

流体管外纵向冲刷光管的流通面积为：

$$F(\text{m}^2) = ab - z \frac{\pi d^2}{4} \tag{10-121}$$

式中，z 为并联管子根数；d_n 为管子内径，m。

流体冲刷带环向肋片管束的流通截面积为：

$$F(\text{m}^2) = \left[1 - \frac{1}{\frac{s_1}{d}}\left(1 + \frac{2h_q}{s_q} \times \frac{\delta_q}{d}\right)\right] ab \tag{10-122}$$

式中，h_q，δ_q 和 s_q 分别为肋片高度、平均厚度和节距，m。

回转式空预器烟气与空气流通截面积中，烟气通道截面积 F_y 和空气通道截面积 F_k 分别为：

$$F_y(\text{m}^2) = 0.785 D_n^2 x_y K_h K_b \tag{10-123}$$

$$F_k(\text{m}^2) = 0.785 D_n^2 x_k K_h K_b \tag{10-124}$$

式中，D_n 为转子内径，m；x_y 和 x_k 与式（10-90）中的意义相同，分别为烟气和空气冲刷转子的份额；K_h 为考虑隔板、横挡板、中心管所占流通截面的修正系数，根据表 10-9 选取；K_b 为考虑蓄热板所占流通截面的修正系数，对于 0.5mm 厚的蓄热板型，取 $K_b = 0.912$。

表 10-9　修正系数 K_h 的取值

转子内径 D_n/m	4	5	6	7	8	10
K_h	0.865	0.886	0.903	0.915	0.922	0.932

10.2.6　对流受热面的计算特点

如图 10-15 所示为对流受热面计算示意图，需要确定的参数包括进、出口烟气温度和进、出口工质温度。对一个已知结构的对流受热面进行校核计算时，至少需要已知四个温度参数中的两个。通常情况下，已知温度为烟气和工质进口温度，为确定烟气和工质出口温度，可按以下步骤进行计算：

① 首先假定烟气（或工质）出口温度并求出对应焓值；

② 然后按照式（10-58）所示烟气侧的热平衡方程计算出烟气放热量；

③ 根据烟气侧放热和工质侧吸热相等的原则，按照式（10-59）求出出口工质焓及其温度；

④ 根据烟气和工质进、出口温度计算平均传热温差和传热系数；

⑤ 按照对流换热方程式（10-57）计算受热面的换热量；

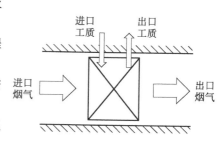

图 10-15　对流受热面计算示意图

⑥ 根据对流换热方程所计算出的换热量应等于按热平衡方程计算的烟气侧放热量或工质侧吸热量；

⑦ 当换热量差值不满足计算标准时，需重新假设烟气（或工质）出口温度，并按上述流程重新计算换热量；

⑧ 通过多次反复和逐次渐进的计算，直至基于传热方程的换热量和基于热平衡方程的换热量之差达到规定要求，计算即告完成，最终数值以热平衡方程计算结果为准。

上述过程只是针对某一个对流受热面的校核计算过程，其他所有受热面均按照相同或类似的方法进行计算，并且各个对流受热面要按照烟气先后流经的次序进行计算。需要指出的是，整台锅炉的校核计算实际上也是多次反复和逐次渐进的计算过程，而且更加复杂。这是因为在校核计算之初，需先假定锅炉排烟温度、热空气温度等未知参数，然后采用逐次逼近的算法校核完成。由于不同类型的对流受热面在结构上和工质流动方式上存在一些差异，其热力计算过程也存在一些不同点，下面将分别介绍各对流受热面的计算特点。

10.2.6.1　屏式过热器

屏式过热器分为前屏和后屏两种，前者以辐射换热为主，后者为半辐射型受热面。

（1）前屏过热器

是指布置在炉膛顶部的全辐射性屏式过热器，又称为大屏和分割屏，被 300MW 以上锅炉机组所普遍采用。如本书 9.3 部分所述，前屏过热器屏与屏的横向节距较宽，烟气在屏间的流速较低，对流换热份额不大，通常忽略不计。因此，前屏过热器是和炉膛辐射受热面合并在一起作为炉膛辐射受热面的一部分进行计算的。由于计算过程比较复杂，且不同锅炉厂商的计算方法差异较大，此处不再赘述，读者可参考相关的计算手册。

（2）后屏过热器

是指布置在炉膛出口截面的屏式过热器，其横向节距相比前屏过热器小，屏间烟气流速增大。它属半辐射式受热面，对流和辐射换热需同时考虑，但其热力计算方法和一般对流过热器并没有太大的区别。

当屏的高度小于炉膛出口烟窗的高度时，屏的表面传热系数按烟气横向冲刷顺列管束计算。当屏的高度超过炉膛出口烟窗高度时，则屏的下端会低于出口烟窗，此时烟气在屏底端和出口烟窗下沿之间的流动方式为纵向冲刷，出口烟窗的区域仍然为横向冲刷。因此，可以炉膛出口烟窗的下沿高度作为分界线，按混合冲刷的方法计算表面传热系数。受热面灰污系数计算方法与对流受热面相同，对于混合冲刷的情况，可分别按横向冲刷和纵向冲刷计算各区段灰污系数，然后再进行受热面加权平均。

值得注意的是，在常见的过热器系统布置中，屏式过热器的进口蒸汽来自低温过热器的出口蒸汽，而低温过热器布置在屏式过热器烟气流程的下游区域，此时低温过热器的出口蒸汽温度是未知的。因此，对于屏式过热器，在图10-15所示的四个温度中，只有进口烟气温度是已知的，需要预先假设三个未知温度中的两个（其中一个为屏的进口蒸汽温度）才能计算。当计算行进至低温过热器时，又可得到低温过热器的蒸汽出口温度，当该温度和屏的进口蒸汽温度相差超过规定时（±1℃），则需返回至屏式过热器重新校核，直至吻合。

10.2.6.2　对流过热器和再热器

烟气流经对流过热器和再热器均为横向冲刷顺列或错列管束，烟气流速按照进出口烟气平均温度计算，过量空气系数也按照进出口过量空气系数的平均值计算。

当受热面接收来自炉膛的辐射热时，工质侧热平衡计算中应从工质总吸热量中扣除炉膛辐射热量。

当受热面前端或其间存在气室时，应考虑气室空间容积的辐射，在计算辐射传热系数时，对平均有效辐射层厚度进行修正。位于受热面后端的气室空间容积辐射的影响可忽略不计。

此外，当受热面中间设有喷水减温器时，通常以减温器为分界点将受热面分为独立的两级进行计算，例如设有二级减温水的高温过热器，分为冷段（烟气上游）和热段（烟气下游）两级。

10.2.6.3　蒸发受热面及附加受热面

（1）凝渣管束

凝渣管束的管内介质通常为汽水混合物，在工质侧热平衡计算时必须考虑凝渣管接收的炉膛辐射热量。烟气流动方式为横向冲刷，当凝渣管为单排布置时，可按错列管束计算。

（2）转向气室

在现代电站锅炉结构中，转向气室内壁通常布置了敷壁管，在空间区域有稀疏的悬吊管受热面。烟气在转向气室内流速较低，受热面可按辐射换热进行计算。又因转向气室内的换热量占锅炉总换热量的份额非常小，因此常做简化计算，其计算式为：

$$Q(\mathrm{kJ/kg}) = \frac{\alpha_{\mathrm{rad}}(T_{\mathrm{y}} - T_{\mathrm{hb}})H}{B_{\mathrm{j}}} \qquad (10\text{-}125)$$

式中，T_{y} 和 T_{hb} 分别为转向室气内的烟气平均温度及管壁灰污表面温度，℃；H 为换热面积，$\mathrm{m^2}$。

在进行传热系数计算时，灰污系数可取近似值：固体燃料 $\varepsilon = 0.0086\mathrm{m^2 \cdot ℃/W}$；液体燃料 $\varepsilon = 0.007\mathrm{m^2 \cdot ℃/W}$；气体燃料 $\varepsilon = 0.0055\mathrm{m^2 \cdot ℃/W}$。

10.2.6.4　省煤器

省煤器的布置方式有单级和双级之分，单级省煤器即省煤器单级布置，双级省煤器即沿烟气流动方向布置了两个独立的省煤器，上级省煤器的工质入口与下级省煤器的工质出口相连。

对于单级省煤器，其计算过程与对流式过热器和再热器类似，省煤器的入口水温即已知的锅炉给水温度，烟气入口温度也为已知。因此，只需假设一个未知温度即可开展后续计算。

对于双级省煤器的上级省煤器，其入口工质温度为下级省煤器的出口工质温度，而下级省煤器在上级省煤器的烟气流程下游，其出口工质温度是未知的。因此，和屏式过热器类似，上级省煤器也仅有入口烟气温度一个已知参数，需要假设两个未知参数（其中一个为进口工质温度）才能计算。当计算行进至下级省煤器时，可得其出口工质温度。当下级出口工质温度与上级进口工质温度温差超过设计规定时（计算标准规定为±10℃），需返回至上级省煤器，并用下级出口温度作为上级进口工质温度重新计算，直至吻合。

10.2.6.5 空预器

管式空预器也有单级和双级之分，其计算方法与上述省煤器的计算方法相似，此处不再赘述。

对于回转式空预器，其受热面面积和介质流通截面积均与制造商所采用的蓄热板板型有关，需要根据厂家所提供的单位容积蓄热板的受热面面积和单位面积的流通截面积计算；传热温差则按照逆流温差计算。

10.2.7 锅炉整体热力计算程序

锅炉热力计算包括设计计算和校核计算，实际上，在锅炉受热面的设计计算中也常采用校核计算的方法。此外，在锅炉运行出现燃料变化、设备改造和变负荷工况运行等情况时也需要进行整台锅炉的校核计算。

锅炉校核计算的任务是根据锅炉已知的结构参数，在给定锅炉负荷和燃料特性的条件下，进行燃料燃烧计算和锅炉热平衡计算，并在此基础上开展炉膛辐射热力计算和对流受热面热力计算，确定炉膛出口烟气温度、各个受热面进出口截面烟气平均温度和工质进出口温度等重要参数。

锅炉的整体校核计算通常按照烟气流经各个受热面次序开展，即炉膛、半辐射屏式过热器、对流过热器和再热器、省煤器、空预器等。每个受热面的计算都采用校核计算的方法，即根据已知受热面结构参数，采用逐次逼近的算法进行计算。

整台锅炉的校核计算也是反复迭代和逐次逼近的计算过程。例如，在锅炉热平衡计算环节，计算排烟损失需预先假设一个锅炉排烟温度，才能确定锅炉热效率，进而根据锅炉蒸发量确定燃料消耗量，并根据燃料消耗量得出烟气流经各个受热面的体积流量和流速。当热力计算行进至整台锅炉最后一个受热面——空预器时，才能获得锅炉排烟温度的计算值。当排烟温度的假设值和计算值超过规定时（±10℃），需要返回到锅炉热平衡计算，进行此后所有环节的重新计算。

此外，由于工质流动方向和烟气流动方向的不一致，在某几个受热面之间也存在局部的反复迭代过程，如前面所介绍的后屏过热器和低温过热器之间、上级省煤器和下级省煤器之间、上级空预器和下级空预器之间的反复迭代计算。图10-16所示为某高压锅炉整体热力计算流程，可供参考。

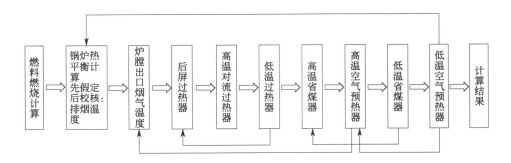

图 10-16 某高压锅炉整体热力计算流程示意图

 思考题

1. 锅炉热力计算分为校核计算和设计计算，两者有何区别？

2. 炉膛校核计算的主要任务是什么？

3. 炉膛热力计算的复杂性体现在什么方面？现行的工程计算方法是如何简化的？

4. 写出炉膛换热基本方程，试讨论哪些参数是极难确定的。

5. 炉膛壁面和火焰面的有效辐射分别由哪几项构成？

6. 何为辐射减弱系数？不同类型燃料燃烧火焰系数有何特点？

7. 在锅炉本体的热力计算中，锅炉热平衡中的各项热损失在热量平衡中是如何扣除的？（提示：如固体不完全燃烧热损失 q_4 在热量平衡中是将实际燃料消耗量变为计算燃料消耗量来扣除的）

8. 计算燃料消耗量中已经扣除了 q_4，为什么在炉内有效放热量的计算式中又出现扣除 q_4 的现象呢？

9. 收到基低位发热量 $Q_{ar,net}$、每 1kg 燃料带入锅炉的热量 Q_r 和炉内有效放热量 Q_l 有何区别？又有何内在联系？

10. 炉膛黑度是指什么？什么叫水冷壁热有效系数？

11. 辐射角系数 x，沾污系数 ζ，水冷壁热有效系数 ψ 各有什么物理意义？它们之间有什么关系？

12. 如何确定炉膛体积和炉壁面积？

13. 什么是输入炉膛的有效热量？如何确定绝热火焰温度？

14. 写出对流受热面所在烟道烟气放热量的公式，式中各符号的意义，并说明漏风在其中起什么作用。

15. 对流受热面的计算中为什么管式空预器按平均管径计算受热面？而凝渣管、过热器、省煤器则按外径计算受热面？

16. 怎样计算烟气到管壁和管壁到受热工质的放热系数？计算管间辐射放热系数时，为什么要采用灰壁温度？

17. 烟气辐射和火焰辐射在概念上有没有差别？各用在什么场合？

18. 烟气横向冲刷错列和顺列布置的光管管束的对流放热系数如何计算？

19. 灰污对传热的影响是怎样修正的？处于不同烟道中的受热面为什么采用的修正系数也有所不同？

20. 对流过热器和屏式过热器的有效辐射层厚度计算方法是否相同？如何考虑气室空间对有效辐射层厚度的影响？

21. 校验锅炉本体热力计算结果时，有哪些相关的允许误差值的规定？当计算误差超过规定的允许值时，应怎样进行简化重算？计算结果如何取用？

 习 题

1. 某电厂煤粉炉膛燃用烟煤，采用筒式钢球磨煤机，已知：炉膛出口处 RO_2 容积份额 $r_{RO_2}=0.143$，水蒸气容积份额 $r_{H_2O}=0.086$，飞灰浓度为 $0.0189kg/kg$，炉膛出口烟气温度 $T''_l=1050℃$，炉膛平均热有效系数 $\psi_{pj}=0.442$，炉膛容积 $V_l=2069m^3$，炉膛周界总面积 $F_l=1020m^2$，炉膛出口处烟气容积（标）$V_y=7.62m^3/kg$，炉膛出口处烟气质量 $G_y=10kg/kg$。求炉内火焰黑度及炉膛黑度。

2. 对某台 $130t/h$ 燃用烟煤的煤粉锅炉进行炉膛校核热力计算，已知数据：炉膛周界总面积 $F_l=479.5m^2$，燃烧产物的总热量 $Q=25152kJ/kg$，炉膛黑度 $a_l=0.96$，炉内平均污染系数 $\zeta=0.45$，炉内平均角系数 $x=0.98$，保热系数 $\psi=0.993$，计算燃料消耗量 $B_j=15972kg/h$，燃烧器中心平均高度 $h_r=4.3m$，炉膛高度 $H_l=14.3m$，炉膛出口过量空气系数 $a''_l=1.2$，炉膛出口烟气温焓如表10-10所列：

表 10-10 炉膛出口烟气温焓

$T''_l/℃$	1000	1100	1200	1700	1800	1900	2000
$I''_y/(kJ/kg)$	11748	13051	14355	21155	22533	23933	25332

3. 某过热蒸汽锅炉的高温对流过热器如图10-17所示，已知锅炉蒸发量 $D_{gr}=103t/h$，过热器出口蒸汽温度 $T''_{gr}=450℃$，过热器出口蒸汽压力 $P''_{gr}=3.9MPa$，减温水焓 $h_{jw}=731kJ/kg$，减温器进口蒸汽焓 $h'_{jw}=3149kJ/kg$，过热器区烟气放热量 $Q_{gr}=1862.8kJ/kg$，过热器区附加受热面吸热量 $Q_{fj}=83.8kJ/kg$，锅炉计算燃料消耗量 $B_j=15.6t/h$，求减温水量 d_{jw}。

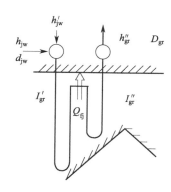

图10-17 高温对流过热器

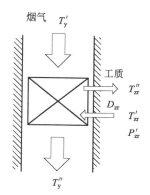

图10-18 煤粉炉再热器

4. 某电厂蒸发量为 $400t/h$ 的煤粉炉再热器如图10-18所示，已知：再热器总受热面积 $H_z=3960m^2$，再热蒸汽流量 $D_{zr}=330t/h$，再热器进口蒸汽温度 $T'_{zr}=335℃$，再热器进口蒸汽压力 $P'_{zr}=2.6MPa$，再热器进口烟温 $T'_y=745℃$，锅炉计算燃料消耗量 $B_j=58.4t/h$，保热系数 $\varphi=0.996$，经传热计算得到再热器的传热系数 $K=220.8kJ/(m^2 \cdot h \cdot ℃)$，再热器进口过量空气系数 $a'=1.25$，出口过量空气系数 $a''=1.28$，理论冷空气的焓 $I_{lk}=145kJ/kg$，再热器区包覆管、悬吊管吸热量为 $Q_{fj}=138kJ/kg$。再热器区进、出口烟气温焓如表10-11、表10-12所列。

表 10-11　再热器区进口烟气温焓 ($\alpha'=1.25$)

烟气温度/℃	600	700	800	900	1000
$I'_y/(kJ/kg)$	6436	7606	8806	10028	11249

表 10-12　再热器区出口烟气温焓 ($\alpha''=1.28$)

烟气温度/℃	400	500	600	700	800
$I''_y/(kJ/kg)$	4264	5403	6563	7757	8979

试核算再热器吸热量、出口烟气温度和出口蒸汽温度（忽略蒸汽和烟气温度变化对传热系数 K 的影响）。

5. 某锅炉凝渣管外径为51mm，管子横向节距 $s_1=190mm$，纵向节距 $s_2=210mm$，横向管排数 $n_1=9.5$，纵向管排数 $n_2=2$，受热面面积 $H=6.45m^2$，烟气流通截面积 $F=1.749m^2$，管子错列排布，冲刷系数为1.0，凝渣管入口烟温为1003℃，出口烟温为803℃，烟气流量（标）为22000m³/h，$a_q=0.14$，金属壁温为405℃，不考虑灰粒辐射，求烟气横向冲刷凝渣管的传热系数。

6. 某锅炉燃用烟煤，对流管束外径为51mm，管子横向节距 $s_1=120mm$，纵向节距 $s_2=110mm$，平均纵向管排数 $z_2=12$，受热面面积 $H=189.2m^2$，烟气流通截面积 $F=1.362m^2$，对流管束前烟气空间深度为0.33m，对流管束深度为2.52m，对流管束为顺排，冲刷系数为1.0，入口烟温为950℃，出口烟温为710℃，烟气流量（标）为18000m³/h，$a_q=0.15$，壁温为410℃，不考虑灰粒辐射，求烟气冲刷对流管束的传热系数。

7. 某锅炉管式空预器管子外径为40mm，内径为37mm，管长为2.265m，横向节距 $s_1=73mm$，纵向节距 $s_2=44mm$，空气行程数为3，每个行程中沿空气流动方向管子排数 $n_2=41$，受热面面积 $H=202.7m^2$，烟气流通截面积 $F_y=0.5075m^2$，空气流通截面积 $F_k=0.497m^2$，入口烟气温度为246℃，入口冷空气温度为30℃，空气流速为6.5m/s，烟气流速为13m/s，$a_q=0.1$，不考虑灰粒辐射，试用校核计算方法决定排烟温度、空气预热温度和空预器吸热量。

参考文献

[1]　樊泉桂，阎维平，闫顺林，等．锅炉原理．北京：中国电力出版社，2014.
[2]　周强泰，周克毅，冷伟，等．锅炉原理．北京：中国电力出版社，2013.
[3]　冯俊凯，沈幼庭，杨瑞昌．锅炉原理及计算．3版．北京：科学出版社，2003.
[4]　锅炉机组热力计算标准方法．北京：机械工业出版社，1976.
[5]　《工业锅炉设计计算　标准方法》编委会．工业锅炉设计计算　标准方法．北京：中国标准出版社，2003.

第三篇　热解气化篇

第11章

热解原理与动力学分析

　　热解是燃料在一定温度和隔绝氧气两个基本条件下进行加热，转化为焦油、热解气和焦炭产物的过程。它是一个不可逆的热转化过程，是燃料热化学转化的重要途径之一，在新能源开发、化石燃料和可再生燃料的高品质转化、化工原料生产以及废弃物能源利用和环境保护等领域发挥着日益重要的作用。

　　尽管热解工艺较简单，但由于燃料通常是复杂的大分子有机物，其热解反应过程包括了复杂的反应路径，并且涉及复杂的传热和传质过程。现代分析仪器为揭示复杂的热解机理提供了精密的实验手段，基于实验而提出的各种经典热解反应模型能够相当程度地描述热解反应特征，预测反应产物组成，这对理解热解过程和指导工艺设计是十分有益的。生物质作为可再生清洁能源，未来大有前途，生物质热解也是生物能利用的重要途径之一。因此，本章将以生物质为对象介绍热解的基本原理。

11.1　生物质热解原理

　　热解（也称为分解蒸馏）是在无氧条件下发生的不可逆热化学转化过程。生物质的热解产物包括气相、液相和固相产物。生物质高温热解产生的挥发性气体产物包含 H_2 和 CO（统称为合成气），以及 CH_4、C_2H_6、C_2H_4 等其他烃类化合物。当热解气通过一个冷凝器时，一些高沸点的化合物便冷凝下来形成液体产物，它主要由水和焦油所组成，此外还包含其他产物，如甲醇、乙酸、丙酮、苯酚、醛类和酯类等物质。由于液体产物种类繁多，因此，热解可能是唯一一个能够生产具有高附加值的化学品及工业原料的热转化过程。

11.1.1　生物质热解的四个阶段

生物质热解过程大致可以分为四个阶段。

（1）预热和干燥阶段

从常温升至 100℃ 是生物质的预热阶段，继续升高温度，在 100～130℃ 范围内燃料中的内在水分完全蒸发，生物质内部化学组成几乎没有发生变化。

（2）预热解阶段

当燃料温度升至 150℃ 左右时，干燥过程已基本结束；在温度进一步升高至 300℃ 的过程中，燃料中的化学组分开始发生变化，一些不稳定的成分开始分解，并生成少量 CO_2、CO 和乙酸等，标志着热解反应的开始。

（3）固体分解阶段

在 300～600℃ 范围内，生物质燃料发生剧烈的热解反应，大量挥发性气体析出，热解的液态产物（高沸点烃类化合物）和气态产物（CO、CO_2、CH_4、H_2 等）主要在这一阶段产生，此阶段是热解的主要阶段。

（4）生物炭分解阶段

随着温度继续上升，残炭中的 C—O 键、C—H 键进一步断裂，并产生以 CO 和 H_2 为主的挥发性气体，生物炭质量逐渐趋于稳定。

11.1.2　热解反应工艺流程

图 11-1 所示为一个简单的批式或螺旋给料慢速热解反应装置，用于验证各种不同生物

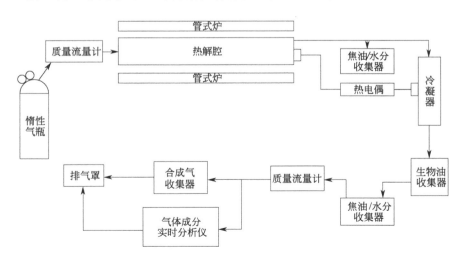

图 11-1　热解流程示意

质燃料的热解过程。它主要由惰性气瓶、质量流量计、数控管式炉、焦油/水分收集器、冷凝器、生物油收集器和气体实时分析仪组成。

一个完整的生物质热解工艺流程应该还包括生物质的预处理过程，即干燥和破碎。干燥的目的是脱除生物质中含量较高的水分，使其含水率降至10%以下，这不仅能降低热解过程能耗，也能减少热解产物中的水分。此外，经干燥的生物质颗粒也更容易破碎，因此破碎通常在干燥之后进行，通常生物质颗粒尺寸破碎至1～3mm为宜。

11.1.3 热解质能平衡

通过图11-1所示流程可以评估生物质燃料热解过程中的能量和质量平衡。如果该装置采用批式运行，可以向热解腔中放入已知质量的生物质，通过一定的升温速率使反应腔温度升至设定值。冷凝器可以是一个通有冷凝水的热交换器，冷凝水和热解气呈逆流以实现良好的热交换。生物质热解结束后，可用电子天平测量残留的生物炭质量和收集的生物油质量；热解过程中产生的不凝性可燃气体可用煤气表或质量流量计进行测量，并采用气体分析仪测定燃气成分及浓度。生物炭、生物油及可燃气的发热量可采用第2章所述实验法测量或用经验公式估算。

热解是吸热过程，热解过程的能量投入也有必要进行测量。如果热解装置为电加热，可以装设电功率表以获取热解加热功率。根据质量和能量守恒定律，热解反应前后系统质量和能量保持恒定。图11-2所示为热解反应器的能量平衡图，反应前后的能量关系为：

$$m_{bio}Q_{bio} + W_{heat} = m_{char}Q_{char} + m_{oil}Q_{oil} + V_{gas}Q_{gas} + W_{loss} \tag{11-1}$$

质量关系为：
$$m_{bio} = m_{char} + m_{oil} + \rho_{gas}V_{gas} \tag{11-2}$$

式中，m_{bio}，m_{oil} 和 m_{char} 分别为生物质、生物油和生物炭质量，kg；Q_{bio}，Q_{char} 和 Q_{oil} 分别为生物质、生物炭和生物油发热量，kJ/kg；W_{heat} 为热解过程外部输入的能量，kJ；W_{loss} 为热解过程能量损失，kJ，主要包括反应器散热损失量和热解产物冷凝放热量；ρ_{gas} 为可燃气密度，kg/m^3；V_{gas} 为可燃气体积，m^3；Q_{gas} 为可燃气发热量，kJ/m^3。

图 11-2 热解反应系统能量平衡示意图

11.1.4 生物质热解过程影响因素

生物质热解过程影响因素主要包括反应温度、升温速率、停留时间、物料特性、压力等。对工程应用来说，掌握各种因素对生物质热解过程的影响规律很有必要，这样可以通过工艺条件优化而得到尽可能多且品质较好的目标产品。

11.1.4.1 反应温度的影响

温度是影响热解反应固、液、气产物分布的主要因素，也是影响生物油和不凝性可燃气成分的主要因素。根据 Arrhenius 定律，提高热解温度可提升热裂解反应速率，促进大分子有机物分解为小分子气体物质。因此，热解气产量通常随着反应温度升高而增大；相反，在低温热解工况下，生物炭的产量更高；生物油通常在 400～600℃ 下会有较高产率。许多研究表明，随着反应温度上升，热解油产率往往先增大后减小，存在明显的极值点（即最大产油率）。不同生物质原料获得最大产油率的温度一般在 450～550℃ 范围内，因此通常把 500℃ 看作生物质热解液化的设计温度。

11.1.4.2　升温速率的影响

升温速率通常是指热解反应炉在单位时间内升高的温度，常用单位是℃/s。根据升温速率快慢，可将热解分为慢速热解（0.01～2℃/s）、中速热解（<10℃/s）和快速热解（>100℃/s）。当升温速率大于 1000℃/s 时，快速热解又被称为闪速热解。一般来说，慢速热解采用较低的热解温度（300～400℃），这样可以尽可能提高生物炭含量；快速（闪速）热解一般采用中等反应温度（450～550℃），通过极高的加热速率和极短的气相停留时间，可提高生物油产量。

升温速率也被定义为燃料在某一给定温度下的停留时间，如表 11-1 所列，根据停留时间长短，也将热解模式分为快速热解、中速热解、慢速热解和低温炭化。表 11-2 所列为各种热解模式下固相、液相及气相产率，可以看出快速热解具有最高的液相产率，而慢速热解具有最高的固相即生物炭产率。

表 11-1　不同热解模式下的反应条件

热解模式	反应条件	热解模式	反应条件
快速热解	约 500℃，热解气停留时间：约 1s	慢速热解	约 400℃，热解气停留时间：几个小时以上
中速热解	约 500℃，热解气停留时间：1～30s	低温炭化	约 290℃，固体停留时间：10～60min

表 11-2　不同热解条件下的固相、液相和气相产物产率

热解模式	液相	固相	气相
快速热解	约 75%	约 12%	约 13%
中速热解	约 50%	约 25%	约 25%
慢速热解	约 30%	约 35%	约 35%
低温炭化	约 5%	约 90%	约 5%

11.1.4.3　压力的影响

通过热解反应，生物质燃料由大分子有机物转化为小分子的液相或气相产物，分子数量和体积大幅增加。因此，根据质量作用定律，采用较低的压力有利于推进热解反应进程。因此热解工艺大都采用常压反应系统，甚至也出现了一些真空反应系统。采用较低压力可以从以下几方面对生物质热解产生有利影响：

① 一方面，热解反应产物体积大于反应物，因此降低压力有利于促进热解反应物向产物的转化，提高转化率；另一方面，低压条件下达到相同热解转化率所需的温度也较低。例如，Zandersons 等[1] 研究发现，常压条件下甘蔗渣中的纤维素最大裂解速率对应温度为 350℃，而真空条件下这一温度降至 280～320℃。

② 一方面，在低压条件下，高温热解气在颗粒中的停留时间缩短，发生二次裂解的概率降低，有利于提高生物油产率；另一方面，低压下生物油沸点也相应降低，促进了生物油蒸发，这也有效抑制了生物油二次裂解。Bridgwater 等[2] 研究发现，相比常压下纤维素热解 19.1% 的生物油产率，200Pa 真空条件下的产率可提升至 55.8%。

11.1.4.4　生物质种类的影响

热解是生物质固体有机大分子物质裂解为小分子物质的过程，生物质种类对热解产物分布往往有着决定性的影响。为了更全面了解各种生物质热解，研究人员[3]对六种生物质组分（即淀粉、纤维素、半纤维素、木质素、蛋白质和油）的热解行为、气态产物释放、动力学和产物分布进行了研究。研究发现富含油和木质素的生物质更难热解，而富含纤维素、淀粉、半纤维素和蛋白质的生物质易于热解。在热解过程中，多糖（淀粉、纤维素和半纤维素）主要生成 CO 和 O-杂环等含氧组分；木质素主要产物是酚类有机物（高达 81.4%）；蛋白质则主要产生含氮有机物（高达 52.71%），包括 N-杂环、吡咯、吡啶、腈和胺/酰胺等；石油热解则产生大量烯烃（46.48%）。

除了常规的木质纤维素类生物质原料，近年来，如市政污泥、藻类等各种非木质纤维素类生物质原料的热解制油也被广泛研究，这些种类的生物质制备的生物油与常规生物油有着显著区别。如藻类热解生物油含有较多的可溶性多糖、脂和蛋白质，生物油含氧量低、热值高，高位热值平均可达 33MJ/kg，是农作物秸秆生物油的 1.6 倍[4]。而污泥热解油主要由 C、H、N、S、O 五种元素组成，其中 C 含量约为 65%、H 含量约为 9%、N 含量约为 5%、S 含量约为 1%、O 含量约为 20%。根据热解油含水率不同，其发热量在 15～41MJ/kg 之间，从发热量来看是很好的燃料。但其中也包含有大量的芳香族和含氮有机物，许多有机物有较大毒性，需要进一步提质。

11.1.4.5　原料物性的影响

原料物性包括颗粒大小、形状、密度等物理特性，其对热解过程有着重要影响。以原料粒径为例，当粒径小于 1mm 时，热解过程主要受化学反应动力学速率控制；随着粒径增大，颗粒内部传热传质阻力显著增加，大颗粒被加热时，颗粒表面的加热速率远大于颗粒中心的加热速率。即使在高温环境内，颗粒中心可能发生的也是低温热解，从而产生过多的炭。除了颗粒大小以外，颗粒形状对热解过程也会产生影响。研究人员将生物质燃料制成具有相同比表面积的平直状、圆柱状和球状原料，发现平直状的原料质量损失最快，球状最慢，表明生物质形状对热解过程的传热速率会有影响，进而影响热解进程[5]。

11.2　生物质热解的热分析技术

由于生物质热解反应十分复杂，要从微观分子水平揭示其全部的化学反应机理是极其困难的。因此，为了获得相对简单的热解反应模型以指导工艺设计，通常采用热解表观化学反应动力学特性来解释热解的变化规律。表观化学反应动力学（也称为"总包反应动力学"）是热解基元反应的综合外在表现，是一种"黑箱"处理方法，从而大大降低了热解反应分析的难度。热分析则为表观反应动力学研究提供高精度的分析手段。

11.2.1　热分析的定义

热分析是指在程序控制温度下，测定物质的物理性质随温度或时间变化的一类技术。这里"程序控制温度"一般是指线性升温、线性降温及恒温,如图 11-3 所示;此处被测物质的物理性质主要指物质的质量、温度、热焓变化及外形尺寸等。

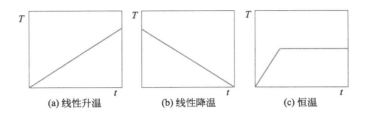

图 11-3　程序控温曲线

热分析技术早在 19 世纪就开始应用,初期发展缓慢,直到 20 世纪 50 年代,随着电子技术的发展及其在温度控制、物理性质的测量、显示及记录上的应用,热分析技术才得到蓬勃的发展和广泛的应用。目前,热分析技术已经被广泛应用于诸多领域,涉及无机和有机高分子化合物、生物与医学、金属与合金、陶瓷(包括水泥、玻璃、耐火材料、黏土等)、煤炭与石油制品、电子与电子用品等。热重(thermogravimetry,TG)和差热分析(differential thermal analysis,DTA)是应用最为广泛的热分析技术,其次为差示扫描量热分析(differential scanning calorimetry,DSC),它们构成了热分析的三大支柱。

11.2.2　热重分析原理

11.2.2.1　热重分析仪结构

热重分析法是在程序控制温度下借助热天平获得物质的质量与温度关系的技术。开展热重分析的仪器称为热重分析仪,图 11-4 所示为结构原理及实物图,主要由热天平、炉体加热系统、程序控温系统、气氛控制系统、实时数据采集和记录系统等几部分组成。被测试样放在一个具有密闭加热炉体的热天平中,通过程序控温仪使加热电炉按一定的升温速率升温(或恒温),同时连续称量样品的质量,得出样品质量变化规律。针对不同的样品和实验要

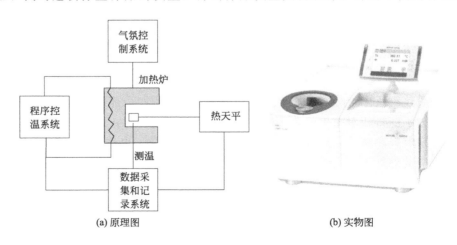

(a) 原理图　　　　　　　　　　　　　(b) 实物图

图 11-4　热重分析仪原理图和实物图

求，可以设定升温速率，调节载体流量及气氛。热解反应通常以氮气或氩气等惰性气体为气氛，避免发生燃烧反应。

热天平是热重分析仪最核心的部件，目前热天平有三种不同的结构设计，即上皿式、垂直悬浮式和平行式，如图 11-5 所示，图中箭头表示装样时炉体的运动方向。日本岛津公司的热重分析仪采用上皿式和垂直悬浮式，而梅特勒-托利多则采用平行式，图 11-4 中的实物图为梅特勒-托利多平行式热重分析仪。

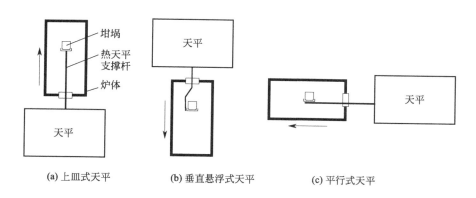

(a) 上皿式天平   (b) 垂直悬浮式天平   (c) 平行式天平

图 11-5　三种不同的热天平设计示意图

11.2.2.2　热重曲线（TG 曲线）

根据升温类型不同，热重法通常有以下两种类型：

① 等温（或静态）热重法。即在恒温条件下测定样品质量随时间的变化关系。

② 非等温（或动态）热重法。即在程序升温条件下测定样品质量随温度的变化关系。

所记录的样品质量曲线称为热重曲线或 TG 曲线。如图 11-6 所示为一条典型的非等温热重曲线，纵坐标为样品质量 W 或失重百分比 WL，横坐标为温度。失重百分比可按下式计算，即：

$$WL(\%) = \frac{W_0 - W_t}{W_0} \times 100\% \quad (11-3)$$

式中，W_0 为样品初始质量，kg；W_t 为样品在 t 时刻下的质量，kg。

图中 AB 为初始加热阶段，样品温度逐渐

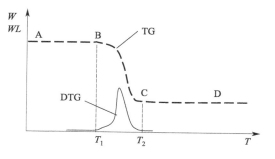

图 11-6　热重曲线

升高，但尚未达到热解反应的起始温度 T_1，样品质量维持不变；当温度到达 T_1 后，热解反应开始发生，固体大分子有机物裂解为小分子物质，并以气体挥发分的形式离开样品颗粒，样品质量开始随着温度升高而显著下降；当温度升至 T_2 后，样品中的挥发性物质析出完毕，热解反应终止；此后尽管温度进一步升高，样品质量也基本维持恒定（CD 区间）。因此，T_1、T_2 对应的区间为热解反应区间。通过 TG 曲线可以获得样品发生热解的温度区间、样品热稳定性以及挥发分质量占比等重要的基础数据。

11.2.2.3 微分热重曲线（DTG曲线）

将热重曲线对温度（或时间）进行一次微分，就可获得微分热重曲线，也称为 DTG 曲线，如图 11-6 所示。它反映了样品质量变化率与温度（或时间）的关系。在 AB 和 CD 区间，由于样品质量恒定，DTG 为 0；在反应区间内，由于样品质量急剧变化，出现了非常显著的 DTG 峰。虽然 DTG 曲线是基于 TG 曲线得到的，但是 DTG 曲线能更清楚地反映出样品的起始热解反应温度，以及达到最大热解反应速率时的温度。在许多复杂组分样品的热解过程中，往往伴随着多个不同温度区间的热解过程，通过 DTG 曲线便能更加容易地分辨出不同的热解区间。

图 11-7 所示为稻壳生物质的 TG 和 DTG 曲线，图中 RH-1～RH-5 表示稻壳与催化剂按不同比例配比后的样品。从 DTG 曲线中可以观察到三个明显的失重峰，第一个峰发生在常温～100℃区间，由水分的蒸发引起；150～450℃则对应于半纤维素和纤维素的热解。

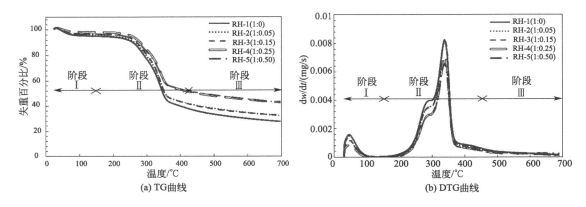

图 11-7 稻壳生物质的 TG 曲线和 DTG 曲线[6]

11.2.2.4 影响热重曲线的因素

为了获取准确的热重曲线，仔细研究其影响因素十分必要。影响热重曲线的主要因素介绍如下。

（1）浮力的影响

温度对气体密度、浮力和对流特性有重要影响。例如 20℃室温下，N_2 密度为 1.16g/L；当温度升至 1000℃时，氮气密度降为 0.27g/L。考虑浮力的影响，样品在天平中的质量测量值 W_{test} 为：

$$W_{test} = (W_{real} - \rho_g V_s) \tag{11-4}$$

式中，W_{real} 为原料的真实质量，kg；ρ_g 为热重炉内气氛密度，kg/m^3；V_s 为样品体积，m^3。

由式(11-4)可知，随着温度升高，热重炉内气氛密度 ρ_g 逐渐下降，因此，即使在样品质量没有变换的情况下，升温也会导致样品质量增加，这种增重称为表观增重。

不同气氛对表观增重影响也很大，这是因为不同的气体，其密度也不同，温度对气体密度的影响幅度也不一样。如上所述，N_2 温度从 20℃升至 1000℃，密度减小 0.89g/L，易知每毫升样品的表观增重为 0.89mg；加入气氛换为氢气，同样从 20℃升至 1000℃，密度仅减小 0.06g/L，即每毫升样品的表观增重仅为 0.06mg。

（2）对流的影响

在热天平中，样品周围的气氛受热后密度降低，在炉内外密度差的作用下会形成上升力，从而形成上升气流。上升气流作用在热天平上相当于减重，此即为对流的影响。对流的影响与炉子的结构有很大关系，此外，对流的减重效应也一定程度抵消了表观增重的影响。

（3）坩埚的影响

如图 11-5 所示的热分析坩埚，其材质要求对样品、中间产物、最终产物和气氛都是惰性的。坩埚本身既不能有反应活性，也不能有催化活性。坩埚的大小、质量和几何形状对热分析也有影响：一般来说，坩埚越轻，传热性能就越好，对热分析也越有利；形状则以浅盘式为好，可以将样品薄薄地摊在底部，有利于克服传热传质的滞后对热重曲线造成的影响。

（4）挥发物再冷凝的影响

样品在热分析过程中逸出的挥发性气体可能在热天平其他低温表面发生冷凝，不但会污染仪器，而且还会导致样品失重率偏低。当温度进一步上升后，这些冷凝物可能再次挥发产生假失重，影响测量结果的准确性。因此，在热解过程中，载气需要保持适量的流量，使其能将挥发分及时带离反应区。

（5）升温速率的影响

升温速率是对热重测试影响最大的因素，升温速率越大，样品温度滞后越严重，热解反应的起始温度 T_1 和终止温度 T_2 都越高，温度区间也越宽。因此，为保证测量精度，加热过程不宜采用太高的升温速率：对于传热性能较差的高分子有机物样品，升温速率一般采用 $5 \sim 10\,℃/\mathrm{min}$；对于传热性能较好的无机物、金属等样品，升温速率可采用 $10 \sim 20\,℃/\mathrm{min}$。

（6）样品的影响

样品的影响主要包括每一次测试时所用的样品质量和粒度。在满足仪器灵敏度范围的条件下，样品质量应尽量小一些，因为样品量大会导致从样品表面向内部的传热阻力增大，影响分析结果。样品粒度同样对热传导和气体扩散有较大影响，粒度的不同会引起气体产物的扩散有较大的变化，从而导致热解反应速率和热重曲线发生改变。粒度越小，反应速率越高，起始温度 T_1 和终止温度 T_2 都降低，反应区间变窄。

11.2.3 差热分析原理

差热分析（DTA）是记录同一温度场中以一定速度加热或冷却的试样和基准样之间温度差的一门技术，基准样要求采用在加热或冷却过程中不发生相变或其他变化的物质。温差产生的原因是由于试样发生了相变、化学反应、分解或其他变化而产生热效应的结果。

11.2.3.1 测试原理

如图 11-8 所示，将两支材质和均匀性相同的热电偶分别插入试样和基准样中，并将两支热电偶冷端的正极相连，两支热电偶的另一极和测量仪表相连。两支热电偶连接后所形成回路的总电势称为示差热电势，用符号 E 表示。

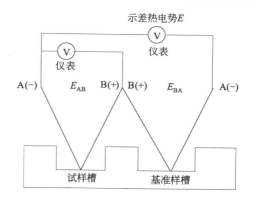

图 11-8 差热分析示意图

示差热电势和两支热电偶电势之间满足以下关系：

$$E = E_{AB}^{T_1} + E_{BA}^{T_2} = E_{AB}^{T_1} - E_{AB}^{T_2} \tag{11-5}$$

式中，$E_{AB}^{T_1}$ 和 $E_{AB}^{T_2}$ 分别为试样和基准样热电偶的热电势；T_1 和 T_2 分别为试样和基准样温度。

当试样在加热或冷却过程中发生热效应时，试样温度将不等于基准样温度，因此有 $E_{AB}^{T_1} \neq E_{AB}^{T_2}$，即线路中将产生示差热电势。热电偶的热电势为热端温度的函数，即 $E_{AB}^{T_1} = f(T_1)$，$E_{AB}^{T_2} = f(T_2)$，令 $\Delta T = T_1 - T_2$，则有：

$$E = f(T_1) - f(T_2) = f(T_2 + \Delta T) - f(T_2) = f(\Delta T) \tag{11-6}$$

即示差热电势是试样与基准样之间温差的函数。当试样中有热效应产生时，即便非常微弱，也足以迅速地引起试样和基准样之间的温度差，产生示差热电势；当试样没有热效应时，$\Delta T = 0$，因此 $E = 0$。

11.2.3.2　结构原理

图 11-9 所示为差热分析仪结构示意图，其主要由炉体及配套的程序控温单元、气氛控制单元、数据采集和处理单元组成。仪器实现的功能是，根据实验需要，由气氛控制单元给炉内提供所需气氛或真空环境，程序控温单元配合控温热电偶给炉体提供程序升温、降温或恒温，利用电炉中的温差热电偶探测试样和基准样间温差，并将温差信号转变为电信号，经信号放大器放大后传输给数据采集和处理单元。

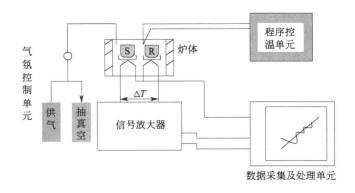

图 11-9　差热分析仪结构示意图

11.2.3.3　DTA 曲线

在图 11-8 所示 DTA 系统中，通过改变炉体温度，诱导试样发生热效应，使试样槽和基准样槽之间产生温差，温差大小与炉体提供的反应温度有关。因此，差热分析可获得温差（或电势差）与炉温之间的关系。如图 11-10 所示为椰壳生物质的 TG、DTG（以倒峰展示）和 DTA 曲线，在 318℃ 和 450℃ 两处强烈的 DTG 峰分别对应于纤维素和木质素的热解失重峰。在两个失重峰相对应的位置，可以明显观察到两个 DTA 峰，峰强度表征了纤维素和木质素热解的吸热量大小。图 11-8 中可明显看出，木质素的热解吸热量明显高于纤维素，通过 DTA 峰的面积积分，可以得到纤维素和木质素的热解反应热。

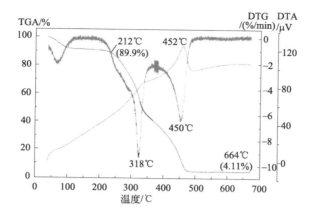

图 11-10 椰壳生物质热解 TG、DTG 和 DTA 曲线[7]

11.2.3.4 DTA 曲线影响因素

从传热角度考虑，炉温 T_w 一般高于基准样温度 T_R 和试样温度 T_S，炉内气氛、坩埚及样品内部也都存在温差，热电偶的位置不可避免地会对温度及温差（$\Delta T = T_S - T_R$）测量产生影响。此外，试样和基准样的比热容，以及它们的用量、几何形状、粒度、颜色（高温时会影响辐射热的吸收）等都会对 ΔT 产生不同程度的影响。以下将结合数学推导来描述 DTA 曲线的各种影响因素，为简化数学推导，假设：

① 试样和基准样内部不存在温差，且它们与各自的容器（即坩埚）温度都相等，即热电偶测温点在试样中的任何位置或接触容器外侧，温度均处处相等；

② 试样和基准样的比热容均不随温度变化；

③ 两个容器与热源（炉体）的热传导与温差成正比，比例系数（即传热系数）均为 K，且 K 不随温度变化。

以下根据试样反应前、反应中和反应后的 DTA 曲线变化规律分别介绍。

（1）试样反应前

炉体未加热时，有 $T_w = T_S = T_R$；炉体升温后且试样未发生反应时，有 $T_w > T_S = T_R$。试样和基准样的传热方程分别为：

$$c_S \times \frac{dT_S}{dt} = K(T_w - T_S) \tag{11-7}$$

$$c_R \times \frac{dT_R}{dt} = K(T_w - T_R) \tag{11-8}$$

式中，c_S，c_R 分别为试样和基准样比热容，kJ/(kg·℃)；$\frac{dT_S}{dt}$，$\frac{dT_R}{dt}$ 分别为试样和基准样的升温速率，℃/min。

当试样无热效应时，有 $\frac{dT_w}{dt} = \frac{dT_S}{dt} = \frac{dT_R}{dt} = \phi$，将式（11-7）和式（11-8）相减后，可得：

$$\Delta T = T_S - T_R = \phi \times \frac{c_R - c_S}{K} \tag{11-9}$$

也即在恒定升温速率且无热效应情况下，ΔT 为恒定值，DTA 曲线应该是一条水平的基线。然而，实际的 DTA 基线在加热初期会出现弯曲漂移的现象，然后才逐渐回到水平，如图 11-11 所示。其原因有几个方面：

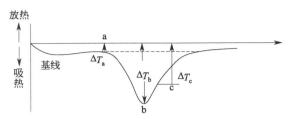

图 11-11　DTA 曲线示例

① 当炉体以速率 ϕ 升温时，由于热阻的影响，试样和基准样在升温初期会有不同程度的滞后，经加热一段时间后才能达到炉体升温速率；

② 比热容是温度的函数，因此式(11-9)中比热容差（$c_R - c_S$）也是随温度变化的项；

③ 由于结构性因素，试样容器与炉体间的传热系数 K_S 也不会完全相等于基准样与炉体间的传热系数 K_R。

基于以上原因，DTA 曲线在升温初期的漂移现象是难以避免的。因此这段时间内的 DTA 曲线可以用下式表示：

$$\Delta T = \phi \times \frac{c_R - c_S}{K}\left[1 - \exp\left(-\frac{K}{c_S}t\right)\right] \tag{11-10}$$

当时间 $t=0$ 时，$\Delta T = 0$，即原点。

当 $t \to \infty$ 时，$\exp\left(-\dfrac{K}{c_S}t\right) = 0$，则有：

$$\Delta T_a = \phi \times \frac{c_R - c_S}{K} \tag{11-11}$$

即图 11-11 中基线部分的温差，它的大小取决于比热容差（$c_R - c_S$）、炉体升温速率 ϕ 和传热系数 K。

当 $0 < t < \infty$ 时，ΔT 按式(10-10)计算，为介于 $0 \sim \phi \times \dfrac{c_R - c_S}{K}$ 的一条曲线。

（2）试样反应中

由式(11-11)整理后可得：

$$c_S\frac{\mathrm{d}T_R}{\mathrm{d}t} = c_R\frac{\mathrm{d}T_R}{\mathrm{d}t} - K\Delta T_a \tag{11-12}$$

将式(11-8)代入上式后，得：　　$c_S\dfrac{\mathrm{d}T_R}{\mathrm{d}t} = K(T_w - T_R) - K\Delta T_a$ （11-13）

当试样产生热效应，假设反应热为 ΔH，则有：

$$c_S\frac{\mathrm{d}T_S}{\mathrm{d}t} = K(T_w - T_S) + \frac{\mathrm{d}\Delta H}{\mathrm{d}t} \tag{11-14}$$

式(11-13)和式(11-14)相减后得：　　$c_S\dfrac{\mathrm{d}\Delta T}{\mathrm{d}t} = \dfrac{\mathrm{d}\Delta H}{\mathrm{d}t} - K(\Delta T - \Delta T_a)$ （11-15）

式中，$\dfrac{\mathrm{d}\Delta T}{\mathrm{d}t}$ 为温差变化率，即 DTA 曲线斜率。

当试样无反应热时，$\dfrac{\mathrm{d}\Delta H}{\mathrm{d}t} = 0$，$\Delta T = \Delta T_a$，温差变化率为 0；当有反应热时，斜率改变，

DTA 曲线开始出峰。峰的最大值，即封顶处（图 11-11 中的 b 点）的温差变化率 $\dfrac{\mathrm{d}\Delta T}{\mathrm{d}t}=0$，对应温差为 ΔT_b。则由式(11-15) 可得 DTA 的峰高表达式：

$$峰高 = \Delta T_\mathrm{b} - \Delta T_\mathrm{a} = \frac{\mathrm{d}\Delta H}{\mathrm{d}t} \times \frac{1}{K} \tag{11-16}$$

由上式可知，峰高与反应热 ΔH 成正比，与传热系数 K 成反比。传热系数 K 越大，则峰高越低，DTA 灵敏度越差。为提高 DTA 分析灵敏度，就要减小炉体与样品坩埚间的传热系数 K；但 K 值减小后，由式(11-11) 可知 ΔT_a 会增大，即基线偏移量增大，通过电子线路放大后，基线会更不平滑。因此 K 值也不宜过小。

（3）试样反应后

反应终点就是热效应结束点（图 11-11 中的 c 点），即 $\dfrac{\mathrm{d}\Delta H}{\mathrm{d}t}=0$，式(11-15) 变为：

$$c_\mathrm{S} \frac{\mathrm{d}\Delta T}{\mathrm{d}t} = -K(\Delta T - \Delta T_\mathrm{a}) \tag{11-17}$$

对上式分离变量后积分，可得： $\quad \Delta T - \Delta T_\mathrm{a} = \exp\left(-\dfrac{K}{c_\mathrm{S}}t\right) \tag{11-18}$

上式表明，反应终点 c 点以后，ΔT 随时间 t 以指数的函数关系回到基线。为了确定反应终点，通常作 $\ln[\Delta T - \Delta T_\mathrm{a}]$-$t$ 图，反应未结束时，$\ln[\Delta T - \Delta T_\mathrm{a}]$ 和 t 呈线性关系；数据点开始偏离线性关系时的点定为终点 c。实验表明，纯金属铟、铅的熔融过程终点在 DTA 吸热峰的顶点；而聚乙烯熔融及结晶草酸钙脱水等反应的终点，在顶点回基线约 1/3 处。结合以上理论推导，DTA 曲线的影响因素综合如下。

1）升温速率的影响　提高升温速率，则单位时间的热效应越大，产生的温差也越大，峰越高。因此，采用高的升温速率是有利于提高检测灵敏度的；与此同时，由式(11-11) 可知，提高升温速率也会抬高基线，即 DTA 曲线分辨率降低。因此，采用慢速升温有利于提高分辨率，即有利于相邻峰的分离。

2）气氛的影响　气氛对 DTA 曲线有很大影响，例如，有机试样在空气或 O_2 气氛中会产生很大的氧化放热峰；而在惰性气氛中则会产生试样裂解的吸热峰。

3）压力的影响　根据 Clausius-Clapeyron 方程，$\dfrac{\mathrm{d}p}{\mathrm{d}T}=\dfrac{\Delta H_l}{T\Delta V}$（$\Delta H_l$ 为相变焓，ΔV 为相变前后摩尔体积的变化），对于涉及释放或消耗气体的反应，以及升华、气化过程，气氛压力对相变温度有较大影响。

4）坩埚材料的影响　和热重分析一样，差热分析同样要求坩埚材料对试样、产物（包括中间产物）、气体等都是惰性的，并且不起催化作用。实验过程中所采用的坩埚材料大致有玻璃、α-Al_2O_3、石英和铂等。

5）试样重量和粒度　试样较多时，其热容增大，热传导迟缓，会使每一热效应产生的时间延长，DTA 峰宽度变大，使相邻峰不易分辨；试样太少时，对于热效应较小的反应，DTA 峰会变得不显著，甚至有遗漏峰的可能。为避免试样粒度的影响，一般认为采用小颗粒试样更好。

6）基准样的影响　作为基准物需满足两个条件：a. 要求在所使用的温度范围内是热惰性的；b. 要求基准样和试样的比热容及热传导率相同或接近，这样可减小 DTA 基线漂移量。值得指出的是，当前先进的 DTA 分析仪都具有基线校准装置，因此通过变化基准样来改善基线的必要性不大。

11.2.3.5　DTA 曲线峰面积与热效应的关系

式(11-15) 分离变量后积分，时间的积分范围为从反应起点 a 点积分到反应终点 c 点，可得：

$$\int_{\Delta T_a}^{\Delta T_c} c_S \mathrm{d}\Delta T = \int_{\Delta H_a}^{\Delta H_c} \mathrm{d}\Delta H - \int_{t_a}^{t_c} K(\Delta T - \Delta T_a)\mathrm{d}t \tag{11-19}$$

上式积分后可得：$c_S(\Delta T_c - \Delta T_a) = (\Delta H_c - \Delta H_a) - \int_{t_a}^{t_c} K(\Delta T - \Delta T_a)\mathrm{d}t$ （11-20）

令热过程中的反应热变化 $\Delta H_r = \Delta H_c - \Delta H_a$，可得：

$$\Delta H_r = c_S(\Delta T_c - \Delta T_a) + \int_{t_a}^{t_c} K(\Delta T - \Delta T_a)\mathrm{d}t \tag{11-21}$$

DTA 曲线从反应终点 c 返回到基线过程的积分表达式可由式(11-21) 得出，此时 $\Delta H_r = 0$，因此有：

$$c_S(\Delta T_c - \Delta T_a) = \int_{t_c}^{\infty} K(\Delta T - \Delta T_a)\mathrm{d}t \tag{11-22}$$

式(11-22) 代入式(11-21) 后，可得：

$$\Delta H_r = \int_{t_c}^{\infty} K(\Delta T - \Delta T_a)\mathrm{d}t + \int_{t_a}^{t_c} K(\Delta T - \Delta T_a)\mathrm{d}t = \int_{t_a}^{\infty} K(\Delta T - \Delta T_a)\mathrm{d}t = KA \tag{11-23}$$

上式即为著名的 Speil 方程，式中定义 $A = \int_{t_a}^{\infty}(\Delta T - \Delta T_a)\mathrm{d}t$，即为 DTA 曲线的峰和基线之间的面积。

由以上可知：a. DTA 曲线峰面积 A 与反应热效应 ΔH_r 成正比，比例系数为传热系数。b. 对于相同的反应热 ΔH_r，试样传热系数越大，峰面积越小，即灵敏度越低。c. Speil 方程中没有出现升温速率，因此，理论上升温速率不影响峰面积大小；而实际上，峰面积随着升温速率增加会有所增大，且升温速率越大，峰越尖锐。

11.2.4　差示扫描量热原理

差示扫描量热法（DSC）是指在程序控温条件下，测量输入到试样和基准样的功率差与温度关系的一种技术。根据测量方法不同，可分为功率补偿型和热流型两种差示扫描量热法。其中，热流型扫描量热法与 DTA 差别不大，因此，以下主要讨论功率补偿型 DSC。

11.2.4.1　测试原理

功率补偿型 DSC 测试基于动态零位平衡原理。DTA 曲线记录的是试样与基准样之间的温度差，温差可以是正，也可以是负；而 DSC 则要求，不论试样是吸热或放热，试样与基准样温度都要处于动态零位平衡状态，即 $\Delta T \to 0$，这是 DSC 与 DTA 技术最本质的差异。而 DSC 实现 $\Delta T \to 0$ 的方式，就是通过功率补偿。仪器内试样支持器与基准样支持器，各自都有一个独立的热源，以及独立的测温元件。通过测温元件感应到的任何温度差都被反馈到一个控制电路，根据温差来动态调整该电路输入试样和基准样的功率，实现温差 $\Delta T \to 0$。通过测定输入到试样和基准样的热量差，进而计算得到试样的吸/放热量值。

11.2.4.2　结构原理

功率补偿式 DSC 分析仪结构如图 11-12 所示，主要由炉体及程序控温系统、功率补偿系统、气氛控制系统、数据采集及处理系统构成。炉体包括样品炉和参比炉，通过气氛控制系统控制炉内加热气氛。两个炉体具有独立的加热器和温度传感器，独立加热试样和基准样。整台仪器由两套控制电路进行监控，一套使试样和基准样以预定的速率升温，另一套用来补偿二者之间的温度差。数据采集系统记录输入样品炉和参比炉的功率差，通过数据处理获得试样的吸/放热量。

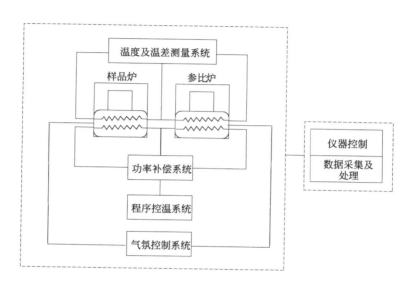

图 11-12 功率补偿式 DSC 仪器结构框图

11.2.4.3 功率补偿式 DSC 理论基础

实验时，试样和基准样升高温度所需的热量分别为：

$$c_S \times \frac{\mathrm{d}T_S}{\mathrm{d}t} = \frac{\mathrm{d}Q_S}{\mathrm{d}t} + \frac{\mathrm{d}\Delta H}{\mathrm{d}t} \tag{11-24}$$

$$c_R \times \frac{\mathrm{d}T_R}{\mathrm{d}t} = \frac{\mathrm{d}Q_R}{\mathrm{d}t} \tag{11-25}$$

式中，$\dfrac{\mathrm{d}Q_S}{\mathrm{d}t}$，$\dfrac{\mathrm{d}Q_R}{\mathrm{d}t}$ 分别为单位时间内传给试样、基准样的能量。

将式(11-24) 和式(11-25) 相减并整理后，可得：

$$\frac{\mathrm{d}\Delta H}{\mathrm{d}t} = c_S \times \frac{\mathrm{d}T_S}{\mathrm{d}t} - c_R \times \frac{\mathrm{d}T_R}{\mathrm{d}t} - \frac{\mathrm{d}Q_S}{\mathrm{d}t} + \frac{\mathrm{d}Q_R}{\mathrm{d}t} \tag{11-26}$$

令：

$$\frac{\mathrm{d}\Delta Q}{\mathrm{d}t} = \frac{\mathrm{d}Q_S}{\mathrm{d}t} - \frac{\mathrm{d}Q_R}{\mathrm{d}t} \tag{11-27}$$

式(11-26) 变形为：

$$\frac{\mathrm{d}\Delta H}{\mathrm{d}t} = -\frac{\mathrm{d}\Delta Q}{\mathrm{d}t} + c_S \times \frac{\mathrm{d}T_S}{\mathrm{d}t} - c_R \times \frac{\mathrm{d}T_R}{\mathrm{d}t} \tag{11-28}$$

式(11-28) 进一步变形：

$$\frac{\mathrm{d}\Delta H}{\mathrm{d}t} = -\frac{\mathrm{d}\Delta Q}{\mathrm{d}t} + c_S \times \left[\frac{\mathrm{d}T_R}{\mathrm{d}t} + \frac{\mathrm{d}(T_S - T_R)}{\mathrm{d}t} \right] - c_R \times \frac{\mathrm{d}T_R}{\mathrm{d}t} \tag{11-29}$$

$$\frac{\mathrm{d}\Delta H}{\mathrm{d}t} = -\frac{\mathrm{d}\Delta Q}{\mathrm{d}t} + (c_S - c_R) \times \frac{\mathrm{d}T_R}{\mathrm{d}t} + c_S \times \frac{\mathrm{d}(T_S - T_R)}{\mathrm{d}t} \tag{11-30}$$

根据传热方程，有：

$$\frac{dQ_S}{dt} = K(T_w - T_S) \tag{11-31}$$

$$\frac{dQ_R}{dt} = K(T_w - T_R) \tag{11-32}$$

式中，T_w 为炉温；K 为炉体和坩埚间的传热系数，且假设炉体与试样坩埚、炉体与基准样坩埚传热系数均为 K。将式(11-31) 和式(11-32) 代入式(11-27) 后可得：

$$\frac{d\Delta Q}{dt} = -K(T_S - T_R) \tag{11-33}$$

上式对时间求导，可得：

$$\frac{d(T_S - T_R)}{dt} = -\frac{1}{K} \times \frac{d^2\Delta Q}{d^2 t} \tag{11-34}$$

将式(11-34) 代入式(11-30)，且令 $\dfrac{dT_R}{dt} = \dfrac{dT_w}{dt} = \phi$，则有：

$$\frac{d\Delta H}{dt} = -\frac{d\Delta Q}{dt} + \phi(c_S - c_R) - c_S \times \frac{1}{K} \times \frac{d^2\Delta Q}{d^2 t} \tag{11-35}$$

上式即为功率补偿型 DSC 的曲线方程，根据该式可以得到几方面信息：

① $\dfrac{d\Delta Q}{dt}$ 为 DSC 曲线的纵坐标值，该值为正值时，表示试样发生了吸热过程；反之，则为放热过程。

② $\phi(c_S - c_R)$ 代表 DSC 曲线的基线漂移，漂移程度取决于试样和基准样的比热容差和升温速率。与 DTA 和热流型 DSC 不同，该项与传热系数 K 无关，这是功率补偿型 DSC 的一个优点。

③ $c_S \times \dfrac{1}{K} \times \dfrac{d^2\Delta Q}{d^2 t}$ 表示 DSC 曲线的斜率，其中 $c_S \times \dfrac{1}{K}$ 称为系统的时间常数。

11.2.4.4　DSC 曲线示例

图 11-13 所示为麦秆热解的 DTG 和 DSC 曲线，在 DSC 曲线中，热流单位为 mW/mg。热流大于 0 为吸热过程，反之为放热过程。图 11-13 中，0～900K 内，麦秆的干燥、热解为吸热过程；当温度升至 900K 时，开始出现放热反应。

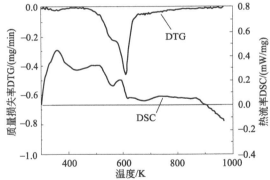

图 11-13　麦秆热解的 DTG 和 DSC 曲线[8]

11.3　生物质热解表观动力学

热解本质上是化学反应，由于生物质热解机理的复杂性，通常采用热解表观化学反应动力学特性来解释热解的变化规律。表观化学反应动力学是一种"黑箱"处理方法，将被热解样品看作一个整体，描述其热解反应速率。

11.3.1　热重分析动力学方程

采用热重分析仪研究生物质热解可以求得反应动力学参数，进而为建立热解综合模型提供基础数据。如前所述，热重分析方法包括等温热重（静态法）和非等温热重（动态法）。在目前的研究文献中，生物质热解动力学参数的求取均采用程序升温热重曲线。

在热重实验中，试样的热解速率可表示为：

$$\frac{\mathrm{d}x}{\mathrm{d}\tau} = kf(x) = A\exp\left(-\frac{E_A}{R_u T}\right)f(x) \tag{11-36}$$

式中，x 为试样的热解转化率；τ 为热解时间，s；k 为表观反应速率常数；$f(x)$ 为反应机理函数。

试样的热解转化率，即试样热解过程中的失重率：

$$x = \frac{W_0 - W_t}{W_0 - W_\infty} \tag{11-37}$$

式中，W_0 为试样的初始质量；W_t 为试样在 t 时刻的质量；W_∞ 为试样在热解反应结束后的剩余质量。

因此，试样的热解转化率可根据热重曲线计算得到。

$f(x)$ 为转化率 x 的函数，其函数形式取决于反应类型或反应机制。一般来说，可假设 $f(x)$ 与温度和时间无关，对于简单反应，$f(x)$ 可取以下形式：

$$f(x) = (1-x)^n \tag{11-38}$$

式中，n 为反应级数。

因此，试样的热解速率表达式(11-36)可写为：

$$\frac{\mathrm{d}x}{\mathrm{d}\tau} = A\exp\left(-\frac{E_A}{R_u T}\right)(1-x)^n \tag{11-39}$$

对于恒速升温的热重分析，升温速率 $\beta = \mathrm{d}T/\mathrm{d}\tau$，代入式(11-39)后，可得：

$$\frac{\mathrm{d}x}{\mathrm{d}T} = \frac{A}{\beta}\exp\left(-\frac{E_A}{R_u T}\right)(1-x)^n \tag{11-40}$$

这就是热重动力学分析的基本表达式，通过该式可推导出各种热解动力学模型。

11.3.2　热重曲线动力学分析

动力学分析的目的就在于求解动力学方程中的"三因子"，即活化能 E_A、频率因子 A 和反应机理函数 $f(x)$，三因子均可通过热重曲线分析得到。热重曲线实验数据的处理方法有微分法和积分法两种，微分法的优点是简单方便，但需要用到 DTG 曲线，这会一定程度增大数据处理的误差；积分法仅用 TG 曲线便可求解，但求解方程较微分法复杂。

11.3.2.1　Coats-Redfern 积分法

经典的采用积分法处理实验数据的方法包括 Coats-Redfern 法、Lee-Beck 法、Mac Callum-Tanner 法、Flynn-Wall-Ozawa 法、Zsako 法、Phadnis 法、Agrawal 法等。以下以 Coats-Redfern 法介绍求取热解动力学参数的过程。

将式(11-40) 分离变量并且两边积分得：

$$\int_0^x \frac{\mathrm{d}x}{(1-x)^n} = \frac{A}{\beta}\int_{T_0}^T \exp\left(-\frac{E_A}{R_u T}\right)\mathrm{d}T \tag{11-41}$$

式中，T_0 为初始反应温度，低温下的反应速率可忽略不计。上式变为：

$$\int_0^x \frac{\mathrm{d}x}{(1-x)^n} = \frac{A}{\beta}\int_0^T \exp\left(-\frac{E_A}{R_u T}\right)\mathrm{d}T \tag{11-42}$$

令上式左边的积分项为 $F(x)$，即：

$$F(x) = \int_0^x \frac{\mathrm{d}x}{(1-x)^n} \tag{11-43}$$

当 $n=1$ 时：

$$F(x) = \ln(1-x) \tag{11-44}$$

当 $n \neq 1$ 时：

$$F(x) = \frac{(1-x)^{1-n}-1}{1-n} \tag{11-45}$$

再令 $u = -\frac{E_A}{RT}$，则式(11-42) 中右边的积分项变形为：

$$\frac{A}{\beta}\int_0^T \exp\left(-\frac{E_A}{R_u T}\right)\mathrm{d}T = \frac{AE_A}{\beta R_u}\left[-\frac{e^u}{u} + \int_{-\infty}^u \exp\frac{e^u}{u}\mathrm{d}u\right] = \frac{AE_A}{\beta R_u}P(u) \tag{11-46}$$

式中：

$$P(u) = -\frac{e^u}{u} + \int_{-\infty}^u \exp\frac{e^u}{u}\mathrm{d}u \tag{11-47}$$

上式的级数展开式为： $P(u) = e^{-u}/u^2(1+2!\,/u+3!\,/u^2+\cdots)$ (11-48)

Coats-Redfern 法中，取级数展开式的前两项并整理[9]。

当 $n=1$ 时：

$$\frac{-\ln(1-x)}{T^2} = \frac{AE_A}{\beta R_u}\left(1-\frac{2R_u T}{E_A}\right)\exp\left(-\frac{E_A}{R_u T}\right) \tag{11-49}$$

当 $n \neq 1$ 时：

$$\frac{1-(1-x)^{1-n}}{(1-n)T^2} = \frac{AE_A}{\beta R_u}\left(1-\frac{2R_u T}{E_A}\right)\exp\left(-\frac{E_A}{R_u T}\right) \tag{11-50}$$

对式(11-49) 和式(11-50) 两边取对数，可得：

当 $n=1$ 时：

$$\ln\left[\frac{-\ln(1-x)}{T^2}\right] = \ln\left[\frac{AE_A}{\beta R_u}\left(1-\frac{2R_u T}{E_A}\right)\right] - \frac{E_A}{R_u T} \tag{11-51}$$

当 $n \neq 1$ 时：

$$\ln\left[\frac{1-(1-x)^{1-n}}{(1-n)T^2}\right] = \ln\left[\frac{AE_A}{\beta R_u}\left(1-\frac{2R_u T}{E_A}\right)\right] - \frac{E_A}{R_u T} \tag{11-52}$$

对于生物质热解，活化能 E_A 通常在 $40000\sim150000\mathrm{kJ/kmol}$ 范围内[10]。因此，对于大部分 E_A，$\dfrac{2R_u T}{E_A}$ 数值远小于 1，$\ln\left[\dfrac{AE_A}{\beta R_u}\left(1-\dfrac{2R_u T}{E_A}\right)\right]$ 近似等于 $\ln\left(\dfrac{AE_A}{\beta R_u}\right)$。

因此，$\ln\left[\dfrac{-\ln(1-x)}{T^2}\right]$ 或 $\ln\left[\dfrac{1-(1-x)^{1-n}}{(1-n)T^2}\right]$ 与 $\dfrac{1}{T}$ 呈线性关系。以 $\ln\left[\dfrac{-\ln(1-x)}{T^2}\right]$ 或 $\ln\left[\dfrac{1-(1-x)^{1-n}}{(1-n)T^2}\right]$ 为纵坐标，以 $\dfrac{1}{T}$ 为横坐标作图，可得一条直线，该直线斜率即为 $-\dfrac{E_A}{R_u}$，截距即为 $\ln\left(\dfrac{AE_A}{\beta R_u}\right)$，根据斜率和截距大小可求出 E_A 和 A 的值。

11.3.2.2 Kissinger 微分法

微分法处理实验数据的经典方法包括 Kissinger 法、微分方程法、放热速率方程法、

Newkirk 法、Friedman-Reich-Levi 法、Freeman-Carroll 法等。下面以广泛应用的 Kissinger 法介绍微分处理求取热解动力学参数的过程。

对式(11-42)两边微分，得：

$$\frac{d}{d\tau} \times \frac{dx}{dT} = \left\{ A(1-x)^n \frac{d\left[\exp\left(-\frac{E_A}{R_u T}\right)\right]}{d\tau} + A\exp\left(-\frac{E_A}{R_u T}\right)\frac{d(1-x)^n}{d\tau} \right\}$$

$$= A(1-x)^n \exp\left(-\frac{E_A}{R_u T}\right)\frac{E_A}{R_u T^2}\frac{dT}{d\tau} - An(1-x)^{n-1}\exp\left(-\frac{E_A}{R_u T}\right)\frac{dx}{d\tau}$$

$$= \frac{dx}{d\tau}\frac{E_A}{R_u T^2}\frac{dT}{d\tau} - An(1-x)^{n-1}\exp\left(-\frac{E_A}{R_u T}\right)\frac{dx}{d\tau}$$

$$= \frac{dx}{d\tau}\left[\frac{E_A}{R_u T^2}\frac{dT}{d\tau} - An(1-x)^{n-1}\exp\left(-\frac{E_A}{R_u T}\right)\right] \tag{11-53}$$

假设在 DTG 曲线峰值处对应的反应温度为 T_{max}，当 $T = T_{max}$ 时，$x = x_{max}$，$\frac{d}{d\tau}\frac{dx}{dT} = 0$，则由式(11-53)可得：

$$\frac{E_A}{R_u T_{max}^2} \times \frac{dT}{d\tau} = An(1-x_{max})^{n-1}\exp\left(-\frac{E_A}{R_u T_{max}}\right) \tag{11-54}$$

Kissinger 认为：$n(1-x_{max})^{n-1}$ 与升温速率 β（即上式中 $\frac{dT}{d\tau}$）无关，近似等于1，因此方程(11-54)可简化为：

$$\frac{E_A\beta}{R_u T_{max}^2} = A\exp\left(-\frac{E_A}{R_u T_{max}}\right) \tag{11-55}$$

对上式两边取对数，可得式(11-56)，也即 Kissinger 方程：

$$\ln\left(\frac{\beta_i}{T_{max,i}^2}\right) = \ln\frac{AR_u}{E_A} - \frac{E_A}{R_u T_{max,i}} \tag{11-56}$$

式中，$i = 1, 2, 3, \cdots$，也即可以选取不同的升温速率 β_i，根据不同升温速率下的 DTG 曲线找出对应的 $T_{max,i}$。

最后，由 $\ln\left(\frac{\beta_i}{T_{max,i}^2}\right)$ 对 $\frac{1}{T_{max,i}}$ 作图，便可得到一条直线，根据直线斜率可求出 E_A，根据截距可求出 A。由于此方法只用了每个升温速率下的一个点，即最大失重速率的温度点，因而结果精度不高；但比较方便，可用于粗略估算 E_A 和 A。

11.3.3　典型生物质热解动力学参数

11.3.3.1　Coats-Redfern 积分法案例分析

通过热重曲线可以确定生物质热解的主要失重区，按照 Coats-Redfern 法对主要失重区段求取动力学参数，需要预先知道反应级数 n。一般采用试算法，即按照 n 的不同取值对实验数据进行拟合，再根据不同 n 数值下的拟合程度确定反应级数。生物质热解通常为一级反应，可以取 $n=1$ 试算，根据 TG 曲线可求得不同温度下的 $\ln\left[\frac{-\ln(1-x)}{T^2}\right]$ 和 $\frac{1}{T}$ 的数值，

并以 $\ln\left[\dfrac{-\ln(1-x)}{T^2}\right]$ 为纵坐标，$\dfrac{1}{T}$ 为横坐标作图，数据的线性相关性采用最小二乘法计算拟合残差来描述。

图 11-14 所示为玉米秸、麦秸、棉柴、稻壳、玉米芯和花生壳六种原料的热重曲线及其 Coats-Redfern 积分法动力学拟合曲线[10]。根据图中的拟合直线的斜率和截距，可分别计算出不同物料在不同升温速率下的活化能 E_A 和频率因子 A，表 11-3 中仅列出了玉米秸和麦秸的值。表 11-3 中的相关系数 R 是反映拟合度的指标，R 的绝对值介于 $0\sim1$ 之间，绝对值越大，拟合度越高，R 绝对值等于 1 表示 100% 拟合。可以看出，所有物料热解动力学方程的相关系数绝对值均大于 0.993，表明采用一级反应 Coats-Redfern 积分法可以很好地描述各种生物质的热解动力学特性。

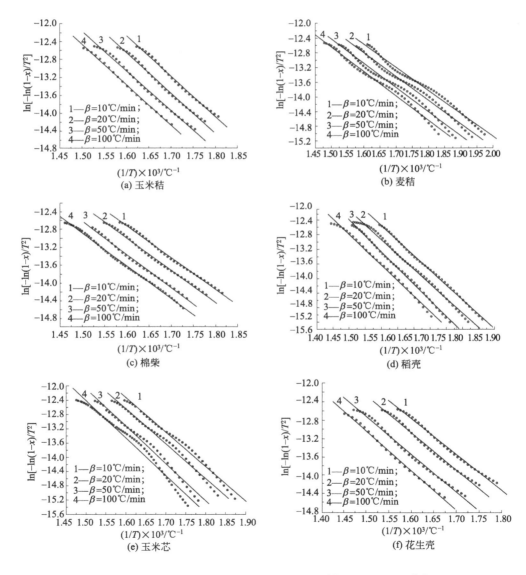

图 11-14 不同生物质燃料 $\ln[-\ln(1-x)/T^2]$ 和 $1/T$ 的关系[10]

表 11-3　生物质燃料的热解动力学参数[10]

项目	升温速率 β/(℃/min)	活化能 E_A/(kJ/kmol)	频率因子 A/s^{-1}	相关系数 R
玉米秸	10	75061	1.54×10^4	-0.99754
	20	75173	2.17×10^4	-0.99784
	50	73285	2.45×10^4	-0.99786
	100	75032	5.15×10^4	-0.99865
麦秸	10	52515	1.12×10^2	-0.99459
	20	55521	2.01×10^2	-0.99509
	50	54083	6.21×10^2	-0.99477
	100	55059	1.14×10^3	-0.99341

11.3.3.2　Kissinger 微分法案例分析

基于 Kissinger 法特点，又将其称为最大速率法。采用 Kissinger 法对稻秆和玉米秸秆的热重曲线进行动力学分析，生物质热解升温速率分别为 5K/min、10K/min、20K/min 和 40K/min，热解升温范围为 298～873K[11]。根据不同升温速率 β_i 下，生物质热重 DTG 峰对应温度 $T_{max,i}$，可求得 $\ln\left(\dfrac{\beta_i}{T_{max,i}^2}\right)$，并以 $\ln\left(\dfrac{\beta_i}{T_{max,i}^2}\right)$ 对 $\dfrac{1}{T_{max,i}}$ 作图得到一条直线，如图 11-15 所示。从直线斜率可求得 E_A，从截距可求得 A。所得结果为：玉米秸秆 $E_A=187.1$kJ/mol，$\ln A=36.0$；稻秆 $E_A=212.2$kJ/mol，$\ln A=42.1$。

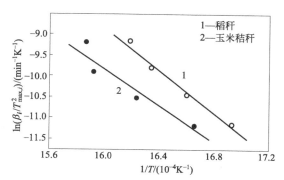

图 11-15　$\ln(\beta_i/T_{max,i}^2)$ 与 $1/T$ 的关系[11]

11.3.4　热解特征指数

热解特征指数 D 是评价热解性能好坏的指标，主要由热解始末温度、热解转化率、最大热解反应速率及对应的温度决定，按下式计算：

$$D=\frac{\left(\dfrac{dw}{dt}\right)_{max}\left(\dfrac{dw}{dt}\right)_{mean}M_\infty}{T_i T_{max}\Delta T_{1/2}}\tag{11-57}$$

式中，$\left(\dfrac{dw}{dt}\right)_{max}$ 为最大热解速率，即 TG 曲线中的最大斜率值和 DTG 曲线中峰值的最大值，%/min；$\left(\dfrac{dw}{dt}\right)_{mean}$ 为平均热解速率，即热解区内所有 DTG 值的平均值，%/min；M_∞ 为热解质量变化占起始质量的百分比，%；T_i 为热解起始温度，即 DTG 曲线中质量损失速率开始急剧增大时的温度，℃；T_{max} 为最大热解速率温度，即最大热解速率所对应的温度，℃；$\Delta T_{1/2}$ 为半峰宽温度，即 DTG 曲线中峰值一半处的温度区间，℃。

热解特征指数越大，表明热解越容易进行。表 11-4 所列为松木的热解特征指数，可以看出，随着升温速率的增大，热解特征指数明显提高[12]。这其中，最大热解速率、平均热解速率及半峰宽温度均随升温速率增大而升高。

表 11-4 松木的热解特征指数[12]

升温速率 ℃/min	T /℃	T_{max} /℃	$(dw/dt)_{max}$ /(%/min)	$(dw/dt)_{mean}$ /(%/min)	$\Delta T_{1/2}$ /℃	M_∞ /%	$D(\times 10^{-4})$ /[%^{3}/(min^2·℃^{3})]
10	238~387	358	9.28	4.62	72.6	82.51	5.70
15	224~438	364	13.45	5.31	77.7	83.30	9.37
20	207~456	366	16.7	6.14	81.8	81.72	13.42
25	206~474	372	22.21	7.41	82.1	82.77	21.87

思考题

1. 生物质热解分为哪几个阶段？请给出每个阶段的大致温度区间。

2. 什么样的热解条件分别适合于生产生物炭和生物油？

3. 为何降低压力有利于促进热解反应进行？

4. 热重分析仪主要由哪几部分组成？

5. TG 曲线和 DTG 曲线有何区别？为什么有了 TG 曲线还需要 DTG 曲线？

6. 什么是差热分析技术？

7. 差热分析曲线的灵敏度和分辨率分别和什么因素相关？影响规律是什么？

8. 为什么实际的 DTA 基线在加热初期会出现弯曲漂移的现象？

9. 请简述 DTA 和功率补偿型 DSC 测量原理的异同点。

10. 热重曲线动力学分析方法有哪两种？各有什么特点？

11. 写出热重动力学分析的基本表达式，并指明各符号所指代的含义。

12. 请写出 Coats-Redfern 积分法所得线性方程，并通过作图指明横坐标、纵坐标、截距和斜率的表达式。

参考文献

[1] Zandersons J G, Gravitis J, Kokoervies A. Studies of the Brazilian sugarcane bagasse carbonization process and products properties. Biomass and Bioenergy, 1999 (17): 209-219.

[2] Bridgwater A V, Peacocke G V C. Fast pyrolysis processes for biomass. Renew. Sustain. Energy, 2000 (4): 1-73.

[3] Zong P, Jiang Y, Tian Y, et al. Pyrolysis behavior and product distributions of biomass six group components: Starch, cellulose, hemicellulose, lignin, protein and oil. Energy Conv. Manag., 2020 (216): 112777.

[4] Miao X, Wu Q, Yang C. Fast pyrolysis of microalgae to produce renewable fuels. J. Anal. Appl. Pyrolysis, 2004 (71): 855-863.

[5] Saatamoinen J, Aho M. The simultaneous drying and pyrolysis of single wood particles and pellets of peat. 1984 International Symposium on Alternative Fuels and Hazardous Wastes, 1984.

[6] Balasundram V, Ibrahim N, Kasmani R M, et al. Thermogravimetric catalytic pyrolysis and kinetic studies of coconut copra and rice husk for possible maximum production of pyrolysis oil. J. Cleaner Prod., 2017 (167): 218-228.

[7] Verma R, Maji P K, Sarkar S. Comprehensive investigation of the mechanism for Cr(Ⅵ) removal from contaminated water using coconut husk as a biosorbent. J. Cleaner Prod., 2021, 314 (10): 128117.

[8] He F, Yi W, Bai X. Investigation on caloric requirement of biomass pyrolysis using TG-DSC analyzer. Energy Conv. Manag., 2006 (47): 2461-2469.

[9] Coats A W, Redfern J P. Kinetic parameters from thermogravimetric data. Nature, 1964 (201): 68-69.

[10] 孙立, 张晓东. 生物质热解气化原理与技术. 北京: 化学工业出版社, 2013.

[11] 宋春财, 胡浩权, 朱盛维, 等. 生物质秸秆热重分析及几种动力学模型结果比较. 燃料化学学报, 2003 (31): 311-316.

[12] 陈梅倩, 胡德豪, 黄友旺. 基于热重分析法的生物质变温热解特性实验研究. 华北电力大学学报, 2019 (46): 99-104.

生物质低温热解炭化

12.1 概述

热解按照温度分类可分为高温（1000℃以上）、中温（600～700℃）和低温热解技术（600℃以下）。炭化是最为古老的生物质低温热解技术，最早是以木材为原料，用土窑烧制木炭，已有三千多年的历史，但直到近代以来才对其反应过程进行较为充分的研究。农林废弃物、禽畜粪便、城市垃圾等均可作为制备生物炭的原料。为了获得较高的生物炭产率，生物质热解一般要采用较低的热解温度（300～400℃）、缓慢的加热速率（<50℃/min）及较长的固相停留时间。此外，还有在更低温度下（200～300℃）的生物质热解技术，又称为烘焙技术，主要作为生物质的预处理技术。

生物质具有含水率高、堆积密度小、热值低和能量密度低等特点，给生物质的收集、运输、存储和利用都带来了一定困难。低温热解炭化可以将生物质转化为具有更小体积和更高能量密度的生物炭，生物炭更加方便运输、保存和使用，具有广阔的发展前景。作为低温热解炭化的主要产品，生物炭具有含碳量高、孔隙结构发达、性质稳定、热值高等优点，既可作为优质的固体燃料，用于金属冶炼、燃烧供热或发电；也可作为土壤改良剂，改善土壤性质，提高土壤肥力；还可作为重要的化工原料，用于制备吸附剂、催化剂、超级电容器等具有更高附加值的产品。例如，生物炭经物理化学方法活化后，可使内部孔隙结构变得异常发达，形成大量微孔和介孔通道，比表面积可高达 $300\sim1500m^2/g$，可用作吸附剂或催化剂载体，在食品、电子、化工、环保、国防等行业获得了广泛应用。

12.2 生物质低温热解炭化过程

12.2.1 工艺过程

生物质低温热解炭化以生物炭为目标产物，主要特征是：升温速率慢，炭化时间长，隔绝空气或尽可能少用空气。低温炭化通常在干馏釜或炭化窑中完成水分脱除和炭化过程，是一个缓慢的热化学过程，一般时长为 8～10h，一些老式炭化窑甚至要 2～3d 以上。下面以木材低温炭化为例，介绍典型生物质低温炭化工艺过程。

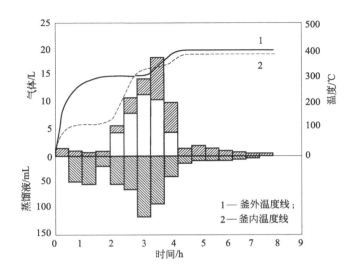

图 12-1　桦木的炭化过程[1]

图 12-1 所示为 1kg 桦木原料在干馏釜中的典型炭化过程，热解终温为 400℃。图 12-1 中给出了干馏釜内部和外部温度变化曲线以及每小时蒸馏液和气体产量，气体产量中阴影部分为 CO_2，空白部分为其他气体。根据产物及温度变化规律可做以下判断：

1）干燥阶段　在升温初期（2h 内），釜内升温速率滞后于釜外，并在 150～160℃时出现恒温段。根据产物，可以判断该温度区段内主要发生水分蒸发，热解作用不显著。

2）预炭化阶段　发生在 2～3h 时间段内，水分蒸发完毕，釜内温度由 150℃迅速上升至 300℃左右，热解反应比较明显，木材组分开始发生变化，产生了大量的气态和液态热解产物。

3）炭化阶段　发生在 3～4.5h 时间段内，温度从 300℃继续升高至 400℃左右，热解反应继续剧烈进行着，烃类热解产物逐渐增多。这一阶段伴随着放热反应，使釜内温度很快上升，短时间内甚至超过釜外。

4）煅烧阶段　温度继续维持在 400℃左右，生物炭中仅有少量挥发分析出，热解过程已基本完成。

12.2.2　低温热解炭化产物分布

12.2.2.1　生物炭

与生物质原料相比，生物炭的固定碳含量显著增加，挥发性物质显著减少。图 12-2 所示为松木炭化后所得生物炭的 C、O、H 成分和炭产率随热解温度的变化规律[2]。可以看出：

① 在 600℃以内，随着温度升高生物炭的 C、H、O 组分含量及炭产率变化显著。其中 C 含量随温度升高而上升，O、H 含量及炭产率均随温度升高而显著下降。

② 在 600℃以后，生物炭组分和产率基本维持稳定。

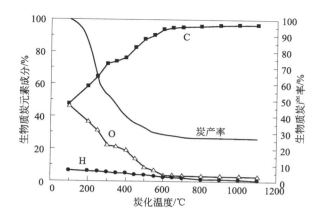

图 12-2 松木生物炭组分和产率随热解温度的变化[2]

由此可知，当以提高生物炭产率为主要目标时，应采用低温炭化，温度以 300～400℃ 为宜；当以提高生物炭品质为主要目标时，应适当提高热解温度，降低生物炭中的含氧量，温度以 500～600℃ 为宜。

12.2.2.2 液态产物

木柴等生物质低温炭化后的液体产物主要为水分和木醋液。木醋液是一种棕黑色液体，成分十分复杂，含有 200 种以上有机物，包括有机酸、醇类、酮类、醛类、酯类、酚类和芳香烃类等有机化合物。木醋液澄清时分为两层，上层为溶于水的澄清木醋液，进一步加工可得乙酸、丙酸、丁酸等产品；下层为焦油，是黑色黏稠状液体，含有大量酚类物质，可加工为杂酚油、木馏油和木沥青等产品。

12.2.2.3 气态产物

气态产物主要为 CO_2、CO、CH_4、C_2H_4、H_2 等，是具有较高热值的燃气，可作为生物质热解炭化的热源。如图 12-3 所示为 100kg 绝干松木炭化气体组分、产量及热值随热解温度的变化规律，可以看出，气体产量和发热量均随着炭化温度升高而逐渐增加，气体组分也发生变化。温度越高，可燃气体组分体积分数越大，这也是气体发热量随热解温度升高而增大的原因。

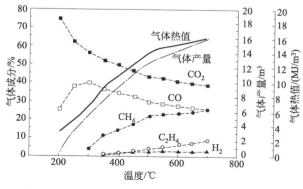

图 12-3 松木炭化气体组分、产量及热值随热解温度的变化规律[2]

12.3　生物炭的性质及表征方法

不同类型生物炭的性质存在显著差异，造成这种差异主要有两方面原因：一是制备生物炭的原料不同；二是热解条件不同（如热解温度、升温速率、停留时间等）。描述生物炭性质的参数有很多，主要包括成分、发热量、密度、比表面积、孔径、微观结构、阳离子交换容量、导电性、表面性质、比热容等。在这些参数的综合作用下，形成了不同类型生物炭独特的物理化学性质，对生物炭的资源和能源利用产生了重要的影响。

12.3.1　成分

生物炭的成分主要由固定碳、挥发分和灰分组成，热解温度对固定碳和挥发分含量有决定性影响，通常情况下，热解温度越高，则固定碳含量越高、挥发分含量越低（如图 12-2 所示）。灰分是惰性组分，绝对质量比较稳定，因此，随着热解温度升高，灰分相对含量会随着挥发分的析出而增大。

固定碳是生物炭的最重要组成部分，生物炭所具备的一些重要特性（如发达的孔隙结构、强吸附性、表面活性基团等）都与此相关。表 12-1 所列为 7 种不同生物炭的工业成分和发热量，其炭化工艺为：炭化温度 500℃，炭化时间 3h[3]。可以看出，以木材类及竹材类为原料的生物炭其固定碳含量较高，发热量也较大。

表 12-1　7 种生物炭的工业成分及发热量[3]

生物炭	挥发分/%	灰分/%	固定碳/%	发热量/(MJ/kg)
油茶外果皮炭	15.02	9.73	75.25	28.50
山核桃外果皮炭	20.13	21.48	58.39	20.41
杉木屑炭	16.38	3.63	80.00	30.31
松木屑炭	12.46	3.27	84.27	30.76
稻秆炭	14.17	34.16	51.67	17.68
板栗外果皮炭	14.85	9.66	75.49	16.13
竹炭	11.92	5.22	82.86	29.14

灰分是残留在生物炭中的无机组分，主要为矿物质元素形成的氧化物或无机盐。市政污泥及城市生活垃圾生物炭的灰分含量一般为 30%～70%，农林废弃物生物炭的灰分含量一般不超 30%。主要原因是农林废弃物主要成分为纤维素、半纤维素和木质素；而市政污泥和城市生活垃圾来源复杂，组分非常多样，往往含有较多的矿物质成分[4]。

12.3.2　密度

生物炭的密度度量方式包括真实密度和堆积密度：真实密度是生物炭质量与扣除颗粒内孔隙及颗粒间孔隙后生物炭体积的比值；堆积密度是指生物炭自然堆积状态下的密度，体积包括颗粒、颗粒内孔隙及颗粒间孔隙。根据真实密度 ρ_s 和堆积密度 ρ_a 可计算出生物炭的孔隙率 ε，即：

$$\varepsilon = (\rho_s - \rho_a)/\rho_s \times 100\% \tag{12-1}$$

生物炭密度和生物质原料及热解温度有关。例如，同样在 600℃下热解，稻秆生物炭的堆积密度为 0.13g/cm³，而竹炭的堆积密度则为 0.57g/cm³[5]。低温热解生物炭密度通常大于高温热解生物炭，这是由于高温促进了挥发分析出，使生物炭孔隙率增大，结构更加蓬松；但过高温度则会引起碳结构重新排列，使部分孔隙收缩甚至关闭。表 12-2 所列为油棕废弃物热解生物炭在不同热解温度下的真实密度、堆积密度和孔隙率，当温度由 400℃升至 800℃时，生物炭密度下降了 12%，孔隙率则由 8.3%提升至 24.0%；当温度升至 900℃时，则会导致部分孔隙收缩甚至坍塌，密度增大，孔隙率下降[6]。

表 12-2　油棕废弃物热解生物炭密度随温度变化规律[6]

热解温度 /℃	停留时间 /h	真实密度 /(g/cm³)	堆积密度 /(g/cm³)	孔隙率 /%
400	3	1.57	1.44	8.3
500	3	1.60	1.40	12.5
600	3	1.63	1.35	17.2
700	3	1.64	1.32	19.5
800	3	1.67	1.27	24.0
900	3	1.69	1.31	22.5

12.3.3　比表面积

比表面积是决定生物炭吸附性能的重要因素，是表征生物炭品质的重要参数之一。

12.3.3.1　比表面积的定义

比表面积是指多孔固体物质单位质量所具有的表面积，由于固体物质外表面积相对于内表面积很小，基本可以忽略不计，因此比表面积通常指内表面积，单位为 m²/g。

12.3.3.2　比表面积测定

（1）BET 比表面积测定原理[7]

若气体在单位质量吸附剂的内、外表面形成完整的单分子吸附层就达到饱和，那么根据饱和吸附量可确定吸附质分子数，再将吸附质分子数乘以吸附质分子截面积，就可得到吸附剂的比表面积。美国物理化学家朗格缪尔（Langmuir）于 1916 年提出的单分子层吸附理论被应用于测定固体表面积。针对多分子层吸附问题，布鲁诺尔（Brunauer）、埃梅特（Emmett）和泰勒（Teller）（简称 BET）三人于 1938 年将朗缪尔单层吸附理论推广到多分子层吸附，并建立了 BET 多分子吸附理论，所推导的 BET 公式如下[8]：

$$\frac{p/p_0}{\Gamma(1-p/p_0)} = \frac{1}{\Gamma_m C} + \frac{C-1}{\Gamma_m C} \times \frac{p}{p_0} \tag{12-2}$$

式中，p 为平衡压力；p_0 为吸附平衡温度下吸附质的饱和蒸气压；Γ 为平衡吸附量；Γ_m 为每克吸附剂表面形成一个单分子吸附层时的饱和吸附量；C 为常数，与温度、气体液化热和吸附热有关。

当相对压力 p/p_0 在 0.05～0.35 范围内时，等温吸附线通常为线性，通过实验测定不同压力 p 下的平衡吸附量 Γ，以 $\dfrac{p/p_0}{\Gamma(1-p/p_0)}$ 对 p/p_0 作图可得一条直线，该直线斜率为 m，

截距为 I，因而有：

$$m = \frac{1}{\Gamma_m C} \tag{12-3}$$

$$I = \frac{C-1}{\Gamma_m C} \tag{12-4}$$

联立式(12-3) 和式(12-4) 可得： $\qquad \Gamma_m = \frac{1}{m+I} \tag{12-5}$

因此，吸附剂比表面积 $S_{BET}(m^2/g)$ 为：

$$S_{BET} = \Gamma_m \times N_A \times A \tag{12-6}$$

式中，N_A 为阿伏伽德罗常数，$6.02 \times 10^{23}/mol$；A 为每个吸附质分子的截面积，m^2。

（2）BET 比表面积测定方法

基于 BET 多层吸附理论，许多厂商研制了多种比表面积测定仪并广泛用于科研和工业检测。其中，静态容量法是应用最为广泛的测试方法，测试过程通常在液氮温度下进行，因而这类仪器又称为低温氮吸附仪。其简要测试流程为：在样品管中放置准确称量的经预处理的吸附剂样品，先经过抽真空脱气，再使整个系统达到所需的真空度，然后将样品管浸入液氮浴中，并充入已知量气体，吸附剂吸附气体会引起压力下降，待达到吸附平衡后测定气体的平衡压力，并根据吸附前后体系压力变化计算吸附量。逐次向系统增加吸附质气体量以改变压力，重复上述操作，测定并计算得到不同平衡压力下的吸附量值。

12.3.3.3　生物炭比表面积

生物炭比表面积随热解温度升高而增大，当热解温度较低时，生物炭内部孔隙被挥发分、焦油和其他分解产物所填充；随着温度升高，这些物质分解为挥发性气体离开孔道，并引起生物炭材料的孔隙缩小和开孔增多，比表面积增大。表 12-3 所列为玉米秸秆、水稻秸秆、雷竹落叶、芦苇和市政污泥等不同原料所制备生物炭的比表面积，热解温度升高对提高生物炭比表面积的作用是显著的。

表 12-3　热解温度对生物炭比表面积的影响

热解温度 /℃	比表面积/(m²/g)				
	玉米秸秆[9]	水稻秸秆[10]	雷竹落叶[10]	芦苇[11]	市政污泥[12]
300	—	9.45	8.87	—	—
400	1.31	11.36	53.22	—	12.3
500	—	68.06	87.09	107.82	—
550	—	—	—	—	—
600	2.97	121.32	—	129.40	22.5
700	—	—	—	172.40	—
800	23.56	—	—	—	40.6

12.3.4　孔径

12.3.4.1　孔径的定义

固体表面由于多种原因总是凹凸不平，凹坑深度大于凹坑直径就成为孔。如图 12-4 所示，生物炭内部孔隙非常丰富，孔径大小不一。按照国际纯粹与应用化学联合会（IUPAC）的规定，将孔径小于 2nm 的孔道称为微孔，2～50nm 的孔道称为介孔，50～7500nm 的孔道称为大孔，大于 7500nm 的孔道称为巨孔。此外，粉末粒子间的空隙也构成孔，且一般为大孔或巨孔。

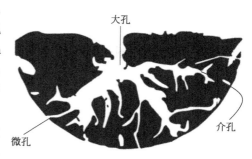

图 12-4 生物炭中的孔隙分布

比表面积即为孔内壁表面积，因此孔的数量和比表面积有直接的对应关系。比表面积越大，则微孔和介孔的数量越丰富。

12.3.4.2 孔径分布测定原理

通常采用气体吸附法测定生物炭孔径分布，气体吸附法测定原理是基于毛细冷凝现象和体积等效交换原理，适用于含大量介孔、微孔的多孔材料。毛细冷凝现象，是指在一定温度下，对于水平液面尚未达到饱和的蒸气，而对毛细管内的凹液面可能已经达到饱和或过饱和状态，蒸气将凝结成液体的现象。体积等效交换原理，是指将被测孔充满的液态吸附质（通常为液氮）等效为孔的体积。

（1）毛细冷凝模型

在毛细管内，液体弯月面上的平衡蒸气压 p 小于同温度下的平面饱和蒸气压 p_0，即在低于 p_0 的压力下，毛细孔内就可以产生冷凝液，而且吸附质压力 p/p_0 与发生冷凝的孔的直径一一对应，孔径越小，产生冷凝液所需的压力也越小。

（2）凯尔文（Kelvin）方程

由毛细冷凝理论可知，在不同的 p/p_0 下，能够发生毛细冷凝的孔径范围也不一样。随着 p/p_0 增大，能够发生毛细冷凝的孔径也随之增大；当 p/p_0 固定不变时，存在一临界孔半径 R_k，半径小于 R_k 的孔皆发生毛细冷凝，并逐渐被冷凝液所充满。临界孔半径 R_k 与吸附质分压的关系满足下式：

$$R_k = -\frac{0.414}{\lg\left(\dfrac{p}{p_0}\right)} \tag{12-7}$$

该式也可理解为，对于已发生冷凝的孔，当压力低于一定的 p/p_0 时，半径大于 R_k 的孔中的冷凝液气化并脱附出来。通过测定样品在不同 p/p_0 下的冷凝液量，可绘制出等温脱附曲线。将毛细孔按照孔径由大到小分成若干孔区，当 $p/p_0=1$ 时，由式（12-7）可知 $R_k=\infty$，即这时所有的孔中都充满了冷凝液；随着压力逐级变小，R_k 值也逐渐变小，这时孔径大于 R_k 的孔中的冷凝液就被脱附出来。这样就可得到每个孔区中脱附的气体量，再把这些气体量换算成冷凝液的体积，即为每一孔区中孔的体积。根据孔区体积和压力的对应关系，即可得到吸附等温曲线。

12.3.4.3 吸附-脱附等温曲线

如图 12-5 所示，吸附等温线被细分为六种类型，前五种是 BDDT（Brunauer-Deming-Deming-Teller）分类，先由此四人将大量等温线归为五种，第六种阶梯状的由 Sing 增加。可以理解为相对压力为 x 轴，N_2 吸附量为 y 轴，将 x 轴相对压力粗略地分为低压（0.0～

0.1)、中压（0.3～0.8）和高压（0.90～1.0）三段。图中，Ⅰ型、Ⅱ型、Ⅳ型和Ⅵ型吸附曲线在低压端偏向 y 轴，说明吸附剂与 N_2 有较强的作用力；相反，Ⅲ型和Ⅴ型吸附曲线低压端偏 x 轴，说明吸附剂与 N_2 的作用力较弱。

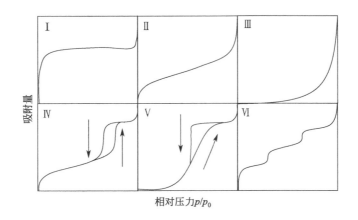

图 12-5 六种吸附等温线

Ⅰ型等温线在较低的相对压力下吸附量迅速上升，达到一定相对压力后出现吸附饱和。大多数情况下，Ⅰ型等温线往往反映的是微孔吸附剂（如分子筛、微孔活性炭）上的微孔填充现象，饱和吸附值等于微孔的填充体积。此外，可逆的化学吸附也是Ⅰ型吸附等温线。

Ⅱ型等温线反映非孔性或大孔吸附剂上典型的物理吸附过程，由于吸附质与表面存在较强的相互作用，在较低的相对压力下吸附量迅速上升，曲线上凸。等温线拐点通常出现于单层吸附饱和点附近，随着相对压力的继续上升，开始出现多层吸附，达到饱和蒸气压时，吸附层无穷多，导致试验难以测定准确的极限平衡吸附值。

Ⅲ型等温线十分少见，等温线下凹，且没有拐点。吸附量随相对压力升高而增大。曲线下凹是由于吸附质分子间的作用力，比吸附质与吸附剂之间的作用力强。

Ⅳ型等温线与Ⅱ型等温线类似，但曲线后一段再次凸起，且中间段可能出现吸附回滞环，其对应的是多孔吸附剂出现毛细冷凝的体系。在中压段，由于发生毛细冷凝，Ⅳ型等温线较Ⅱ型等温线上升得更快。介孔被毛细冷凝液填满后，如果吸附剂还有大孔径的孔或者吸附质分子相互作用强，可继续吸附形成多分子层，吸附等温线继续上升。但在大多数情况下，毛细冷凝结束后，会出现吸附终止平台，并不发生进一步的多分子层吸附。

Ⅴ型等温线与Ⅲ型类似，但达到饱和蒸气压时的吸附层数有限，吸附量趋于某一极限值。同时由于毛细冷凝的发生，在中压段等温线上升较快，并伴有回滞环。

Ⅵ型等温线是一种特殊类型的等温线，反映的是无孔均匀固体表面多层吸附的结果（如洁净的金属表面）。但实际固体表面大都是不均匀的，因此这种情况非常少见。

12.3.4.4 介孔回滞环

当发生毛细冷凝作用时，开始的凝结发生在孔壁的环状吸附膜液面上，而脱附是从孔的球形弯月液面开始的。因此，吸附和脱附等温线不相重合，会形成一个回滞环。回滞环的特征对应于特定的孔结构信息。按照 IUPAC 的分类，划分出了 H1、H2、H3 和 H4 四种类型的介孔回滞环，如图 12-6 所示。其中 H1 型和 H2 型回滞环吸附等温线上有饱和吸附平台，反映了较均匀的孔径分布。H1 型是均匀孔模型，可视为直筒孔，通常可在孔径分布相对较窄的介孔材料和尺寸较均匀的球形颗粒聚集体中观察到；H2 型所反映的孔结构较复杂，可能包括典型的"墨水瓶"孔、孔径分布不均的管型孔和密堆积球形颗粒间隙孔等。H3 型和 H4 型回滞环等温线没有明显的饱和吸附平台，表明孔结构很不规整。H3 型反映的孔包括平板狭缝结构、裂缝和楔形结构等；H4 型也是狭缝孔，常出现在微孔和中孔混合的吸附剂上，以及含有狭窄的裂隙孔的固体中，如活性炭。

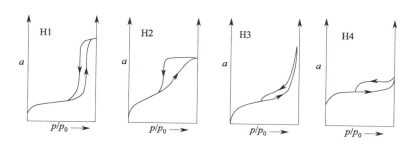

图 12-6　四种类型的介孔回滞环

图 12-7 所示为市政污泥生物炭经不同方法（酸洗、活化和氢气还原）预处理后的氮吸附-脱附等温曲线及其所形成的回滞环。其吸附等温曲线属于 Ⅳ 型，表明生物炭中含有大量的微孔和介孔；回滞环属于 H4 型，表明内部孔结构为裂隙孔[13]。

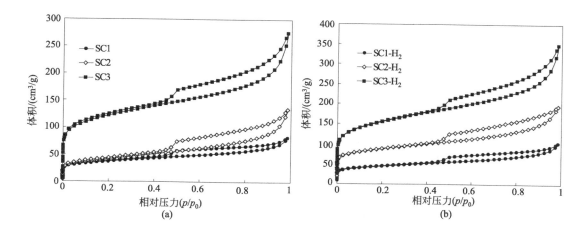

图 12-7　市政污泥生物炭的氮气等温吸附-脱附曲线[13]

表 12-4　市政污泥生物炭的比表面积和孔容[13]

项目	样品名称					
	SC1	SC2	SC3	SC1-H_2	SC2-H_2	SC3-H_2
BET 比表面积/(m^2/g)	132.46	147.36	438.92	159.02	314.58	558.44
孔容/(cm^3/g)	0.126	0.207	0.427	0.157	0.301	0.539

表 12-4 所列为生物炭的比表面积和孔容，孔容大小即由氮吸附量所确定，氮吸附量越

高，则孔容也越大。孔容和比表面积也有较强的相关性，比表面积大的生物炭，孔容也相应较大，因而吸附量也越高。

根据图 12-7 中的氮吸附-脱附等温曲线，可确定污泥生物炭的孔径分布，如图 12-8 所示（彩图见书后）。图 12-8 中横坐标为孔径，纵坐标为不同孔径下的比孔容，可知污泥生物炭中的孔隙主要由孔径小于 2nm 的微孔所构成。

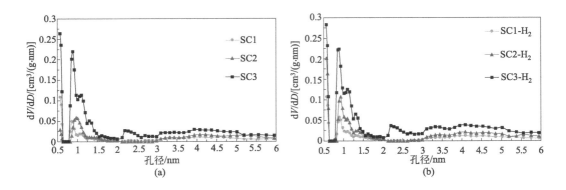

图 12-8 市政污泥生物炭的孔径分布[13]

12.3.5 微观结构

生物炭的孔径为微纳米结构，其微观结构与生物质原料密切相关，往往会保留原始的微观形貌特征。因为热解过程主要去除了挥发性化合物，生物质的微观结构被很大程度保留下来[4]。如图 12-9 所示为秸秆、椰衣、椰壳和稻壳四种生物质在 500℃下热解后的生物炭扫描电镜图，可以看出生物质热解后仍然保留纤维束结构，孔隙结构发达[14]。

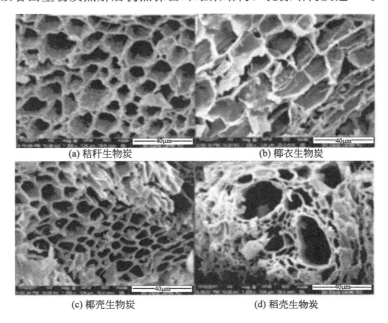

(a) 秸秆生物炭　　　　　　　　(b) 椰衣生物炭

(c) 椰壳生物炭　　　　　　　　(d) 稻壳生物炭

图 12-9 不同类型生物炭扫描电镜图[14]

热解温度对生物炭的微观结构有显著影响，虽然生物炭是一种非石墨碳，但通常被看作高度芳香化并含有随机叠层的石墨层。如图 12-10 所示，在较低温度（<400℃）下制备的生物炭结构紊乱；随着热解温度升高（400～800℃），生物炭结构趋于稳定和有序，出现随机的类石墨层；当热解温度达到 2500℃时，生物炭将形成较致密的石墨结构[4]。

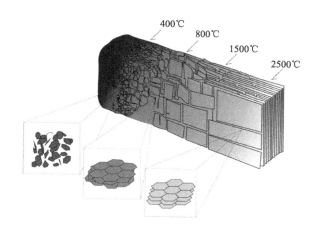

图 12-10 不同温度下制备的生物炭结构示意图

12.3.6 阳离子交换容量

阳离子交换容量（cation exchange capacity，CEC），定义为在特定 pH 下单位质量的吸附剂所能吸附的各种阳离子的总量，一般用作评价土壤保肥能力的指标，单位为 cmol/kg。因此，当生物炭用于土壤改良时，生物炭所具备的阳离子交换容量将对改良土壤的保肥能力产生重要影响，CEC 值越大，说明保肥能力越强。

生物炭的 CEC 值主要受生物质原料和热解温度的影响。例如，相同热解条件下利用水稻秸秆和竹材制备的生物炭，前者的 CEC 值（44.7cmol/kg）约是后者（15.3cmol/kg）的 3 倍[5]。一般情况下，CEC 值随着热解温度升高而降低，因为高温热解引起了生物质原料中纤维素和半纤维素的分解，以及含氧官能团的去除[15]。此外，新鲜制备的生物炭 CEC 值通常也较小；随着生物炭的老化，表面含氧官能团和 O/C 值增加，CEC 值会升高。

12.3.7 表面性质

生物炭的表面性质对生物炭的吸附性能及其资源利用（如土壤改良）有重要影响，用以表征表面性质的指标主要有表面酸碱性（即 pH 值）、表面官能团、zeta 电位等。

12.3.7.1 pH 值

作为生物炭重要化学属性之一，pH 值对生物炭的环境应用有较大影响，当生物炭用于土壤改良时，pH 值会直接影响施用生物炭后的土壤 pH 值；用作吸附剂时，其 pH 值大小也会对生物炭的吸附性能产生明显影响。例如，当生物炭表面呈酸性时，适用于液相中的阴离子或碱性气体吸附；呈碱性时，适用于液相中的阳离子或酸性气体吸附。

生物炭一般呈碱性，这与生物炭中存在金属氧化物、碳酸盐和碱性官能团等物质有关，也受材质、热解温度等条件影响。例如，豆科植物生物炭的 pH 值高于非豆科类植物生物炭；相同热解炭化条件下，pH 值表现为禽畜粪便＞草本植物＞木本植物。

随着热解温度升高，生物炭的碱性通常也会增强，这是因为高温会增加生物炭中灰分的相对含量，并能促进酸性官能团的分解和有机酸的挥发，导致 pH 值升高。表 12-5 所列为热解温度对玉米秸秆、水稻秸秆、厨余垃圾、芦苇和蚯蚓粪等生物热解炭 pH 值的影响，随着热解温度升高，pH 值均呈增大趋势。

表 12-5 热解温度对生物热解炭 pH 值的影响

热解温度 /℃	pH 值				
	玉米秸秆[9]	水稻秸秆[10]	厨余垃圾[15]	芦苇[11]	蚯蚓粪[16]
300	—	4.20	7.52	—	—
400	9.79	4.20	8.27	—	7.06
500	—	4.58	9.67	10.20	7.84
550	—	—	—	—	—
600	10.26	5.15	10.53	10.35	7.48
700	—	—	—	10.98	—
800	10.47	—	—	—	—

12.3.7.2 表面官能团

（1）表面官能团类型

官能团是决定有机化合物性质的原子或原子团，常见的包括羟基（—OH）、羧基（—COOH）、醚基（C—O—C）、羰基（C=O）等含氧官能团，以及硝基（—NO$_2$）、亚硝基（—NO）、吡啶基（—C$_5$H$_4$N）、亚硝酸酯（—ONO）等含氮官能团。当官能团存在于生物炭表面时，就构成了表面官能团，其对生物炭的表面性质产生重要影响。如图 12-11 所示为生物炭表面含氧官能团示意图[17]。

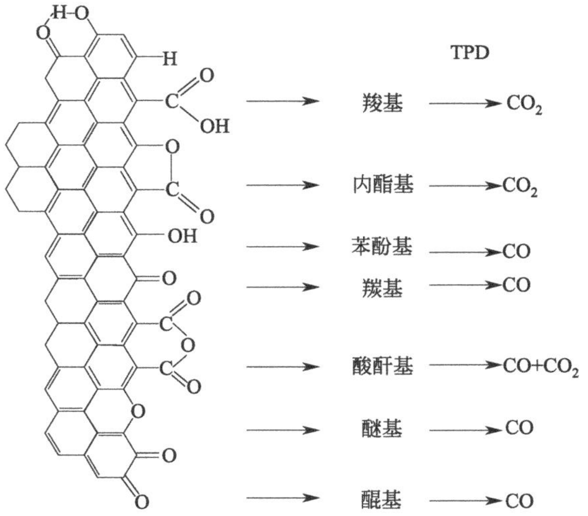

图 12-11 生物炭表面含氧官能团示意图[17]

生物炭表面含有丰富的含氧官能团，使其表面呈现出亲水性和对酸碱的缓冲能力，同时也能提高生物炭的阳离子交换容量。例如，—COOH 和—OH 通常是生物炭表面含量较丰富的官能团，它们可使生物炭表面具有负电荷，这些负电荷具有较高的阳离子交换能力；随着热解温度升高，—COOH 和—OH 含量减少，生物炭表面所带负电荷也相应减少，CEC 值降低。

（2）表面官能团测试技术

常用的表面官能团测试技术包括傅里叶变换红外光谱（FTIR）技术、X 射线光电能谱分析（XPS）技术和 CO/CO_2 程序升温解吸附（CO-TPD 和 CO_2-TPD）技术。

1）傅里叶变换红外光谱　和第 5 章所述利用 FTIR 测定气体组分类似，FTIR 同样也能用于测定固体表面官能团类型。其基本原理是将固体样品制成足够薄的薄片，当连续波长的红外光源照射样品时，样品中的分子会吸收特定波长的光，没有被吸收的光会投射样品到达检测器（图 12-12，彩图见书后）。将检测器获取的光模拟信号进行模数转换和傅里叶变换，得到具有样品信息和背景信息的单光束谱图。然后用相同的检测方法获取红外光不经过样品的背景单光束谱图，将透过样品的单光束谱扣除背景单光束谱，就生成了代表样品分子结构特征的红外"指纹"光谱。由于不同化学结构（分子）会产生不同的指纹光谱，根据光谱指纹特征可判断出官能团结构。

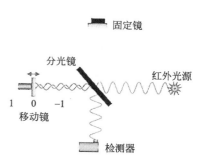

图 12-12　傅里叶变换红外光谱检测原理

图 12-13 所示为 6 种污泥生物炭的傅里叶变换红外光谱图，图中横坐标为红外光波数，单位为 cm^{-1}；纵坐标为光谱强度。根据光谱吸收峰所在的波数可以判断污泥生物炭表面存在哪些官能团，如 $3415cm^{-1}$ 为水分的 O—H 基团振动峰；$2912cm^{-1}$、$2839cm^{-1}$ 和 $1425cm^{-1}$ 为脂肪烃结构中的 C—H 基团振动峰；$1784cm^{-1}$ 为羧基振动峰；$1699cm^{-1}$ 为酮基团中的 C=O 振动峰。

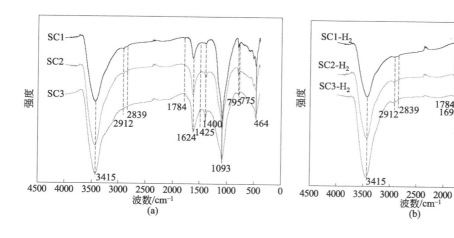

图 12-13　污泥生物炭傅里叶变换红外光谱图[13]

2）X 射线光电能谱　是常用的表面分析技术，可以实现表面元素及其价态的定性分析。其基本原理是，用 X 射线去辐射样品，使原子或分子的内层电子或价电子受激发发射出来，被光子激发出来的电子称为光电子，通过测量光电子的能量，并以光电子的动能为横坐标，相对强度为纵坐标，可得光电子能谱图，从而可获得待测物组成。

图 12-14 所示为玉米秸秆生物炭的表面含氧光能团的 XPS 能谱图（彩图见书后）[18]，当氧元素以不同的化学结构形式存在时，其价电子被激发时的特征能谱峰也不一样，当多种不同类型的氧官能团价电子同时激发，就会发生能谱峰叠加的现象。因此，图中的圆形数据点即为生物炭的氧原子 XPS 测试峰，是多个不同含氧官能团的叠加。通过分峰软件对测试峰进行分峰处理，可得到各个特征峰及其峰面积占比。在本例中，秸秆生物炭的表面含氧官能团分别以 O_2/H_2O、脂肪族中的 C—O、芳香族中的 C—O 以及 C＝O 形式存在。

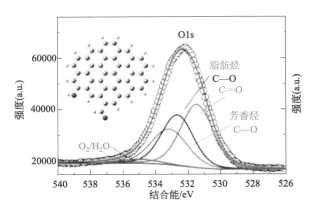

图 12-14 玉米秸秆生物炭表面含氧官能团的 XPS 能谱图[18]

3）CO、CO_2 程序升温解吸附　生物炭表面含氧官能团受热后会分解为 CO 或 CO_2，不同类型的含氧官能团分解温度也存在差异。例如，羧基在 373～523K 下分解为 CO_2，内酯基在 463～900K 下分解为 CO_2，苯酚基在 873～973K 下分解为 CO，羰基在 973～1253K 下分解为 CO，酸酐基在 623～900K 下分解为 CO 和 CO_2，醚基在 973K 下分解为 CO，醌基在 973～1253K 下分解为 CO。因此，假如对生物炭进行程序升温加热，并实时检测 CO 和 CO_2 浓度，然后以温度为横坐标，CO 和 CO_2 浓度为纵坐标作图，就能获得 CO 和 CO_2 浓度随温度变换的曲线，从而可判断生物炭表面含氧官能团的类型和数量。

如图 12-15 所示为污泥生物炭的 CO_2 程序升温解吸附曲线（彩图见书后），通过对 CO_2

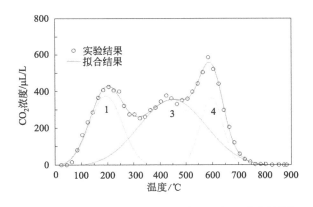

图 12-15　污泥生物炭的 CO_2 程序升温解吸附曲线[13]

的浓度曲线（图中的圆点数据）进行峰拟合，可得到三个 CO_2 解吸附峰（图中 1 号、3 号和 4 号）。根据解吸附峰的峰值对应温度，可推断出 1 号峰为羧基峰，3 号峰为酸酐基峰，4 号峰为内酯基峰。

12.3.8　电导率

电导率表征物质传送电流的能力，是电阻率的倒数，单位为西门子每米（S/m）。近年来，以生物炭为材料制备超级电容器的研究获得了广泛关注，电导率是决定生物炭能否用于制备超级电容器最关键的参数。生物炭电导率很大程度取决于炭化程度，炭化程度越高则电导率也越大。Gahhi 等[19] 研究发现，当生物炭的含碳量从 86.8% 提高至 93.7% 时，其体积电导率从 2.5×10^{-4} S/m 升至 399.7S/m。

此外，生物炭中的碳形态对电导率大小也起到关键作用，目前已发现的碳结构形态主要包括石墨碳、石墨烯、无定形碳、碳纳米管、钻石、富勒烯等，其结构如图 12-16 所示。生物炭中的碳结构形态通常为无定形碳，但在高温下（＞900℃）热解获得的生物炭也会出现石墨碳的结构，而且热解温度越高，停留时间越长，其石墨化程度越高（如图 12-10 所示）。研究表明，石墨碳比无定形碳具有更高的电导率。因此，生物炭通过在高温下长时间处理后，可以提高碳的石墨化程度，从而大幅提高其电导率。

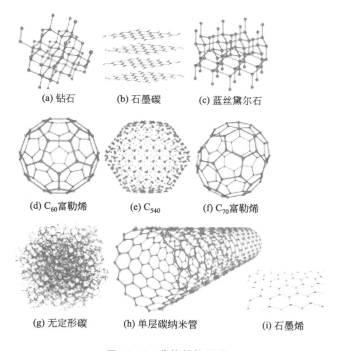

(a) 钻石　　(b) 石墨碳　　(c) 蓝丝黛尔石

(d) C_{60}富勒烯　　(e) C_{540}　　(f) C_{70}富勒烯

(g) 无定形碳　　(h) 单层碳纳米管　　(i) 石墨烯

图 12-16　碳的结构形态

12.3.9　比热容

比热容是物质的基本属性之一，表征单位质量的物质提高 1K 所需要的热量。生物炭的比热容取决于生物质原料类型及热解条件，生物炭在常温下的比热容为 $800 \sim 1500$J/(kg·K)

左右，在低温下（＜80℃），生物炭比热容与温度线性相关。Dupont 等[20] 测试了榉木生物炭的比热容，在 313～353K 下比热容 c_p 与温度 $T(K)$ 的关系满足下式：

$$c_p = 1.4T + 688 \tag{12-8}$$

12.4 　生物炭的应用

随着生物质热解理论研究不断推进以及热解技术的不断发展，生物炭能源和资源利用也获得广泛关注。生物炭因孔隙丰富、含碳量高、性质稳定等特点，在吸附、催化、土壤改良、储能材料等领域有广泛的应用前景。

12.4.1 　生物炭制备活性炭

活性炭是一种广泛使用的固体吸附剂，其外观和生物炭相似，而且同样性质稳定，不溶于水和有机溶剂。但活性炭具有巨大的比表面积（$500～2000m^2/g$），远高于生物炭（如表 12-3 所列）。拥有巨大的比表面积也是活性炭最为突出的特点，使得活性炭不论对于气体还是液体都具有很强的吸附能力。

生物质是活性炭制备的主要原料，主要有木本植物和果壳。生物质原料经热解炭化后，再进一步进行活化处理可得活性炭。因此，也可以认为生物炭是活性炭制备的主要原料。生物炭的活化方法包括物理法活化和化学法活化，两种方法生产的活性炭各占 1/2 左右。

12.4.1.1 　物理活化法

物理活化法又称为气体活化法，是采用水蒸气、CO_2 或空气等含氧气体作为活化剂，在高温（700～1000℃）下将生物炭活化，使其孔隙结构逐渐发达并最终变成活性炭的过程。气体活化剂对生物炭的作用主要体现在以下 3 个方面：a. 与生物炭表面的碳原子发生反应，使生成 CO、CO_2 等气体离开生物炭，从而在生物炭中形成新的孔隙，即造孔过程；b. 与生物炭中原有孔隙内碳原子发生反应，使孔径变大，即扩孔过程；c. 清除堵塞在孔隙中的焦油，使炭化过程中形成的孔隙开放、畅通。

在物理活化过程中，碳被不断消耗，生物炭质量逐渐减少，孔隙结构越来越发达，堆积密度不断下降。生产过程中采用控制生物炭烧失率的方法来控制活化程度。烧失率是指生物炭活化过程中质量的减少量占初始质量的百分比。一般情况下，当烧失率小于 10％时，活化剂的作用主要是清除生物炭中的焦油成分；当烧失率为 10％～50％时，可得到以微孔为主的活性炭；当烧失率为 50％～75％时，活性炭具有微孔、介孔和大孔混合型孔隙结构；当烧失率大于 75％时，活性炭的介孔和大孔变得更加发达。

以水蒸气为活化剂时，碳原子与水蒸气发生如下反应：

$$C + H_2O \longrightarrow CO + H_2 \qquad \Delta H_{298} = 131kJ/mol \tag{12-9}$$

该反应为吸热反应，298K 下的反应热为 131kJ/mol，活化反应通常在 750～950℃下进行。

以 CO_2 为活化剂时，碳原子与 CO_2 发生如下反应：

$$C + CO_2 \longrightarrow 2CO \qquad \Delta H_{298} = 172.4kJ/mol \tag{12-10}$$

该反应同样为吸热反应，298K 下的反应热为 172.4kJ/mol，活化反应通常在 800～950℃下进行。

对比式(12-9) 和式(12-10) 可知，水蒸气反应热小于 CO_2，因此，水蒸气的反应活性高于 CO_2。与此同时，在生物炭活化过程中，气体活化剂需要向生物炭内部渗透和扩散，因此活化剂的扩散性能也是重要考量指标。CO_2 具有比水蒸气高得多的扩散系数，是水蒸气的 105 倍左右[21]。因此，在相同的活化反应温度及压力下，CO_2 更容易向内部微孔渗透，造出更深的微孔孔隙；而水蒸气则较难进入生物炭内部，活化反应主要发生在表层较浅的区域[22]。

当以空气作为活化剂时，空气中的 O_2 起到了活化作用，反应产物为 CO 和 CO_2，反应温度通常为 600℃。由于 O_2 和碳发生放热反应，使反应温度快速上升而加快反应速率，导致 O_2 来不及渗透到生物炭颗粒内部就消耗殆尽。因此，通常需要在空气中加入一部分水蒸气或 CO_2，以调节和控制反应温度。

影响物理活化的主要因素有很多，主要包括活化温度、活化时间、活化剂用量、活化剂类型和原料种类等。活化反应速率随温度升高而增加，为提高装置的生产能力，活化作业应在较高温度下进行，以缩短活化反应时间。因此，活化温度和活化时间是相互关联的参数，需要合理调配，要防止烧失率过大而导致活性炭孔隙坍塌、活化效果变差。对于活化剂用量，在一定范围内提高活化剂用量可以加快活化速率，缩短活化时间；但当活化剂用量增加到一定程度后，反应速率便维持在相对稳定的值。至于原料种类，一般来说，不同的生物质原料，其质地松软程度不一，质地蓬松、孔隙丰富的生物质如秸秆等，气体活化剂更容易渗透，因此也较易活化；而木材等质地坚硬的生物质则活化难度会提高。

12.4.1.2　化学活化法

化学活化法是以氯化锌（$ZnCl_2$）、氢氧化钾（KOH）、磷酸（H_3PO_4）或其他化学试剂作为活化剂生产活性炭的方法。其基本流程是，将化学试剂和生物炭（或生物质）按照一定配比混合，在惰性气氛下加热、活化，接着先后用酸性水和蒸馏水洗涤活化后的样品，最后干燥样品制成活性炭。当以生物质为原料时，可以先炭化后活化，也可以炭化和活化同时进行。相比物理活化法，化学活化法的特点是：a. 采用化学活化法制备的活性炭具有更加发达的孔隙结构和更加丰富的比表面积；b. 一般情况下，活化温度相比气体活化法低 100～200℃；c. 在洗涤过程中会产生腐蚀性有害废水，必须妥善处理，以防止对环境造成污染。

化学活化过程中的活化机理因化学试剂而异，下面分别介绍 $ZnCl_2$、KOH 和 H_3PO_4 三种化学试剂的活化机理。需要指出的是，由于化学活化机理十分复杂，各种化学试剂的活化机理尚未完全揭示，以下关于活化机理的探讨只是基于当前研究现状的合理推测。

（1）$ZnCl_2$ 的活化机理

① $ZnCl_2$ 在高温下具有催化脱水作用，可使原料中的氢原子、氧原子以水分的形式分离出来，降低了氢原子、氧原子与碳结合生成有机化合物的概率，使更多的碳保留在原料中，提高了活性炭的得碳率。

② $ZnCl_2$ 可降低活化温度，相比物理活化法低 150～300℃，同时能改变热解进程，抑制焦油的产生，有利于孔隙的开放。

③ $ZnCl_2$ 沸点为 732℃，熔点约 290℃，因此 500～700℃是 $ZnCl_2$ 推荐的活化温度。在此温度下，$ZnCl_2$ 为液态，不阻碍生物质热解过程中碳分子的重排，容易形成三维网状炭结

构，液态 $ZnCl_2$ 在炭内均匀分布。当 $ZnCl_2$ 在洗涤过程中被脱除时，就形成了发达的孔隙结构。

（2）KOH 的活化机理

研究表明，在不同反应温度下 KOH 的活化机理也存在差异。当温度小于 700℃ 时，KOH 在高温下脱水分解，随后发生水煤气反应、水气交换反应，最后形成碳酸盐，反应方程式如下[23]：

$$2KOH \longrightarrow K_2O + H_2O \tag{12-11}$$

$$C + H_2O \longrightarrow H_2 + CO \tag{12-12}$$

$$CO + H_2O \longrightarrow H_2 + CO_2 \tag{12-13}$$

$$K_2O + CO_2 \longrightarrow K_2CO_3 \tag{12-14}$$

以上反应的总反应式为：$4KOH + C \longrightarrow K_2CO_3 + K_2O + 2H_2$ \tag{12-15}

当温度高于 700℃ 时，K_2O 会被 C 或者 H_2 还原产生单质钾：

$$K_2O + H_2 \longrightarrow 2K + H_2O \tag{12-16}$$

$$K_2O + C \longrightarrow 2K + CO \tag{12-17}$$

活化结束后，生物炭孔隙被 K_2CO_3（或 K 单质）占据，通过酸洗和水洗洗涤脱除后，就形成了发达的孔隙结构。由 KOH 的活化机理可知，活化过程中生物炭会有较高的碳烧失率。

（3）H_3PO_4 的活化机理

磷酸活化法的基础研究主要始于 20 世纪 80 年代末，我国则开始于 20 世纪 90 年代末，并在 21 世纪初受到比较广泛的关注。研究表明，H_3PO_4 的活化机理包括水解、脱水、芳构化、交联及成孔 5 种作用，即促进或催化含碳原料组分的水解、脱水、芳构化反应，以及与生物高分子交联和成孔的作用[24]。它与 $ZnCl_2$ 活化机理的异同点在于：一方面，H_3PO_4 与 $ZnCl_2$ 在促进植物纤维原料水解、脱水反应以及为新生碳原子沉积提供骨架等方面具有相似性；另一方面，由于 H_3PO_4 和 $ZnCl_2$ 与植物纤维原料的细胞壁结构及高分子化合物的作用有所区别，H_3PO_4 的羟基能够与生物高分子的羟基形成磷酸酯键而产生交联反应，这是 $ZnCl_2$ 所不具备的特点，同时 H_3PO_4 还能显著促进新生碳原子的芳构化反应。

12.4.1.3 典型生物活性炭特性

比表面积是活性炭最重要的特性参数，它的大小与活性炭的制备原料及活化工艺密切相关。表 12-6 所列为典型生物质原料通过不同工艺所制备的活性炭，其比表面积大小不一。总体而言，物理活化法需要更高的活化温度，所制备的活性炭比表面积也显著小于化学活化法所制备的活性炭。

表 12-6　典型活性炭在不同活化工艺下的比表面积[25-27]

生物质原料	活化剂	配比	活化温度/℃	活化时间/h	比表面积/(m^2/g)
稻壳	水蒸气	5mL/min	700	2	229.94
废茶叶	水蒸气	5mL/min	700	0.75	576.1
果壳	水蒸气	1~2kg/h	800	1.5	308
马粪	CO_2	—	800	2	749
草	CO_2	—	800	2	841
啤酒废料	CO_2	—	800	2	622
市政污泥	CO_2	—	800	2	489

生物质原料	活化剂	配比	活化温度/℃	活化时间/h	比表面积/(m²/g)
棕榈壳	CO_2	150mL/min	800	—	167.08
棉花茎	CO_2	2g 生物炭/$CO_2$100mL/min	500	0.5	289
棉花茎	CO_2	2g 生物炭/$CO_2$100mL/min	700	0.5	372
棉花茎	CO_2	2g 生物炭/$CO_2$100mL/min	900	0.5	556
城市固体废物	KOH	2g 生物炭/500ml 2mol/L KOH	常温	1	49.1
红花籽	KOH	生物炭/KOH=1∶1	800	1	1277
牧豆树	KOH	0.5g 生物炭/2.5g KOH	800	0.75	3167
木质生物质	KOH	KOH/生物炭=3.55	675	2	990
啤酒废料	H_3PO_4	2g 生物炭/8mL 85%磷酸	600	1	1073
花生壳	H_3PO_4	88%浓度磷酸/原料=1.5	650	2	965.678
橘子皮	$ZnCl_2$	$ZnCl_2$/原料=1	500	1	1215
棕榈壳	$ZnCl_2$	$ZnCl_2$/原料=1.65	微波 1.2kW	0.25	1253.5

12.4.2 生物炭用于土壤改良

生物炭可作为一种土壤改良剂施加于土壤中，以改善土壤的性质，提高土壤的肥力，提高农作物产量。生物炭本身诸多特点对土壤改良都能起到一定作用，包括生物炭表面电荷、pH 值、比表面积、孔隙率、阳离子交换能力（CEC）及营养成分等，其效果如图 12-17 所示（彩图见书后）。

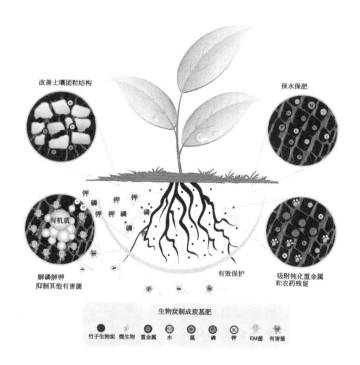

图 12-17 生物炭的土壤改良作用

生物炭一般呈碱性，而世界上约 30%的土地为酸性，不利于植物生长，因此，通过施加生物炭可以调节土壤 pH 值，改善植物生长环境；生物炭中含有丰富的碳元素，氮和磷的含量也较高，施加生物炭后的土壤呈黑色，表明土壤含碳量显著提高，氮、磷含量也明显增加，可显著提高农作物产量。CEC 值是衡量土壤质量的一个重要指标，高 CEC 值的土壤淋溶性低，对养分的固定能力强，十分有利于植物生长。生物炭具有较高的 CEC 值，因此，通过向土壤中施加生物炭可有效提高土壤 CEC 值。生物炭在土壤中的长期保持过程中，在空气氧化作用下表面含氧官能团会继续增加，使得 CEC 值继续提升。生物炭具有丰富的孔隙结构，可提高土壤的透气性和持水率，改善土壤对养分的固定能力，同时也为微生物提供生存和繁殖的场所。利用其丰富的孔隙，生物炭还可吸附土壤中的农药，吸附能力是土壤本身的 2000 倍，并通过增强微生物活性，提高对污染物的降解能力。

表 12-7 所列为几种不同的生物炭对作物产量的影响，表明生物炭的施用对农作物产量提升非常显著。研究表明，将生物炭施加于土壤中还能减少 CO_2、CH_4、N_2O 等温室气体排放，其中 CH_4 和 N_2O 的温室效应分别是 CO_2 的 290 倍和 25 倍。例如，以 20g/kg 的标准将生物炭施加入牧草地和大豆地中，两种土壤的 N_2O 溢出量分别减少了 80% 和 50%，CH_4 的产生也受到明显抑制。原因是施加生物炭后的土壤孔隙率增大，透气性增强，CH_4 被氧化的增多；同样，透气性增强后，土壤中的反硝化菌活性受到抑制，所以 N_2O 的溢出量会降低。

表 12-7　施加生物炭后农作物产量的变化[28]

生物炭名称	施加量/(t/hm^2)	作物种类	效果
树枝炭	0.5	大豆	单位面积生物量提高 51%
次森林木炭	11	大米	与无机废料一起施用产率提高 880%
米壳炭	10	玉米、大豆	产率增加 10%～40%
造纸厂污泥炭	10	小麦	在酸性土壤中小麦产量提高 30%～40%

12.4.3　生物炭制备超级电容器

12.4.3.1　背景概述

目前，传统不可再生的化石能源仍是经济发展的最主要能源，然而，随着化石能源的消耗，不可再生能源的枯竭将不可避免。因此，减轻对传统能源的依赖，寻找可再生替代能源，是未来的发展方向。与化石能源相比，太阳能、风能、潮汐能、地热能等具有可再生和对环境友好等特性，使得它们有望成为未来能源的主要形式。然而，这些可再生能源的不稳定性、地域性、不连续性等缺点阻碍了它们的开发和高效利用。针对这些弊端，开发合适的新能源储能器件，对实现负荷备用、削峰填谷、能源存储和输出具有非常重要的意义。

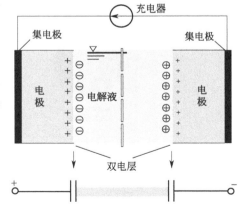

图 12-18　双电层超级电容器结构原理

12.4.3.2　超级电容器简介

超级电容器是通过电极与电解质之间形成的界面双电层来储存能量的新型元器件，其结构原理如图 12-18 所示。当电极与电解液接触时，由于库仑力、分子间力及原子间力的作用，使固-

液界面出现稳定和符号相反的双层电荷，称为界面双层。把双电层超级电容看成是悬在电解质中的两个非活性多孔板，电压加载到两个电极板上，加在正极板上的电势吸引电解质中的负离子，负极板吸引正离子，从而在两个电极的表面形成了一个双电层电容器。根据电极材料的不同，可分为碳电极超级电容器、金属氧化物电极超级电容器和有机聚合物电极超级电容器。

超级电容器是兼具了电容器和电池优点的一种新型储能装置，既可作为独立供电元件用于特定器件，又能与电池构成混合供电系统。与电池相比，超级电容器的最大优势就是充放电速度快，能在秒级时间内完成快速的充放电并具备充放电循环百万次以上的能力。超级电容器可在电极-电解液界面上发生快速的电荷存储和释放，这一点与充放电电池的工作原理类似，但是两者的电荷储存机制不同。超级电容器有以下两种不同的储能机制：一种是常见的双电层电容器，基于电极-电解液界面上发生的快速电荷存储和释放，该过程不涉及任何化学反应，仅通过物理存储电荷来实现能量存储，使超级电容器拥有百万次充放电循环寿命，属于物理储能机制；另一种是赝电容器，基于电极-电解液界面上发生的可逆氧化还原反应和界面处发生的电化学吸附与脱附行为来实现能量的存储和释放，类似化学储能机制。

与赝电容相比，双电层电容因制备简易、生产工艺成熟，受到众多领域的青睐，在可再生能源、工业生产、轨道交通等众多领域已经得到了很好的应用。

1) 可再生能源领域　风能、潮汐能、太阳能等可再生能源受自然环境因素的影响较大，具有很大的电流波动性。双电层电容因高功率和超长的循环寿命等特性可以适应大的电流波动，可以改善供电的稳定性和可靠性。

2) 工业生产领域　双电层电容的超高功率特性可为重型机械（如吊机、钻井机、重型矿车、电梯等）启动的瞬间提供所需要的功率，并可降低重型机械工作过程中的能量消耗，减少传统石油燃料的消耗和尾气排放。高功率的双电层电容能在很短的时间完成充电，是理想的应急后备电源。

3) 轨道交通领域　双电层电容具有循环寿命长、制动能量大、工作温度范围较宽等优点，其在储能式电车、地铁、内燃机、动车、重型运输等交通领域得到应用。

综上可知，超级电容器具有存储能量大、功率密度高、循环稳定性好、工作温度范围宽等显著特征，是一种备受青睐的储能装置。然而，超级电容器能量密度较低，也限制了其在某些领域的应用（如长续航里程电车）[29]。

12.4.3.3　生物炭材料在超级电容器上的应用

生物炭具有成本低、比表面积高、孔径分布可调、加工性能良好和导电性好等优势，在超级电容器中具有广泛应用，也是超级电容器电极材料的重要研究方向。根据生物炭材料微观结构尺寸不同，可将其分为一维、二维和三维碳材料：

① 一维碳材料是指在三个维度中（即长、宽、高）有一个维度的尺寸不在 $0.1 \sim 100nm$ 之间的材料。例如，碳纳米棒、碳纳米管等材料，其长度超过了 $100nm$，另外两维度尺寸均在 $0.1 \sim 100nm$ 范围内，因此属于一维纳米材料。

② 二维碳材料是指在三个维度中有两个维度的尺寸不在 $0.1 \sim 100nm$ 之间的材料。例如，石墨烯（如图 12-16 所示）材料中的长和宽两个尺寸均大于 $100nm$，而厚度尺寸在 $0.1 \sim 100nm$ 之间，因此它属于二维碳材料。

③ 三维碳材料是指三个维度的尺寸均不在 $0.1 \sim 100nm$ 之间的材料。

自然界中，如莲蓬、亚麻纤维、茎皮、棉花、柳絮、细菌纤维素、木棉等具有纤维结构的生物质，是制备纤维状、管状和棒状等一维碳材料的理想原料。以不同生物质为前驱体制备的生物炭材料在超级电容器中得到了广泛关注。图 12-19 所示的一维碳材料是以纤维素为前驱体，利用 NaOH 溶液预处理，再通过高温活化得到的。电流密度为 1.0A/g 条件下，其可逆电容高达 241.4F/g，循环 6000 圈后可逆电容仅衰减了 0.01%[30]。与纳米纤维相比，空心的一维纳米结构不仅具有更高的比表面积，还可以作为电解液的缓冲罐。选用中空管状结构生物质原料是制备空心一维碳材料最有效的途径。如图 12-20 所示（彩图见书后），以中空管状结构的木棉为前驱体，经 NaClO$_2$ 预处理后，再用磷酸氢二铵活化得到中空多孔碳微管。该结构的碳基材料不仅有利于电解液浸润，也可使电极材料具备更多的电荷储存能力。与上述纤维素转换的实心一维碳材料相比，在相同电流密度下，中空碳微管的可逆电容高达 292F/g[31]。

图 12-19 以纳米纤维素前驱体为代表的一维纳米纤维结构碳基材料[30]

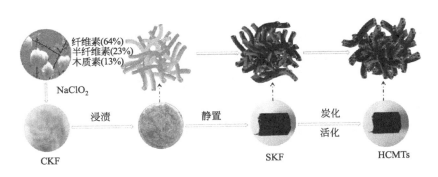

图 12-20 以中空木棉管为原料制备一维中空管状结构碳基材料示意图[31]

二维碳材料具有面内共价键强、原子厚度纵横比高、表面积大、活性位点多、导电性高、力学性能优等特征，被广泛应用于超级电容器。石墨烯是一种典型的二维碳材料，但其制备工艺烦琐、设备复杂、成本高，限制了其大规模推广应用。近年来，具有类石墨烯结构的生物炭受到了广泛关注，如图 12-21 所示，以玉米为原料，首先通过微波的"内加热"机制和快速升温引发的"膨化效应"得到了蜂窝状结构的前驱体，然后通过化学活化，得到了二维结构多孔碳纳米片[32]。该多孔碳纳米片的比表面积高达 3301m^2/g，不仅提供了丰富的

图 12-21　玉米衍生的纳米片多孔碳在超级电容器中的应用[32]

活性位点，也降低了电极材料与电解液接触面的离子阻抗，因此在高电流密度（10A/g）下的比电容达 311F/g。

除了植物类有机物外，动物类生物质如骨骼、毛发、内脏、鸡蛋等也可作为天然模板实现独特的形貌和发达的孔隙结构调控，而且动物类生物质含有丰富的蛋白质结构，通过热解可实现多原子原位掺杂。如图 12-22 所示（彩图见书后），以废弃的鱼鳞为原料，获得了氮、氧、硫共掺杂的二维纳米片材料[33]。该二维纳米片的厚度仅有 3～5nm，材料中丰富的氮、氧、硫等杂元素可改善电极材料在电解液中的浸润性，从而增加碳材料的赝电容。当电流密度为 1A/g 时，可逆电容高达 306F/g；在 5A/g 电流密度下，经 20000 圈的循环后比电容几乎为零衰减，表明鱼鳞转化的多孔碳在超级电容器能量储存领域有很好的应用潜力。

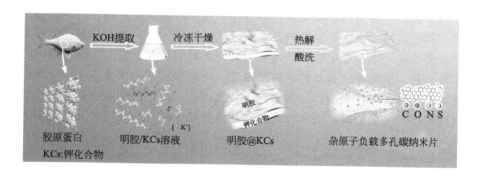

图 12-22　鱼鳞转化的超薄多孔碳纳米片生物炭示意图[33]

二维碳材料相比一维碳材料具有更加优异的电容性能，但片层材料容易发生堆叠，从而降低材料的利用率。相比之下，三维多孔碳材料可以有效避免这一缺点，它不仅具有丰富的表面边缘和面内缺陷位点，而且通常具有相互连通的微孔、介孔和大孔，这些特征可以有效提高碳材料的电荷存储能力。木质素在高温热解过程中容易产生无孔的碳薄片结构，为了避免出现这一结构，研究人员利用 NaOH 和 Na_2SO_4 溶液将板栗壳的木质素预先分解，然后选用降解后的板栗壳为碳源，通过简单的炭化和活化制备出了比表面积高达 2621m^2/g 的三维多孔碳材料，如图 12-23 所示（彩图见书后）[34]。板栗壳的前期降解过程可以减少木质素产生的无孔碳薄片，而且除去有机物可增加原料孔隙率，提高材料比表面积。较高的比表面积和独特的三维多孔结构为离子提供了丰富的吸附位点，该多孔碳的可逆电容高达 393.1F/g，而未经过降解的板栗壳转化的多孔碳的可逆电容仅为 199.2F/g。

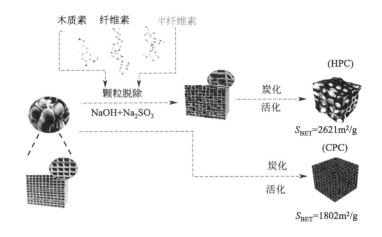

木质素　纤维素　半纤维素

颗粒脱除
NaOH+Na₂SO₃

炭化
活化

(HPC)
$S_{BET}=2621m^2/g$

炭化
活化

(CPC)
$S_{BET}=1802m^2/g$

图 12-23　传统方法制备生物炭（CPC）的路径和三维多孔生物炭（HPC）的制备路径[34]

12.5　低温热解炭化设备

生物质热解技术发展至今，已研发出多种不同类型的热解炭化装置。生物质热解炭化以生物炭为主要目标产品，反应温度较低，工艺条件相对容易实现，对反应器的要求也较低。

按照加热方式，生物质热解炭化设备分为内燃式和外加热式两种。内燃式是将原料点燃后密封闷烧，其优点是不需要外加能源，成本较低，操作简单。缺点是消耗了自身生物质能源，增加了能源消耗，降低了生物炭产率；同时炭化时间较长且过程不易控制，容易发生温度大幅升高等问题，从而导致裂解过程温度多变，生物炭的性能及质量无法有效控制。外加热式是将原料密封后使用外加热源加热炭化。其优点是可灵活控制炭化温度和加热速率；缺点是需要消耗其他形式的能源，成本较高，而且热传导的传热方式不能保证不同形状和粒径的原料受热均匀。

按照设备技术特征，生物质热解炭化设备可分为固定床式和移动床式两类。其中，固定床炭化设备包括传统窑式和热解干馏釜式两类；移动床生物质炭化设备包括横流移动床和竖流移动床两类[35]。对于固定床，物料在炉内的空间位置基本保持不变，原料进入炉内后依次经历升温、保温炭化、降温和出炭等阶段，属间歇式生产，其中窑式炭化设备采用自燃加热方式。固定床生物质炭化技术有较长的发展历史，装备条件相对成熟，初投资较低。但由于生产过程中需要反复进行装料、加温、冷却和出炭，生产效率较低。相比之下，移动床生物质炭化设备具有生产连续性和生产效率高等优点，目前是该领域的研究热点。横流移动床炭化设备主要包括链条式、回转式和螺旋式炭化设备；竖流移动床炭化设备主要包括立炉式和立管式炭化设备。

12.5.1　固定床生物质炭化装置

12.5.1.1　传统土窑

烧炭工艺历史悠久，传统生物质炭化所采用的土窑，是通过土坯或砖砌建造的，其结构如图 12-24 所示，采用内燃式加热。烧制前，首先要将炭化的生物质原料填入窑中，通过窑内燃料燃烧提供炭化过程所需的热量，然后将炭化窑封闭。窑顶开有通气孔，窑内原料在缺氧环境下被焖烧，并在窑内进行缓慢冷却，最终制成炭。

该装置投资少，操作也简单，但生产效率低，生产周期长达 15～30d，且窑内温度不易控制，产品质量不均匀，生物炭得炭率较低（15%～18%）。另外，该装置劳动强度大，环境污染严重，随着新型生物质炭化技术的不断发展，机械化、智能化程度不断提高，传统技术将逐渐被淘汰[35,36]。

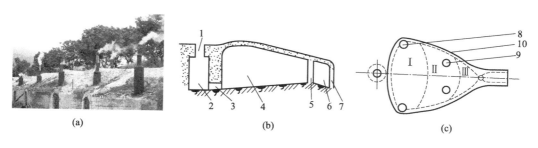

图 12-24 传统土窑式炭火炉结构照片及结构示意图[35,36]

1—烟道口；2—烟道；3—排烟孔；4—炭化室；5—进火孔；6—燃烧室；

7—点火通气口；8—后烟孔；9—前烟孔；10—出炭门

12.5.1.2 新型窑炉

图 12-25 所示为日本农林水产省森林综合研究所设计的一款具有优良隔热性能的移动式 BA-I 型炭化窑，其采用内燃式加热，以当地毛竹、桑树为炭化原料，窑体四壁和开闭盖采用具有隔热性能的双层密封结构，炭化窑本体和顶盖连接部分的缝隙采用砂密封 [图 12-25(b)]，热量不易泄漏，保温性能良好。炉内温差小，通风量也小，能有效降低生物炭的烧失率[36]。

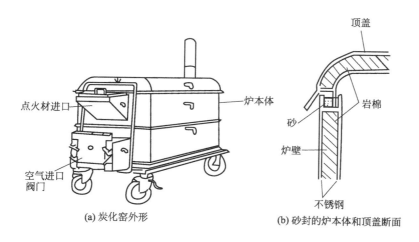

图 12-25 日本 BA-I 型炭化窑[36]

图 12-26 所示为常见的圆台形可移动炭化炉，其由炉体、炉顶盖、炉栅、点火通风架及烟囱等部分构成，采用内燃式加热。炉体下口直径大于上口，呈圆台形，采用厚度为 1～2mm 的不锈钢板卷制而成。为便于搬运或装卸，常分为上、下两段或上、中、下三段，相

互间采用承插结构，承插部位用细砂密封。下口沿圆周方向均匀地设有通风口及烟道口各 4 个，蝶形炉顶盖中央设置带盖的点火口，靠近底部设有 4 块扇形炉栅，炉栅上放置有点火通风架。操作周期为 24h，木材得炭率为 15%～20%。烧炭时，把点燃的引火物从点火口投入炉内，引燃炉内生物质燃料，当烟囱温度升高至 60℃ 左右时，盖上点火口盖并用细砂密封。4～5h 后，烟气颜色由灰白色变为黄色，表明生物质进入炭化阶段，开始逐渐关闭通风口以减少空气量。当通风口出现火焰，烟囱冒青烟时，表明炭化完成，利用泥土封闭通风口。30min 后除去烟囱并封闭烟道口，让炉体自然冷却至室温后出炭。

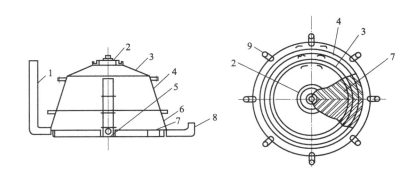

图 12-26　圆台形可移动炭化炉

1—烟囱；2—点火口；3—炉顶盖；4—炉上体；5—点火通风架；

6—炉下体；7—炉栅；8—通风管；9—通风口

12.5.1.3　干馏釜

干馏是在隔绝空气条件下通过加热分解生物质原料的反应过程，产物为生物炭、混合气体及冷凝液。干馏是一个复杂的热化学反应过程，包括脱水、热解、脱氢、热缩合和焦化等反应，所用设备为干馏釜，主要通过外加热方式进行热解炭化。由于作业时要反复进行装料、加温、冷却和出炭，生产周期较长，生产效率受到限制。此外，釜内温度梯度较大，各批次产品品质存在差异。

图 12-27 所示为几种不同形式的外加热式干馏设备，其中图 12-27(a) 为钢制卧式干馏釜；图 12-27(b) 为钢制立式干馏釜，为方便装卸，在釜顶设有起吊装置，可以将干馏釜从炉膛中提出；图 12-27(c) 为干馏窑，窑体采用耐火砖砌成，可节约钢材，降低成本。干馏釜容积一般为 2～10m^3，有效容积系数为 0.8，设有一套冷凝装置。具体操作流程为：

① 将原料装入干馏釜内并封闭，燃烧室点火燃烧，高温烟气加热釜壁，在原料干燥阶段，可采用大火力；

② 约 1.5～2h 后，蒸馏液流出，表明炭化阶段开始，要减小火力；

③ 炭化阶段后期，再提高火力，使原料充分炭化并煅烧，提高生物炭产品质量；

④ 当蒸馏液停止流出时，表明干馏过程结束，应停止燃烧，使釜体冷却并卸出生物炭。

12.5.2　移动床生物质炭化装置

相比固定床的批式运行，移动床可实现生物质炭化过程的连续化运行。连续化运行克服了传统土窑间歇式生产、劳动强度大和环境污染严重的缺点，适于工业规模的生物炭生

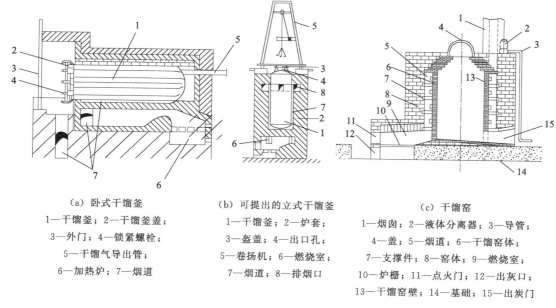

（a）卧式干馏釜
1—干馏釜；2—干馏釜盖；
3—外门；4—锁紧螺栓；
5—干馏气导出管；
6—加热炉；7—烟道

（b）可提出的立式干馏釜
1—干馏釜；2—炉套；
3—盔盖；4—出口孔；
5—卷扬机；6—燃烧室；
7—烟道；8—排烟口

（c）干馏窑
1—烟囱；2—液体分离器；3—导管；
4—盖；5—烟道；6—干馏窑体；
7—支撑件；8—窑体；9—燃烧室；
10—炉栅；11—点火门；12—出灰口；
13—干馏窑壁；14—基础；15—出炭门

图 12-27 外加热式干馏设备[2]

产，其工艺特点有：a. 炭化反应在移动床中连续进行，原料依靠重力或机械力作用移动，并在移动过程中依次完成炭化的各个阶段；b. 炭化过程中析出的挥发分可作为原料加热所需的热量，从而降低了炭化过程能耗，系统能源利用率大幅提高，同时也降低了挥发性气体对环境的污染；c. 适用于流动性较好的颗粒状燃料。

图 12-28 所示为南京林业大学开发的隧道窑式生物质连续炭化装置，其将待热解的生物质原料填装到轨道托盘上，轨道缓慢地带动生物质向前推进，在此过程中生物质原料完成干燥、炭化和冷却。窑内炭化产生的烟气通过烟气除尘回收装置进行除尘分离再燃烧，产生的热气输入干燥窑干燥原料。炭化完成后通过顶车机推入冷却窑冷却，再通过出炭输送机卸下成品炭，空车装料后输送到干燥窑内，再经历炭化和冷却，如此循环往复，实现生物炭的连续生产。该装置大大降低了劳动强度，提高了制炭生产效率和产品质量，一条生产线年产炭 1000～10000t。同时，炭化烟气通过除尘、分离和燃烧，不仅节约了能源消耗，也降低了环境污染。

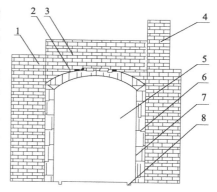

图 12-28 隧道窑式炭化炉[35]
1—墙体；2—门顶；3—窑顶；4—烟囱；
5—窑口；6—窑廓；7—出烟孔；8—车轨

图 12-29 所示为浙江大学开发的一种外加热回转窑连续热解炭化装置。窑体转速为 0.5～10r/min，在整个加热过程中窑壁和窑腔温度可以稳定升高至热解温度，热解所产生的焦油和气体通过尾部焦油收集器和气体采样装置分别收集利用，实现能源回收并降低环境污染。产炭率可达 40% 以上，显著高于传统炭化窑炉。

图 12-30 所示为一种采用外加热方式的螺旋低温炭化装置，物料在反应炉内具有较长的停留时间，以生产生物炭为主要目的。该设备的单台生物炭产量约为 1t/d，生物炭产率高达 50% 左右（即生物质消耗量约为 2t/d）。在直径为 15.24cm 的柱形热解反应腔内设有螺旋

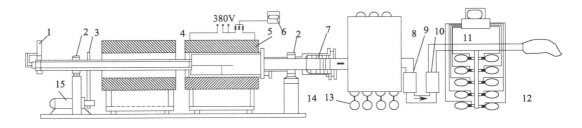

图 12-29 浙江大学回转窑热解炭化系统[37]

1—数字式温度计；2—轴承；3—齿轮链条传动机构；4—管式电炉；5—回转窑筒体；6—温度控制仪；
7—密封；8—蛇形管式冷凝器；9—过滤器；10—累计流量计；11—计算机；12—气体采样装置；
13—焦油收集器；14—给料口；15—无级变速电机

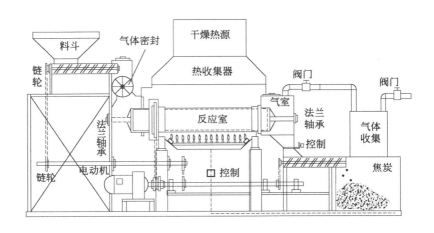

图 12-30 螺旋低温炭化装置[38]

推进杆，将物料从进口端向出口端缓慢推进，螺旋推进杆的转速约为 1r/min。该装置要精确确定生物质在热解反应腔内的停留时间难度较大，通常根据生物质的流速以及反应腔的长度来粗略估计。生物质的流速取决于螺旋推进杆转速，需要通过试验标定生物质在不同螺旋推进杆转速下的流速，绘制生物质螺旋输送速度随转速的变化图。这样，生物质的热解停留时间可通过下式计算：

$$反应停留时间(s) = \frac{热解反应腔长度(m)}{生物质流速(m/s)} \qquad (12\text{-}18)$$

椰子壳、杏核壳、橄榄核、核桃壳等质地坚硬的果壳（核）是生产颗粒活性炭的良好原料，图 12-31 所示是专门为此类颗粒状果壳原料而设计的炭化炉。该炉是采用耐火材料砌成的立式炉，横断面呈长方形，炉体由两个狭长的立式炭化槽及环绕其四周的烟道所组成。炭化槽沿高度方向分成三部分，从上往下依次是约 1.2m 的预热段、1.35～1.8m 的炭化段和约 0.8m 的冷却段。颗粒状原料从炉顶加入炭化槽预热段，利用炉体的热量预热干燥后进入炭化段。炭化段采用具有条状倾斜栅孔的耐热混凝土预制件砌成，横断面呈矩形。用隔板将环绕炭化槽的烟道分隔成多层，以实现烟气的曲折流动，更有利于传热。在烟道外侧炉墙上设有进风口，为炭化热解气的燃烧提供助燃空气。炭化温度为 450～500℃，原料炭化后生成的热解气通过炭化段上的栅孔进入烟道，与吸入的空气混合燃烧，生成的高温烟气在烟道内加热炭化槽，最后从烟囱排出。炭化后的果壳生物炭落入冷却段自然冷却，并定期由炉底部的出料装置卸出。该炭化炉通常每8h加料一次，物料在炉内的停留时间为4～5h，每小时出料一次，可通过调节风口空气量来控制炭化区域温度，果壳得炭率为25%～30%。

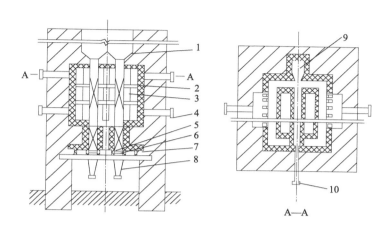

图 12-31 果壳炭化炉[39]

1—预热段；2—炭化段；3—耐热混凝土板；4—进风口；5—冷却段；

6—出料器；7—支架；8—卸料斗；9—烟道；10—测温孔

图 12-32 所示为农业部规划设计研究院农村能源与环保研究所开发的玉米秸秆连续干馏装置，主要包括连续热解、生物炭冷却、热解气二次裂解、气液冷凝分离、密封进料和系统控制等功能单元。连续热解装置是系统的核心，采用变距螺旋输送物料，热源由5段电加热炉提供，分段温度可单独调节（分段最大加热功率为3kW，可变频调节）；采用密封料仓、关风器和电动刀阀组合机构，实现密封进料和均匀布料；生物炭冷却采用间壁式循环水冷系统。热解气二次裂解装置和冷凝分离装置可串行工作也可并行工作，冷凝分离器前的热解气管道装200～300℃电伴热系统，防止部分气体在管道中冷凝成油；热解气二次裂解装置上限温度为1200℃，能够完成催化裂解或高温裂解试验。气液冷凝分离采用两级间壁式水冷

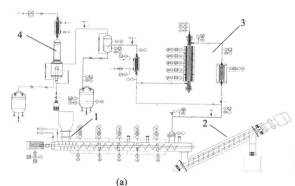
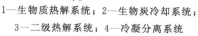

(a)

1—生物质热解系统；2—生物炭冷却系统；

3—二级热解系统；4—冷凝分离系统

(b)

图 12-32 玉米秸秆连续干馏装置[40]

系统，冷凝温度分别为 150～200℃和 10～30℃，该系统通过三相分离器分离，最终得到木焦油、轻油和木醋液（含水）。控制系统完成对炭化温度、滞留时间、进料量等工艺参数的自动控制和对热解气流量、系统压力的实时采集。系统采用微正压设计，无引风装置，热解气克服管道微气阻后从系统中自然逸出[40]。装置的玉米秸秆最大处理量为 9.6kg/h，热解温度 550～600℃，物料停留时间为 48min，玉米秸秆得炭率为 30.7%。

12.6 卧式连续生物质炭化装置设计

如前所述，移动床可实现生物质炭化过程的连续化运行，本节将以农业部规划设计研究院的装备设计为案例，介绍卧式连续生物质炭化装置的设计方法[41]。

12.6.1 设计依据及原则

12.6.1.1 设计依据

不同种类的生物质理化特性存在差异，对炭化装置的工艺和尺寸也有不同要求。以下设计参考我国量大面广的几种秸秆类生物质（即稻壳、玉米秸秆、小麦秸秆等）的燃烧特性进行生物炭设备的设计，这些生物质原料的成分、发热量和堆积密度如表 12-8 所列，生物质炭化装置设计处理量为 100kg/h。

表 12-8　几种生物质原料的燃烧特性

种类	工业分析（质量分数）/%				低位热值/(MJ/kg)	堆积密度/(kg/m³)	元素分析（质量分数）/%				
	M_{ar}	A_{ar}	V_{ar}	FC_{ar}			C_{ad}	H_{ad}	O_{ad}	N_{ad}	S_{ad}
稻壳	10.40	19.60	65.50	4.50	14.76	120.00	36.60	6.08	26.68	0.24	0.35
玉米秸秆	7.50	10.20	74.50	7.80	14.76	40.00	42.70	5.47	33.26	1.18	0.22
小麦秸秆	8.80	9.90	72.00	9.30	15.23	50.00	43.50	5.66	31.10	0.74	0.28

12.6.1.2 设计原则

为保证生物炭产品品质以及产出率，同时兼顾经济性和环境保护，生物质炭化装置设计应按照以下原则进行：a. 装置采用连续运行方式，炭化温度可控，传热均匀；b. 生物炭产出率高，产品质量稳定；c. 对热解气、热解油等副产品加以回收利用，生产过程对环境无污染。

12.6.2 整体方案设计

本炭化装置设计方案采用外加热方式对原料进行炭化，生物质炭化所产生的可燃气体，经燃烧后产生高温烟气，为炭化提供所需的热量。以柴油作为辅助燃料，为装置启动或高温烟气能量供应不足时提供额外的能量。

图 12-33 所示为装置的整体结构，其主要由进料装置、双层套筒炭化装置、沉降箱、出炭装置、燃烧系统和控制系统等组成。其中，热解反应器为双层套筒结构，内层炭化室筒壁以耐热钢为材质，筒内设有螺旋输送机构，通过调速电机可控制螺旋输送机转速，进而控制

物料前进速度和热解反应停留时间。螺旋输送也能实现热解过程中物料的输送和混合，可保证更加均匀的传热和生物炭的连续生产，维持产品质量稳定。

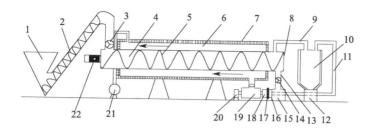

图 12-33　卧式连续生物质炭化设备结构示意图[41]

1—进料斗；2—进料螺旋输送机；3—进料口关风器；4—炭化室；5—炭化螺旋输送机；6—高温烟气套筒；
7—保温层；8—观测口；9—可燃气排除管；10—可燃气冷凝净化装置；11—烟气管；12—焦油木醋液收集箱；
13—锥形出炭管；14—出炭口关风器；15—集炭箱；16—罗茨风机；17—阻火器；18—气体燃烧器；
19—燃烧室；20—柴油燃烧器；21—引风机；22—调速电机

　　反应器外层为高温烟气套筒，高温烟气来自热解气体或辅助燃料的燃烧，为内层套筒的热解提供所需的热量。热解温度调控通过调节可燃气流量来实现。外层套筒内壁设有导流板和翅片，能延长烟气的停留时间，提高高温烟气向内筒壁内生物质的传热系数。为克服重力的影响，保证生物质连续稳定的输送，双层套筒为卧式结构设计。

　　炭化装置进料采用螺旋输送机构，主要由料斗和螺旋输送机组成，料斗内生物质通过螺旋输送机送至双层炭化套筒的入口端，并通过关风器进入炭化内筒，以维持筒内微负压运行。装置可根据要求调节炭化温度、升温速率和停留时间等参数，并自动采集和存储数据。

　　该装置具体工作过程为：将生物质原料投入进料斗，打开进料螺旋输送机与进料口关风器，然后开启炭化室的螺旋输送，并启动燃烧器；物料进入炭化室后，在螺旋输送机的推动下缓慢前进，生物质开始逐渐升温直至发生热解反应，挥发性可燃气体析出，生物炭逐渐形成；当物料到达炭化室尾部时，温度达到 450℃以上，生物质完成炭化反应，生物炭经出炭管落入集炭箱；热解所产生的挥发性可燃气通过炭化室后端上部可燃气体排除管进入沉降箱中，经沉降分离出少量粉尘颗粒；经沉降后的可燃气通过烟气管经罗茨风机送入气体燃烧器，并在燃烧室内充分燃烧，所产生的高温烟气进入烟气套筒放热后由引风机排出，炭化室吸收高温烟气的热量并用于生物质炭化，整个过程可实现机械化和自动化连续生产。

12.6.3　热解参数选择

　　原料种类及物性（含水率、粒径等）、热解温度和停留时间等是影响生物质炭化的主要参数，因此，在开展生物质热解之前应明确参数取值范围，以获得高品质的生物炭，并维持较优的系统经济性。

12.6.3.1　原料含水率及粒径

　　过高的生物质含水率会增大热解过程能耗，使生物质在炭化室内的干燥段延长，从而缩短了实际的热解停留时间，影响生物炭品质。因此，当生物炭含水率较高时应进行自然晾晒干燥处理，将含水率控制在 20% 以下。

为保证输送过程的顺畅以及物料搅拌和受热的均匀性，生物质尺寸不宜过大，像农作物秸秆等较长的生物质，切碎至粒径 10mm 左右为宜。

12.6.3.2　炭化温度

炭化温度对生物炭性质及产率有很大影响，一般来说，热解温度越高，能耗越高，生物炭产量越小。但高温能优化生物炭性质，包括提高生物炭孔隙率和比表面积，以及增强芳香化结构。综合考虑，400～500℃ 是比较可取的温度，本案例中炭化温度选取 450℃。

12.6.3.3　升温速率

升温速率也是重要的热解影响参数，随着升温速率增加，热解反应向高温区转移，生物炭的产量有所降低。本案例中，由于螺旋结构换热较均匀，升温速率较高，为 21.5℃/min，原料从 20℃ 升温至 450℃ 所需时间为 20min。

12.6.4　热工计算

12.6.4.1　热解过程

生物质热解炭化过程分为干燥、挥发分析出、炭化和煅烧 4 个阶段。其中干燥和挥发分析出为吸热反应阶段，需要外界提供热量以维持过程进行；炭化过程会放出反应热，为放热反应阶段；第 4 阶段依靠外部供给的热源进行煅烧，以提高生物炭品质。热解反应所需的总热量包括原料升温和水分蒸发所需的热量以及热解反应焓，即：

$$Q_{py} = Q_{he} + Q_v \times \frac{M_{ar}}{100} + Q_{re} \tag{12-19}$$

式中，Q_{py} 为热解反应所需总热量，kJ/kg；Q_{he} 为原料升温所需热量，kJ/kg；Q_v 为水分蒸发所需的热量，kJ/kg；M_{ar} 为生物质含水率，%；Q_{re} 为热解反应焓，kJ/kg。

在本案例中，假设 1kg 生物质秸秆由常温升温至 450℃ 所需升温热和反应焓之和为 $Q_{he} + Q_{re} = 600kJ$；秸秆含水率为 $M_{ar} = 7.5\%$，1kg 水由 20℃ 升温至 450℃ 水蒸气所需热量为 $Q_v = 3383.05kJ$。则可得 $Q_{py} = 808.73kJ/kg$。

12.6.4.2　炭化产物

秸秆热裂解产物主要由生物炭、可燃气、焦油、木醋液等组成，根据热解前后的质量守恒，可得下式：

$$m_{char} + \rho_{gas} V_{gas} + m_{oil} + m_{liq} = 1 \tag{12-20}$$

$$\rho_{gas} = \frac{P}{(R_u / MW_{gas}) T} \tag{12-21}$$

$$MW_{gas} = \sum r_i MW_i \tag{12-22}$$

式中，m_{char}，m_{oil} 和 m_{liq} 分别为热解产物中生物炭、焦油和木醋液的质量份额，kg/kg；ρ_{gas} 为标态下的可燃气密度，kg/m³；V_{gas} 为 1kg 生物质热解所产生的标态下可燃气的体积，m³/kg；R_u 为通用气体常数，$R_u = 8315J/(kg \cdot K)$；P 为标准大气压，$P = 101325Pa$；T 为标态温度，$T = 298.15K$；MW_{gas} 为热解气混合物摩尔质量，kg/kmol；r_i 为热解气 i 组分体积份额，其中 $i = 1, 2, 3, \cdots, n$；MW_i 为热解气 i 组分摩尔质量，kg/kmol。

在本案例中，按照炭化温度 450℃，以玉米秸秆为例，热解后产物为 $m_{char} = 0.33kg/kg$，生物炭热值 $Q_{char} = 20MJ/kg$；$V_{gas} = 0.3m^3/kg$，各主要成分的体积份额分别为 $r_{CO_2} = 0.45$、$r_{CO} = 0.30$、$r_{H_2} = 0.15$、$r_{CH_4} = 0.10$；$m_{oil} = 0.05kg/kg$，焦油热值为 $Q_{oil} = 40MJ/kg$；$m_{liq} = 0.3kg/kg$。

12.6.5 炭化室结构设计

热解反应器采用双层套筒结构，内层为炭化室，内置螺旋输送机。炭化室容积大小取决于单位时间内生物质体积处理量、停留时间和有效容积率，即：

$$V_{ths} = \tau \times \frac{M_{bio}}{\phi \rho_{bio}} \tag{12-23}$$

式中，V_{ths} 为炭化室容积，m^3；τ 为生物质在炭化室内的停留时间，h；ϕ 为炭化室有效容积率；M_{bio} 为生物质处理量，kg/h；ρ_{bio} 为生物质堆积密度，kg/m^3。

在本案例中，生物质处理量为 $M_{bio} = 100kg/h$，堆积密度取 $\rho_{bio} = 50kg/m^3$，停留时间取 $\tau = 0.333h$，有效容积取 $\phi = 0.8$，则根据式（12-23）可得炭化室容积为 $V_{ths} = 0.83m^3$。决定炭化室横截面大小的主要指标是截面热负荷，即每平方米炭化室横截面积中每小时原料炭化的发热量大小，即：

$$A_{ths} = \frac{M_{bio} Q_{bio,net}}{3600 q_A} \tag{12-24}$$

式中，A_{ths} 为炭化室横截面积，m^2；$Q_{bio,net}$ 为生物质低位发热量；MJ/kg；q_A 为炭化室截面热负荷，MW/m^2。

本案例中，玉米秸秆处理量为 100kg/h，由表 11-8 可知玉米秸秆低位发热量 $Q_{bio,net} = 14.76MJ/kg$；再根据以往经验，选取截面热负荷 $q_A = 2.1MW/m^2$，则炭化室的横截面积为 $A_{ths} = 0.195m^2$。考虑到炭化室为圆柱形，可得炭化室内径为 0.499m。选取炭化室内径 R 为 0.5m，则炭化室长度 L 为 4.24m。

螺旋输送机适用于水平或倾斜输送粉尘、粒状和小块状物料，根据输送量，本案例所采用的内置螺旋输送机规格型号为 LS500，功率为 2.2kW。

12.6.6 可燃气燃烧计算

本装置生物质热解所需热量主要来自热解挥发性可燃气体燃烧所产生的高温烟气，需根据燃气的成分确定燃气发热量，并开展可燃气燃烧计算，包括燃烧空气量、烟气量、燃烧温度以及烟气焓的计算。

12.6.6.1 可燃气发热量

在本案例中，已知生物质热解可燃气组分为 CO、H_2 和 CH_4，三种气体组分的发热量可查表 2-7 获得，再根据已知组分的体积份额 r_i，由式（2-29）可计算出可燃气的发热量。将已知条件代入式（2-29），得可燃气低位发热量为：

$$Q_{gas,net} = Q_{H_2,net} r_{H_2} + Q_{CO,net} r_{CO} + Q_{CH_4,net} r_{CH_4} \tag{12-25}$$

$$= 10780 \times 0.15 + 12630 \times 0.30 + 35880 \times 0.10 = 8994(kJ/m^3)$$

按照可燃气产量 0.3m³/kg 计算，则 1kg 秸秆热解后产生的可燃气低位发热量为 $0.3 \times 8994 = 2698.2$ MJ/kg，可以满足 1kg 玉米秸秆热解所需的热量（808.73kJ/kg）。

12.6.6.2　燃烧空气量的计算

可燃气燃烧的理论空气量 V_k^0 根据式(5-15)计算，即：

$$V_k^0(m^3/m^3) = \frac{1}{21}(0.5H_2 + 0.5CO + 2CH_4 - O_2) \tag{12-26}$$

$$= \frac{1}{21}(0.5 \times 15 + 0.5 \times 30 + 2 \times 10) = 2.02 m^3/m^3 (干燃气)$$

实际空气量 V_k 按式(5-19)计算，其中过量空气系数取 $\alpha = 1.2$，则：

$$V_k = \alpha V_k^0 = 1.2 \times 2.02 = 2.43 [m^3/m^3(干燃气)] \tag{12-27}$$

12.6.6.3　燃烧烟气量的计算

可燃气燃烧的理论烟气量 V_y^0 按式(5-34)计算，并假设可燃气的湿度可忽略不计，则有：

$$V_y^0 = 0.01[CO + (1 + 0.5 \times 4)CH_4 + CO_2 + H_2 + 80.61V_k^0] \tag{12-28}$$

$$= 0.01[30 + 3 \times 10 + 45 + 15 + 80.61 \times 2.02] = 2.83 [m^3/m^3(干燃气)]$$

燃烧的实际烟气量 V_y 可按式(5-39)计算，根据过量空气系数 $\alpha = 1.2$，则有：

$$V_y = V_y^0 + 1.0161(\alpha - 1)V_k^0 = 2.83 + 1.0161 \times 0.2 \times 2.02 = 3.24 [m^3/m^3(干燃气)] \tag{12-29}$$

已知 1kg 玉米秸秆的可燃气产量为 $0.3m^3$，因此，1kg 玉米秸秆热解可燃气产物的燃烧烟气量为 $0.3 \times 3.24 = 0.972 (m^3/kg)$。

12.6.6.4　燃烧火焰温度的计算

对于表达式为 $C_x H_y O_z$ 的气体燃料，其燃烧反应方程式可表示为：

$$C_x H_y O_z + \alpha(x + y/4 - z/2)(O_2 + 3.76N_2) \longrightarrow$$

$$xCO_2 + \frac{y}{2}H_2O + \frac{\alpha-1}{2}(2x + y/2 - z)O_2 + 3.76\alpha(x + y/4 - z/2)N_2 \tag{12-30}$$

因此，对于玉米秸秆热解气，当 $\alpha = 1.2$ 时，CO、H_2 和 CH_4 的燃烧方程式可分别表示为：

$$CO + 1.2 \times 0.5(O_2 + 3.76N_2) \longrightarrow CO_2 + 0.1O_2 + 2.256N_2 \tag{12-31}$$

$$H_2 + 1.2 \times 0.5(O_2 + 3.76N_2) \longrightarrow H_2O + 0.1O_2 + 2.256N_2 \tag{12-32}$$

$$CH_4 + 1.2 \times 2(O_2 + 3.76N_2) \longrightarrow CO_2 + 2H_2O + 0.1 \times 4O_2 + 9.024N_2 \tag{12-33}$$

燃气的燃烧可视为定压过程，因此理论燃烧温度即为定压绝热燃烧温度。在定压绝热燃烧过程中，燃烧前反应物的焓等于燃烧后产物的焓，即：

$$H_{reac} = H_{prod} \tag{12-34}$$

$$H_{reac} = \sum N_{reac,i} \bar{h}_{reac,i}^0(T) \tag{12-35}$$

$$H_{prod} = \sum N_{prod,i} \bar{h}_{prod,i}^0(T) \tag{12-36}$$

式中，H_{reac} 和 H_{prod} 分别为反应物和生成物的焓，kJ；$N_{reac,i}$ 和 $N_{prod,i}$ 分别为反应物和生成物组分的物质的量，kmol；$\bar{h}_{reac,i}^0(T)$ 和 $\bar{h}_{prod,i}^0(T)$ 分别为反应物和生成物的组分绝对焓，kJ/kmol。

绝对焓为生成焓和显焓之和，即：

$$\bar{h}_i^0(T) = \bar{h}_{f,i}^0(T_{ref}) + \Delta\bar{h}_{s,i}(T) \tag{12-37}$$

式中，$\bar{h}_i^0(T)$ 为组分 i 在温度 T 下的绝对焓，kJ/kmol；$\bar{h}_{f,i}^0(T_{ref})$ 为组分 i 在参考温度 T_{ref} 下的生成焓，kJ/kmol；$\Delta\bar{h}_{s,i}(T)$ 为组分 i 在温度 T 下的显焓，kJ/kmol。

在本案例中，假设燃烧空气温度为298K，可燃气温度为373K，压力为1atm（1atm=101325Pa）。假设燃气组分为理想气体，则标态下的摩尔体积为22.4m^3/kmol。已知 $V_{gas}=0.3m^3$/kg 生物质，$r_{CO}=0.30$、$r_{H_2}=0.15$、$r_{CH_4}=0.10$，可得每千克生物质热解可燃气中 CO、H_2 和 CH_4 的物质的量为：

$$N_{CO}=V_{gas}r_{CO}/22.4=0.3\times0.30/22.4=4.02\times10^{-3}(\text{kmol/kg}) \tag{12-38}$$

$$N_{H_2}=V_{gas}r_{H_2}/22.4=0.3\times0.15/22.4=2.01\times10^{-3}(\text{kmol/kg}) \tag{12-39}$$

$$N_{CH_4}=V_{gas}r_{CH_4}/22.4=0.3\times0.10/22.4=1.34\times10^{-3}(\text{kmol/kg}) \tag{12-40}$$

根据式（12-31）~式（12-33）中的当量系数关系，所消耗的空气中的 O_2 和 N_2 的物质的量为：

$$N_{O_2}=1.2(N_{CO}+N_{H_2})+2.4N_{CH_4}=10.45\times10^{-3}\text{kmol/kg} \tag{12-41}$$

$$N_{N_2}=3.76N_{O_2}=39.30\times10^{-3}\text{kmol/kg} \tag{12-42}$$

将式（12-38）~式（12-42）中的数值代入式（12-35），反应物的焓计算如下：

$$\begin{aligned}H_{reac}=&[4.02\bar{h}_{CO}^0(373K)+2.01\bar{h}_{H_2}^0(373K)+1.34\bar{h}_{CH_4}^0(373K)+10.45\bar{h}_{O_2}^0(298K)+\\&39.30\bar{h}_{N_2}^0(298K)]\times10^{-3} \tag{12-43}\\=&4.02\times10^{-3}[\bar{h}_{f,CO}^0(298K)+\Delta\bar{h}_{s,CO}(373K)]+2.01\times10^{-3}\Delta\bar{h}_{s,H_2}(373K)+\\&1.34\times10^{-3}[\bar{h}_{f,CH_4}^0(298K)+\Delta\bar{h}_{s,CH_4}(373K)]\end{aligned}$$

式中，各组分的生成焓和显焓可查附录1和附录2，得 $\bar{h}_{f,CO}^0(298K)=-110541$kJ/kmol，$\bar{h}_{f,CH_4}^0(298K)=-74831$kJ/kmol，$\Delta\bar{h}_{s,CO}(373K)=2189$kJ/kmol，$\Delta\bar{h}_{s,H_2}(373K)=2171$kJ/kmol，$\Delta\bar{h}_{s,CH_4}(373K)=2550$kJ/kmol，代入式（12-43）得 $H_{reac}=-528$kJ。

同理，生成物的焓计算如下：

$$\begin{aligned}H_{prod}=&(4.02+1.34)\times10^{-3}\bar{h}_{CO_2}^0(T_{ad})+(2.01+2\times1.34)\times10^{-3}\bar{h}_{H_2O}^0(T_{ad})+\\&(0.1\times4.02+0.1\times2.01+0.4\times1.34)\times10^{-3}\bar{h}_{O_2}^0(T_{ad})+(2.256\times4.02+\\&2.256\times2.01+9.024\times1.34)\times10^{-3}\bar{h}_{N_2}^0(T_{ad})\\=&[5.36\bar{h}_{CO_2}^0(T_{ad})+4.69\bar{h}_{H_2O}^0(T_{ad})+1.14\bar{h}_{O_2}^0(T_{ad})+25.70\bar{h}_{N_2}^0(T_{ad})]\times10^{-3}\\=&5.36\times10^{-3}[\bar{h}_{f,CO_2}^0(298K)+\Delta\bar{h}_{s,CO_2}(T_{ad})]+4.69\times10^{-3}[\bar{h}_{f,H_2O}^0(298K)+\\&\Delta\bar{h}_{s,H_2O}(T_{ad})]+1.14\times10^{-3}\Delta\bar{h}_{s,O_2}(T_{ad})+25.70\times10^{-3}\Delta\bar{h}_{s,N_2}(T_{ad}) \tag{12-44}\end{aligned}$$

式中，T_{ad} 为绝热火焰温度；CO_2 和 H_2O 的生成焓可查附录1，得 $\bar{h}_{f,CO_2}^0(298K)=-393546$kJ/kmol，$\bar{h}_{f,H_2O}^0(298K)=-241845$kJ/kmol，代入式（12-44）并整理得：

$$\begin{aligned}H_{prod}=&[5.36\Delta\bar{h}_{s,CO_2}(T_{ad})+4.69\Delta\bar{h}_{s,H_2O}(T_{ad})+1.14\Delta\bar{h}_{s,O_2}(T_{ad})+\\&25.70\Delta\bar{h}_{s,N_2}(T_{ad})]\times10^{-3}-3243.6 \tag{12-45}\end{aligned}$$

再由式（12-34）得：

$$5.36\Delta\bar{h}_{s,CO_2}(T_{ad})+4.69\Delta\bar{h}_{s,H_2O}(T_{ad})+1.14\Delta\bar{h}_{s,O_2}(T_{ad})+25.70\Delta\bar{h}_{s,N_2}(T_{ad})-2715600=0$$

$$\tag{12-46}$$

上式中，各组分的显焓是温度的函数，可采用试算确定 T_{ad}。由表 12-9 可知，T_{ad} 介于 2200～2300K 之间，通过内插值法可得 $T_{ad}=2279K$。

表 12-9　绝热火焰温度试算表

T_{ad} /K	$\Delta\bar{h}_{s,CO_2}(T_{ad})$ /(kJ/kmol)	$\Delta\bar{h}_{s,H_2O}(T_{ad})$ /(kJ/kmol)	$\Delta\bar{h}_{s,O_2}(T_{ad})$ /(kJ/kmol)	$\Delta\bar{h}_{s,N_2}(T_{ad})$ /(kJ/kmol)	$(H_{prod}-H_{reac})$ /(kJ/kmol)
2100	97477	77952	62959	59738	−279793
2200	103562	83160	66773	63360	−124102
2300	109670	88426	70609	66997	32400.3
2400	115798	93744	74467	70645	189565.1

实际燃烧温度 T_{act} 按下式计算[42]：

$$T_{act}=\mu T_{ad} \tag{12-47}$$

式中，μ 为高温系数，取值 0.8，则 $T_{act}=1823K$。

12.6.6.5　烟气的焓

根据式(12-31)～式(12-33) 中的组分当量系数关系，每 1kg 玉米秸秆热解燃气燃烧后烟气中的 CO_2 体积 V_{CO_2}、水蒸气体积 V_{H_2O}、O_2 体积 V_{O_2} 以及 N_2 体积 V_{N_2} 可计算如下：

$$V_{CO_2}=V_{gas}(r_{CO}+r_{CH_4})=0.3(0.30+0.10)=0.120(m^3/kg) \tag{12-48}$$

$$V_{H_2O}=V_{gas}(r_{H_2}+2r_{CH_4})=0.3(0.15+0.2)=0.105(m^3/kg) \tag{12-49}$$

$$V_{O_2}=V_{gas}(0.1r_{CO}+0.1r_{H_2}+0.4r_{CH_4})=0.3(0.03+0.015+0.04)=0.026(m^3/kg) \tag{12-50}$$

$$V_{N_2}=V_{gas}(2.256r_{CO}+2.256r_{H_2}+9.024r_{CH_4})=0.3(0.6768+0.3384+0.9024)=0.575(m^3/kg) \tag{12-51}$$

查附录 1，可得各气体组分在 $T_{act}=1823K$ 下的定压比热，即 $c_{p,CO_2}=59.823kJ/(kmol \cdot K)$，$c_{p,H_2O}=49.877kJ/(kmol \cdot K)$，$c_{p,O_2}=37.353kJ/(kmol \cdot K)$，$c_{p,N_2}=35.643kJ/(kmol \cdot K)$。

因此，每 1kg 玉米秸秆热解可燃气的燃烧烟气焓 I_y 计算如下：

$$I_y=\frac{T_{act}}{22.4}(V_{CO_2}c_{p,CO_2}+V_{H_2O}c_{p,H_2O}+V_{O_2}c_{p,O_2}+V_{N_2}c_{p,N_2}) \tag{12-52}$$

$$=\frac{1823}{22.4}(0.120\times59.823+0.105\times49.877+0.026\times37.353+0.575\times35.643)=2757(kJ/kg)$$

气体燃烧器采用高温煤气燃烧器，它具有耐高温、自动点火、小负载启动、火焰自动跟踪检测、熄火自动保护、欠压安全停机等特点。

12.6.7　高温烟气套筒结构设计

热解反应器的外层为高温烟气套筒，其结构如图 12-34(a) 所示，图中，T_1'、T_2' 为热、冷介质进口温度 (K)；T_1''、T_2'' 为热、冷介质出口温度 (K)。冷、热介质流动方向相反，按照间壁式逆流热质交换设备进行热工计算。套筒内设有导流板和翅片以提高烟气换热效果，其结构如图 12-34(b) 所示。

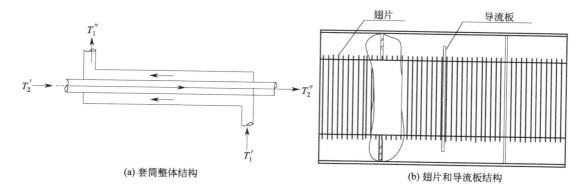

T_1''

T_2'

T_1'

T_2''

翅片   导流板

(a) 套筒整体结构

(b) 翅片和导流板结构

图 12-34 双层炭化套筒结构示意图

12.6.7.1 套筒传热量

高温烟气通过套筒传递到炭化室的热量应等于生物质热解所需的热量，根据前面的计算结果，玉米秸秆的热解所需热量为 $Q_{py}=808.73\text{kJ/kg}$。因此，套筒的传热量 Q_1 为：

$$Q_1=M_{bio}Q_{py}=100\text{kg/h}\times808.73\text{kJ/kg}=80873\text{kJ/h} \tag{12-53}$$

12.6.7.2 平均传热温差

按照纯逆流计算，则冷、热介质的平均传热温差 ΔT_m 可按式（12-54）计算，其中：$T_1'=T_{act}=1823\text{K}$，$T_2'=298\text{K}$，$T_1''$ 取 473K，T_2'' 为炭化室出口温度，取炭化温度 450℃（723K）。因此有：

$$\Delta T_m=\frac{(T_1'-T_2'')-(T_1''-T_2')}{\ln\left[(T_1'-T_2'')/(T_1''-T_2')\right]}=\frac{(1823-723)-(473-298)}{\ln\left[(1823-723)/(473-298)\right]}=503.2(\text{K})$$

$$\tag{12-54}$$

12.6.7.3 传热面积

传热面积 A_{cr} 可按式（12-55）计算，式中 K 为传热系数，在本案例中取值 20W/（m² · K）。则有：

$$A_{cr}=\frac{Q_1}{3.6K\Delta T_m}=\frac{80873}{3.6\times20\times503.2}=2.23(\text{m}^2) \tag{12-55}$$

再结合 12.6.5 部分炭化室结构设计的计算结果，假设内筒壁厚为 10mm，当炭化室内径 R 为 0.5m，长度 L 为 4.24m 时，其传热面积为 13.58m²，远大于热解所需传热面积 A_{cr}，符合要求。

12.6.7.4 烟气流量

当套筒烟气出口温度 $T_1''=473\text{K}$ 时，查附录 1 可得各组分在 473K 下的显焓为 $\Delta\bar{h}_{s,CO_2}$（473K）$=7141\text{kJ/kmol}$，$\Delta\bar{h}_{s,H_2O}$（473K）$=6005\text{kJ/kmol}$，$\Delta\bar{h}_{s,O_2}$（473K）$=5269\text{kJ/kmol}$，$\Delta\bar{h}_{s,N_2}$（473K）$=5124\text{kJ/kmol}$，代入式（12-45）后，可得 $H_{prod}=-3039\text{kJ}$。因此，每 1kg 玉米秸秆热解燃气燃烧的烟气放热量 ΔH_y 为：

$$\Delta H_y = H_{reac} - H_{prod} = -528 + 3039 = 2511(kJ) \qquad (12\text{-}56)$$

而实际每 1kg 玉米秸秆热解所需要的热能为 $Q_{py} = 808.73kJ/kg$，假设气体燃烧器的燃烧效率为 $\eta = 85\%$，烟筒散热损失为 $\varphi = 10\%$，则热解所需热量 Q'_{py} 为：

$$Q'_{py} = \frac{Q_{py}}{\eta(1-\varphi)} = \frac{808.73}{0.85 \times 0.9} = 1057(kJ/kg) \qquad (12\text{-}57)$$

因此，Q'_{py} 仅占烟气放热量 ΔH_y 的 40.8%，100kg/h 玉米秸秆的热解处理量能产可燃气 30m³/h，只需消耗 12.4m³/h 即可满足生物质热解要求，剩余的 17.6m³/h 可燃气可作为其他用途。

由式(12-29)可知，12.4m³/h 的可燃气的燃烧烟气量为 $12.4 \times 3.24 = 40.2(m³/h)$，燃烧筒烟气进、出口平均温度为 $\frac{T'_1 + T''_1}{2} = (473 + 1823)/2 = 1148(K)$。在平均烟气温度下的烟气实际流量为 $40.2 \times \frac{1148}{298} = 154.9(m³/h)$。假设外筒内径为 0.53m，则高温烟筒烟气流通截面积为 $0.065m²$，可得筒内烟气流速为 0.66m/s。

思考题

1. 当生物炭用作吸附剂时，它的哪一特性指标对吸附性能有最为决定性的影响？测定原理是什么？
2. 生物炭哪一项指标可作为土壤保肥能力的评价指标？该指标大小受哪些因素影响？
3. 比较生物炭物理活化和化学活化的优缺点。
4. 生物炭在土壤改良利用中具有哪些突出的优点？
5. 简述固定床和移动床炭化装置的特点及其主要类型。

习　题

1. 以表12-8中的稻壳为原料，进行低温裂解，裂解产气量为 0.2m³/kg。气体体积分数为：$CO_2 = 40\%$，$CO = 35\%$，$H_2 = 15\%$，$CH_4 = 10\%$。热解吸热量为 1200kJ/kg。试计算该生物质热解需要消耗多少热解气。

2. 在习题1的基础上，以热解气燃烧高温烟气作为热解热源，燃烧过量空气系数为1.2，已知烟气和热解筒体之间的传热系数为 $20W/(m² \cdot K)$，热解处理量为 200kg/h，热解温度为 450℃，排烟温度为 200℃，求热解筒体直径。

参考文献

[1] 南京林学院木材热解工艺学教研组. 木材热解工艺学. 北京：中国林业出版社，1961.
[2] 孙立，张晓东. 生物质热解气化原理与技术. 北京：化学工业出版社，2013.
[3] 庄晓伟，陈顺伟，张桃元，等. 7种生物质炭燃烧特性的分析. 林产化学与工业，2009（29）：169-173.
[4] 李金文，顾凯，唐朝生，等. 生物炭对土体物理化学性质影响的研究进展. 浙江大学学报（工学版），2018（52）：192-206.
[5] Guo J, Lua A C. Characterization of chars pyrolyzed from oil palm stones for the preparation of activated carbons. J. Anal. Appl. Pyrolysis, 1998 (46)：113-125.
[6] Liu Y, Yang M, Wu Y, et al. Reducing CH_4 and CO_2 emissions from waterlogged paddy soil with biochar. J. Soils and Sediments, 2011 (11)：930-939.

[7] 陈小娟，张伟庆，余小岚，等．适用于本科教学的 BET 比表面积测定实验．大学化学，2017（32）：60-67.

[8] Brunauer S，Emmett P H，Teller E. Adsorption of gases in multimolecular layers. J. American Chem. Society，1938（60）：309-319.

[9] 梁桓，索全义，侯建伟，等．不同炭化温度下玉米秸秆和沙蒿生物炭的结构特征及化学特性．土壤，2015（47）：886-891.

[10] 安增莉，侯艳伟，蔡超，等．水稻秸秆生物炭对 Pb（Ⅱ）的吸附特性．环境化学，2011（30）：1851-1857.

[11] Zeng Z，Zhang S，Li T，et al. Sorption of ammonium and phosphate from aqueous solution by biochar derived from phytoremediation plants. J. Zhejiang Univ. Sci. B，2013（14）：1152-1161.

[12] 邓文义，陶聪，田诗娟，等．不同热解条件下制备的污泥炭低温还原 NO. 化工进展，2020（39）：263-269.

[13] Deng W，Tao C，Cobb K，et al. Catalytic oxidation of NO at ambient temperature over the chars from pyrolysis of sewage sludge. Chemosphere，2020（251）：126429.

[14] Wongrod S，Watcharawittaya A，Vinitnantharat S. Recycling of nutrient-loaded biochars produced from agricultural residues as soil promoters for Gomphrena growth. Earth Environ. Sci.，2020（463）：012099.

[15] Rajkovich S，Enders A，Hanley K，et al. Corn growth and nitrogen nutrition after additions of biochars with varying properties to a temperate soil. Biology and Fertility of Soils，2011（48）：271-284.

[16] 王豆，郭海艳，李阳，等．蚓粪生物炭制备温度对甲基橙吸附性能的影响．环境工程学报，2016（10）：5172-5178.

[17] Figueiredo J L，Pereira M F R，Freitas M M A，et al. Modification of the surface chemistry of activated carbons. Carbon，1999（37）：1379-1389.

[18] Feng D，Guo D，Zhang Y，et al. Functionalized construction of biochar with hierarchical pore structures and surface O-/N-containing groups for phenol adsorption. Chem. Eng. J.，2021，410（15）：127707.

[19] Gabhi R S，Kirk D W，Jia C Q. Preliminary investigation of electrical conductivity of monolithic biochar. Carbon，2017（116）：435-442.

[20] Dupont C，Chiriac R，Gauthier G，et al. Heat capacity measurements of various biomass types and pyrolysis residues. Fuel，2014（115）：644-651.

[21] Walker P L，Austin L G，Nandi N P. Chemistry and physics of carbon. New York：Marcel Dekker，1966.

[22] Monge J A，Amoros D C，Solano A L. Effect of the activating gas on tensile strength and pore structure of pitch-based carbon fibers. Carbon，1994（32）：1277-1283.

[23] Toshiro O，Ritsuo T，Masao I. Production and adsorption characteristics of MAXSORB：High-surface-area active carbon. Gas Separation and Purification，1993（7）：241-245.

[24] 左宋林．磷酸活化法制备活性炭综述（Ⅰ）．磷酸的作用机理．林产化学与工业，2017（37）：1-9.

[25] Tan X F，Liu S B，Liu Y G，et al. Biochar as potential sustainable precursors for activated carbon production：Multiple applications in environmental protection and energy storage. Bioresour. Technol.，2017（227）：359-372.

[26] Ouyang J，Zhou L，Liu Z，et al. Biomass-derived activated carbons for the removal of pharmaceutical mircopollutants from wastewater：A review. Sep. Purif. Technol.，2020，253（15）：117536.

[27] Jjagwe J，Olupot P W，Menya E，et al. Synthesis and application of granular activated carbon from biomass waste materials for water treatment：A review. J. Bioresour. Bioprod.，2021（6）：292-322.

[28] Duku M H，Gu S，Hagan E B. Biochar production potential in Ghana—A review. Renew. Sustain. Energy Rev.，2011（15）：3539-3551.

[29] 汪萍．几种农业废弃物生物炭的制备及其超级电容器性能研究．武汉：华中农业大学，2020.

[30] Cai J，Niu H，Wang H，et al. High-performance supercapacitor electrode from cellulose-derived，inter-bonded carbon nanofibers. J. Power Sources，2016（324）：302-308.

[31] Cao Y，Xie L，Sun G，et al. Hollow carbon microtubes from kapok fiber：structural evolution and energy storage performance. Sustain. Energy & Fuels，2018（2）：455-465.

[32] Hou J，Jiang K，Wei R，et al. Popcorn-derived porous carbon flakes with an ultrahigh specific surface area for superior performance supercapacitors. ACS Appl Mater Interfaces，2017（9）：30626-30634.

[33] Liu M，Niu J，Zhang Z，et al. Potassium compound-assistant synthesis of multi-heteroatom dop. Nano Energy，2018（51）：366-372.

[34] Li Y，Mou B，Liang Y，et al. Component degradation-enabled preparation of biomass-based highly porous carbon materials for energy storage. ACS Sustain. Chem. Eng.，2019（7）：15259-15266.

[35] 周建斌，马欢欢，章一蒙．秸秆制备生物炭技术及产业化进展．生物加工过程，2021（19）：345-357.

[36] 石海波，孙姣，陈文义，等．生物质热解炭化反应设备研究进展．化工进展，2012（31）：2130-2136.

[37] 李水清，李爱民，严建华，等．生物质废弃物在回转窑内热解研究．太阳能学报，2000（21）：333-340.

[38] Capareda S C. Introduction to biomass energy conversions. Florida：CRC Press，2014.

[39] 安鑫南．林产化学工艺学．北京：中国林业出版社，2002.

[40] 丛宏斌，赵立欣，姚宗路，等．玉米秸秆连续干馏条件下能量平衡分析．农业工程学报，2017（33）：206-212.

[41] 袁艳文，田宜水，赵立欣，等．卧式连续生物炭炭化设备研制．农业工程学报，2014（30）：203-210.

[42] 刘蓉，刘文斌．燃气燃烧与燃烧装置．北京：机械工业出版社，2009.

生物质气化基本理论

　　生物质气化是指生物质与气化剂（空气、O_2、水蒸气）在高温下发生部分氧化反应，从而将生物质转化为气体燃料的过程。相比固体生物质，气体燃料品质更高，不仅易于实现管道输送，而且燃烧效率高，燃烧过程易于控制，燃烧器具比较简单，燃烧过程粉尘颗粒等污染物排放也显著降低。生物质气化是典型的热化学转化过程，能源转化效率较高，设备和操作简单，是生物质主要转化技术之一。

　　早在1798年，法国和英国就各自独立开发出了生物质气化技术，到了19世纪50年代，英国伦敦大部分地区都用上了以"民用气化炉"产生的"气化气"为燃料的"气灯"。该技术也很快传到了美国，到了20世纪20年代，美国的大部分城镇都拥有"气化厂"来生成烹饪或照明所需的"气化气"。20世纪初，出现了由生物质气化气驱动的汽车和拖拉机，并在第二次世界大战期间达到了顶峰。由于第二次世界大战期间几乎所有的石油燃料都被用于战争，民用燃料匮乏，使得生物质气化技术得到迅速发展，有超过100万部民用汽车装备了固定床气化炉。

　　第二次世界大战结束后，这些在战争应急机制下装载的大量车载气化炉又迅速被废弃，转而使用更为便捷和低廉的石油燃料。尤其当中东地区大量廉价石油被开采，全世界几乎所有国家的能源结构都转向了石油等化石燃料，生物质气化技术的研究及应用在较长时间内陷入停顿。直到1973年石油危机爆发，深刻冲击了世界的政治经济格局，人们开始意识到化石能源的不可持续性。出于对能源、环境和生态的战略考虑，可再生能源的研究开发得到了很大的重视。生物质气化作为重要的可再生能源技术，也焕发了新的生机。

　　我国的生物质气化技术起步较晚，直到20世纪80年代以后才得到较快发展，形成了生物质气化集中供气、燃气锅炉供热、内燃机发电等技术，把农林废弃物、工业废弃物等生物质能转换为高效能的煤气、电能或蒸汽，提高了生物质能源的利用效率。生物质气化集中供气即将生物质气化炉产生的气体经净化除焦、除尘后通过用户管网送至用户以实现供暖、供热、供电[1]。

13.1　生物质气化反应化学平衡

13.1.1　生物质气化过程

　　生物质气化的目的是使生物质中的化学能尽可能多地变为燃气中的化学能。在气化过程中，燃料中的大分子有机物在高温下与气化剂发生一系列化学反应，最终生成以 CO、H_2 和 CH_4 等为主的燃气。实际的气化过程较为复杂，不同的气化装置、工艺流程、气化剂类型、原料成分和反应条件，使得生物质气化反应过程也不尽相同，但从总体来看，大体可分为干燥、热解、氧化和还原四个反应阶段。

13.1.1.1 干燥阶段

一般来说，新鲜的生物质具有较高含水率，进入气化炉后首先要经历受热升温和水分蒸发的过程，使生物质中的内在和外在水分干燥脱除。这一过程的温度范围通常为 $100 \sim 150℃$，期间水分吸热后受热蒸发吸收了大量的热量，使得生物质温度维持在相对稳定的范围。由于干燥过程需要吸收大量热量，从而降低了反应温度，影响了燃气品质。因此，为得到高热值燃气，一般要将进入气化炉的生物质含水率控制在 $10\% \sim 20\%$。

13.1.1.2 热解阶段

当生物质水分脱除完后，生物质开始继续升温，当温度达到 150℃ 以上时，燃料开始发生热解，挥发分开始析出，生物炭也开始形成，并构成反应床层。生物质属于高挥发分燃料，热解气相产物可达燃料质量的 70% 以上，因此有机质热解在气化过程中发挥着关键的作用。热解总体上为放热反应，反应产物较为复杂，主要为 C、H_2、水蒸气、CO、CO_2、焦油和其他烃类物质，热解的近似化学反应式如下：

$$CH_x O_y \longrightarrow n_1 C + n_2 H_2 + n_3 H_2 O + n_4 CO + n_5 CO_2 + n_6 CH_4 \tag{13-1}$$

式中，$CH_x O_y$ 为生物质的特征分子式；$n_1 \sim n_6$ 为热解产物当量系数。

13.1.1.3 燃烧阶段

气化炉中所发生的大部分反应都是吸热反应，为维持气化反应的进行，必须要向炉内提供充足的能量。这部分能量通常来自生物质的部分燃烧。在气化装置内，热解产生的可燃气和焦炭与有限的氧化剂发生不完全燃烧反应，生成 CO、CO_2 和水蒸气，并释放大量的热量，燃烧温度最高可达 $1000 \sim 1200℃$，燃烧区热源为生物质的干燥和热解提供了充足的热量。气化炉中的燃烧反应主要有：

$$C + O_2 \longrightarrow CO_2 ; \Delta \bar{h}_R = -393.5 kJ/mol \tag{13-2}$$

$$C + 0.5 O_2 \longrightarrow CO ; \Delta \bar{h}_R = -110.7 kJ/mol \tag{13-3}$$

$$CO + 0.5 O_2 \longrightarrow CO_2 ; \Delta \bar{h}_R = -283.0 kJ/mol \tag{13-4}$$

$$H_2 + 0.5 O_2 \longrightarrow H_2 O ; \Delta \bar{h}_R = -241.8 kJ/mol \tag{13-5}$$

$$CH_4 + 2 O_2 \longrightarrow CO_2 + 2 H_2 O ; \Delta \bar{h}_R = -890.4 kJ/mol \tag{13-6}$$

式中，$\Delta \bar{h}_R$ 为气化反应热效应，即反应焓，反应焓为负值表明该反应为放热反应；反之，则为吸热反应。

13.1.1.4 还原阶段

还原阶段的反应是以吸热为主的、发生于原料热解半焦、烃类化合物、水蒸气、CO_2、CO 和 H_2 之间的化学反应，根据反应物存在形态不同，可分为非均相反应和均相反应两大类。其中，非均相反应主要发生于热解半焦与气化剂之间，其反应速率较低。根据反应动力学理论，气化反应速率较低的反应往往决定着整个气化过程的反应步骤，因此半焦气化是气化反应中最重要的反应，是研究人员关注的焦点。反应类型主要包括式(13-3)及以下：

$$C + CO_2 \longrightarrow 2CO \,; \quad \Delta \bar{h}_R = 172.4 \mathrm{kJ/mol} \tag{13-7}$$

$$C + H_2O \longrightarrow CO + H_2 \,; \quad \Delta \bar{h}_R = 131.7 \mathrm{kJ/mol} \tag{13-8}$$

$$C + 2H_2 \longrightarrow CH_4 \,; \quad \Delta \bar{h}_R = -74.8 \mathrm{kJ/mol} \tag{13-9}$$

气化均相反应中，有两个重要的反应，分别是水煤气变换反应和水蒸气甲烷重整反应，反应式如下所示：

$$CO + H_2O \longrightarrow CO_2 + H_2 \,; \quad \Delta \bar{h}_R = -41.1 \mathrm{kJ/mol} \tag{13-10}$$

$$CH_4 + H_2O \longrightarrow CO + 3H_2 \,; \quad \Delta \bar{h}_R = 206.1 \mathrm{kJ/mol} \tag{13-11}$$

式(13-10)为水煤气变换反应，是生物质气化制取以 H_2 为主要成分气体燃料的重要反应，也是甲烷化反应［式(13-9)］所需氢气源的基本反应。值得注意的是，以上四个反应阶段并没有严格的区分，只有在固定床气化炉中才有较为明显的特征，而在流化床气化炉中则无法界定其区域分布。

13.1.2　气化反应热效应

在气化反应过程中，生物质燃料与气化剂发生分子、原子间的化学键断裂和重组，并释放或吸收能量，由此产生热效应。在定温定压条件下，物质在化学反应过程中释放或吸收的能量即为反应焓 $\Delta \bar{h}_R$，按照下式计算：

$$\Delta \bar{h}_R = \bar{h}_{prod} - \bar{h}_{reac} \tag{13-12}$$

$$\bar{h}_{reac} = \sum x_i \bar{h}_i \tag{13-13}$$

$$\bar{h}_{prod} = \sum x_j \bar{h}_j \tag{13-14}$$

式中，$\bar{h}_{reac}$，$\bar{h}_{prod}$ 分别为反应物和产物的混合物平均绝对焓，kJ/mol；$\bar{h}_i$，$\bar{h}_j$ 分别为反应物和产物组分的绝对焓，kJ/mol；x_i，x_j 分别为反应物和产物组分的摩尔分数。

由式(13-12)可知，反应焓只取决于反应物和产物的组分及分布，而与反应的过程无关，此即为 Hess 定律。气化反应是在高温下进行的，根据 Kirchhoff 定律，温度对反应焓的影响可表示为：

$$\left[\frac{\partial (\Delta \bar{h}_R)}{\partial T} \right]_p = \sum (x_i c_{p,i}) - \sum (x_j c_{p,j}) = \Delta c_p \tag{13-15}$$

式中，$c_{p,i}$，$c_{p,j}$ 分别为反应物和产物组分的定压比热容，kJ/(mol·K)。

根据物质比热容的经验式，定压比热容和温度满足下述关系：

$$c_p = \Delta a + \Delta b T + \Delta c T^2 + \Delta c' / T^2 \tag{13-16}$$

式中，Δa，Δb，Δc 和 $\Delta c'$ 为比例系数。

将式(13-16)代入式(13-15)后积分，可得任意温度下的反应焓：

$$\Delta \bar{h}_R = \Delta \bar{h}_0 + \Delta a T + \frac{\Delta b}{2} T^2 + \frac{\Delta c}{3} T^3 - \Delta c' / T \tag{13-17}$$

式中，$\Delta \bar{h}_0$ 为积分常数，由已知温度下的反应焓求得。

表 13-1 列举了部分气化反应在不同温度下的反应焓。

表 13-1　部分气化反应的反应焓值

温度 /K	$\Delta\bar{h}_R/(kJ/mol)$							
	$C+O_2 \longrightarrow CO_2$	$C+0.5O_2 \longrightarrow CO$	$C+CO_2 \longrightarrow 2CO$	$C+H_2O \longrightarrow CO+H_2$	$C+2H_2O \longrightarrow CO_2+2H_2$	$CO+H_2O \longrightarrow CO_2+H_2$	$C+2H_2 \longrightarrow CH_4$	$CO+3H_2 \longrightarrow CH_4+H_2O$
0	−393.5	−113.9	165.7	125.2	84.7	−40.4	−67	−192.1
298	−393.8	−110.6	172.6	131.4	90.2	−41.2	−74.9	−206.3
400	−393.9	−110.2	173.5	132.8	92.2	−40.7	−78	−210.8
500	−394	−110.1	173.8	133.9	94	−39.9	−80.8	214.7
600	−394.1	−110.3	173.6	134.7	95.8	−38.9	−83.3	−218
700	−394.3	−110.6	173.1	135.2	97.3	−37.9	−85.5	−220.7
800	−394.5	−111	172.4	135.6	98.7	−36.9	−87.3	−222.8
900	−394.8	−111.6	171.6	135.8	99.9	−35.8	−88.7	−224.5
1000	−395	−112.1	170.7	135.9	101.1	−34.8	−89.8	−225.7
1100	−395.2	−112.7	169.7	135.9	102	−33.9	−90.7	−226.5
1200	−395.4	113.3	168.7	135.8	102.9	−32.9	−91.4	−227.1
1300	−395.6	−114	167.6	135.6	103.6	−32	−91.9	−227.5

13.1.3　气化反应的化学平衡

化学平衡的概念来自热力学第二定律，在气化反应过程中，一定量的反应物发生反应形成产物，产物通过可逆反应又会部分转化为生成物，随着反应的进行，最终反应物和产物达到动态平衡。化学平衡和反应工况条件（温度、压力、浓度等）密切相关，在进行生物质气化工艺研究以及气化炉设计时，需要掌握气化反应在不同工况条件下的平衡浓度。通过调整反应条件以影响反应反向，并选择合适的操作条件和设备，实现气化反应的产率最大化。因此，需要对生物质气化反应的化学平衡进行深入研究。

可逆化学反应式可表达为：

$$a\mathrm{A}+b\mathrm{B} \underset{k_2}{\overset{k_1}{\rightleftharpoons}} c\mathrm{C}+d\mathrm{D} \tag{13-18}$$

式中，k_1，k_2 为正向和逆向反应速率常数。

可分别写出正向反应速率 ω_1 和逆向反应速率 ω_2 的表达式：

$$\omega_1 = k_1[\mathrm{A}]^a[\mathrm{B}]^b \tag{13-19}$$

$$\omega_2 = k_2[\mathrm{C}]^c[\mathrm{D}]^d \tag{13-20}$$

式中，[A]，[B]，[C] 和 [D] 为气化反应物和产物浓度。

当反应达到平衡时，$\omega_1 = \omega_2$，则有：

$$k_1[\mathrm{A}]^a[\mathrm{B}]^b = k_2[\mathrm{C}]^c[\mathrm{D}]^d$$

$$K_c = \frac{k_1}{k_2} = \frac{[\mathrm{C}]^c[\mathrm{D}]^d}{[\mathrm{A}]^a[\mathrm{B}]^b} \tag{13-21}$$

式中，K_c 是以浓度表示的反应平衡常数，仅是温度的函数，K_c 越大，表明达到平衡时正向反应进行得越完全。

对于均相的气相反应，根据状态方程，气体浓度和分压力满足以下关系：

$$[X_i]=\frac{p_i}{R_uT} \tag{13-22}$$

式中，$[X_i]$ 为组分浓度，mol/m^3；p_i 为组分分压力，Pa；R_u 为通用气体常数，$R_u=8.315J/(mol\cdot K)$；T 为温度，K。将浓度和分压力的关系式(13-22)代入式(13-21)，可得：

$$K_c=\frac{p_C^c p_D^d}{p_A^a p_B^b}(R_uT)^{(c+d)-(a+b)} \tag{13-23}$$

令：

$$K_p=\frac{p_C^c p_D^d}{p_A^a p_B^b} \tag{13-24}$$

$$\Delta n=(c+d)-(a+b) \tag{13-25}$$

则有：

$$K_c=K_p(R_uT)^{\Delta n} \tag{13-26}$$

式中，p_A、p_B、p_C 和 p_D 为气体反应物和产物组分分压力，Pa；K_p 是以组分分压力表示的平衡常数，也仅是温度的函数。

若反应前后物质的量没有发生变化，即 $\Delta n=0$，则有 $K_c=K_p$。

在非均相气固反应中，例如气化反应中焦炭与 O_2 和水蒸气的反应，因固体的蒸气压是恒定的，常将其作为常数并入平衡常数以简化表达式。例如，对于反应 $C+H_2O\longrightarrow CO+H_2$ 的平衡常数可写为：$K_p=\frac{p_{CO}p_{H_2}}{p_{H_2O}}$。

需要注意的是，式(13-24)中 K_p 的表达式仅适用于理想气体，而绝大多数生物质气化采用常压或低压操作，气体性质与理想气体接近，该表达式具有适用性。

在定温定压条件下，平衡常数 K_p 与温度有如下关系：

$$K_p=\exp(-\Delta G_T^0/R_uT) \tag{13-27}$$

式中，ΔG_T^0 为标准状态 Gibbs 函数差。

$$\Delta G_T^0=c\bar{g}_{C,T}^0+d\bar{g}_{D,T}^0-a\bar{g}_{A,T}^0-b\bar{g}_{B,T}^0 \tag{13-28}$$

式中，$\bar{g}_{C,T}^0$，$\bar{g}_{D,T}^0$ 为产物的 Gibbs 生成焓，J/mol，可通过附录1查取；$\bar{g}_{A,T}^0$，$\bar{g}_{B,T}^0$ 为反应物的 Gibbs 生成焓，J/mol。

表 13-2 列举了不同温度下部分气化反应的化学平衡常数。

表 13-2 部分气化反应的化学平衡常数

温度 /℃	化学平衡常数					
	$K_p=\frac{p_{CO}^2}{p_{CO_2}}$	$K_p=\frac{p_{CO_2}}{p_{CO}^2}$	$K_p=\frac{p_{CO}p_{H_2}}{p_{H_2O}}$	$K_p=\frac{p_{H_2O}}{p_{CO}p_{H_2}}$	$K_p=\frac{p_{CH_4}}{p_{H_2}^2}$	$K_p=\frac{p_{CO_2}p_{H_2}}{p_{CO}p_{H_2O}}$
500	4.446×10^{-4}	2.243×10^3	2.179×10^{-3}	4.589×10^2	21.736	4.887
600	9.595×10^{-3}	1.042×10^2	2.449×10^{-2}	40.827	4.576	2.553
700	0.1087	9.203	0.1683	5.9404	1.307	1.5492
800	0.7746	1.291	0.8072	1.2388	0.4655	1.0422
900	3.9118	0.2556	2.9545	0.3885	0.1959	0.7553
1000	15.1835	6.586×10^{-2}	8.7955	0.1137	9.385×10^{-2}	0.5893
1100	47.999	2.083×10^{-2}	22.304	4483×10^{-2}	4.988×10^{-2}	0.4647
1200	128.93	7.757×10^{-3}	49.89	2.004×10^{-2}	2.886×10^{-2}	0.387
1300	303.77	3.292×10^{-3}	1.011×10^2	9.890×10^{-3}	1.794×10^{-2}	0.3329

13.1.4　影响化学平衡的因素

13.1.4.1　温度对化学平衡的影响

根据热力学理论，Gibbs 函数 G 可以由其他热力系参数来定义，即：

$$G = H - TS \tag{13-29}$$

式中，H 为焓；S 为熵。

因此，标准状态 Gibbs 函数差 ΔG_T^0 可表示为：

$$\Delta G_T^0 = \Delta H^0 - T\Delta S^0 \tag{13-30}$$

式中，ΔH^0 为化学反应焓变。

$\Delta H^0 > 0$ 为吸热反应；$\Delta H^0 < 0$ 为放热反应。将式（13-30）代入式（13-27），可得：

$$K_p = \exp(-\Delta H^0/R_u T) \times \exp(\Delta S^0/R_u) \tag{13-31}$$

由式（13-31）可知：

① 当反应为吸热反应时，$-\Delta H^0/R_u T < 0$，随着温度升高，K_p 增大，反应偏向产物；

② 当反应为放热反应时，$-\Delta H^0/R_u T > 0$，随着温度升高，K_p 减小，反应偏向反应物。

13.1.4.2　压力对化学平衡的影响

气体混合物组分分压力 p_i 和全压 p 之间满足关系 $p_i = x_i p$，代入式（13-24），可得：

$$\frac{x_C^c x_D^d}{x_A^a x_B^b} = \frac{K_p}{p^{\Delta n}} \tag{13-32}$$

因 K_p 仅是温度的函数，当温度不变时，K_p 也保持不变，由式（13-32）可知：

① 当 $\Delta n = 0$ 时，$\dfrac{x_C^c x_D^d}{x_A^a x_B^b} = K_p$ 不随压力变化，化学平衡与系统压力 p 无关；

② 当 $\Delta n > 0$ 时，随着压力 p 升高，$\dfrac{x_C^c x_D^d}{x_A^a x_B^b}$ 减小，表明反应向反应物方向偏移；

③ 当 $\Delta n < 0$ 时，随着压力 p 升高，$\dfrac{x_C^c x_D^d}{x_A^a x_B^b}$ 增大，表明反应向产物方向偏移。

13.1.5　几个主要化学反应平衡的探讨

13.1.5.1　碳的 CO_2 气化反应

即反应：$C + CO_2 \longrightarrow 2CO$。该反应是以 CO_2 为气化剂的碳的气化反应，又称为 Boudouard 反应（以法国化学家 Octave Boudouard 名字命名）。这是生物质气化过程中最重要的反应之一，因为它实现了将燃料中的不可燃气态组分转变为可燃组分。由式（13-27）可建立平衡常数与温度的变化关系，查附录 1 可得不同温度下 CO_2 和 CO 的 Gibbs 生成焓（压力为 1atm），并可计算标准状态 Gibbs 函数差 ΔG_T^0 和平衡常数 K_p，最后可得平衡状态下 CO_2 和 CO 的摩尔分数 x_{CO_2} 和 x_{CO}，结果如图 13-1 所示。显然，随着温度升高，K_p 呈几何级数增长，反应向产物方向偏移，提高反应温度是增加 CO 含量的主要措施。当反应温度小于 800K 时，逆反应占主导，CO_2 很难还原为 CO；当温度高于 800K 时，碳的 CO_2 气化变得显著，CO 开始迅速增加；当温度高于 1300K 时，正反应完全占据主导，CO_2 几乎可以全部还原为 CO。根据图 13-1 中 K_p 与温度之间的依变关系，可对曲线进行拟合，得到以下 K_p 与温度的关系式：

$$\ln K_p = -20748.20/T + 21.24 \quad (13\text{-}33)$$

通过式(13-33)，可计算压力对 CO_2 还原反应化学平衡的影响，以温度 1000K 为例，此时 $K_p \approx 1.7257$，式(13-32) 可写为：$\dfrac{x_{CO}^2}{x_{CO_2}} = \dfrac{1.7257}{p}$，可得 x_{CO_2} 和 x_{CO} 随压力的变化规律（图 13-2）。显然，随着压力升高，CO 浓度降低，CO_2 浓度升高，表明反应向反应物方向偏移。从 CO_2 还原反应式也不难看出，1 份 CO_2 反应后生成 2 份 CO，气体体积增大，而反应压力的升高会驱使反应平衡向体积缩小的方向偏移，故而促进了逆反应的进行。

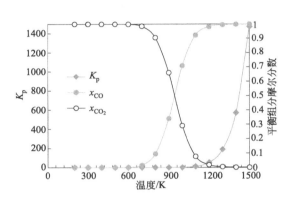

图 13-1 CO_2 还原反应平衡组分浓度及 K_p 随温度的变化趋势

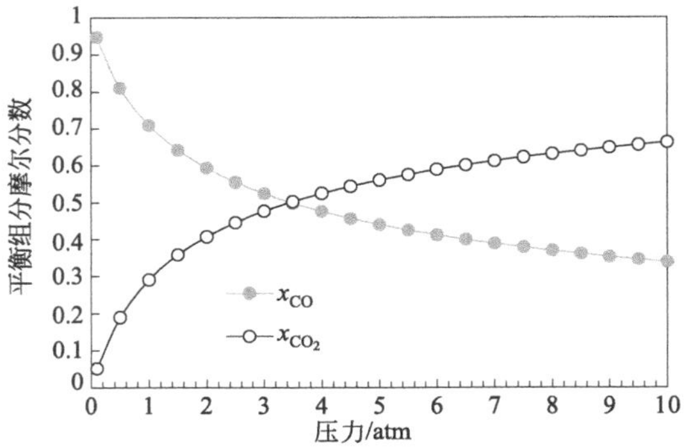

图 13-2 1000K 下 CO_2 还原反应平衡组分浓度随压力的变化趋势

13.1.5.2 碳的水蒸气气化反应

即反应：$C + H_2O \longrightarrow CO + H_2$。在生物质气化过程中，水蒸气来源于气化介质和原料本身。因为碳水化合物（糖类）是生物燃料的主要组分，即使是绝干燃料，也可通过燃料中氢元素的部分燃烧产生较为可观的水蒸气。因此，在生物质气化过程中，即使不使用水蒸气为气化介质，碳与水蒸气的反应也非常重要。由式(13-27)可建立平衡常数与温度的变化关系，查附录 1 可得不同温度下水蒸气、CO 和 H_2 的 Gibbs 生成焓（压力为 1atm），并可计算标准状态 Gibbs 函数差 ΔG_T^0 和平衡常数 K_p。因所求平衡组分摩尔分数包括 x_{H_2}、x_{H_2O} 和 x_{CO}，需要联立 3 个方程求解，即：

化学平衡方程式：
$$\frac{x_{CO} x_{H_2}}{x_{H_2O}} = \frac{K_p}{p}$$

组分守恒方程式：
$$x_{CO} + x_{H_2} + x_{H_2O} = 1$$

元素守恒方程式：
$$\frac{\text{氧原子数}}{\text{氢原子数}} = \frac{1}{2} = \frac{x_{CO} + x_{H_2O}}{2x_{H_2O} + 2x_{H_2}}$$

在已知温度和压力条件下，可以计算出 $\dfrac{K_p}{p}$ 的值，联立上述 3 个方程，由元素守恒方程式可知 $x_{CO} = x_{H_2}$，上述方程可简化为一元二次方程求解。图 13-3 为压力 $p = 1\text{atm}$，温度为

$200\sim1500K$ 时的计算结果。显然，随着温度升高，K_p 呈几何级数增长，反应向产物方向偏移。因此，提高反应温度可促进碳的水蒸气气化，是增加 CO 和 H_2 含量的主要措施。当反应温度小于 700K 时，逆反应占主导，碳很难气化为 CO 和 H_2；当温度高于 700K 时，水蒸气气化反应变得显著，CO 和 H_2 开始迅速增加；当温度高于 1100K 时，正反应完全占据主导，水蒸气几乎可以全部转化为 CO 和 H_2。根据图 13-3 中 K_p 与温度之间的依变关系，通过拟合得到以下 K_p 与温度的关系式，即：

$$\ln K_p = -15981.59/T + 16.85 \tag{13-34}$$

进一步地，可计算压力对化学平衡的影响。在 900K 下，x_{H_2}、x_{H_2O} 和 x_{CO} 随压力的变化规律结果如图 13-4 所示。显然，随着压力升高，CO 和 H_2 浓度降低，水蒸气浓度升高，表明反应向反应物方向偏移。从水蒸气气化反应式也不难看出，1 份水蒸气反应后生成 1 份 CO 和 1 份 H_2，气体体积增大，故而压力升高促进了逆反应的进行。

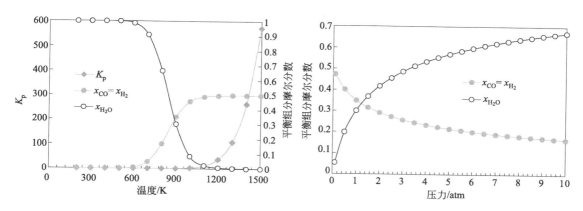

图 13-3　水蒸气气化反应平衡组分浓度及
K_p 随温度的变化

图 13-4　900K 下水蒸气气化反应平衡组分
浓度随压力的变化

13. 1. 5. 3　碳的加氢反应

即反应：$C + 2H_2 \longrightarrow CH_4$。这是制取高热值气体燃料的重要反应，反应中的氢气来自生物质热解过程。同理，由式（13-27）可建立平衡常数与温度的变化关系，结果如图 13-5 所示。显然，随着温度升高，K_p 呈几何级数下降，反应向反应物方向偏移。碳的加氢反应是放热反应，升高温度会抑制该反应进行，当温度高于 1000K 且压力为 1atm 时，该反应几乎可以忽略不计。尽管温度越低 CH_4 的平衡态产率越高，但低温下的正反应和逆反应速率都非常低，需要极长的时间才能达到平衡，在气化反应短暂的停留时间内的生产量几乎可以忽略。因此，为维持足够高的反应速率，需要保证足够高的反应温度。根据图 13-5 中 K_p 与温度的关系，通过拟合可得下式：

$$\ln K_p = 9551.38/T - 11.83 \tag{13-35}$$

图 13-6 所示为 800K 下 x_{H_2} 和 x_{CH_4} 随压力的变化规律。随着压力升高，H_2 浓度降低，CH_4 浓度升高，反应向产物方向偏移。从反应方程式也不难看出，2 份 H_2 反应后生成 1 份 CH_4，气体体积减小，故而压力升高可促进碳的加氢反应。

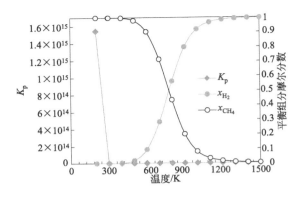

图 13-5 碳的加氢反应平衡组分浓度及 K_p 随温度的变化

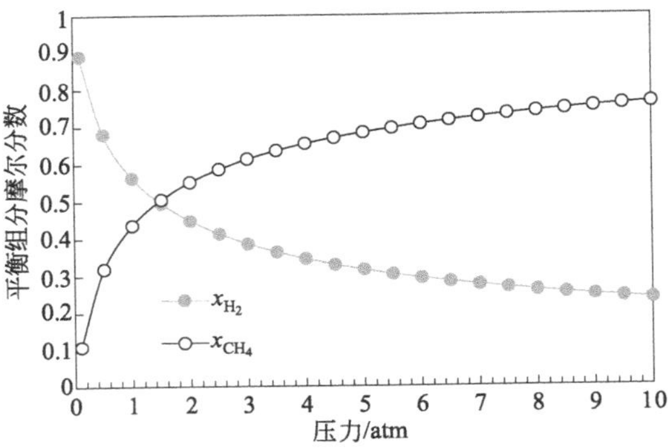

图 13-6 800K 下碳的加氢反应平衡组分浓度随压力的变化

13.1.5.4 水煤气反应

即反应：$CO+H_2O \longrightarrow CO_2+H_2$。如前所述，该反应是以制取氢气为主要成分气体燃料的重要反应。同样可由式(13-27)建立平衡常数与温度的变化关系，因所求平衡组分摩尔分数包括 x_{H_2}、x_{H_2O}、x_{CO_2} 和 x_{CO}，需要联立 4 个方程求解。假设初始反应物按化学当量配比，则有：

化学平衡方程式：
$$\frac{x_{CO_2} x_{H_2}}{x_{CO} x_{H_2O}} = K_p$$

组分守恒方程式：
$$x_{CO} + x_{H_2} + x_{H_2O} + x_{CO_2} = 1$$

元素守恒方程式：
$$\frac{氧原子数}{氢原子数} = 1 = \frac{x_{CO} + x_{H_2O} + 2x_{CO_2}}{2x_{H_2O} + 2x_{H_2}}$$

$$\frac{氧原子数}{碳原子数} = 2 = \frac{x_{CO} + x_{H_2O} + 2x_{CO_2}}{x_{CO} + x_{CO_2}}$$

在已知温度和压力条件下，可以计算出 K_p 的值，联立上述 4 个方程，由元素守恒方程式可知 $x_{CO_2} = x_{H_2}$，$x_{H_2O} = x_{CO}$，上述方程可简化为一元二次方程求解。图 13-7 为压力 $p=1atm$，温度为 200～1500K 时的计算结果。显然，随着温度升高，K_p 呈几何级数下降，

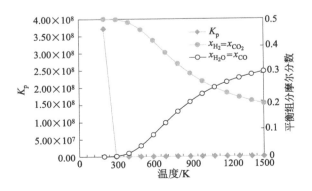

图 13-7 水煤气反应平衡组分浓度及平衡常数 K_p 随温度的变化趋势

反应向反应物方向偏移。实际上，水煤气反应是放热反应，因此升高温度会抑制正反应，计算结果也表明了这一点。和碳的加氢反应类似，尽管温度越低反应越有利于向着产物方向进行，但低温下的正反应和逆反应速率都非常低，因此，为维持足够高的反应速率，需要保证足够高的反应温度。

根据图 13-7 中 K_p 与温度之间的依变关系，可对曲线进行拟合，得到以下 K_p 与温度的关系式，即：

$$\ln K_p = 4766.61/T - 4.39 \tag{13-36}$$

从水煤气反应方程式可以看出，反应前后气体体积并未发生变化，因此系统压力对反应平衡并没有影响。

13.2 生物质气化反应动力学

化学平衡是气化反应的重要影响因素，但化学平衡计算只提供了平衡态组分分布，不能解决达到平衡所需的时间快慢问题。根据实际操作经验，由于气化炉中的气相停留时间较短，大多数气化反应尚未达到平衡状态，气相组分就离开了气化炉。这就需要通过化学反应动力学理论，研究气化反应的速率快慢，从而揭示气化反应组分变化规律。生物质气化反应动力学的主要研究内容是探究浓度、温度、流动等反应条件与气化反应速率的定量关系，并建立相关的数学模型，以便为气化炉的设计和运行提供参考依据。

13.2.1 生物质气化反应过程

固体生物质燃料的气化反应主要是非均相反应，首先经历热解，然后发生气相与生物半焦间的反应。生物质或生物质半焦的气化反应通常需要经过以下步骤[2]：

① 反应气体由气相向固体炭颗粒表面扩散（外扩散）；
② 炭颗粒表面反应气体通过颗粒孔隙进入颗粒内表面（内扩散）；
③ 反应气体分子吸附在固体表面，形成中间络合物；
④ 中间络合物之间，或中间络合物与气相分子之间进行表面化学反应；
⑤ 吸附态的产物从固体表面脱附；
⑥ 产物分子从固体内部孔道扩散出来（内扩散）；
⑦ 产物分子从颗粒表面扩散到气相中（外扩散）。

以上过程可以分为物理过程和化学过程两大类，其中①、⑦外扩散过程以及②、⑥内扩散过程均为物理过程；③、④和⑤为表面吸附、脱附和表面化学反应，吸附和脱附涉及化学键的生成和断裂，因而均为化学过程。各反应步骤的反应速率各不相同，气化反应的总体反应速率是以上各步骤综合作用的结果，其中反应速率最慢的反应步骤对气化整体反应速率起到控制作用。温度是影响气化反应速率最主要的因素之一，因此可将气固反应速率按照反应温度由低到高的顺序分为化学动力区、内扩散控制区和外扩散控制区，在 3 个控制区之间存在两个过渡区。

13.2.1.1 化学动力区

当气化温度很低时，炭颗粒表面化学反应速率很慢，以致反应气体在固体炭表面和内部的扩散速率远大于化学反应速率，因此表面化学反应速率控制了整体气化反应进程。化学动力区的特征是反应气体浓度在颗粒内外近似相等，颗粒内部气体浓度梯度很小，以致可以假设颗粒内部的气体浓度近似相等。因此，通过实验所测得的表观活化能 E_A 与反应的真实活化能 E_T 相等，假设炭表面与浓度为 c_g 的反应气体接触时的反应速率为 r_0，而炭颗粒与该浓度气体的实际反应速率为 r，并定义 r 与 r_0 的比值为表面利用系数 η，则在化学动力区内，$\eta = 1$。

13.2.1.2 内扩散控制区

随着反应温度不断升高，化学反应速率也越来越快，由于炭颗粒内表面积远大于外表面积，因此反应气体在炭颗粒内表面被快速消耗，以致反应气体来不及向颗粒内部补充消耗的气体，使得反应气体的内扩散速率决定了整个反应的步骤。由于化学反应消耗速率快于气体内扩散速率，在颗粒内部形成较大的气相浓度梯度，炭颗粒表面的气相浓度远低于颗粒外表面气相浓度，因此，实验测得的炭颗粒与气相的反应速率小于该气相浓度下的真实反应速率，表面利用系数 $\eta < 0.5$。

13.2.1.3 外扩散控制区

当反应温度进一步升高，化学反应速率也上升至更高的水平，以致反应气体在到达颗粒外表面时便几乎消耗殆尽，颗粒外表面的气相浓度接近于零，因此，外扩散控制了总体反应速率。在外扩散控制区，反应气体在颗粒外表面的浓度接近于零，内表面基本接触不到反应气体，因此，实验测得的炭颗粒与气相的反应速率远小于该气相浓度下的真实反应速率，表面利用系数 $\eta \ll 1$。

13.2.1.4 过渡区

过渡区分别位于化学动力区和内扩散控制区之间、内扩散控制区和外扩散控制区之间，过渡区内的总反应速率受相邻两类反应速率的共同影响。

可根据各反应控制区的特征和反应动力学特性，描述生物质气化反应过程，从而选择设计所需的工艺条件。

13.2.2 气化反应动力学模型

气化反应动力学模型通过模型公式定量计算气化反应速率的大小，目前被研究者们所广泛应用的动力学模型可以分为两种类型：一种是 n 级一步法反应速率方程；另一种是多级反应机理模型。n 级反应模型包括均相体积模型、收缩核模型和随机孔模型等；而多级反应机理模型比较经典的是 Langmuir-Hinshelwood（L-H）模型。

13.2.2.1 均相体积模型

均相体积模型也称为均相反应模型，是最简单的一种反应模型，它假设反应气体在整个颗粒内部均匀地扩散，且气体、反应活性点和温度均匀分布，气体和含碳物料间均匀地发生反应，反应过程中固体颗粒尺寸不变，且焦炭转化率和密度减小与时间呈线性关系，类似于把气固非均相反应转化成了同相反应，从而大大简化了气-固间的非均相反应，该模型颗粒随时间转化过程如图 13-8(a) 所示[3]。

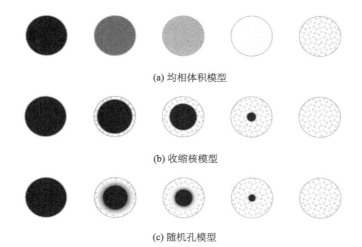

(a) 均相体积模型

(b) 收缩核模型

(c) 随机孔模型

图 13-8　不同动力学模型颗粒随时间变化

均相体积模型的反应速率表达式为：

$$\frac{dX}{dt}=k(1-X) \tag{13-37}$$

式中，k 为气化反应速率常数；t 为反应时间；X 为生物质焦炭转化率。

$$X=\frac{m_0-m_t}{m_0-m_f} \tag{13-38}$$

式中，m_0 为生物质焦炭初始质量；m_t 为 t 时刻的质量；m_f 为生物质焦炭气化反应后的最终质量。

因该模型数学处理简单，在气化动力学研究中被广泛应用，但该模型只考虑转化率随时间的变化，没考虑表面积、活性位点等对转化率的影响，导致模型拟合部分实验数据的准确性不高。Kasaoka 等[4]提出了修正均相体积模型，其反应速率表达式为：

$$\frac{dX}{dt}=a^{1/b}b(1-X)\left[-\ln(1-X)\right]^{(b-1)/b} \tag{13-39}$$

式中，a，b 由实验数据拟合而得，无实际物理意义。

13.2.2.2　收缩核模型

收缩核模型也称为颗粒模型，由 Szekely 等[5]提出，是简单模型的典型代表。该模型认为气体内扩散阻力极大，气化反应仅发生在颗粒的外表面，反应界面由颗粒表面向颗粒中心收缩，核芯在反应过程中不断缩小，原理示意如图 13-8（b）所示。收缩核模型的反应速率表达式如下：

$$\frac{dX}{dt}=k(1-X)^m \tag{13-40}$$

式中，m 为颗粒的形状参数，球形颗粒 $m=2/3$，柱状颗粒 $m=1/2$，平板 $m=0$。

13.2.2.3　随机孔模型

随机孔模型是结构模型的典型代表，由 Bhahia 和 Perlmutter[6,7]在 1980 年提出，是描述气化反应过程最为成功的模型。该模型假设颗粒内部的微孔是随机分布的，存在不同的大小和方向，且反应发生在微孔表面。随着反应的进行，孔体积及比表面积增加，直到相邻的微孔发生重叠及合并，从而造成总比表面积的减小。随机孔模型的孔隙结构演变如图 13-9 所示。因此，反应过程中颗粒结构的变化由两种相互竞争的机制所决定：孔比表面积随着颗粒的消耗而增大以及比表面积随着相邻孔的重叠及合并而减小。这种假设与孔结构在气化过程中的变化是吻合的，考虑了孔结构的演变对反应动力学的影响[8]。其原理示意如图 13-8（c）所示，为了能够处理具有特殊内部结构性质的固体，该模型引入了结构参数 ψ。

随机孔模型的反应速率表达式如下：

$$\frac{\mathrm{d}X}{\mathrm{d}t}=k(1-X)\sqrt{1-\psi\ln(1-X)} \tag{13-41}$$

$$\psi=4\pi L_0(1-\varepsilon_0)/S_0^2 \tag{13-42}$$

式中，S_0 为 $t=0$ 时颗粒的表面积；ε_0 为 $t=0$ 时颗粒的孔隙率；L_0 为 $t=0$ 时颗粒的长度。

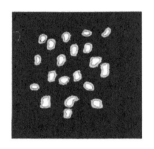 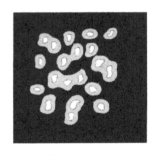 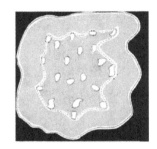

(a) 早期反应区，反应　　　　(b) 中间过渡区，反应　　　　(c) 完全发展区
　　区仅限于孔表面　　　　　　区发展并部分重叠

图 13-9　固体内孔隙反应区结构演变[7]

对式（13-41）求导，当导数为零时，即反应速率（$\mathrm{d}X/\mathrm{d}t$）最大值，此时转化率为 $X_{\max}$，可得 ψ 的表达式为：

$$\psi=\frac{2}{2\ln(1-X_{\max})+1} \tag{13-43}$$

由式（13-43）易知，仅当最大反应速率出现在 $X_{\max}<0.393$ 时方程才有意义。研究表明，各生物质半焦的气化反应速率最大值所对应转化率均高于 0.393，也即随机孔模型不适用于描述生物质半焦的气化反应特性。为此，Zhang 等[9]提出了修正的随机孔模型，表达式如下：

$$\frac{\mathrm{d}X}{\mathrm{d}t}=k(1-X)\sqrt{1-\psi\ln(1-X)}\,[1+(cX)^p] \tag{13-44}$$

模型中引入了 c 和 p 两个参数，c 为无因次常数，p 为无因数指数常数，通过实验数据拟合得到。

13.2.2.4　L-H 动力学模型

许多学者采用吸附和脱附原理的 L-H 机理模型描述焦炭与水蒸气或 CO_2 的气化反应。焦炭与水蒸气气化反应机理如下[10]：

$$C_f + H_2O \underset{k_2}{\overset{k_1}{\rightleftharpoons}} C(O) + H_2 \tag{13-45}$$

$$C(O) \overset{k_3}{\longrightarrow} CO + C_f \tag{13-46}$$

其中，C_f 表示表明活性位，$C(O)$ 表示被吸附的表明碳氧复合物。基于反应平衡理论，如果反应气体中存在 H_2，那么 H_2 可以通过直接吸附在活性位上或者促进反应平衡逆向移动来抑制焦炭水蒸气气化反应的发生，即：

$$C_f + H_2 \rightleftharpoons C(H_2) \tag{13-47}$$

$$C_f + 0.5H_2 \rightleftharpoons C(H) \tag{13-48}$$

基于上述 L-H 反应机理，焦炭-H_2O-H_2 气化反应的反应速率如下所示：

$$r_{\text{char-H}_2\text{O-H}_2} = \frac{k_1 P_{H_2O}}{1 + k_2 P_{H_2O} + k_3 P_{H_2}} \tag{13-49}$$

式中，k_1（$\text{MPa}^{-1} \cdot \text{s}^{-1}$），$k_2$（$\text{MPa}^{-1}$），$k_3$（$\text{MPa}^{-1}$）是根据实验数据计算得到的动力学参数。

可以看出，H_2 对焦炭的水蒸气气化反应存在抑制作用。如果反应气体中没有 H_2，那么焦炭的水蒸气初始气化反应速率可以简化为下式：

$$r_{\text{char-H}_2\text{O}} = \frac{k_1 P_{H_2O}}{1 + k_2 P_{H_2O}} \tag{13-50}$$

进一步变换为：

$$\frac{1}{r_{\text{char-H}_2\text{O}}} = \frac{1}{k_1 P_{H_2O}} + \frac{k_2}{k_1} \tag{13-51}$$

可以看出，$\dfrac{1}{r_{\text{char-H}_2\text{O}}}$ 和 $\dfrac{1}{P_{H_2O}}$ 线性关系，斜率为 $\dfrac{1}{k_1}$，截距为 $\dfrac{k_2}{k_1}$，可通过作图法求出 k_1 和 k_2。

同理，焦炭与 CO_2 的反应机理可表示为：

$$C_f + CO_2 \underset{k_5}{\overset{k_4}{\rightleftharpoons}} C(O) + CO \tag{13-52}$$

$$C(O) \overset{k_6}{\longrightarrow} CO + C_f \tag{13-53}$$

基于上述 L-H 反应机理，焦炭-CO_2-CO 气化反应的反应速率如下所示：

$$r_{\text{char-CO}_2\text{-CO}} = \frac{k_4 P_{CO_2}}{1 + k_5 P_{CO_2} + k_6 P_{CO}} \tag{13-54}$$

式中，k_4（$\text{MPa}^{-1} \cdot \text{s}^{-1}$），$k_5$（$\text{MPa}^{-1}$），$k_6$（$\text{MPa}^{-1}$）是根据实验数据计算得到的动力学参数。

如果反应气体中没有 CO，那么焦炭的 CO_2 初始气化反应速率可以简化为下式：

$$r_{\text{char-CO}_2} = \frac{k_4 P_{CO_2}}{1 + k_5 P_{CO_2}} \tag{13-55}$$

进一步变换为：

$$\frac{1}{r_{\text{char-CO}_2}} = \frac{1}{k_4 P_{CO_2}} + \frac{k_5}{k_4} \tag{13-56}$$

可以看出，$\dfrac{1}{r_{\text{char-CO}_2}}$ 和 $\dfrac{1}{P_{CO_2}}$ 为线性关系，斜率为 $\dfrac{1}{k_4}$，截距为 $\dfrac{k_5}{k_4}$，可以通过作图法求出 k_4 和 k_5。

研究人员[11]采用均相体积模型、收缩核模型和随机孔模型，对玉米秸秆焦炭和杉木焦炭的气化反应进行了动力学模拟，得到的表观动力学参数如表 13-3 所列。

表 13-3　不同温度下 3 种模型对不同生物质焦炭的气化反应动力学参数

名称	温度/℃	随机孔模型				收缩核模型			均相体积模型		
		R^2	ψ	指前因子 /s^{-1}	活化能 /(J/mol)	R^2	指前因子 /s^{-1}	活化能 /(J/mol)	R^2	指前因子 /s^{-1}	活化能 /(J/mol)
玉米秸秆焦炭	800	0.973	0.47	1643.0	132170	0.965	1128.7	130250	0.746	3328.6	134850
	900	0.991	1.0	1030.8	132170	0.902	828.1	130250	0.367	1781.3	134850
	1000	0.948	1.0	440.1	132170	0.726	414.9	130250	0.082	1323.4	134850
杉木焦炭	800	0.965	0.19	601.8	120650	0.927	2103.2	135800	0.965	2353.8	131760
	900	0.928	1.0	316.2	120650	0.977	1445.7	135800	0.622	1297.3	131760
	1000	0.983	1.0	148.1	120650	0.835	702.3	135800	0.072	988.1	131760

表 13-3 中的数据表明，均相体积模型只有在模拟杉木焦炭 800℃ 气化过程时的相关系数 R^2 大于 0.96，其他条件下的模拟相关系数 R^2 均小于 0.75，模拟效果和适用性较差。而收缩核模型和随机孔模型的模拟效果和适用性相对较好，因为两个模型都考虑了气化过程中生物质焦炭颗粒内部结构演变。对比不同气化温度下两种生物质焦炭高温水蒸气气化过程的模拟可以发现，随机孔模型是 3 种模型中模拟效果和适用性最好的，其模拟相关系数 R^2 均大于 0.92。在气化过程中，焦炭孔结构不断发生变换，化学反应动力学与孔结构的演变相互影响，随机孔模型的结构参数 ψ 可以随着不同反应条件下焦炭的不同特性而变，能有效体现反应过程中焦炭孔结构的变化对反应速率的影响。

13.2.3　气化反应动力学实验研究方法

20 世纪中期以来，研究者们对燃料的气化反应动力学进行了深入而系统的研究，设计并建立了很多种研究煤气化反应动力学的方法，获得了大量有价值的实验数据，为气化技术的工业化推广应用提供了重要的指导。燃料气化反应动力学的实验研究方法可分为慢速升温法和快速升温法两大类[12]。

13.2.3.1　慢速升温法

慢速升温法以热重法为代表，即通过热重分析仪测量样品气化过程中转化率随反应时间（气化温度）的变化规律，进而获得气化反应动力学参数。热重法的优点是操作简单，升温速率可以精确控制，测量结果精确且产物分析方便。但热重法的升温速率较慢，一般为每分钟几摄氏度至几十摄氏度，与工业运行的固定床、流化床等相比，其气化过程和实验结果可能相差较大。

13.2.3.2　快速升温法

快速升温法主要包括固定床法、金属丝网法和下降管法。

固定床法是指在固定床反应器内，气体通常自下而上穿过反应物。与热重法相比，固定床反应器在气-固反应的良好接触、升温速率等方面有较大提升，但固定床反应器的传质和升温速率仍低于工业运行气流床气化炉。

金属丝网法中，金属丝网反应器采用铬、镍或钼等材料制成耐高温腐蚀的金属丝网，电流流过金属丝网，瞬间达到高温状态，并快速加热金属丝网上的样品，反应气则自下而上穿过金属丝网。热电偶安装在金属丝网上，用于监测反应温度。金属丝网反应器可以模拟高温、高压和快速升温的反应条件，缺点是金属丝网孔的尺寸限制了待测样品的粒径，且实验样品质量较少，不利于产物分析。

下降管法同样可以模拟高温高压、快速升温的反应工况，对于几秒内结束反应的研究是有效的。下降管反应器可以连续进料，物料沿下降管由上向下运动过程中发生气化反应。可以在反应器高度方向设置不同的取样点，测定不同高度位置的气体组成和碳转化率，获悉燃料的气化反应特性。

13.3　气化反应影响因素及工艺指标

生物质气化可以简单分为生物质的热解和剩余半焦的气化两个过程，不论是与热解过程相比还是与均相气相反应相比，气化反应中的气-固非均相反应速率都较低，是整个气化反应的控速步骤。因此，开展气化反应研究，主要考虑气、固相（即半焦和气化剂）之间的反应特性。生物质的热解条件（热解温度、热解压力、升温速率、停留时间）则会对生物质半焦的物化性质及气化反应特性产生影响，因此，开展这方面研究对气化炉的设计、优化和操作有重要的意义。基于生物质气化的特点，通常将生物质原料的热解和剩余半焦的气化分开来单独研究。作为气化过程的控速步骤，焦炭气化反应的影响因素主要包括焦炭的物化性质、气化温度、气化压力等，其评价指标则主要包括气化剂的比消耗量、气体产率、气化强度、气化效率、气体热值和碳转化率等。

13.3.1　热解条件对生物质半焦的影响

13.3.1.1　热解温度

生物质半焦产率通常随着热解温度升高而呈下降的趋势，当温度升高时，生物质裂解更加彻底，H、O 等元素的挥发分析出量增大；焦炭中的 C 含量随热解温度升高而增大，H、O 含量则随热解温度升高而减小。温度对生物质焦炭的 pH 值、孔隙结构、碳结构也有显著影响。例如，研究人员以禾本科植物王草、水稻秸秆、甘蔗渣和玉米秸秆为原料，在缺氧条件下于 300℃、500℃和 700℃热解制备王草炭（I）、水稻秸秆炭（R）、甘蔗渣炭（S）和玉米秸秆炭（M），研究了不同热解温度对生物炭结构及组成的影响，发现 4 种生物炭 pH 值随温度升高而升高，700℃时的生物炭 pH 值均呈碱性；孔隙结构也随温度升高而变得更加丰富；此外，随着温度升高，4 种生物炭的烷烃基、甲基（—CH₃）和亚甲基（—CH₂）逐渐消失，碳结构以芳香烃类和含氧官能团为主，结构更稳定[13]。

研究表明，生物质半焦的气化反应性随着热解温度的升高而下降。其主要原因是，热解温度越高，焦炭的碳微晶结构变得越规整，反应活性位点减少。例如，人们研究了热解温度对稻草半焦的气化反应性影响，发现 400℃下制备的稻草半焦气化反应性最优，随着热解温度升高，半焦气化反应性显著降低[14]。

13. 3. 1. 2　升温速率

升温速率对热解产物分布和半焦物化性质都有一定程度的影响。升温速率的提高有利于生物质中挥发分的快速析出，从而会降低半焦产率；相反，降低升温速率则有利于提高半焦产率，正如前面章节所介绍的，为提高焦炭产率而采用生物质低温慢速热解制备工艺。

升温速率对半焦孔隙结构也有影响，在较低升温速率下，挥发分从生物质内部缓慢释放，较易形成微孔结构；而在较高的升温速率下，挥发分由于其内部压力过大而迅速释放，导致生物质半焦内部微孔合并而形成较大的孔隙，主要由中孔和大孔所组成。此外，高升温速率下获得的生物质半焦比表面积通常大于低升温速率下所得半焦。

升温速率对半焦的微观结构也有显著影响，Cetin 等[15]采用管式炉及金属丝网反应器研究了松木半焦热解后表面形态变化，发现较低升温速率的管式炉中获得的松木半焦表面形貌基本没有变化，而在较高升温速率的金属丝网反应器中所得的松木半焦则呈熔融状态，较高加热速率下生物质发生塑性转变是造成这一现象的主要原因。Okumura 等[16]研究了升温速率（15℃/min 和 600℃/min）对杉木半焦表面形貌的影响，如图 13-10 所示，相比 15℃/min 升温速率下的致密纹理结构，600℃/min 升温速率下制备的杉木半焦纹理更加稀疏和粗糙，结构更加蓬松。

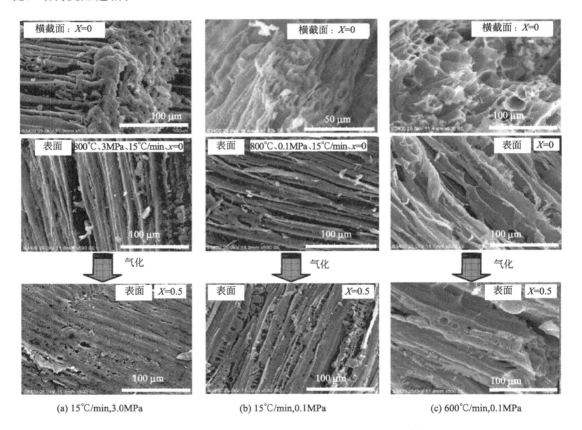

(a) 15℃/min,3.0MPa　　　　(b) 15℃/min,0.1MPa　　　　(c) 600℃/min,0.1MPa

图 13-10　不同升温速率下杉木半焦的扫描电镜图[16]

升温速率对生物质半焦的气化反应性也有影响，通常情况下，生物质半焦的气化反应性随着升温速率提高而增强。主要原因有：

①高升温速率下半焦表面沉积的碳远比慢速条件下所得半焦的沉积碳少，而沉积碳活性位点较少，反应活性较差，沉积在焦炭表面会降低其反应活性；②高升温速率会造成半焦的碳微晶结构出现更多的缺陷，产生更多的活性位点，从而提高半焦气化反应活性。

13.3.1.3 热解压力

热解压力的改变，会对生物质挥发分的析出及二次裂解产生影响，进而影响焦炭产率和元素组成。研究指出，生物质半焦产率随热解压力升高而增大，并在压力到达 1.0MPa 后趋于平稳。其原因，一方面是压力升高提高了挥发分的沸点，阻止了液态挥发分的快速挥发；另一方面，压力升高导致挥发分扩散速率降低，焦油产物在半焦颗粒中的停留时间延长。以上两种作用都会促进挥发分在半焦颗粒内部发生二次裂解，并转化为炭黑及轻质气体，从而提高焦炭产率[17]。热解压力对半焦的元素含量也有影响，半焦中的碳元素含量通常随热解压力升高而增大，氢元素含量则随热解压力升高而降低。这和压力对半焦产率的影响原理相似，即外部压力作用下挥发分逸出受限，促进半焦二次裂解生成炭黑，使得焦炭中的固定碳含量增大[18,19]。

热解压力对焦炭比表面积有显著影响，焦炭比表面积通常随热解压力升高而减小。其原因仍与高压下焦油和挥发分的逸出受限有关，焦油和挥发分二次裂解所产生的炭黑覆盖在焦炭孔隙表面，阻塞了孔道，从而减小了焦炭比表面积。

热解压力对生物质半焦碳结构存在明显影响，压力升高会提高半焦中碳的石墨化程度。其原因是压力升高促进了焦油和挥发分二次裂解，产生了具有更高石墨化程度的炭黑沉积物；另外，加压也能促进焦炭本身的缩聚反应，导致碳元素含量升高、氢元素含量降低，也会造成半焦石墨化程度提高。

此外，生物质热解半焦的气化反应性也随着热解压力的升高而降低，影响气化反应性的直接因素有比表面积、半焦中的碳结构、矿物质种类和含量等。其中热解压力对碳结构的影响是主要因素，高压下所形成的具有更高石墨化程度的炭黑沉积物具有更低的气化反应性。

综上所述，包括热解温度、升温速率、热解压力等在内的热解条件对生物质半焦气化反应性的影响均是由于不同热解条件对生物质物化特性的影响所致。即热解条件不同，生物质半焦的元素组成、表面官能团、孔隙结构、碳结构、微观形貌等都会发生明显变化。典型的如挥发分二次裂解反应产生的沉积炭黑，其石墨化程度高，气化反应性差，同时也会导致半焦含碳量升高和比表面积下降。

13.3.2 矿物质对半焦气化反应性的影响

生物质半焦气化反应速率的差异，很大程度上和半焦所含的无机矿物质元素的成分及含量有关。生物质中含有较高含量的 K、Na 等碱金属元素，它们是气化反应有效的催化剂，碱金属及碱土金属的氧化物和盐类也是气化反应的优良催化剂。Huang 等[20]通过研究不同种类金属催化剂对生物质半焦 CO_2 气化反应性的影响，得出不同种类金属催化剂对半焦气化活性的影响顺序为 K>Na>Ca>Fe>Mg。也有研究指出，生物质的气化反应性和半焦中的 K+Na+Ca 含量有很好的线性关系。

需要注意的是，半焦中的无机矿物质元素只能在一定温度范围内才能促进半焦的气化反应性，当温度超过一定限制后，由于催化剂化学结构或半焦结构的改变，矿物质元素反而会导致半焦气化反应速率的下降。例如，对于 Si 含量较高的生物质，其在半焦中的主要存在

形态为 SiO_2，高温下 SiO_2 会与碱金属反应生成无催化活性的硅酸盐，导致半焦气化反应活性降低。此外，尽管矿物质元素能促进半焦的气化反应，但同时也会抑制半焦孔隙结构发展。如 Branca 等[21]研究指出，树皮半焦表面存在大量的含钙矿物质，堵塞了半焦的孔道，抑制了气化剂向半焦内部的扩散，从而降低了半焦气化反应性。

13.3.3 气化压力对半焦气化反应性的影响

气化压力也是影响半焦气化反应速率的重要因素。一方面，提高气化压力可以提高气化剂浓度，从而增加气化剂与半焦表面碳原子的有效碰撞频率，提高气化反应速率；另一方面，根据传质理论可知，气体扩散系数和压力呈反比，因此升高压力会导致气化剂分子扩散速率减慢，从而降低气化反应速率。因此，气化压力对气化反应速率的影响是以上两种因素共同作用的结果。通常要考虑三种类型的压力对气化反应速率的影响：a. 固定气化剂分压 P_i，改变全压 P；b. 固定全压 P，改变气化剂分压 P_i；c. 固定气化剂摩尔分数 x_i，改变全压 P。

对于第一类情况，Roberts 等[22]认为，全压 P 对半焦气化反应的影响仅表现为对表观反应速率的影响（表观反应速率是半焦表面气化剂扩散和半焦本征反应速率综合作用的结果），全压仅影响气化剂的扩散过程，对半焦本征反应本身则没有影响。Kajitani 等[23]研究发现，当固定 CO_2 或水蒸气分压时，全压的变化对煤焦的气化反应速率几乎没有影响。Park 等[24]的研究结果也类似，即固定 CO_2 分压后，全压的变化对煤焦的气化反应速率也基本没有影响。Ahn 等[25]研究表明，煤焦的 CO_2 气化反应速率 $\dfrac{dX}{dt}$ 和全压及 CO_2 分压满足以下关系：

$$\frac{dX}{dt} = A \exp(-E/R_u T) P_{CO_2}^{0.4} P^{-0.65} (1-X)^{2/3} \qquad (13-57)$$

式中，A 为指前因子；E 为活化能；X 为半焦转化率；P_{CO_2} 为 CO_2 分压；P 为全压。

由式(15-37)可知，全压以 -0.65 次方的形式对煤焦的气化反应产生影响，并认为随着全压的增大，反应气体向煤焦孔隙内的扩散阻力增加，因此气化反应速率减小。由此可见，目前系统全压对半焦气化反应速率的影响仍然不明确，需要进一步分析与研究。

对于第二类情况和第三类情况，其实质都是改变气化剂的分压，因为 $P_i = x_i P$，维持 x_i 不变改变 P，P_i 也随 P 发生线性变化。大部分研究者认为，半焦反应速率随着气化剂分压的增大而增大，且在压力较低时增长较快，当气体分压达到一定值后，压力对反应速率的影响减小；继续增大反应气体分压，反应速率不再变化。其原因是，当气化剂分压较低时，焦炭表面复合物的浓度还未达到饱和，反应速率与表面配合物浓度成正比，因此，随着气化剂分压提高，表面复合物浓度上升，气化反应速率也增长较快；而当气化剂分压高到一定程度时，表面复合物浓度已饱和，继续增大分压将不再对反应速率产生影响。分压对气化反应速率的影响可通过 13.2.2.4 部分所述 L-H 反应机理模型来描述。

13.3.4 气化过程评价指标

气化过程评价指标主要包括气化剂的比消耗量、气体产率、气化强度、气化效率、气热值和碳转化率等。

13.3.4.1 气化剂比消耗量

气化剂比消耗量是指 1kg 原料气化所消耗的气化剂的量。为了便于各种气化方法的对比，也可采用生成 $1m^3$（标准状态）生物质燃气或纯 $CO+H_2$ 所消耗的气化剂量为基准。影响气化剂比消耗量的因素主要包括原料性质和反应工况条件。通常来说，原料含碳量越高，则气化剂消耗量也越大；原料含水率和灰分含量越高，则气化剂消耗量越低。

在以空气或 O_2 为气化剂的自供热气化系统中，气化当量比 ER 是最为重要的影响因素，ER 是气化单位质量的生物质原料所消耗的空气（O_2）量与生物质原料完全燃烧所需理论空气（O_2）量的比值，即：

$$ER = \frac{A/F}{(A/F)_{stoic}} \tag{13-58}$$

式中，A/F 为气化过程实际消耗的空气（O_2）与原料的质量比，kg/kg；$(A/F)_{stoic}$ 为原料与空气按照化学当量比混合的空气（O_2）与原料的质量比，kg/kg。

由式(13-58)可知，气化当量比是由生物质的燃料特性所决定的一个参数，ER 越大，空气（O_2）量越多，燃烧反应进行得就越充分，反应器内的温度也就越高，越有利于气化反应的进行，但气化气中的 N_2 和 CO_2 含量也会随之增加，使得气化气中的可燃气体成分被稀释，热值也随之降低。因此，存在一最佳气化当量比，使得气化气中可燃气浓度维持在最优的水平。最佳气化当量比和原料特性及气化方式有关，通常为 $ER=0.2\sim0.4$。

13.3.4.2 气体产率

气体产率 G_p 是指气化产品气在标准状态下的体积流量和单位时间生物质燃料消耗量的比值，即：

$$G_p = \frac{V_g}{M_b} \tag{13-59}$$

式中，V_g 为气化产品气在标准状态下的体积流量，m^3/s；M_b 为单位时间生物质燃料消耗的质量，kg/s。

13.3.4.3 气化气发热量

表征气化气质量的指标主要有气化气组分、发热量和气化气中的焦油量，其中气化气成分和发热量密切相关，生物质气化气的主要气体组分有 CO、H_2、CH_4、CO_2 和 N_2，另外还携带少量焦油。生物质气化技术的研究很大程度上是围绕改善气化气的质量展开的。当以空气为气化剂时，气化气中的 N_2 浓度可达 $45\%\sim55\%$，燃气热值仅 $4\sim7MJ/m^3$；以 O_2 为气化剂时，有效避免了 N_2 对气化气的稀释，气化气热值可达 $10\sim12MJ/m^3$，但获得 O_2 的成本较高；当以水蒸气为气化剂时，可以得到 H_2 含量较高的中热值燃气，因而引起了广泛关注，其中典型的以水蒸气为气化剂的技术是双流化床生物质气化技术，其原理将在后续章节中详细介绍。对于民用气化气，必须严格控制 CO 浓度低于 20%，因为 CO 是有毒气体。气化气中携带的焦油含量虽然不高，但对输送和用气设备的正常运转危害很大，因此需配备气化气的净化装置。

13.3.4.4 气化效率

气化效率 η 定义为单位质量的生物质气化后，转移到燃气中的能量与输入能量的百分比。根据燃气使用时状态的不同，有冷气化效率和热气化效率之分，前者更为通用，后者只在直接利用热气化气为工业窑炉和锅炉气源时使用。冷气化效率按下式计算：

$$\eta = \frac{Q_g G_p}{Q_{ar} + Q_M} \times 100\%$$ (13-60)

式中，Q_g 为气化气高位发热量，kJ/m³；Q_{ar} 为生物质原料的高位发热量，kJ/kg；Q_M 为每千克生物质原料所消耗的气化剂带入的热量，kJ/kg。

Q_M 可按下式计算：

$$Q_M = T_0 c_{p,k} V_k + T_0 c_{p,O_2} V_{O_2} + I_s M_s$$ (13-61)

式中，T_0 为环境温度，℃；$c_{p,k}$，c_{p,O_2} 分别为空气和 O_2 的定压平均比热容，kJ/(m³·℃)；V_k，V_{O_2} 分别为生物质气化所消耗的空气和 O_2 体积（标准状态），m³/kg；M_s 为生物质气化所消耗的水蒸气质量，kg/kg；I_s 为水蒸气的焓，kJ/kg。

热气化效率则按下式计算：

$$\eta_h = \frac{Q_g G_p + Q_H}{Q_{ar} + Q_M} \times 100\%$$ (13-62)

式中，Q_H 为热气化气的物理热，kJ/kg。

Q_H 可按下式计算：

$$Q_H = G_p T \sum c_{p,i} x_i + I_w M_w$$ (13-63)

式中，$c_{p,i}$ 为气化气中第 i 种气体的定压比热容，kJ/(m³·℃)；T 为气化炉出口温度，℃；x_i 为气化气中第 i 种气体的摩尔分数；I_w 为气化炉出口水蒸气焓，kJ/kg；M_w 为生物质燃料气化所产生的水分质量，kg/kg。

13.3.4.5 气化强度

气化强度是单位时间、气化炉单位截面积上处理的燃料量或产生的气化气量，有时也表示为炉膛热负荷，即气化炉单位截面积上的燃气热通量。以上三种气化强度的表示方法分别如下：

$$Q_1 = \frac{燃料消耗量(kg/h)}{炉膛截面积(m^2)}$$ (13-64)

$$Q_2 = \frac{气化气产量(m^3/h)}{炉膛截面积(m^2)}$$ (13-65)

$$Q_h = \frac{气化气产量(m^3/h) \times 燃气热值(MJ/m^3)}{炉膛截面积(m^2)}$$ (13-66)

以上三种表达是等价的，气化强度越大，气化炉的生产能力也越高。气化强度与生物质原料性质、气化剂流量、气化炉型结构等参数有关，在实际生产过程中要结合这些因素选择合理的气化强度。值得指出的是，只有在相同炉型之间，气化强度的比较才是有意义的。因为不同的炉型，其炉膛形状不同，气化反应机制也不同，很难进行比较。例如下吸式气化炉，其气化强度定义在缩口段最小截面上，该截面积仅相当于炉膛直段截面积的 1/5～1/4，因而气化强度比没有缩口段的上吸式气化炉高得多。

一般情况下，最大气化强度受到气体质量和灰熔点的限制。一方面，气化强度的提高意味着提高气化剂流量，但流量过高会导致气化剂和半焦反应不充分，造成气化气品质下降；另一方面，气化强度提高也意味着提高反应温度，对低灰熔点的燃料会面临结渣问题。最小气化强度则受到反应条件限制，气化强度过低会导致反应温度降低，反应速率降低，气化气中的焦油含量会大幅提高。因此，对于某种炉型，可针对不同燃料类型开展气化实验，综合评价各项指标后确定合理的气化强度。通常上吸式气化炉的 Q_1 取值为 $100 \sim 300 \text{kg}/(\text{m}^2 \cdot \text{h})$，下吸式气化炉为 $60 \sim 350 \text{kg}/(\text{m}^2 \cdot \text{h})$，流化床气化炉的 Q_1 值可高达 $1000 \sim 2000 \text{kg}/(\text{m}^2 \cdot \text{h})$。

13.3.4.6 碳转化率

碳转化率 η_C 为单位质量的生物质气化后，气化气体所含的碳与原料中所含的碳之比。采用空气为气化剂时，假设生物质气化气体由 CO、CO_2、H_2、CH_4、C_nH_m、N_2 以及少量的 O_2 组成，则 η_C 可按下式进行计算：

$$\eta_C = \frac{C_{CO} + 12C_{CO_2} + C_{CH_4} + 2.5C_{C_nH_m}}{12/MW_{CH_xO_y}} \times G_p \tag{13-67}$$

式中，C_{CO}、C_{CO_2}、C_{CH_4}、$C_{C_nH_m}$ 分别为气化气中各气体体积分数；$MW_{CH_xO_y}$ 是指生物质特征分子式的分子量。

 思考题

1. 生物质气化分为哪些阶段？气化和热解存在哪些不同？
2. 对于放热反应，如水煤气反应（$CO + H_2O \longrightarrow CO_2 + H_2$），根据热力学平衡计算，温度越低则越有利于反应向右进行，那么为了促进氢气的生成，实际反应是不是温度越低越好？为什么？
3. 什么是表面利用系数？在不同的控制区的取值范围是什么？
4. n 级气化反应模型包括哪些？各有什么特点？
5. 简述气化压力对半焦气化反应性的影响。

习题

1. 水煤气变换反应式为 $CO + H_2O \longrightarrow CO_2 + H_2$，反应压力为 1atm，反应温度为 1000K，求该反应的化学平衡常数 K_p。

2. 假设燃料为纯碳，气化剂为空气（温度为 30℃），碳气化后全部转化为 CO，且气化气中没有过量的 O_2，已知纯碳热值为 34070kJ/kg，CO 发热量为 11575kJ/m³，求碳气化的气体产率、气化效率和气化气发热量。

3. 某气化炉以水蒸气/空气混合气体为气化剂，燃料的成分及发热量如下：$C_{ar} = 66.5\%$，$O_{ar} = 7\%$，$H_{ar} = 5.5\%$，$N_{ar} = 1\%$，$M_{ar} = 7.3\%$，$A_{ar} = 12.7\%$，$Q_{net,ar} = 28.4 \text{MJ/kg}$；产品气的体积分数为：$CO = 27.5\%$，$CO_2 = 3.5\%$，$CH_4 = 2.5\%$，$H_2 = 15\%$，$N_2 = 51.5\%$；干空气质量流量为 2.76kg/kg 燃料，水蒸气质量流量为 0.117kg/kg 燃料，空气的含湿量为 0.01kg 水/kg 干空气，环境温度为 20℃。求：（1）气体产率 G_p；（2）产品气的含水率；（3）碳转化率 η_C；（4）冷气化效率 η（忽略气化剂所带入的能量）；（5）当产品气温度为 900℃时，求热气化效率 η_h（忽略气化剂所带入的能量）。

参考文献

[1] 王建楠，胡志超，彭宝良，等．我国生物质气化技术概况与发展．农机化研究，2010：198-201.
[2] 丁亮．生物质气化反应特性研究．北京：中国石化出版社，2020.

[3] Adanez J，Dediego R F. Reactivity of lignite chars with CO_2：influence of the mine matter. Int. Chem. Eng.，1993（33）：656-722.

[4] Kasaoka S，Sakata Y，Tong C. Kinetic evaluation of the reactivity of various coal chars for gasification with carbon dioxide in comparison with steam. Int. Chem. Eng.，1985（25）：160-175.

[5] Szekely J，Evans J W. A structural model for gas-solid reactions with a moving boundary. Chem. Eng. Sci.，1970（25）：1091-1107.

[6] Bhatia S K，Perlmutter D D. A random pore model for fluid-solid reactions：Isothermal，kinetic control. AIChE J，1980（26）：379-385.

[7] Bhatia S K，Perlmutter D D. A random pore model for fluid-solid reactions. Ⅱ：Diffusion and transport effects. AIChE J，1981（27）：247-254.

[8] Seo D K，Lee S K，Kang M W，et al. Gasification reactivity of biomass chars with CO_2. Biomass and Bioenergy，2010（34）：1946-1953.

[9] Zhang Y，Ashizawa M，Kajitani S，et al. Proposal of a semi-empirical kinetic model to reconcile with gasification reactivity profiles of biomass chars. Fuel，2008（87）：475-481.

[10] 任轶舟，王亦飞，朱龙雏，等. 高温煤焦气化反应的 Langmuir-Hinshelwood 动力学模型. 化工学报，2014（65）：3906-3915.

[11] 田红，姚灿，陈斌斌，等. 生物质焦炭高温蒸汽气化反应动力学模拟研究. 林产化学与工业，2017（37）：129-135.

[12] 吴跃，申国鑫，金政伟. 煤气化反应动力学研究进展. 化学工程，2020（48）：74-78.

[13] 朱启林，曹明，张雪彬，等. 不同热解温度下禾本科植物生物炭理化特性分析. 生物质化学工程，2021（55）：21-28.

[14] 肖瑞瑞，陈雪莉，王辅臣，等. 生物质半焦 CO_2 气化反应动力学研究. 太阳能学报，2012（33）：236-242.

[15] Cetin E，Gupta R，Moghtaderi B. Effect of pyrolysis pressure and heating rate on radiata pine char structure and apparent gasification reactivity. Fuel，2005（84）：1328-1334.

[16] Okumura Y，Hanaoka T，Sakanishi K. Effect of pyrolysis conditions on gasification reactivity of woody biomass-derived char. Proceedings of the Combustion Institute，2009（32）：2013-2020.

[17] 丁亮，张永奇，黄戒介，等. 热解压力对生物质焦结构及气化反应性能的影响. 燃料化学学报，2014（42）：1309-1315.

[18] 鞠付栋，陈汉平，杨海平，等. 煤加压热解过程中 C 和 H 的转变规律. 煤炭转化，2009（32）：5-9.

[19] Chen H，Luo Z，Yang H，et al. Pressurized pyrolysis gasification of Chinese typical coal samples. Energy & Fuels，2008（22）：1136-1141.

[20] Huang Y，Yin X，Wu C，et al. Effects of metal catalysts on CO_2 gasification reactivity of biomass char. Biotechnol Adv，2009（27）：568-572.

[21] Branca C，Iannace A，Blasi C D. Devolatilization and combustion kinetics of quercuscerris bark. Energy & Fuels，2007（21）：1078-1084.

[22] Roberts D G，Harris D J. Char gasification in mixtures of CO_2 and H_2O：Competition and inhibition. Fuel，2007（86）：2672-2678.

[23] Kajitani S，Hara S，Matsuda H. Gasification rate analysis of coal char with a pressurized drop tube furnace. Fuel，2002（81）：539-546.

[24] Park H Y，Ahn D H. Gasification kinetics of five coal chars with CO_2 at elevated pressure. Korean J. Chem. Eng.，2007（24）：24-30.

[25] Ahn D H，Gibbs B M，Ko K H，et al. Gasification kinetics of an Indonesian sub-bituminous coal-char with CO_2 at elevated pressure. Fuel，2001（80）：1651-1658.

生物质气化技术及装备

14.1 概述

14.1.1 国外生物质气化技术发展现状

生物质气化设备最早产生于 1883 年，以木炭为原料，气化后的燃气驱动内燃机，推动早期的汽车或农业排灌机械的发展。1938 年建成了世界上第一台气化炉——上吸式气化炉。1973 年的石油危机后，各国加强了对气化技术及设备的研发，主要设备为固定床气化器和流化床气化器，这些设备在当时一般情况下已经不再使用木炭，而是使用各种木材、林业残余物和稻壳，所生产的可燃气体主要用于发电[1]。小型系统采用固定床气化器和内燃机，大型系统采用流化床气化器和燃气轮机组成联合循环气化发电系统，已经出现了 18MW 的实验电站。1983 年德国 Lurgi 公司通过改造原有的循环流化床燃烧装置（1.7MW$_{th}$），采用木材、树皮、硬煤和褐煤等为原料，通过 6000h 的试验表明这些原料都适合循环流化床气化炉。在上述试验的基础上，该公司于 1986 年首次在奥地利 Pols 纸浆厂建设了工业规模（27MW$_{th}$）的循环流化床气化装置，尽管该装置因产品气夹带粉尘较多、质量较差而停运，但此后大量的循环流化床气化技术工业化试验都在这套装置运行。1996 年，Lurgi 公司在德国柏林 Rudersdorf 公司建设了当时世界上最大规模（100MW$_{th}$）的循环流化床气化反应器（直径 3.5m，高 25m），原料分别为煤、城市垃圾、废橡胶和城市污泥，每小时产出煤气 5 万立方米。1998 年，欧盟建立了 4.8～12.1t/d 规模不等的生物质气化合成甲醛的示范工厂 4 座，其气化装置均为流化床气化炉。奥地利成功地推行了建立燃烧木材剩余物的区域供电站的计划，生物质能在总能耗中的比例由原来 2%～3%增到目前的 25%。目前该国已拥有装机容量为 1～2MWe 的区域供热站 80～90 座。瑞典和丹麦正在实施利用生物质进行热电联产的计划，使生物质能在转换为高品位电能的同时满足供热的需求，以大大提高其转换效率。一些发展中国家，随着经济发展也逐步重视生物质的开发利用，增加生物质能的生产，扩大其应用范围，提高其利用效率。菲律宾、马来西亚以及非洲的一些国家都先后开展了生物质能的气化、成型固化、热解等技术的研究开发，并形成了工业化生产。

生物质气化及发电技术在发达国家已受到广泛重视，如奥地利、丹麦、芬兰、法国、挪威、瑞典和美国等国家生物质能在总能源消耗中所占的比例增加相当迅速。生物质整体气化联合循环发电技术（BIGCC）包括生物质气化、气体净化、燃气轮机发电及蒸汽轮机发电。由于生物质燃气热值低（约 5021kJ/m³），炉子出口气体温度较高（800℃以上），要使 BIGCC 具有较高的效率，必须具备两个条件：一是燃气进入燃气轮机之前不能降温；二是燃气必须是高压的。这就要求系统必须采用生物质高压气化和燃气高温净化两种技术才能使 BIGCC 的总体效率较高（40%），目前欧美一些国家正开展这方面研究，如美国 Battelle（63MWe）和夏威夷（6MWe）项目，英国（8MWe）、瑞典（加压生物质气化发电 4MWe）和芬兰（6MWe）项目，以及欧盟建设的 3 个 7～12MWe 生物质气化发电 BIGCC 示范项目（1 个加压气化，2 个常压气化）。但由于焦油处理技术与燃气轮机改造技术难度大，存在的许多问题（如系统未成熟，造价很高）限制了其应用推广。

14.1.2 国内生物质气化技术发展现状

我国在 20 世纪 50 年代出现了流化床反应器的工业实例，此后由于技术的不完善，应用出现中断。到了 20 世纪 80 年代初，我国自主研制了固定床气化炉和内燃机组成的稻壳发电机组，并形成 200kW 稻壳气化发电机组的推广产品。也是从 20 世纪 80 年代开始，中国林科院林产化学工业研究所研究开发了集中供热、供气的上吸式气化炉，并先后在黑龙江、福建推广应用，最大生产能力 6.3×10⁶kJ/h。山东省能源研究所研究开发了下吸式气化炉，主要用于秸秆等农业废弃物的气化。20 世纪 90 年代中期，中国科学院广州能源研究所进行了生物质流化床气化炉的研制，并与内燃机结合组成了流化床气化发电系统。此后，又在海南三亚建成了国内首个生物质木屑气化发电厂，并于 2000 年下半年投运。从 2001 年开始，中国林科院林产化学工业研究所开展了 160kW 流化床生物质气化发电机组技术产业化研究，并建成示范装置，原料可用稻草、麦草等软秸秆和稻壳等农业剩余物，燃气热值稳定输出 5.2MJ/m³ 以上，最高达 5.8MJ/m³，焦油含量小于 20mg/m³。此后，在安徽和河北各建成一套 400kW 的生物质气化发电机组。

目前，我国生物质气化技术日趋完善，建立了国际一流的研究团队，已经成功开发出将生物质转化成可燃气体的技术，大多采用固定床气化，如河北的 ND 系列、山东的 XFL 系列、广州的 GSQ-110 型和云南的 QL50、60 型；建成的多个生物质气化的供热、传热系统，应用在不同场合取得了一定的社会效益、环境效益和经济效益。与西方国家生物质气化技术相比，国内生物质气化装置基本上是以空气为气化剂的常压固定床气化技术，其技术上的问题主要是：燃气质量不稳定且燃气热值低；CO 含量过多，不符合城市居民使用燃气标准；燃气净化及焦油的处理有待改进，国内已建成的生物质气化系统，对燃气的净化及焦油的处理大多采用水洗物理方法，净化效率不高，气体中焦油含量较高，既造成能源浪费，又加快设备损耗；整套装置尚缺乏长时间的运行试验，可靠性及使用寿命尚待确定；集中供气系统质量标准与施工规范尚未形成，难以实现气化技术的工程化。上述因素制约了生物质气化技术在我国的商业化推广。

目前，我国生物质发电技术的最大装机容量与西方国家相比还有较大差距。在现有条件下研究开发与国外相同技术路线的 BIGCC 系统，存在很大困难。利用现有技术，研究开发经济上可行、效率较高的系统，是目前发展生物质气化发电的一个主要课题，也是发展中国家今后能否有效利用生物质的关键。

14.1.3 生物质气化炉的分类

气化炉是生物质气化系统中的核心设备，是主要可以分为固定床气化炉、流化床气化炉和气流床三大类。其中，固定床气化炉主要分为上吸式气化炉和下吸式气化炉；流化床气化炉主要分为鼓泡流化床气化炉、循环流化床气化炉和双流化床气化炉；气流床则分为顶部进料气流床和侧面进料气流床。此外，近年来新兴的生物质气化技术，如等离子体气化技术和超临界水气化技术也值得关注。

14.2 固定床气化炉

固定床又称为填充床反应器，是装填有固体催化剂或固体反应物用以实现多相反应过程的一种反应器。固体反应物通常呈颗粒状，粒径为 2～15mm，堆积成一定高度的床层。床层静止不动，流体通过床层进行反应。其特点在于固体颗粒处于静止状态，主要用于实现气固相反应。按照气化介质的流动方向不同，固定床主要分为上吸式和下吸式两种类型。

14.2.1 上吸式气化炉

如图 14-1 所示，在上吸式固定床气化炉中，生物质原料从气化炉上部的加料装置进入炉内，整个料层由炉膛下部的炉栅支撑。气化剂（空气）从炉底下部的送风口进入炉内，经炉栅缝隙均匀分布并渗入料层底部区域的灰渣层，气化剂和灰渣进行热交换，气化剂被预热，灰渣被冷却。气化剂随后上升至氧化区，在氧化区气化剂和原料中的碳发生氧化反应，放出大量的热量，可使炉内温度达到 1000℃，这一部分热量可维持气化炉内的气化反应所需热量。气流接着上升到还原区，在氧化区生成的 CO_2 被还原成 CO；气化剂中的水蒸气分解，生成 H_2 和 CO。这些气体与气化剂中未反应部分一起继续上升，加热上部的原料层，使原料层发生热解，脱除挥发分，生成的焦炭落入还原层。生成的气体继续上升，将刚入炉的原料预热、干燥后，进入气化炉上部，经气化炉气体出口引出。

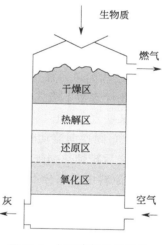

图 14-1 上吸式气化炉结构示意图

由于上吸式固定床结构简单且运行稳定等特点，中国科学院在 1985 年对上吸式气化炉进行改进，改进的小型气化炉就像普通的煤炉一样，材料可以因地制宜，在农村推广使用。

在气化反应中，不论燃烧、还原还是热解过程的反应速率都随温度的升高而提高，气体产物的质量也随温度的升高而提高，温度是影响气化反应最主要的因素。研究表明，在上吸式气化炉中，反应温度随着反应层高度（料层高度）的增加而降低，在运行中，当其他条件已经确定（如生产量、空气量等）时，反应层高度反映了反应温度。为了获得质量比较高的气体，必须控制较高的热分解区温度，它可以通过控制反应层高度来实现。由表 14-1 可以看出反应层高度对温度及气体质量的影响[2]。

表 14-1　气体质量随反应层高度及温度的变化[2]

| 炉型直径 /mm | 生产量 /[kg/(m²·h)] | 料层高度 /mm | 温度 /℃ | 气体组分/% | | | | | 发热量 /(kJ/m³) |
				CO_2	H_2	N_2	CH_4	CO	
190	240	210	800	15.7	4.0	53.9	5.5	20.9	5050
		260	700	14.9	3.9	59.1	4.7	17.2	4285
		360	500	21.0	2.9	56.6	4.3	15.2	3779
850	187	360	774	16.5	7.2	52.6	7.8	15.9	5907
		460	463	19.3	6.4	53.8	6.8	13.7	5143
850	235	460	631	20.5	8.2	46.6	8.7	16.0	6386
		660	303	19.4	7.0	51.8	7.4	14.5	5548

上吸式气化炉的气-固呈逆向流动,气-固逆向流动的气化过程的优点如下[2]。

① 反应速率快。气化过程中产物的分配大致为:约 70%的挥发组分在热分解过程中释出,其中有 5%～10%的焦油;热分解后残留的碳中,10%～15%在还原过程被气化,约 15%的碳被燃烧而为整个气化过程供热。由于生成气体燃料的过程主要(70%以上)在热分解过程完成,而生物质热分解是一个快速过程,因此,上吸式气化炉的反应过程迅速。

② 碳转化率高,无固体可燃剩余物。过程中的氧化反应发生在空气与固体碳之间,由于碳的氧化反应速率很快,因此碳被完全燃尽,无固体可燃剩余物,以固体含碳量为计算基础的碳的转化率约为 99.5%。

③ 生产弹性大。生产量可以在相当大的幅度内变化,而不影响产品质量。批量投料时,生产量的大小随加入空气量的大小而自动调节,当空气用量增加时,生产量自动调节至相应的幅度,而保持相同的空气比(即实际空气加入量和原料完全燃烧所需空气量之比),气体平均热值可以维持稳定。

④ 结构简单,加工制造容易,炉内阻力小,用于近距离燃烧时,可以不用外加动力。

上述优点使上吸式气化炉自建成世界上第一个气化炉以来,至今仍有使用价值,而其优点仍是某些气-固顺向流动的气化炉无可比拟的。常规上吸式气化炉的缺点如下:

① 气-固逆向流动时,湿物料中的水分随产品气体被带出炉外,降低了气体的热值,增加了燃烧后排烟热损失。

② 原料中的水分不能参加反应,减少了产品气体中 H_2 及烃类化合物的含量。

③ 热气流从底部上升时,温度沿着反应层高度下降,物料被干燥后与较低温度的气流相遇,原料在低的温度下(250～400℃)进行热分解,导致气体质量差(CO_2 含量多),焦油含量多。

14.2.2　下吸式气化炉

下吸式固定床气化炉是在上吸式的基础上开发出来的,目的是为了克服上吸式可燃气中焦油含量高的缺点,主要用于小规模的气化发电。下吸式气化炉可燃气的流向与生物质的进料方向相同,通常设置高温氧化区,气化剂从炉排上一定高度位置通入气化炉,可燃气从炉排下部被析出。下吸式气化炉的这种结构使可燃气必须通过高温氧化区,有利于焦油进一步裂解,燃气中焦油含量(50～500mg/m³)比上吸式(10～100g/m³)显著减少[3]。

如图 14-2 所示,下吸式固定床气化炉从上至下主要分为 4 个反应区,即干燥区、热解区、氧化区和还原区。

干燥区内，生物质中的自由水和结合水蒸发，含水率由 5%～35% 降至 5% 以下，干燥区的温度为 30～200℃。

热解区内，生物质在缺氧条件下发生裂解，并产生大量不可冷凝的可燃气（CO、H_2、CH_4 等）和可冷凝的焦油，温度范围为 200～600℃。

氧化区内，气化剂在这个部位送入气化炉，生物炭与供给的 O_2 燃烧产生 CO_2，部分裂解产生的 H_2 也会与 O_2 反应生成水，这两个氧化反应会产生大量的热量，若 O_2 的供应量不足以使碳完全转化为 CO_2，那么碳也会因部分氧化产生 CO。氧化区温度为 800～1200℃。由于焦油随着可燃气往下移动，必须经过高温氧化区，因此焦油会发生二次裂解，这是下吸式气化炉与上吸式气化炉最显著的区别。

还原区内，在 800～1000℃ 以及缺氧的环境下，会发生多个吸热的还原反应，增加可燃气中 CO、H_2、CH_4 的含量，提高产气发热量[4,5]。

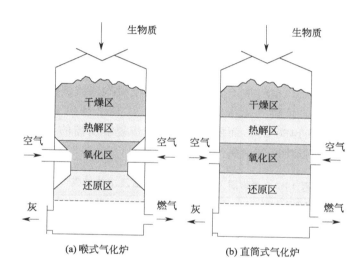

图 14-2　下吸式气化炉结构示意图

由于内燃机等燃烧设备对可燃气中焦油含量（＜50mg/m^3，标准状态下）要求较高，要求降低可燃气中焦油的含量，一种方法是通过气化炉下游的气体净化系统来实现，但是通过改变气化炉内部的结构尽量降低粗燃气中焦油含量是十分有必要的。下吸式气化炉因其内部的结构优势，产生的可燃气中焦油含量较低，具有广泛的应用前景。根据气化炉沿高度方向气化剂的进气层数，下吸式气化炉可分为一段式气化炉和两段式气化炉。

14.2.2.1　一段式气化炉[3]

一段式气化炉结构如图 14-2 所示，可分为喉式［Imbert，图 14-2（a）］和直筒式［Straitified，图 14-2(b)］。喉式下吸式气化炉在中部偏下位置有一个逐渐变窄的喉区或者"V"形区域，此区域会形成 800～1200℃ 的高温。气化剂从喉区中部偏上位置喷入，有助于可燃气中焦油的进一步裂解，降低可燃气中焦油含量。因此，Imbert 气化炉是下吸式气化炉中研究最多、应用最广泛的。用于 Imbert 气化炉的生物质原料必须进行烘干、破碎、筛选等预处理，使其含水率降至 20% 以下，原料的种类一般为阔叶材切碎的木片，而且木片的形态必须为大小一致的块状（长和宽≥2cm），否则气化后的炭将很难顺利通过喉区，造成架桥和烧穿现象，影响气化效果。Imbert 气化炉的启动时间介于横吸式气化炉（最快）和上吸式气化炉（最慢）之间[6]。

为了改善 Imbert 气化炉对原料尺寸和形态要求比较严苛的缺点，一些研究人员开发了直筒式气化炉。如图 14-2(b) 所示，直筒式气化炉的圆柱形结构使其制造更加简便，减少了架桥和烧穿现象的发生，便于产能的扩大设计，也更易于测量炉内各个床层的温度和成分，从而有利于对生物质气化工艺参数进行优化设计。

一段式下吸式气化炉性能指标主要包括可燃气的组分、发热量、产量、焦油含量、碳转化率和冷气效率等，这些性能主要受当量比、物料特性、气化剂种类等因素的影响。其中，当量比是影响气化过程最重要的参数之一，不仅影响气化气的组分和发热量，也会影响氧化区的温度和可燃气中的焦油含量。研究表明，1kg 生物质完全燃烧大概需消耗标态下的空气 $5.22m^3$，因此可根据当量比算出气化过程所需空气量，固定床气化炉当量比一般控制在 0.2～0.5 之间。

气化炉供给的空气量随着当量比的不断增大而增加，气化炉的喉区或氧化区燃烧更剧烈，氧化区温度在短时间内急剧上升，并通过传热和传质作用带动干燥区、热解区和还原区温度的升高；与此同时，空气中带入的 N_2 量也随着当量比的增大而增加，N_2 作为一种热载体，跟随可燃气被抽出后，也将带走更多的热量，使得喉区或氧化区的温度逐渐下降。因此，存在一个最佳当量比，使得气化指标达到最优。表 14-2 列出了不同生物质在最佳当量比下的氧化区温度（800～1460℃），而要使焦油进一步裂解所需的温度至少为 850℃，因此选择合适的当量比还能降低粗燃气中焦油的含量[6]。

表 14-2　生物质下吸式气化炉参数及工艺结果[3]

生物质	气化炉参数					试验最优工艺结果（气化剂为空气）			
	产能	炉径/mm	喉径/mm	高度/m	冷气效率/%	当量比	发热量（标准状态）/(MJ/m³)	产气量（标准状态）/(m³/kg)	喉区温度/℃
榛子壳	5kW	450	135	0.81	80	0.28	5.15（高位）	2.73	1000～1100
污泥	5kW	450	135	0.81	63.6～65.5	0.42～0.43	3.82（高位）	1.92	1069～1085
木片	60kW	600	200	2.5	80	0.287	5.34（高位）	1.08	1000～1200
木刨花	50kg/h	440	350	2	—	0.26	3.80（低位）	1.2	1460
木片	181kg/h	—	—	—	71	—	5.27（高位）	2.54	—
黄檀木	—	310	150	1.1	56.9	2.05	6.34（高位）	1.62	—
木片	—	300	100	1.1	—	0.35	5.50（高位）	—	1180
榛子壳	—	300	100	1.1	—	0.35	5.30（高位）	—	1170
甘蔗渣	50kW	—	150	2	78	0.26	6.27（低位）	3.1～3.9	800
松木块	—	350		1.3	—	0.24	5.17（低位）	0.94（无 N_2）	870
牛粪	2kg/h	—		1.2	—	0.3	2.84（低位）	1.42	900

表观速度是指气化气通过气化炉横截面上最窄部位的速度，由于气流必须通过炉内的炭床层和高温喉区，实际的流通面积小于气化炉横截面积，造成表观速度比实际气流速度小，实际气流速度一般为表观速度的 3～6 倍。Yamazaki 等[7]研究发现，当表观速度为 0.4m/s 时气化效果最佳，不仅气化炉效率高，而且气化气中焦油含量低。当表观速度过低时，炉内气化反应速率减慢，炭和焦油量显著提升；相反，当表观速度过高时，则会导致气体在炉内的停留时间减少，造成可燃气热值下降，燃气中焦油裂解不充分。

生物质的含水率对下吸式气化炉也有很重要的影响，生物质进入气化炉后，生物质中的水分在干燥区内蒸发，消耗大量的蒸发潜热。因此，如果生物质含水量过高，必然导致反应温度降低，各反应区的反应不充分程度提高，从而降低气化气质量和产量。因此，对于下吸式气化炉，生物质原料的含水率要控制在40％以下，大部分的生物质都需要经过干燥预处理后才能送入气化炉[8]。

气化剂的种类对气化气的组分和发热量影响很大，表14-3列出了以空气、水蒸气和氧气为气化剂的可燃气的热值范围[4]。对于固定床气化炉来说，空气是研究最多、使用最广的气化剂，但是所产气化气热值也低，因为空气中大量的N_2稀释了气化气中可燃组分浓度。当气化剂中加入水蒸气时，可大大提高可燃气组分中H_2的浓度，使发热量上升。

表 14-3　使用不同气化剂的可燃气发热量[4]

气化剂	发热量(标)/(MJ/m³)	等级
空气	4~7	低热值
水蒸气	10~18	中热值
氧气	12~28	高热值

14.2.2.2　两段式下吸式气化炉

为了进一步降低粗燃气中焦油含量，减少气体净化系统成本，一些科研机构在直筒式气化炉的基础上开发了两段式下吸式气化炉，分为直筒开口式两段式气化炉［图 14-3(a)］、直筒闭口式两段式气化炉［图 14-3(b)］和 Viking 气化炉［图 14-3(c)］。如图 14-3 所示，直筒开口式两段式气化炉的一级进气口在进料口位置，气化剂随同燃料一起进入气化炉；二级进气位置布置在气化炉的氧化区。直筒闭口式两段式气化炉的一级进气口布置在气化炉干燥或裂解区；二级进气位置布置在气化炉的氧化区。Viking 气化炉由丹麦技术大学设计，其中干燥区和热解区布置在水平进料段，物料通过螺旋装置推动前进，氧化区和还原区布置在垂直段炉体内。气化剂分为水蒸气和空气两路，分别从气化炉氧化区的顶部和侧面送入，能产出高热值和极低焦油含量的可燃气。

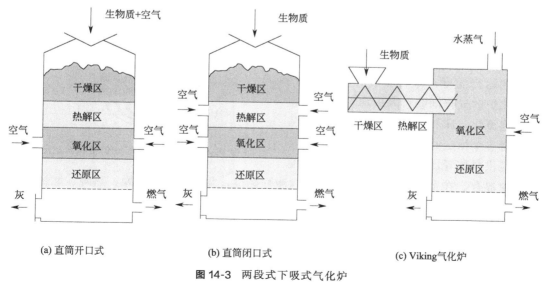

(a) 直筒开口式　　　　　(b) 直筒闭口式　　　　　(c) Viking气化炉

图 14-3　两段式下吸式气化炉

研究表明，在相同的气化条件下，两段式下吸式气化炉产生的粗燃气中的焦油含量一般都少于 $50mg/m^3$，约为一段式气化炉的 $1/40$，只需经过简单的净化处理，即能满足发电机的要求，且气化效率可提升至 90% 以上，在空气气化剂中添加部分水蒸气，可使可燃气热值在 $6MJ/m^3$ 以上（标准状态）。

14.3　流化床气化炉

流化床燃烧是一种先进的燃烧技术，应用于生物质燃烧已获得了成功，但是用于生物质气化则起步较晚。与固定床相比，流化床没有炉栅，取而代之的是布风板，一个简单的流化床由燃烧室和布风板组成，气化剂通过布风板进入流化床反应器中。按气固流动特性不同，将流化床分为鼓泡流化床、循环流化床和双流化床。鼓泡流化床气化炉中气流速度相对较低，几乎没有固体颗粒从流化床中逸出。而循环流化床气化炉中流化速度相对较高，从流化床中携带出的颗粒在通过旋风分离器收集后重新送入炉内进行气化反应。

流化床气化炉有良好的混合特性和较高的气固反应速率，气化强度高，入炉的燃料量及风量可严格控制，非常适合于大型的工业供气系统，且燃气的热值可在一定的范围内任意调整。因此，流化床反应器是生物质气化转化的一种较佳选择[9]。

14.3.1　鼓泡流化床气化炉

鼓泡流化床气化炉最早由德国的 Fritz Winkler 于 1921 年开发，这可能是流化床商业应用的最早记录，最早用于煤气化。对于生物质气化来说，鼓泡流化床也是最受青睐的反应器选择之一，目前世界上已有相当数量的鼓泡流化床气化炉投入工业化运行。图 14-4 所示为鼓泡流化床气化炉结构示意图，在生物质气化过程中，流化床首先通过外加热升温到运行温度，床料吸收并贮存热量。鼓入气化炉的气化剂经布风板均匀分布后将床料鼓泡流化，床料的湍流流动和混合使整个床保持一个恒定的温度。合适粒度的生物质燃料经供料装置加入到流化床中，与高温

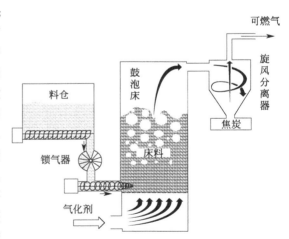

图 14-4　鼓泡流化床气化炉结构示意图

床料迅速混合，在布风板以上的一定空间内激烈翻滚，并迅速完成干燥、热解、燃烧及气化反应过程，生物质燃料在等温条件下实现能量转化，从而生产出需要的可燃气。

鼓泡流化床适用于中型规模以下的生物质气化（$<25MW_{th}$），根据实际气化工艺要求，可在低温或高温、常压或增压条件下运行。生物质在入炉前一般要破碎至粒径小于 $10mm$，流化床的床料通过气化剂流化，气化剂可以是蒸汽、空气、O_2 或几种气体的混合物。为防止生物质气化及燃烧灰产物熔融结渣，床层温度通常不超过 $900℃$。气化剂也可以分级供

应，一级气化剂从床层底部送入，其通入量足以保证床层维持在期望的气化温度；二级气化剂从料层上部送入，可促进气相产物及其携带的焦炭颗粒的进一步反应。燃气离开气化炉后通过旋风分离器进行粗分离，分离的固体焦炭颗粒可返回流化床继续参与气化反应。

鼓泡流化床的生物质气化特性受气化工艺参数（床温、气化剂流量、压力等）、气化剂类型和生物质原料种类等诸多因素的影响。Bhaird 等[10]以莫来石为床料，研究了麦秆在鼓泡流化床内的气化性能，流化床气化温度为 750℃，当量比为 $ER=0.1\sim0.27$；在 $ER=0.35$ 时可获得最大冷气效率，为 73%；在 $ER=0.165$ 时获得最高燃气低位发热量，为 $3.6MJ/m^3$（标准状态）。杨建蒙等[11]在鼓泡流化床气化炉内对松木屑进行了常压空气气化试验，研究了 ER（$0.13\sim0.33$）对气化气组分浓度、燃气发热量、产气率、气化效率以及碳转化率的影响。随着 ER 增加，可燃气中 H_2、CH_4、CO 等气体含量减小，发热量降低，而产气率近似线性增加；在 760℃、$ER=0.13$ 时的燃气热值可达 $9.184MJ/m^3$（标准状态）；在 $ER=0.13\sim0.33$ 内的冷气化效率为 38%~69.1%。

14.3.2　循环流化床气化炉

循环流化床是最为常见的生物质气化装置，对于生物质燃料气化而言有独特的适用性，它能够提供足够长的气体停留时间，特别适用于像生物质这类挥发分含量很高的燃料。其装置如图 14-5 所示（彩图见书后），其循环回路由炉膛、旋风分离器和回料腿组成。循环流化床的飞灰分离器布置在床外，气体携带固体颗粒进入旋风分离器，固体颗粒经分离后通过回料腿返回炉膛底部继续参与反应。循环流化床循环效率高，负荷易调节。国外循环流化床在生物质气化领域的应用始于 20 世纪末，技术较为成熟和完善，已经被广泛应用于工业化生产。

德国 Lurgi 公司于 1986 年在奥地利 Pols 开发了世界上第一台工业循环流化床气化炉，气化树皮产生燃料气；瑞典的 Sydkraft AB 公司于 1996 年建立了世界上第一座完整的使用木材作为燃料的 IGCC 气化发电厂；意大利 Thermie Energy Farm 生物质示范电厂于 2002 年在 Cascina 建成。在国内，华中科技大学与加拿大不列颠哥伦比亚大学于 2004 年合作开展了循环流化床中的生物质气化研究；中国科学院广州能源所从"六五"开始承担相关国家研究课题，进行了许多循环流化床生物质气化的研究，并于 2007 年建造了 5.5MW 的生物质气化联合循环发电示范电站；浙江大学热能工程研究所、山东省科学院能源研究所和中国科技大学也分别对生物质循环炉的热电技术和实验特性进行了研究[12]。

从结构上看（对比图 14-4 和图 14-5），循环流化床和鼓泡流化床在结构上有相似性，尤其鼓泡流化床也有旋风分离器，分离出来的物料也可以返回炉膛。二者根本的区别在于气动性，鼓泡流化床气流速度较低（0.5~1.0m/s），床料呈鼓泡状翻腾，炉膛可明显分区为密相区和稀相区，仅有少量固体颗粒进入分离器；循环流化床炉膛气流速度更高（3.5~5.5m/s），固体颗粒在高速气流带动下在整个炉膛内较均匀分布，不再分区为密相区和稀相区。因此，大量的固体颗粒会离开炉膛进入分离器，从而维持很高的固体颗粒循环比例。基于循环流化床高固体颗粒循环比例和高流速的气动特性，它也被称为快速流化床，炉膛温度一般维持在 800~1000℃。

英国 Foster Wheeler 公司开发了一套生物质循环流化床气化炉，结构如图 14-6 所示，其特点在于可燃气经旋风分离器净化后，从分离器底部向下流经垂直下降管，和进入流化床的冷空气进行热交换，提高入炉气化空气温度。目前，该气化炉在许多国家有工程案例，其中最大的项目是位于芬兰 Lahti 的 $60MW_{th}$ 煤气化天然气发电站，其以废木料和垃圾衍生燃料（RDFs）作为廉价的气化辅助燃料。其他的一些锅炉厂商也开发了基于同样原理的循环流化床气化炉，仅在细节上有少许差异。

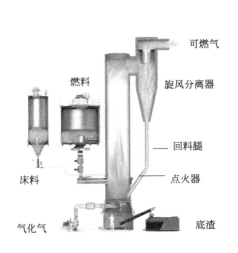

图 14-5　循环流化床气化炉

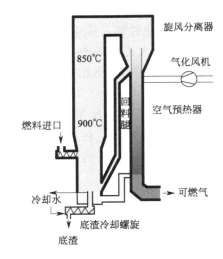

图 14-6　Foster Wheeler 生物质循环流化床气化炉

14.3.3　双流化床气化炉

根据已知文献记载，最早的双流化床生物质气化炉设计理念是日本学者 Kunii 提出的，并于 1975 年建成了小型双流化床气化示范装置。此后，法国南锡大学、TNEE 公司和圣戈班公司于 1984 年和 1985 年建成了处理量为 500kg/h 的生物质双流化床气化装置，并获得了发热量为 16MJ/m³ 的燃气[13]。美国巴特列-哥伦布实验室研发的双流化床气化技术成果应用于 1992 年在伯林顿建成的技术示范厂。早期的双流化床生物质气化技术因为没有采用有催化活性的床料和催化剂、燃烧室和气化室之间存在气体串混、气化室停留时间过短等原因，还存在着气化气焦油含量高（9～38g/m³）、H_2 浓度低（14.6%～33.5%，体积分数）和装置热效率低等问题。另外，由于复杂的装置和高昂的成本，也使早期的研究者对双流化床生物质气化技术的可行性和经济性提出质疑。随着双流化床技术不断发展，其优势也不断显现，不仅具有一般流化床气化传热良好、燃料适应性强和气化强度大的优点，更因为将燃烧和气化过程进行解耦而大大提高了可燃气品质，适于工业化应用和推广，具有非常广阔的发展前景。

双流化床气化炉主要包括两个相互连通的气化室和燃烧室，其炉型的不同主要在于气化室设计的差异。气化室有鼓泡流化床、循环流化床、两段式流化床、U 形流化床、移动床或下行床等多种形式[14]。如图 14-7 所示，一般形式的双流化床气化炉包括两个相互连通的流化床，即吸热的气化室和放热的燃烧室，以实现生物质的干燥、热解、气化与燃烧过程的解耦。气化室通常是以水蒸气为流化介质的鼓泡床，燃烧室则一般是以空气或 O_2 为流化介质的快速床。气化室产生的生物质残炭随物料循环进入燃烧室，燃烧所释放的热量则随着物料循环进入吸热的气化室，从而可实现系统能量自给自足，且能提高碳转化率和装置的热效率。

为了提高燃气品质与装置稳定性和经济性，国内外研究者们提出了不同的双流化床气化炉设计方案，并在此基础上对双流化床气化进行了大量的试验研究。由于物料循环系统对双流化床的燃气品质和稳定运行的重要作用，研究人员按照物料循环系统的不同将双流化床气化炉分为内循环双流化床气化炉和外循环双流化床气化炉两大类[14]。

14.3.3.1 内循环双流化床气化炉

内循环流化床的设计理念是，通过非均匀布风来实现床内颗粒的大尺度内部循环，增强物料横向混合，延长颗粒物料在床内的停留时间，并且有利于燃料在床内稳定、快速的反应[12]。典型的内循环流化床为隔板式内循环流化床，是近年来被广泛研究并应用于生物质气化领域的新型流化床。如图 14-8 所示，它利用隔板将反应器分为上升流床和下降流床，隔板底部和布风板之间留有通道，打通了床料在床层底部的横向流动。随着流速增大，料层高度不断增加，当两个床层的料层高度均高于隔板高度时，床料上层的横向流动也被打通。上升流床的流速相对高，料层气泡体积占比较大，平均密度较低，形成上升流；下降流床的流速较低，料层气泡体积占比较小，平均密度较高，形成下降流，从而形成了绕隔板的床料循环。生物质物料通常从下降流床一侧送入，并发生气化反应，产生的焦炭在下行床料的裹挟下进入上升流床，在上升流床内发生的是燃烧反应，燃烧产生的高温床料通过循环再进入下降流床加热生物质。

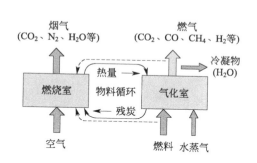

图 14-7 双流化床气化过程的基本原理

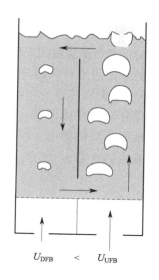

图 14-8 内循环流化床原理示意图
U_{DFB}—下降流速；U_{UFB}—上升流速

意大利拉奎拉大学设计了一套隔板式内循环流化床生物质气化冷模装置并进行了冷态实验，其装置如图 14-9 所示。下降流床的侧墙和水平方向夹角为 60°，这样就保证了下降流床的横截面沿高度方向逐渐增大，可以补偿生物质气化导致的气体流量大幅增加。同时，60°的倾斜角度大于料层的休止角（对于石英砂床料约为 40°），可以保证料层的良好流动性能，避免床层死区。炉内的床料量由溢流堰控制，多余的床料通过溢流堰进入侧面相邻的固体颗粒仓回收，气化气携带的固体颗粒经旋风分离后也汇集于固体颗粒仓内[15]。

国内，浙江大学热能工程研究所也设计了内循环双流化床并建立了小型试验装置，其结构如图 14-10 所示。和上述类似，其设计理念是通过上下开孔的隔板将气化炉分为气化室和燃烧室，通过两室的不均匀布风造成的压力差实现两室之间的物料循环[16]。

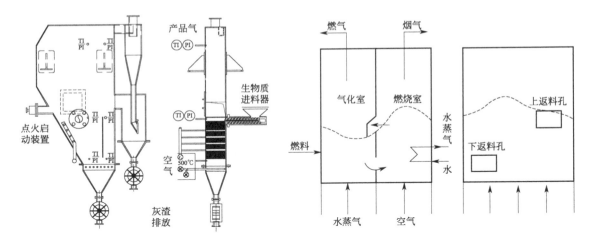

图 14-9 意大利拉奎拉大学内循环流化床气化炉[15]　　**图 14-10** 浙江大学内循环双流化床气化炉[16]

内循环双流化床没有外置返料器，结构简单紧凑，运行比较稳定，但是难以避免气化室和燃烧室之间的气体串混对燃气品质的影响。日本群马大学对生物质在内循环双流化床中、Ni/Al_2O_3 催化剂作用下的低温气化进行了深入研究，如图 14-11 所示（彩图见书后），核心装备是包含气化室和燃烧室的反应炉，水蒸气和空气分别独立通入气化室和燃烧室，床料在气化室和燃烧室之间进行内循环。如图 14-12 所示，该反应炉分为燃烧室（Ⅰ）、气化室（Ⅱ）和返料室（Ⅲ）三部分，燃烧室和气化室之间通过返料室连接并实现物料循环。相对于一般内循环双流化床而言，返料室的存在在一定程度上降低了燃烧室和气化室之间气体串混对燃气品质的影响。Ni/Al_2O_3 催化剂的应用，使生物质气化在 600～700℃ 的较低温度下得到焦油含量仅为 $0.3g/m^3$ 的燃气，降低了水蒸气气化的热损失，提高了系统热效率。

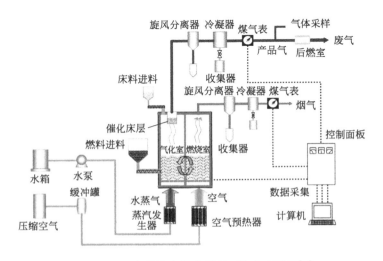

图 14-11 日本群马大学内循环双流化床系统[17]

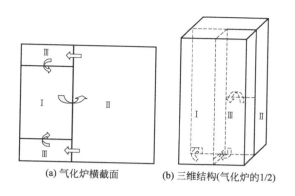

(a) 气化炉横截面　　(b) 三维结构(气化炉的1/2)

图 14-12　日本群马大学的内循环双流化床气化炉[17]

14.3.3.2　外循环双流化床气化炉

典型的外循环双流化床气化炉结构如图 14-13 所示，由两个相互连接又相对独立的流化床组成，包括一个流化床燃烧器和一个流化床气化炉。生物质通过螺旋给料器进入气化炉，气化后的焦炭在流化床燃烧炉内燃烧，释放的热量进入气化炉以满足气化用热需求。两个流化床可独立控制，通过床层间的非机械阀连通（如图 14-13 中所示的回路密封阀）。燃烧烟气进入旋风分离器经气固分离后进入后续的余热利用系统，气化室产生的气化气也进入旋风分离器；经气固分离后的产品气主要由 H_2、CO_2、CH_4、CO 和焦油组成，产品气进入后续的可燃气净化系统进行后续处理。燃烧炉设有辅助燃烧器以维持燃烧温度。

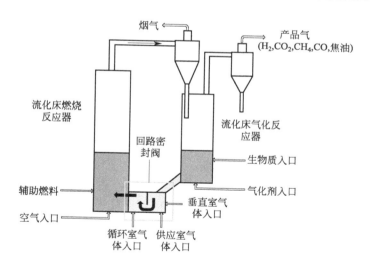

图 14-13　外循环双流化床气化炉示意图

外循环双流化床气化炉的气化床和燃烧床可以是鼓泡流化床（慢速流化床）和循环流化床（快速流化床）的不同组合，Xu 等[18]提出了四种不同的组合方式（如图 14-14 所示），即双鼓泡流化床组合、双循环流化床组合、鼓泡燃烧＋循环气化组合以及鼓泡气化＋循环燃烧组合，并对四种组合方式下的双流化床进行了数值模拟，发现双鼓泡流化床组合的固体颗粒床间交换困难，因此认为该组合适应性差。其余三种组合中，在相同运行工况下鼓泡气化＋循环燃烧组合最优，具有最高的生物质转化效率和最低的焦油含量；其次为双循环流化床组合。目前，鼓泡气化＋循环燃烧组合也是被广泛研究的双流化床气化炉。

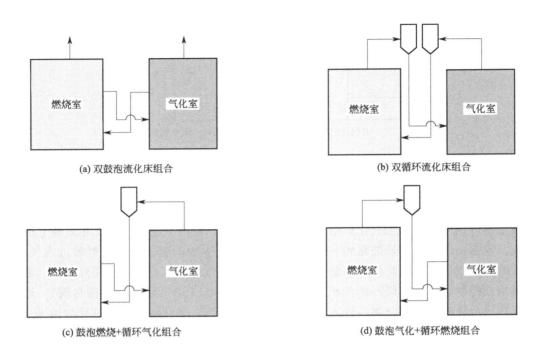

(a) 双鼓泡流化床组合

(b) 双循环流化床组合

(c) 鼓泡燃烧+循环气化组合

(d) 鼓泡气化+循环燃烧组合

图 14-14　外循环双流化床气化炉的不同组合方式[18]

奥地利维也纳技术大学的 Hofbauer 等[19]从 1994 年开始从事双流化床生物质气化的研究工作，通过对返料器的优化设计和用水蒸气作为返料器的流化介质，很好地解决了内循环双流化床中气化室和燃烧室之间的气体返混问题，得到 N_2 体积分数仅为 1%～3% 的高品质生物质燃气，其技术于 2002 年成功应用于奥地利 Güssing 的 $8MW_{th}$ 双流化床生物质示范电厂。此后，该团队设计了一种鼓泡气化＋循环燃烧双流化床组合，其结构如图 14-15 所示，两个床层之间通过斜槽连通，有助于床料的循环流通。床料中加入了碳酸盐颗粒，通过循环流化床燃烧炉的物料循环，不仅能实现热量传递，碳酸盐颗粒还能吸收气

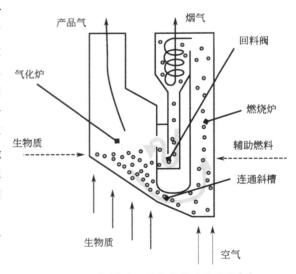

图 14-15　外循环双流化床蒸汽气化炉[20]

化炉中的 CO_2 气体并将其转移至燃烧炉释放。所得气化气中的 H_2 体积浓度可达 65%～75%，而一般的双流化床 H_2 体积浓度为 30%～45%[20]。

加拿大达尔豪斯大学也提出了类似的设计理念，并称之为化学链气化过程，系统流程如

图 14-16 所示[21]。该系统为鼓泡气化＋循环燃烧组合，以 CaO 为床料，以水蒸气为气化剂。生物质燃料进入鼓泡床气化后，所产生的 CO_2 组分被 CaO 床料吸收，此举可使产品气中的 H_2 体积浓度达到 71%，气化反应方程式如下：

$$C_xH_yO_z+(2x-z)H_2O+xCaO \Longrightarrow xCaCO_3+(y/2+2x-z)H_2 \tag{14-1}$$

$$CO+H_2O \Longrightarrow CO_2+H_2 \tag{14-2}$$

$$CaO+CO_2 \longrightarrow CaCO_3 \tag{14-3}$$

式(14-3)为 CO_2 脱除反应，该反应不仅极大降低了产品气的 CO_2 浓度，也促进了水煤气置换反应(14-2)向右进行，在两者共同作用下，极大提高了产品气的 H_2 浓度。反应后的 $CaCO_3$ 床料连同焦炭颗粒经由回料阀进入循环流化床内燃烧，并通过高温将 $CaCO_3$ 再生为 CaO，即：

$$CaCO_3 \longrightarrow CaO+CO_2+178.3kJ/mol \tag{14-4}$$

再生后的 CaO 床料通过旋风分离器重新回到鼓泡床气化炉，由此不断反复。高温烟气（CO_2）和产品气通过热交换器，将水加热成水蒸气气化剂，实现了系统内部能量循环利用。

日本 IHI 公司于 2009 年提出了两段式双流化床气化炉，装置结构如图 14-17(a)所示，该装置的主要特点是将气化炉内的气化室分成上下两段，两段均为鼓泡流化床[22]。生物质从气化炉的下段气化室送入，进行剧烈的热解和气化反应，所产生的产品气、挥发性物质、焦油和部分焦炭颗粒被气流携带至气化室上段，上段的主要作用是降低鼓泡流化床的颗粒扬析影响和进一步净化产品气，其产品气中的焦油含量比相似工况下的一般双流化床下降了 20%～25%，气化效率则提升了 7%。该结构还实现了催化剂的失活—再生循环，从下段鼓泡气化

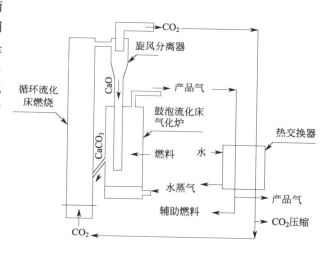

图 14-16 化学链式双流化床气化炉[21]

炉排放的失活催化剂和低温床料进入流化床燃烧炉内燃烧，通过燃烧产生高温床料和再生催化剂，并直接引入鼓泡气化炉的下段，促进生物质的催化裂解气化。

该气化炉不仅能生产出低焦油含量的富氢燃气，当物料含水率较高（30%～60%）时也能获得中热值的可燃气。但是，过高的含水率会导致流化床燃烧温度降低，为了克服该缺点，该团队又开发了一种解耦式双流化床气化系统，其气化炉为 U 形鼓泡流化床，适用于高含水率生物质的直接气化，结构如图 14-17(b)所示。该 U 形鼓泡床通过中间隔板将生物质干燥/热解过程和焦炭气化、焦油/烃类化合物重整进行解耦，生物质干燥所产生的水蒸气作为焦炭气化的气化剂。因此，对外部气化剂的需求量相应降低[23]。此外，干燥/热解区内的气流速度较低（低速区），而气化重整区的气流速度较高（高速区），高速区和低速区的料层是连通的，且低速区布风板倾斜布置，从而实现了床料从低速区到高速区的单向流动，延长了燃料在气化室中的停留时间，提高了燃气品质和碳转化率。

瑞典中部大学也开发了一套两段式双流化床气化炉，其结构如图 14-18 所示（彩图见书

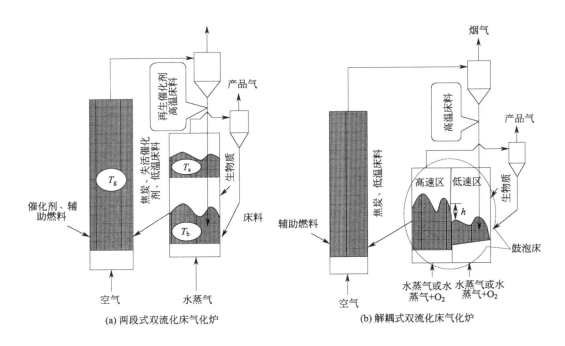

(a) 两段式双流化床气化炉

(b) 解耦式双流化床气化炉

图 14-17 两段式双流化床气化炉[22]和解耦式双流化床气化炉[23]

后)[24]。和日本 IHI 公司的两段式双流化床气化炉相似，该鼓泡床气化炉也分为上下两段，所不同的是在燃烧室出口物料经旋风分离后通过上空气阀（U 形回料阀）送回至鼓泡床气化炉的上段。最大的不同是在气化炉上段铺设了 Ni 基多孔催化颗粒材料，生物质燃料在鼓泡床下段裂解后的挥发性气体进入上段后进行原位重整，可有效降低焦油含量，提供可燃气品质。研究表明，气化气经原位催化裂解后，焦油含量从 $25g/m^3$ 降到了 $5g/m^3$（标准状态），CH_4 浓度降低，H_2 浓度升高。

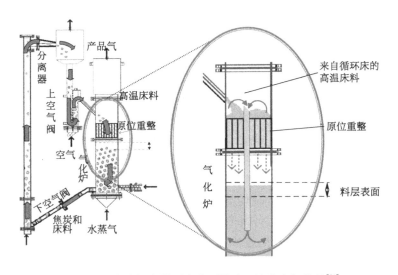

图 14-18 瑞典中部大学开发的两段式双流化床气化炉[24]

Guan 等[25,26]在研究低温条件下煤/生物质共气化过程中，提出了三级流化床气化炉，该气化炉包括 3 个反应器，即循环流化床燃烧室、煤焦气化的鼓泡流化床和将挥发分进行热解和重整的下行床，装置结构如图 14-19 所示。与一般双流化床气化炉从鼓泡流化床给料不同，三级流化床气化炉的燃料是从下行床给入的。下行床实现了快速热解产生的挥发分与下行床中焦炭的接触时间延长至几十秒钟，而挥发分与焦炭的相互作用对焦油裂解有促进作用，从而降低了产品气中的焦油含量，同时将化学能损失降到了 10% 以下。

从以上各种双流化床气化炉系统特点不难看出，各气化装置的局部细节存在差异，但总体上是采用了循环流化床焚烧和鼓泡流化床气化的工艺组合，表明了该工艺组合的受欢迎程度。尽管如此，也有一些研究人员关注了除此以外的其他工艺组合。例如，美国未来能源资源公司（FERCO）开发了一套热容量为 40MW$_{th}$ 的双循环流化床气化炉系统，采用了如图 14-14(b) 所示的工艺系统，这是目前已知的第一套投入商业化运行的双循环流化床生物质气化系统[27]。日本先进工业科学技术国立研究所（AIST）开发了一套带有物料循环的双鼓泡流化床气化系统，系统结构如图 14-20 所示[28]。该系统以粒径<1mm 的木屑为生物质原料，以 γ-Al$_2$O$_3$ 为床料（0.075～0.15mm），以水蒸气为气化剂，生物质经气化后携带部分固体颗粒（焦炭和床料）进入旋风分离器，分离后的固体颗粒进入燃烧室燃烧，并使 γ-Al$_2$O$_3$ 床料重新活化后返回气化器，完成整个物料循环。研究结果显示该系统具有比循环流化床气化炉更高的冷气化效率和碳转化率，产品气的 H$_2$ 浓度和发热量也更高。γ-Al$_2$O$_3$ 床料可以促进焦油和焦炭转化，从而降低产品气焦油含量。

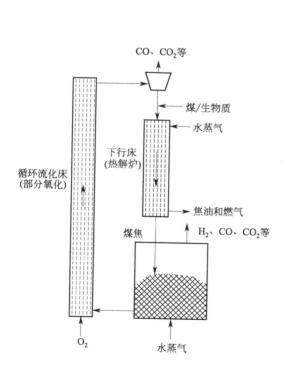

图 14-19　三级流化床气化炉[25,26]

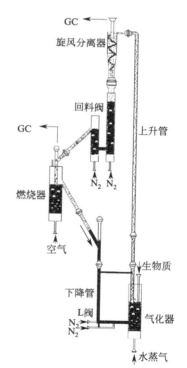

图 14-20　物料循环双鼓泡流化床气化反应器[28]

GC—气相色谱仪

14.4 气流床气化炉

气流床气化是指燃料被粉碎成一定颗粒后，由惰性气体携带输送与气化剂并流进入气化炉，在高温（>1000℃）条件下进行气化反应，得到可燃气的过程。因气化炉内燃烧区域温度在1000℃以上高温，焦油可被分解为永久性气体，能够彻底解决焦油问题，获得的产品气具有发热量高、酚类含量极低、对环境低污染等优点。因此，气流床是煤和石油焦气化工业最成功和应用最为广泛的气化技术，它适用于绝大多数煤种，除了像褐煤等具有高含水率和高灰分的低阶煤以外。

尽管气流床在煤气化工业获得了巨大成功和广泛应用，但该技术在生物质气化领域的适用性却仍然具有争议，这主要归于以下2点原因：

① 物料在气流床反应炉内的停留时间很短（几秒钟），为了反应完全，燃料颗粒必须研磨得非常细，但生物质纤维材料要研磨很细难度是很大的；

② 生物质灰分中的碱金属含量很高，导致灰熔点温度比煤低得多，在高温气流床中，熔融态的生物质灰分具有腐蚀性，会极大地缩短气化炉内衬的使用寿命。

正是基于以上原因，气流床在生物质气化中并不受欢迎。但是，气流床的优点也很突出，相比其他气化技术，它的优点主要有以下几方面：a. 考虑到焦油含量高是生物质气化面临的主要问题，气流床的高温反应条件对降低甚至消除生物质气化焦油是非常有利的；b. 燃料适应性广；c. 灰转化为熔融渣，可直接资源回收，作为建材等材料；d. 具有极高的碳转化率；e. 甲烷含量低，适于生产合成气。

气流床本质上是一个顺流的柱塞流反应器，在反应器中气化剂和燃料粉末并行流动，这一特点和煤粉锅炉非常相似，即煤通过磨煤机研磨成粒径小于$75\mu m$的煤粉颗粒，再由锅炉一次风输送至燃烧器，但气流床气化炉的几何结构却和煤粉锅炉有非常大的差异。此外，气流床气化炉在O_2浓度低于化学当量比条件下工作，而煤粉锅炉则在过量空气下燃烧。

由于气流床气化炉的极高反应温度，碳的转化率可接近100%。由于气化气的温度极高，必须通过下游的热交换器进行降温，所释放的热量可用来生产过热蒸汽并用作气化剂。图14-21所示为气流床气化炉内的气固两相流原理示意，携带粉末燃料的气化剂通过高速射流喷嘴进入气化炉，并在入口处形成涡流效应，燃料粉末被壁面及下游气体的高温辐射迅速加热，并和O_2快速发生燃烧氧化反应并释放大量的热量，入口处的局部温度可升至2500℃左右。入口处的高温燃烧几乎耗尽了所有的O_2，因此在下游区域将发生焦炭与CO_2和水蒸气的气化反应，因焦炭的气化反应需要更长的反应时间，因此下游反应器需要有较长的长度。

根据进料位置不同，气流床大致可以分为两大类，即顶部进料下降管气流床和侧面进料上升管气流床。

14.4.1 顶部进料下降管气流床气化炉

如图14-22所示，顶部进料下降管气流床气化炉外形为垂直圆柱形反应器，炉体内部可分为两段，上段为燃烧区，下段为气化区。粉状燃料在含有O_2的气化剂的携带作用下从气流床顶部进入燃烧器，燃料点火后在燃烧区内发生剧烈的燃烧反应，燃烧区内壁为水冷壁，

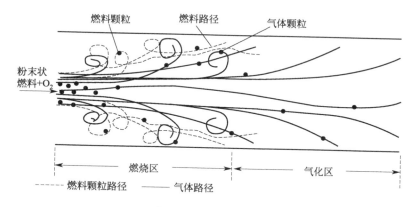

图 14-21　气流床气化炉内的气固两相流

高压水从炉体中部送入，从顶部流出，水冷壁一方面回收部分燃烧区余热，另一方面也可防止炉壁温度过高。燃烧产生的高温气流进入下段，此时 O_2 已经基本耗尽，剩余焦炭进行气化反应，反应熔融灰渣最后落入气化炉底部的水冷槽冷却后收集。

　　顶部进料下降管气流床气化炉的结构特点是：a. 燃料从顶部送入；b. 在顶部中心设置有一个燃烧器。这种结构设计的优点是：a. 设备整体为轴对称结构，可降低设备制造成本；b. 燃烧器数量只设一个，燃烧器的运行控制更加容易；c. 产品气和熔融渣的流动方向一致，可减少熔融结渣所导致的堵塞的可能性[4]。

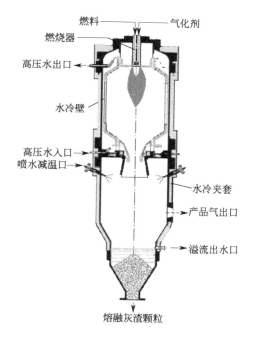

图 14-22　顶部进料下降管气流床气化炉

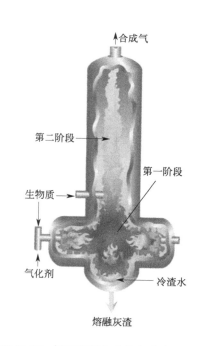

图 14-23　侧面进料上升管气流床气化炉

14.4.2　侧面进料上升管气流床气化炉

　　该炉型原理示意如图 14-23 所示，第一阶段为水平段生物质燃烧区，位于气化炉底部；

第二阶段为垂直段气化区，位于燃烧区以上。该炉型最早于1952年由联邦德国Koppers公司和工程师F. Totzek共同开发，名为Kopper-Totzek气化炉，简称K-T炉，许多气化气流床技术都是在K-T炉的基础上开发而来的。

粉末燃料和气化剂通过气化炉燃烧区两侧相对布置的水平喷嘴喷入炉内，燃料和气化剂在炉内形成强烈扰动混合，并发生剧烈氧化放热反应，使气体温度上升至灰熔点以上（>1400℃）。高温气体夹带焦炭颗粒向上流动，进入气化区进行第二阶段的气化反应；熔融灰渣被分离出来，流入燃烧区底部的冷渣池。该反应器通常要设置水冷夹套以防止壁面温度过高，离开气化炉的产品气温度仍然高达1500℃左右，可通过余热锅炉进行热量回收。

14.4.3　Choren 生物质气流床气化工艺

如前所述，由于生物质燃料的难研磨性以及低灰熔点，气流床气化工艺在生物质气化中并不受欢迎。尽管如此，也有少数成功的气流床生物质气化工艺案例，典型的如德国科林（Choren）公司开发的生物质气流床气化工艺。其系统流程如图14-24所示，由3个阶段组成：第1阶段，生物质进入低温气化炉，在400～500℃缺氧条件下发生低温气化反应，产物为焦炭和富含焦油的挥发性气体；第2阶段，焦油热解气进入下降管气流床气化炉的燃烧区进行高温燃烧，并将气体温度提升至1300～1500℃，使焦油完全裂解；第3阶段，燃烧区高温气体进入气化室，使残余焦炭继续发生气化反应，此外，第1阶段产生的焦炭颗粒经研磨粉碎后也送入第3阶段气化炉参与气化反应。气化吸热反应使得炉温降低至800℃左右，产品气进入除尘器进行气固分离，分离出来的焦炭和灰分重新回到第2阶段燃烧区。灰分在高温下熔融后在气化区内壁凝固形成保护层，可以防止熔融渣对气化炉内衬的腐蚀。

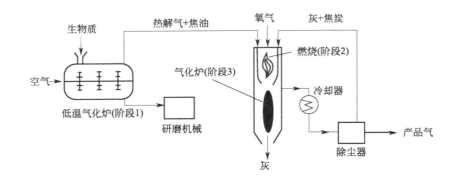

图14-24　Choren 生物质气化工艺

14.5　等离子体气化炉

14.5.1　等离子体基本概念

等离子体是由大量带电粒子（电子、离子）和中性粒子（原子、分子、自由基）组成的电离气体的集合体，其内部正负电荷数相等，整体呈电中性，是继固、液、气三态后的物质第四态。1879年英国物理学家克鲁克斯（Crookes）研究了真空放电管中电离气体的性质，第一个指出了物质第四态的存在。1928年朗缪尔（Langmuir）在研究水银蒸气的离子化状态时最先引入等离子体这个术语。就整个宇宙而言，99％以上的物质都呈等离子状态，如日冕、太阳风、星云、闪电、地球电离层和极光等，等离子是物质存在的普遍形式[29]。

等离子体中含有大量的活性粒子，如电子、离子、自由基、光子等，在等离子体中，许多通常不能发生或需要极苛刻条件才能发生的化学反应变得很容易进行。根据等离子体宏观表现的温度，以10^6K为界，高于此温度的等离子体称为高温等离子体，反之为低温等离子体。高温等离子体的宏观温度极高，可达$10^8 \sim 10^9$K，典型代表如恒星天体、受控热核聚变等。

低温等离子体可做进一步划分，根据弹性碰撞理论，等离子体内部的离子-离子、电子-电子等同类粒子间的碰撞频率远大于离子-电子间的碰撞频率，且同类粒子质量相同，碰撞时的能量交换最有效。因此，每一种粒子将各自先达到自身的热平衡状态，最先达到热平衡状态的是最轻的带电粒子，即电子e。用T_e、T_i和T_g分别表示电子、离子和中性粒子温度，$T_e \approx T_i \approx T_g$时，等离子体内部的粒子处于局部热力学平衡状态，这种等离子体称为热等离子体或热平衡等离子体，其温度在$10^3 \sim 10^6$K，如电弧等离子体、高频等离子体等；当$T_e \gg T_i$，$T_e \gg T_g$时，称为冷等离子体或非平衡等离子体，其温度为$20 \sim 120$℃，如电晕放电等离子体、辉光放电等离子体、滑动弧放电等离子体等。

14.5.2 热等离子体发生装置

用于产生热等离子体的高温一般由电能驱动的电弧炬提供。根据电弧炬放电方式的不同，可以将等离子体反应器分为射频等离子体炬、微波等离子体炬、直流/交流等离子体炬等。目前在研究或者已经商业化应用的设备多为直流电弧等离子体发生器，根据阴阳极的分布规律分为两种结构，即转移弧等离子体和非转移弧等离子体。非转移弧等离子体是在轴向阴极和环向阳极间形成电弧，两电极间存在高能和高压，工作气体穿过两极之间时，气体被击穿而高度离子化，产生的等离子体因上游气体的压力而以等离子体射流的方式从阳极口喷出，其原理如图14-25（a）所示；转移弧等离子体是先引燃非转移弧，再将弧转移到被加工工件上，如金属焊接和切割都是采用转移弧，其原理如图14-25（b）所示。转移弧可以将更多的能量传递到目标物上，效率更高。此外，非转移式的阴、阳极都在发生器内部，而转移式通常将工件作为其中一个电极，所以转移式的电极寿命比非转移式更长。

14.5.3 等离子体气化技术原理

等离子体气化技术采用等离子体炬（低温热等离子体发生器）作为热源，将电能转化为热能，提供高温环境（等离子体核心反应区的温度在3000℃以上，炉内气体温度在1000℃以上），利用极端热量分解原料。向反应炉内通入空气或水蒸气等气化剂，固体废物中的有机成分在高温环境下发生部分氧化反应，进而转化为合成气（用于化学品合成或发电）；而固体废物中的无机成分则在炉底被熔化，形成无害的玻璃体材料，可资源回收作为路基材料[30]。

等离子体气化工艺由多个阶段组成，主要如下。

1）原料的预处理　进样前，应进行原料筛选，分离无机成分和可回收物品，并保证样

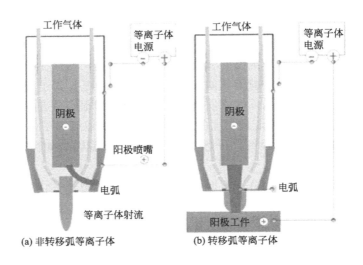

图 14-25　非转移弧等离子体和转移弧等离子体

品干燥且均匀，以提高反应速率和原料的利用效率。

2）等离子体气化炉　气化炉是核心部件，包括进料系统、炉体和水冷层、进样器、耐火材料和等离子体发生器。固体废物被等离子体发生器提供的高温环境热解，原料中的无机物熔化成液态渣，有机物则转化为产品气。

3）合成气净化和热回收系统　高温气化产品气通过热交换器进行冷却，并加热水蒸气，以回收热能；此外，冷却后的气体中仍含有一定浓度的气态污染物和颗粒污染物，通常采用喷淋塔和除尘器等气体净化装置去除产品气中的污染物。

4）产品利用　产生的产品气主要由 H_2 和 CO 组成，用途广泛；熔融后的灰渣为玻璃体材质，密度高、性质稳定，一般可作为建材原料。

14.5.4　国内外等离子体气化技术

等离子体气化技术起步于 20 世纪 60 年代，最初主要用于低放射性废物处理、化学武器和常规武器销毁，自 90 年代开始涉及其他固体废物的处理，由于等离子体设备技术含量高、投资和运行成本巨大，多用于销毁农药、多氯联苯（PCBs）等持久性有机污染物（POPs），以及焚烧飞灰和医疗垃圾等危险废物。随着等离子体设备成本的降低，开始涉及城市生活垃圾处理，并开展了大量科学研究。

城市生活垃圾等离子体气化技术主要是热处理技术，包括直接等离子体气化和常规气化结合等离子体重整技术，前者将等离子体直接作用于垃圾，需要更高的电耗，也可以添加一部分空气或水蒸气，合成气主要成分为 CO 和 H_2；后者将常规气化产生的产品气经过等离子体重整，以解决部分焦油问题，功耗较低，但需要加入更多的 O_2 来维持温度，产品气中 CO_2 和 N_2 较多，质量变差[31]。

20 世纪 90 年代后期，美国西屋公司第一个中试规模的等离子体气化项目在日本落成，主要用来处理城市生活垃圾、污泥、残渣和废旧汽车残留物。等离子体内反应温度可达 1200～1500℃，无污染物产生。西屋公司的气化工艺包括垃圾预处理、等离子体气化、气体冷却、合成气净化和产品净化处理。

图 14-26 所示为等离子体气化炉简图，该技术采用直接等离子体气化技术，即高温等离子体直接作用于垃圾，能耗相对较高。

以色列环境能源（EER）公司对等离子体气化技术开展了深入研究，联合瑞典皇家工学院在以色列 Yblin 建立了接近中试规模的处理能力为 12t/d 的示范项目，该项目采用等离子体气化熔融技术（PGM），工艺核心是等离子体反应器。图 14-27 所示为 PGM 气化工艺流程（彩图见书后），系统能够完整地处理垃圾和达到无污染排放。PGM 气化炉是典型

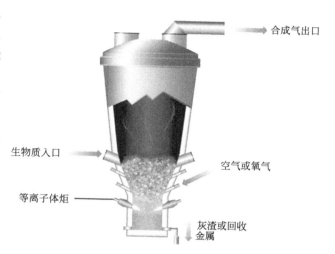

图 14-26　西屋等离子体公司的等离子体气化炉

的混合床上升流气化床，可分为干燥、热解、气化和熔融 4 个区域。垃圾在干燥区和高温合成气热交换脱除水分，出口合成气温度达 200～400℃；干燥后的垃圾开始发生热裂解反应，焦炭及挥发分在气化区进一步气化和重整，得到以 H_2 和 CO 为主要成分的合成气；在熔融区，无机灰分被等离子体完全熔融，等离子体炬温度高达 6000℃，熔融区温度达 1300～2000℃，要实现垃圾灰分的完全熔融需要很大的电力消耗，降低了气化炉的经济性。

EER 公司于 2002 年在莫斯科建立了处理能力为 6.0～9.6t/d 的处理低放射性废物的工厂，且一直在商业运营中，该项目通过了国际原子能机构的评估，具有多年的运行经验，工厂可彻底分解生物或者化学废物（包括纸、纸板、玻璃、聚合物、橡胶、PVC、有色金属等）。

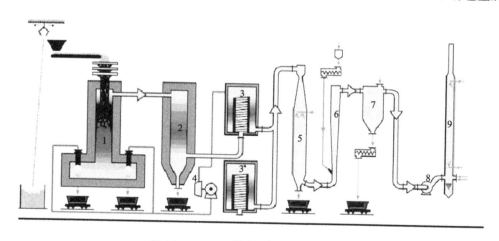

图 14-27　PGM 等离子体技术工艺流程

1—等离子体反应器；2—后燃烧器；3—余热锅炉；3*—贯通锅炉；
4—蒸汽发电机；5—洗涤蒸发器；6—吸收器；7—袋式除尘器；8—引风机；9—抛光洗涤器

加拿大 Plasco 等离子体技术主要是针对北美城市生活垃圾设计的，如图 14-28 所示（彩图见书后），其等离子体气化工艺是利用常规气化和等离子体技术相结合，即垃圾气化采用

常规气化技术，而可燃气重整及灰渣熔融则采用等离子体技术。其流程为：垃圾经预分离器分离出有价值金属→垃圾在一级反应器中裂解形成粗合成气→粗合成气在精炼室内经等离子体电弧重整为精合成气→熔融灰渣形成玻璃体→合成气高温余热回收及净化→合成气能源利用。

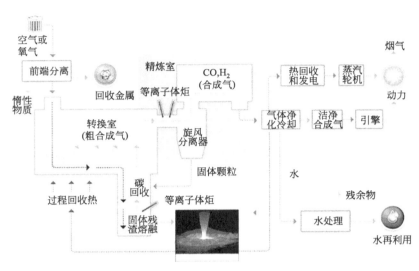

图 14-28 Plasco 等离子体气化技术工艺图

Plasco 公司在渥太华建立了等离子体气化发电中试装置，处理规模为 85t/d，投资 1.5 亿加元，等离子体炬功率达 450kW，发电装置是 5 台燃气轮机。和等离子体直接作用于垃圾的系统相比，该装置耗电量更低，但是尾气 NO_x 和烃类容易超标，原因是等离子体炬功率太低，且没有直接作用于垃圾，使温度场分布不均，气体在高温区停留时间短，大分子的烃类裂解不彻底。虽然该技术存在一定缺陷，但仍在不断改进，具有一定的商业化前景。

英国 APP（Advanced Plasma Power）公司开发了一套两段式垃圾衍生燃料（RDF）气化装置，由常规鼓泡流化床气化炉和等离子体转换室构成，其结构如图 14-29 所示（彩图见书后）[32]。等离子体转换室实际上是对流化床气固分离装置进行了等离子体改造，集合了气固分离和等离子体重整＋飞灰熔融的功能。装置包括给料预处理系统、流化床气化炉、等离子体转换室、气体清洁系统和能量转换系统。整个热过程在微负压下进行，以 O_2 和水蒸气为气化剂，流化床气化炉温度约为 850℃，产生的粗合成气进入温度为 1000～1200℃ 的等离子体转换室，转换室将灰分和无机物固定在灰渣中，将粗合成气转

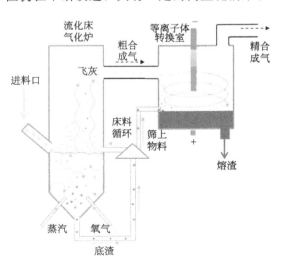

图 14-29 APP 鼓泡流化床＋等离子体气化技术

换为以 H_2、CO 和 CO_2 为主的合成气。该装置中 RDF 的碳转化率可达 97％，能源转化效率＞85％。APP 公司于 2008 年在斯温顿建设了一个 2.4t/d 的试验示范装置，所设计的大

型工厂处理能力可达 288t/d。

山东科技大学设计并搭建了一套等离子体气化熔融垃圾处理系统，设计方案如图 14-30 所示（彩图见书后）[33]。系统工艺流程为：垃圾在回转式预热器内被高温空气预热并破碎→预热后的气体通入燃烧室燃烧燃尽→垃圾与添加剂混合物由进料器送入气化熔融炉→垃圾在高温等离子体的作用下熔融，经水冷固化形成无害玻璃体→气化产生的燃气经过高温改性后温度可达 1000℃→高温燃气进入气-水换热器，燃气温度降低到 240℃左右，产生的高温高压蒸汽直接送入蒸汽轮机发电→燃气进入袋式除尘器除尘净化→净化后的燃气一部分通入燃烧室内，在超过 1000℃ 的高温空气下进行蓄热式燃烧，另一部分通入燃气轮机发电→燃烧后产生的高温烟气依次经过高温四通阀、蓄热体、低温四通阀、冷凝式换热器，最后烟气由引风机排放至大气，排烟温度为 40℃→蓄热式换热器将常温空气加热至 1000℃ 以上，产生的高温空气分为四股，分别作为回转式预热器中的预热空气、气化熔融炉底部气化剂、燃气改性器的氧化分解改性气和蓄热式燃烧的助燃空气。

气化熔融原理：垃圾与添加剂（CaO）一起被投入等离子体式气化熔融炉中，从上到下依次进入干燥区（温度约 300℃）、热分解区（300~1000℃）和熔融区（1700~1800℃），城市垃圾通过干燥区的加热水分被蒸发并逐渐向下移动到热分解区，机物分解为 H_2、CO 等合成气，剩余无机物和难以分解的有机物与 CaO 等一起下降到熔融区。气化熔融炉下部设有等离子体炬，等离子体炬的工作气体经电弧放电后，喷出温度高达 3000~6000℃ 的高温等离子体气体，在炉底形成高温氛围。炉体上配有主风口、二次风口、三次风口，其中主风口通入的是蓄热式换热器产生的高温空气。风口的目的是使城市垃圾气化更充分，熔融更彻底，减容率达到 95% 以上。

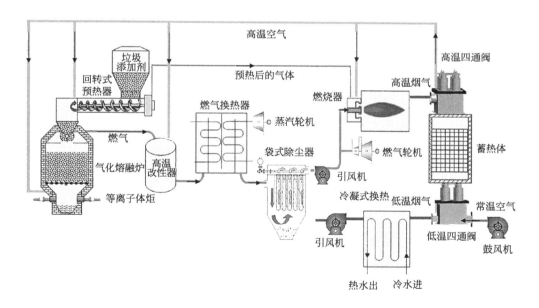

图 14-30　等离子体气化熔融垃圾处理系统[33]

总的来说，当前国内处理城市生活垃圾以填埋和焚烧为主，城市生活垃圾常规气化在中国尚未普及，仅部分城市采用气化技术处理垃圾，且处理能力有限。各项研究资料表明，等离子体气化技术在我国并未获大规模推广，高成本是其主要限制性因素[31]。

14.6　超临界水气化技术

超临界水气化研究始于 20 世纪 70 年代中期麻省理工学院（MIT）一位名叫 Sanjay Amin 的大学生所做的一个实验，最初他将有机物放入亚临界水中，发现有机物转化为了 CO_2、H_2、焦油和焦炭等产物，此后的 1975 年，他又尝试了有机物在超临界水中的反应，发现在亚临界状态下出现的焦油在超临界状态下完全消失[34]。这一重要发现开启了超临界水的有机物气化研究，包括有机废弃物的超临界水降解、煤和生物质的超临界水气化等。

14.6.1　生物质的超临界水气化过程

生物质在超临界水中的热化学转化主要有以下 3 条路径：

1）生物质液化　当压力为超临界压力，而温度接近临界点温度时（300～400℃），生物质会发生液化反应，固体生物质转化为液体生物质燃料。

2）气化为 CH_4　在超临界压力、温度为 350～500℃ 且有催化剂存在时，会发生甲烷化反应。

3）气化为 H_2　在超临界压力且温度＞600℃时，生物质裂解气化产生大量 H_2。

当没有催化剂参与时，生物质的超临界水气化反应温度通常为 500～750℃；当有催化剂时，气化温度可降低至 350～500℃。气化过程中，生物质首先裂解为焦炭、焦油、气体及其他中间产物，并进一步重整为 CO、CO_2、CH_4 和 H_2，气化流程如图 14-31 所示。如果将生物质分子式表示为 $C_6H_{12}O_6$，则生物质气化总的反应方程式为：

$$m C_6H_{12}O_6 + n H_2O \longrightarrow w H_2 + x CH_4 + y CO + z CO_2 \tag{14-5}$$

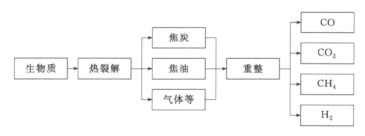

图 14-31　生物质超临界水气化示意图

生物质气化反应中也包含了生物质的水解和氧化反应。在高温高压条件下，有机物在水的作用下发生水解反应，有机物分解后一部分和水中的 H^+ 结合，一部分和 OH^- 结合。例如，图 14-32 所示的聚对苯二甲酸乙二醇酯的水解反应，聚对苯二甲酸乙二醇酯中的—C—O—键发生断裂，分别与 H^+ 和 OH^- 结合生成对苯二甲酸和乙二醇。酸和碱可提高水中的 H^+ 和 OH^- 浓度，因此，在水溶液中加入酸性或碱性催化剂可显著提高水解反应速率；而超临界水具有很高的 H^+ 和 OH^- 浓度，因此超临界水本身就是水解反应的良好催化剂。至于氧化反应，超临界状态下，O_2 和超临界水是完全互溶的，因此，在超临界水中容易实现均相氧化反应，即 O_2、水和液化有机物均为同一相态，从而能够大幅提高反应速率。

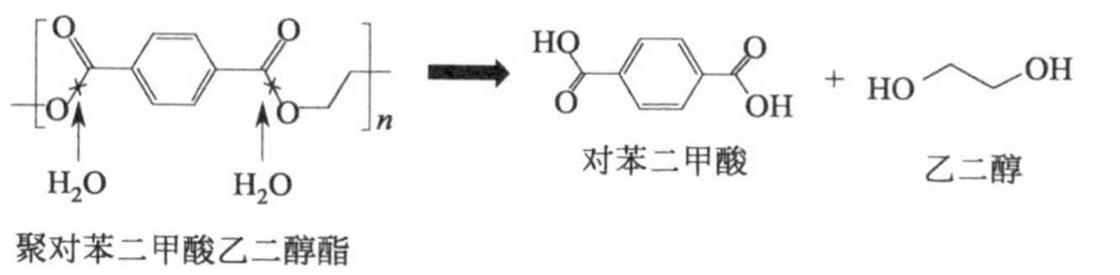

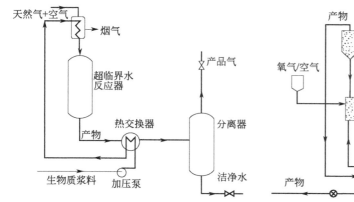

图 14-32 聚对苯二甲酸乙二醇酯水解示意图

14.6.2 超临界水反应器

典型的超临界水气化反应器主要有间歇式和连续式2种类型。相比于连续式反应器，间歇式具有结构简单、对原料适应性强及不必使用高压泵等优点，但不能实现连续生产，使用过程呈现周期性。连续式反应器可实现连续生产且反应时间短，可运用于商业生产。由于物料是由高压泵连续输送及反应持续反生，反应过程产生的固体产物及焦炭等物质在反应系统内不断积累，不能及时清理，容易造成反应器的结渣堵塞问题，影响生产的连续性和稳定性。

图 14-33 所示为一个连续式生物质超临界水气化系统，首先将生物质制成浆状溶液，通过高压泵将生物质浆料压力升至超临界压力（也可以采用水和生物质分开输送的方式，即水经泵送加压，生物质单独进料至反应器），浆料通过预热将液体温度升至所需的超临界温度后进入超临界反应器内反应，反应后的产物通过热交换器降温至常温（通常在热交换器之后还需要额外配备冷却器），再进入分离器进行产品气和洁净水的气液分离。因生物质气化所需能量由水提供，因此超临界水温度是影响气化性能的关键参数，需要对进料的预热过程进行精细控制，预热系统约占整个超临界水气化系统 60% 的初投资。预热所需的热量一部分来自产物的余热回收，不足部分再用外部热源进行加热。外部热源可以由图 14-33 所示的天然气燃烧提供，也可通过燃烧部分产品气提供。对于产品气的气液分离过程，在常温和高压条件下，H_2 和 CH_4 在水中的溶解度很低，很容易实现气液分离；但 CO_2 的溶解度却很高，通常需要再经过一套喷淋水洗过程。

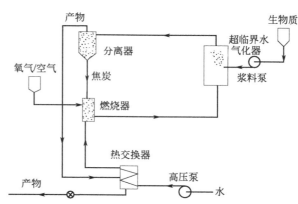

图 14-33 连续式生物质超临界水气化系统

图 14-34 残炭燃烧供热超临界水气化系统

图 14-34 所示为一套水和生物质分别独立进料的超临界水气化系统，该系统另一个特点是未完全气化的焦炭颗粒通过分离器分离后进入燃烧器燃烧，燃烧热量用于水的预热，从而实现系统能量自维持。对于有固体催化剂的气化系统，催化剂表面容易积炭，通过燃烧器还可以实现催化剂的再生。图 14-34 中的燃烧器为鼓泡流化床燃烧器，以超临界水为流化介质，焦炭和超临界水及溶解氧发生快速氧化反应并释放热量，反应后超临界水携带再生后的催化剂颗粒进入超临界水气化器参与生物质气化反应。

综上所述，相比其他气化技术，超临界水气化技术主要的优点包括：

① 焦油含量低。这是因为苯酚等焦油前驱体在超临界水中是完全溶解的，因此可以通过气化重整反应被高效脱除。

② 超临界水特别适合于高含水率物料，湿物料无需干燥，避免了传统气化技术中物料干燥过程的高能耗。

③ 超临界水气化可以一步产生低浓度 CO、高浓度 H_2 的富氢气体产物，避免了产品气的下游重整工艺。

④ 所产 H_2 为高压气体，可直接进入下游的商品供应链。

⑤ CO_2 在高压水中有很高的溶解率，因此很容易实现 CO_2 的分离处置。

⑥ 硫、氮、氯等有害气体元素会溶于超临界水中，不会污染产品气，因此避免了昂贵的气体净化工艺。

⑦ 不溶性的无机颗粒物能够很容易从水中分离出来。

综合以上对各种类型的气化炉介绍可知，各种气化炉各有特点，对于不同的场合有其独特的适用性，因此在选择气化炉类型时，应综合考虑燃料特征、容量大小、产品气组分要求等因素选择适用性最好的气化炉。表 14-4 简要对比了不同气化炉型的特点以供参考。

表 14-4　不同气化炉型的特点比较

大类名称	小类名称	燃料适用性	主要特点	容量大小
固定床气化炉	上吸式	煤及各种固体生物质燃料	产品气发热量高,中等粉尘浓度,焦油含量高	适用于小规模至中等规模处理量
	下吸式		产品气发热量低,中等粉尘浓度,焦油含量低	
流化床气化炉	鼓泡流化床	煤及各种固体生物质燃料	相比固定床气化炉具有更高的气化传热传质效率和气化效率,产品气热值较高	适用于中等规模处理量
	循环流化床		相比鼓泡床有更高的气化温度,传热传质效率和气化效率更高,焦油含量明显减少	适用于中等规模和大规模处理量
	双流化床		将气化和燃烧过程分开,提高了可燃气浓度和整体装置的效率,但系统较复杂	适用于中等规模和大规模处理量
气流床气化炉	顶部进料下降管气流床	煤粉	解决了产品气焦油问题,获得的产品气具有发热量高、酚类含量极低、对环境低污染等优点	适用于中等规模和大规模处理量
	侧面进料上升管气流床	煤粉		
	Choren 工艺	固体生物质燃料	解决了产品气焦油问题,获得的产品气具有发热量高、酚类含量极低、对环境低污染等优点,但系统工艺复杂	适用于中等规模和大规模处理量
等离子体气化炉		城市垃圾、危险废物	灰渣熔融,焦油裂解彻底,成本高	适用于小规模至中等规模处理量
超临界水气化炉		固体生物质燃料	焦油含量低,特别适合于高含水率物料,产品气为低浓度 CO 和高浓度 H_2 富氢气体产物,且洁净度高;但设备要求高,易发生结渣堵塞问题	适用于小规模至中等规模处理量

14.7 生物质气化炉过程设计

生物质气化炉的过程设计主要包括质量和能量平衡计算、产物产率计算、运行条件以及设备基本尺寸的确定等。在设计之初，初始条件的确定是非常重要的，这包括燃料特性、气化剂类型以及产品气相关指标等。燃料特性主要包括燃料的工业和元素分析成分、发热量及灰的成分等；气化剂类型包括水蒸气、O_2、空气或它们之间的组合；产品气相关指标包括期望的气体组分、发热量、气体产率、气化过程能耗等。

这些初始条件参数对气化技术和工艺参数选择的影响至关重要。例如，所期望的产品气发热量决定了要选用何种类型的气化剂，O_2 气化产品气发热量最高，其次为水蒸气，空气最低（如表 14-3 所列）；采用水蒸气作为气化剂可以使产品气中的 H_2 浓度达到最大化，但水蒸气气化能耗更高，因此，当产品气中的 H_2 浓度不是优先考虑项时，O_2 或空气气化剂将是更好的选择；但如果产品气中不能有 N_2，那么空气就不能作为气化剂；从投资和运行费用角度来说，空气气化剂是最经济的，其次为水蒸气，O_2 的费用最高。

14.7.1 质量平衡

不论对于何种气化技术，气化系统的质量和能量平衡都是最基础的计算步骤。根据质量守恒定律，在稳定的运行条件下，进入气化系统的各物质的质量应该等于离开系统的质量。质量平衡旨在确定产品气流率、燃料给料速率和气化剂流率等重要指标。

14.7.1.1 产品气流率

气化炉的输出功率 W（MW_{th}）是气化炉设计的一个重要参数，根据输出功率可粗略估计气化燃料及气化剂的消耗量。而产品气流率 V_g（标准状态）可根据下式计算：

$$V_g(m^3/s) = \frac{W}{Q_{net,gas}} \tag{14-6}$$

式中，$Q_{net,gas}$ 是产品气的低位发热量（标准状态），MJ/m^3，可根据产品气的气体组分进行计算。

产品气的组分可通过气化反应化学热力系平衡或动力学模型进行估算，或者根据已有的设计经验进行推断。例如，以空气为气化剂的生物质流化床气化炉，产品气的低位发热量通常为 $3.5\sim6MJ/m^3$（标准状态）[35]；当以 O_2 为气化剂时，热值可达 $10\sim15MJ/m^3$（标准状态）[36]。

14.7.1.2 燃料给料速率

燃料的给料速率 M_f 和生物质燃料低位发热量 $Q_{net,bm}$ 及气化炉热效率 η 有关，可按下式计算：

$$M_f(kg/s) = \frac{W}{Q_{net,bm}\eta} \tag{14-7}$$

生物质燃料的发热量可采用实测值，或根据式（2-21）～式（2-25）中的经验公式进行估算。

14.7.1.3 气化剂流率

气化剂流率是影响生物质气化产率以及产品气组分的重要因素，气化剂流率大小和气化剂类型有关。当以空气为气化剂时，单位质量的燃料完全燃烧所需化学当量的空气质量为 A_{stoic}，而单位质量的燃料气化过程实际消耗的空气质量为 A。根据气化当量比 ER 定义可知：

$$A(kg/kg) = A_{stoic}ER \tag{14-8}$$

根据燃料的给料速率 M_f，可得空气气化剂的质量流量 M_a 为：

$$M_a(kg/s) = A_{stoic}ERM_f \tag{14-9}$$

气化产品气的质量和气化当量比 ER 密切相关，$ER > 1$ 为燃料的燃烧，只有当 $ER < 1$ 才能实现燃料气化。生物质燃料气化当量比 ER 取值和生物质特性及气化炉类型有关，一般取值范围为 $0.2 \sim 0.3$。例如，有研究指出，下吸式气化炉的最佳气化当量比为 $ER = 0.25$[37]；图 14-35 所示为循环流化床气化炉碳转化率随 ER 的变化规律，碳转化率随着 ER 先增大再减小，最高碳转化率发生在 ER 为 0.26 时。ER 取值过低（<0.2），则无法实现焦炭的完全气化，产品气中的焦油含量会升高，产品气的发热量则会降低；ER 取值过高（>0.4），会提高气化温度，并使一部分可燃气转化为 CO_2 和 H_2O，导致产品气热值降低。

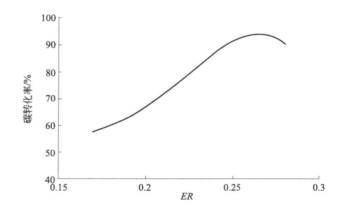

图 14-35　循环流化床气化炉气化当量比 ER 对碳转化率的影响[4]

当以 O_2 为气化剂时，O_2 的主要功能是通过氧化放热反应提供气化所需的能量，包括燃料升温、气化反应及炉体散热的总热量。1mol 碳不完全氧化生成 CO 的放热量为 111kJ/mol，而 1mol 碳完全氧化生成 CO_2 的放热量为 394kJ/mol。在缺氧条件下，碳的氧化反应更趋向于生成 CO 气体。通过调节 O/C 值，可以改变氧化过程放热量，实现对气化反应温度的调节，以及实现气化过程中系统能量的自维持。如前所述，空气气化剂中 N_2 组分对可燃气的稀释，导致产品气发热量相对较低（$4 \sim 6MJ/m^3$）；纯 O_2 气化剂避免了 N_2 的稀释，产品气放热量可提升至 $10 \sim 15MJ/m^3$，但需考虑制备 O_2 所额外消耗的能量（制备 1kg O_2 的能耗约为 2.18MJ）。

作为气化剂的过热水蒸气，既可以单独使用，也可以和空气、O_2 等气化剂混合使用。水蒸气和碳反应生成 CO 和 H_2，因此水蒸气有助于提高气化产品气中的 H_2 浓度。水蒸气的消耗量可根据水蒸气/碳摩尔比来确定。

14.7.2　能量平衡

大部分的燃料气化反应都是吸热反应，因此必须向气化炉提供足够的能量以保证燃料在设定温度下进行良好的气化反应，气化所需能量的大小主要取决于气化反应的吸热量以及气化反应温度。根据能量守恒定律，在稳定运行工况下进入气化系统的能量等于离开系统的能量。通过能量平衡计算，可以确定燃料本身所带入气化系统的能量是否足以维持气化所需温度，以及当能量无法自维持时，外界需要额外补充多少能量。

14.7.2.1　气化温度

合理的气化温度能够实现燃料的良好气化，减少气化产物中焦炭和焦油的含量。气化温度和燃料类型及气化炉炉型有关，例如，生物质中的木质素是较难气化成分，通常要求 $800\sim900℃$ 以上的高温才能实现良好的气化，而对于大部分煤气化的最低温度要求为 $900℃$。不同的气化炉型，如固定床、流化床和气流床，对气化温度的要求也不尽相同。其中气流床反应温度通常超过 $1000℃$，峰值温度可达 $1400\sim1700℃$，如此高的温度设计是为了实现燃料的快速气化，并使灰熔融；相反，流化床反应器则要避免灰和床料的熔融，反应温度通常为 $700\sim900℃$。同样是固定床反应器，上吸式和下吸式气化炉的反应温度也有区别，下吸式气化炉的气化峰值温度为 $1000℃$ 左右，出口气体温度为 $700℃$ 左右；而上吸式气化炉的气化峰值温度为 $900℃$ 左右，出口气体温度仅为 $200\sim400℃$。

14.7.2.2　气化反应焓

反应焓定义为某一固定温度和压力条件下产物的绝对焓和反应物绝对焓的差值。以 1mol 化学式为 $C_xH_yO_z$ 的生物质和 αmol 水蒸气及 βmol O_2 所发生的气化反应为例，该气化反应方程可写为：

$$C_xH_yO_z+\alpha H_2O+\beta O_2 \longrightarrow aC+bCO_2+cCO+dCH_4+eH_2O+fH_2 \tag{14-10}$$

该反应中各产物的化学当量系数 $a\sim f$ 可由热力学平衡计算得到，而反应物中的水蒸气当量系数 α 和 O_2 当量系数 β 取决于气化反应工艺参数（如 ER）。根据反应焓的定义，标准状态下该气化反应焓 ΔH_{298}^0 为：

$$\Delta H_{298}^0 = a\bar{h}_{f,C}^0+b\bar{h}_{f,CO_2}^0+c\bar{h}_{f,CO}^0+d\bar{h}_{f,CH_4}^0+e\bar{h}_{f,H_2O}^0$$
$$+f\bar{h}_{f,H_2}^0-\bar{h}_{f,C_xH_yO_z}^0-\alpha\bar{h}_{f,H_2O}^0-\beta\bar{h}_{f,O_2}^0 \tag{14-11}$$

对于任意温度 T 下的反应焓 ΔH_T^0 为：

$$\Delta H_T^0 = \Delta H_{298}^0+\Delta H_{s,P}(T)-\Delta H_{s,R}(T) \tag{14-12}$$

其中 $\Delta H_{s,P}(T)$ 和 $\Delta H_{s,R}(T)$ 分别为产物和生成物在温度 T 下的显焓。因此，ΔH_T^0 即为气化温度 T 下燃料气化所需的净热量。当 $\Delta H_T^0<0$ 时，表明气化系统总体为放热反应，可以实现自维持；当 $\Delta H_T^0>0$ 时，气化系统总体为吸热反应，需要外界提供额外的热能以维持气化温度。

14.7.2.3　热平衡计算

图 14-36 所示为气化系统能量平衡示意图，进入气化系统的能量包括燃料和气化剂带入的能量，以及外加能量。燃料进入气化系统所带入的能量包括燃料化学能及物理热，气化剂

所带入的能量为气化剂在相应温度下的物理热。当气化系统过程无法自维持时，需要提供外加能量。离开气化系统的能量包括气化炉排放的焦炭和产品气所包含的化学能及物理热，以及气化炉散热损失。假设生成 $1m^3$ 的产品气（标准状态），需要气化 F kg 燃料，并消耗 A kg 空气和 W kg 水蒸气，则以 $0℃$ 为参考温度下的气化系统能量平衡方程为：

$$Ac_{p,A}T_0 + Fc_{p,F}T_0 + WH_0 + F \times HHV + Q_{ext}$$
$$= T_g \sum c_i V_i + (1-X_g)WH_g + P_c q_c + Q_{loss} + Q_{prod} \quad (14-13)$$

式中，H_0，H_g 分别是参考温度和气化炉出口温度 T_g 下的蒸汽焓，kJ/kg；c_i 为各组分气化气（CO，CO_2，CH_4，H_2，O_2，N_2 等）在出口温度 T_g 下的体积比热容，kJ/(m^3·K）；HHV 为燃料高位发热量，kJ/kg；V_i 为各组分气化气的体积，m^3；X_g 为气化过程实际水蒸气消耗量和进口总水蒸气量的比值；P_c 为焦炭产量，kg；q_c 为焦炭发热量，kJ/kg；Q_{ext}，Q_{loss} 和 Q_{prod} 分别为外来热源、气化系统的散热损失及产品气的高位发热量，kJ。

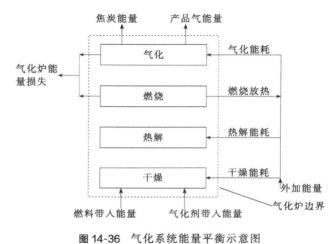

图 14-36　气化系统能量平衡示意图

14.7.3　产品气组分预测

　　已知产品气的组分分布是气化炉设计的必要前提，通过化学热力学平衡计算，可以估算在不同设计参数下的燃料气化反应热力学平衡组分分布，通过调整气化参数，使化学平衡组分尽可能与目标产品气组分浓度接近。

　　燃料的完全燃烧产物为 CO_2 和水蒸气，根据化学当量比建立燃烧方程式，就能精确算出燃烧 CO_2 和水蒸气排放量。而对于气化反应来说，气化产物的组分预测则要复杂得多，这是因为气化最终产物组分复杂，包括可燃性气体（CH_4、H_2、CO、C_nH_m 等）、CO_2、焦油和焦炭等，任意气化工况参数（温度、压力、气化剂种类和流量等）及气化炉结构参数（气化炉类型及结构尺寸）的变化，都可能会对气化产物组分分布产生影响。通过化学热力学平衡计算可以预测燃料气化组分在化学平衡条件下的分布，但化学平衡模型法假定了化学反应速率为无穷大，即所有化学反应都达到了化学平衡状态，这显然和实际的气化过程有较大偏差。实际的气化过程受到传热、传质及化学反应速率的综合影响，受反应时间所限，气化炉内实际的气化反应并不总能达到平衡状态，因此化学平衡模型只能粗略估计气化产物组成，但对于气化炉的初步设计来说，平衡组分数据仍然提供了较好的参考依据。

14.7.3.1 化学当量比平衡模型预测法

在化学当量比平衡模型预测方法中，模型计算涉及具体的化学反应及组分类型，所考虑的组分类型通常为包含 C、H、O 的主要成分。为简化计算，其他浓度很低的次要成分通常忽略不计。假设生物质的分子式为 $CH_aO_bN_c$（其中 a、b 和 c 的值分别为燃料元素的氢/碳比、氧/碳比和氮/碳比，可以根据燃料的元素成分分析得到），1mol 生物质气化消耗 d mol 水蒸气和 e mol 空气，那么生物质的气化反应式可写为：

$$CH_aO_bN_c + dH_2O + e(O_2 + 3.76N_2) \longrightarrow$$
$$n_1C + n_2H_2 + n_3CO + n_4H_2O + n_5CO_2 + n_6CH_4 + n_7N_2 \tag{14-14}$$

式中，d 和 e 为水蒸气和空气的消耗量，为系统输入参数；$n_1 \sim n_7$ 为化学当量系数，为未知量，需要联立 7 个方程进行求解。

根据反应前后元素平衡，可得以下 4 个方程：

C 平衡：
$$n_1 + n_3 + n_5 + n_6 = 1 \tag{R.1}$$

H 平衡：
$$2n_2 + 2n_4 + 4n_6 = a + 2d \tag{R.2}$$

O 平衡：
$$n_3 + n_4 + 2n_5 = b + d + 2e \tag{R.3}$$

N 平衡：
$$n_7 = c + 7.52e \tag{R.4}$$

此外，根据 C 和 CO_2 的气化反应 $C + CO_2 \longrightarrow 2CO$，C 和水蒸气的气化反应 $C + H_2O \longrightarrow H_2 + CO$，以及 C 的甲烷化反应 $C + 2H_2 \longrightarrow CH_4$，三组反应的化学平衡常数 K_1、K_2 和 K_3 可由式(13-27)求得，且满足以下等式：

$$K_1 = \frac{x_{CO}^2 P}{x_{CO_2}} = \frac{n_3^2 P}{n_5} \tag{R.5}$$

$$K_2 = \frac{x_{CO}x_{H_2}P}{x_{H_2O}} = \frac{n_3 n_2 P}{n_4} \tag{R.6}$$

$$K_3 = \frac{x_{CH_4}P}{x_{H_2}^2} = \frac{n_6 P}{n_2^2} \tag{R.7}$$

式中，x_{CO}、x_{H_2}、x_{H_2O}、x_{CH_4}、x_{CO_2} 分别为 CO、H_2、H_2O、CH_4 和 CO_2 组分的摩尔分数；P 为气化反应压力，Pa。

因此，通过联立 $R.1 \sim R.7$ 共 7 个方程，可以求得给定水蒸气/生物质、空气/生物质质量比条件下，$n_1 \sim n_7$ 共 7 个未知量的值。

以上即为化学当量比平衡模型法预测气化气组分的简单示例，当产物类型增多时，方程数量也会增加，求解过程也更加复杂。对于一个已知反应机理的生物质气化过程，采用化学当量比平衡模型法可以预测各组分理论上所能达到的最高产量。

14.7.3.2 非化学当量比平衡模型法

和化学当量比平衡模型法不同，非化学当量比平衡模型法不要求已知燃料的气化反应机理方程，而是通过求解最小吉布斯（Gibbs）自由能来确定气化系统在化学平衡条件下的各组分分布。因此，该方法只需要提供生物质燃料元素成分即可（即 a、b、c 的值），特别适用于像生物质、煤等无法精确获得化学结构式的燃料。

假设气化产物包含了 N 个组分（即 $i = 1, 2, \cdots, N$），则气化产物的 Gibbs 自由能 G_{prod} 为：

$$G_{\mathrm{prod}} = \sum_{i=1}^{N} n_i \Delta G_{\mathrm{f},i}^0 + \sum_{i=1}^{N} n_i RT \ln \left(\frac{n_i}{\sum n_i} \right) \qquad (14\text{-}15)$$

式中，$\Delta G_{\mathrm{f},i}^0$ 为组分 i 在标准大气压（1atm）下的 Gibbs 生成焓，kJ/mol；n_i 为组分 i 的化学当量系数。

根据气化反应前后的元素守恒定律，反应前的某一元素质量和反应后所有该元素质量之和相等，即：

$$\sum_{i=1}^{N} a_{i,j} n_i = A_j \qquad (14\text{-}16)$$

式中，$a_{i,j}$ 为 j 元素在 i 组分中的原子数量；A_j 为进入气化炉的所有 j 元素的原子数量。

在化学平衡条件下，n_i 的取值应满足产物的 Gibbs 自由能 G_{prod} 达到最小，可采用 Lagrange 乘子法来求解。

根据 Lagrange 方程（L）的定义，可得：

$$L(\mathrm{kJ/mol}) = G_{\mathrm{prod}} - \sum_{j=1}^{K} \lambda_j \left(\sum_{i=1}^{N} a_{i,j} n_i - A_j \right) \qquad (14\text{-}17)$$

式中，λ_j 为 j 元素的 Lagrange 乘子。

将式（14-15）代入式（14-17），方程（14-17）除以 RT 并对 n_i 求偏导，并令 $\left(\dfrac{\partial L}{\partial n_i} \right) = 0$，可得组分 i 的最小 Gibbs 自由能方程：

$$\left(\frac{\partial L}{\partial n_i} \right) = \frac{\Delta G_{\mathrm{f},i}^0}{RT} + \sum_{i=1}^{N} \ln x_i + \frac{1}{RT} \sum_{j=1}^{K} \lambda_j \left(\sum_{i=1}^{N} a_{i,j} n_i \right) = 0 \qquad (14\text{-}18)$$

假设气化产物为 CH_4、CO_2、CO、H_2 和 H_2O，则各组分的最小 Gibbs 自由能方程为：

$$CH_4: \qquad \frac{\Delta G_{\mathrm{f},CH_4}^0}{RT} + \ln x_{CH_4} + \frac{1}{RT} \lambda_C + \frac{4}{RT} \lambda_H = 0 \qquad (R.8)$$

$$CO_2: \qquad \frac{\Delta G_{\mathrm{f},CO_2}^0}{RT} + \ln x_{CO_2} + \frac{1}{RT} \lambda_C + \frac{2}{RT} \lambda_O = 0 \qquad (R.9)$$

$$CO: \qquad \frac{\Delta G_{\mathrm{f},CO}^0}{RT} + \ln x_{CO} + \frac{1}{RT} \lambda_C + \frac{1}{RT} \lambda_O = 0 \qquad (R.10)$$

$$H_2: \qquad \frac{\Delta G_{\mathrm{f},H_2}^0}{RT} + \ln x_{H_2} + \frac{2}{RT} \lambda_H = 0 \qquad (R.11)$$

$$H_2O: \qquad \frac{\Delta G_{\mathrm{f},H_2O}^0}{RT} + \ln x_{H_2O} + \frac{2}{RT} \lambda_H + \frac{1}{RT} \lambda_O = 0 \qquad (R.12)$$

方程 $R.8 \sim R.12$ 中包含了 8 个未知数，包括 5 个组分摩尔分数 x_{CO}、x_{H_2}、x_{H_2O}、x_{CH_4}、x_{CO_2}，和 3 个 Lagrange 常数 λ_H、λ_O 和 λ_C。因此，在已知燃料组分、气化剂流率及气化反应温度条件时，可以获得产品气组分分布。

化学平衡模型法的不足之处在于，没有考虑焦油的影响，而焦油是影响气化系统正常运行的首要因素。此外，化学平衡模型法通常也会过高估计产品气中的氢气产量。

14.7.4　气化炉尺寸确定

前文通过质量平衡、能量平衡及化学平衡介绍了气化系统相关运行参数（如气化温度、气化剂、给料速率等）的确定方法，在此基础上，结合不同气化炉的运行原理、适用性、优缺点等综合考量，选择最具适用性的气化炉类型（如表14-4所列）。当气化炉类型确定以后，进一步地，再对气化炉的容量、尺寸大小等基本参数进行确定。

14.7.4.1 固定床气化炉

气化强度（气化炉膛的截面负荷）是固定床气化炉的主要结构设计参数，是指单位时间、气化炉单位截面积上处理的燃料量或产生的气化气量，有时也表示为炉膛热负荷，其计算式如式(13-65)~式(13-67)所示。其中，炉膛截面产气量单位和速度单位相同，因此炉膛截面产气量也称为表观气流速度或空速。值得指出的是，气化炉的表观气流速度要远小于气流在床层中的真实速度，这是因为表观气流速度的流通面积是按照床层截面积计算的，而气流的实际流通面积为床层截面积减去固体颗粒截面积（即孔隙截面积）。

（1）上吸式气化炉

上吸式气化炉是结构最简单、应用最广泛的生物质气化炉型之一，其最高气化温度随着空气（或O_2）量增加而升高。因此，为了防止气化温度过高导致灰渣熔融，影响气化炉正常工作，需要对空气或O_2气化剂流量进行严格控制。当气化剂中包含水蒸气时，可以通过调节水蒸气与空气（或O_2）配比来控制气化温度。

上吸式气化炉的炉膛截面热负荷通常控制在$2.8MW/m^2$［或炉膛截面生物质燃料耗量$150kg/(m^2 \cdot h)$］以下[38]。当气化燃料为煤时，因煤相比生物质有更高的灰熔点，可采用更高的气化温度，炉膛截面热负荷可以高达$10MW/m^2$以上。随着炉膛截面热负荷增加，气化反应更加强烈，产品气的空速也相应增加，增加了气体扬尘，导致产品气中的粉尘颗粒浓度增加。Rao等[39]研究指出，在气化剂/燃料质量比为$2.5~3.0$时，垃圾衍生燃料（RDF）的炉膛截面燃料耗量推荐值为$100~200kg/(m^2 \cdot h)$；中科院广州能源所针对生物质燃料给出的炉膛截面燃料耗量推荐值为$200~240kg/(m^2 \cdot h)$[2]；而瑞典皇家理工学院所开发的上吸式气化炉，以350℃的空气/水蒸气为气化剂时的炉膛截面燃料耗量达到了$745kg/(m^2 \cdot h)$，以830℃空气为气化剂时则可达$916kg/(m^2 \cdot h)$。

结构上，上吸式气化炉的炉体高度通常大于炉体直径，其高度和直径比值的推荐值为$3~4$，过大的炉体直径会给物料流动的均匀性和稳定性带来问题。

（2）下吸式气化炉

如图14-2所示，下吸式气化炉有喉式和直筒式两种类型，其中喉式气化炉的横截面积沿高度方向是变化的，在喉口处的横截面积最小，因此会对截面负荷产生显著影响。由于喉口区对应的反应为氧化放热反应，该区域的温度最高，截面热负荷最大，气流速度也最高。表14-5所列为几种喉式和直筒式气化炉在不同结构尺寸和运行条件下的表观气流速度和炉膛截面热负荷。

表14-5　喉式和直筒式下吸式气化炉相关负荷参数[4]

气化炉类型	气化剂	直径/m	表观气流速度/(m/s)	炉膛截面热负荷/(MW/m²)
喉式	空气	0.15(喉口)	2.5(喉口)	15(喉口)
喉式	空气	0.3(喉口)	0.95(喉口)	5.7(喉口)
直筒式	空气	0.15	0.28	1.67
直筒式	空气	0.61	0.23	1.35
直筒式	空气	0.61	0.13	0.788
直筒式	空气	0.76	1.71	10.28
直筒式	O_2	0.76	1.07	12.84
直筒式	O_2	0.15	0.24	1.42

如图 14-2 所示，气化剂通过布置在气化炉炉壁上的气化剂喷嘴进入炉膛，典型的喷嘴数量为 7 个，喷嘴的总截面积通常为喉口区截面积的 4% 左右。此外，喷嘴的数量应该设为奇数个，这是因为偶数个喷嘴会形成对冲布置，容易在炉膛内部形成死区，影响气化剂和燃料的充分接触。气化剂在炉膛内部的流动要克服燃料床层的渗透阻力，炉体直径越大，则气化剂所需克服的渗透阻力也越大，过大的直径会导致气化剂无法深入床层中心而影响气化效果。因此，下吸式气化炉的炉膛直径通常不能超过 1.5m，这极大限制了下吸式气化炉的炉体尺寸和处理量。表 14-6 和图 14-37 所示为下吸喉式气化炉的典型结构尺寸、产气量、生物质耗量以及气化剂喷嘴直径和喉区截面积的比值等参数。

表 14-6　下吸喉式气化炉炉膛及气化剂喷嘴尺寸

d_h /mm	d_r /mm	d_r' /mm	h /mm	H /mm	气化剂喷嘴数	d_m /mm	$\dfrac{A_m \times 100}{A_h}$	产气量(标准状态) /(m³/h)		生物质耗量最大值 /(kg/h)	喷嘴流速 /(m/s)
								最大	最小		
60	268	150	80	256	5	7.5	7.8	30	4	14	22.4
80	268	176	95	256	5	9.0	6.4	44	5	21	23.0
100	268	202	100	256	5	10.5	5.5	63	8	30	24.2
120	268	216	110	256	5	12.0	5.0	90	12	42	26.0
100	300	208	100	275	5	10.5	5.5	77	10	36	29.4
115	300	228	105	275	5	11.5	5.0	95	12	45	30.3
130	300	248	110	275	5	12.5	4.6	115	15	55	31.5
150	300	258	120	275	5	14.0	4.4	140	18	67	30.0
130	400	258	110	370	7	10.5	4.6	120	17	57	32.6
135	400	258	120	370	7	12.0	4.5	150	21	71	32.6
175	400	308	130	370	7	13.5	4.2	190	26	90	31.4
200	400	318	145	370	7	16.0	3.9	230	33	110	31.2

注：A_m 为气化剂喷嘴截面积总和；A_h 为气化炉喉口区截面积；d_m 为气化剂喷嘴内径；d_h 为喉口直径。

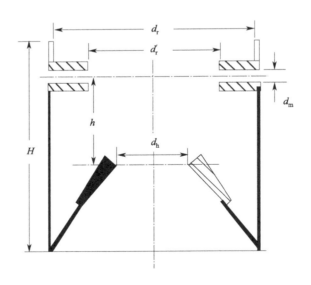

图 14-37　下吸喉式气化炉结构尺寸

14.7.4.2 流化床气化炉

从前文介绍可知，流化床气化炉的结构仍然在不断发展和演变过程中，出现了如鼓泡床、循环流化床和双流床等种类繁多的气化炉型。其中，一些炉型已经实现工业推广，但仍在不断完善；一些炉型则仍处于小试或中试研究阶段。因此，也尚未形成流化床气化炉的设计标准，以下所介绍的计算方法是基于当前的研究现状所整理出来的实验性的方法。

（1）横截面积

流化床气化炉的横截面积 A_b 取决于气化剂的体积流量和推荐流速（或流化速度），即：

$$A_b = \frac{V_{fa}}{U_{fa}} \tag{14-19}$$

式中，V_{fa} 为气化剂体积流量，m^3/s；U_{fa} 为推荐流速（或流化速度），m/s。

气化剂的体积流量可根据下式计算：

$$V_{fa} = \frac{M_{fa}}{\rho_{fa}} \tag{14-20}$$

式中，M_{fa} 为气化剂的质量流量，kg/s；ρ_{fa} 为气化剂在气化炉工作温度和工作压力下的密度，kg/m^3。

由式(14-19)可知，确定横截面面积大小的关键是选择合理的气流速度 U_{fa}，一方面气流速度要足够大，以实现床料的良好流化；另一方面，对于鼓泡流化床又要避免流速过大而导致过量的颗粒夹带。

（2）流化速度

流化速度 U_{fa} 取决于床料的平均颗粒直径，其计算方法和流化床燃烧炉相同。对于鼓泡流化床而言，气流速度应介于床料的最小气流速度和终端气流速度之间。床料类型应选择 Geladart 粒径分布图中的 B 类和 D 类颗粒（如图 6-9 所示）。例如，平均粒径为 1mm 左右的石英砂床料，其鼓泡床流化速度介于 1.0～2.0m/s。

对于循环流化床气化炉，炉膛内的气流速度应在快速流化床的流速范围内，粒径优选 Geladart 粒径分布图中的 A 类和 B 类颗粒。例如，对于床料粒径为 150～350μm 的循环流化床，典型的流化速度为 3.5～5.0m/s。

（3）气化炉高度

燃料气化为部分氧化反应，在这一过程中仅释放了燃料总发热量的一部分，且绝大部分释放的热量用于满足燃料热解和气化反应过程的吸热。除了用于满足热解和气化反应所需用热外，还应尽量减少燃料发热量的损失，以尽可能提高产品气品质。因此，和流化床焚烧炉不同，流化床气化炉内无需布置受热面，不存在受热面对气化炉高度的影响。实际上，流化床气化炉的高度设计主要考虑其对气体和固体颗粒停留时间的影响。

对于鼓泡流化床气化炉，气化炉高度为鼓泡段（即密相区）高度和悬浮段高度之和。其中鼓泡段高度是鼓泡流化床气化炉的重要设计参数，由于反应温度较低，气化炉的总体反应强度并没有燃烧反应剧烈，为了提高气化反应效率和碳转化率，气化炉的鼓泡段高度通常比鼓泡流化床焚烧炉的鼓泡段高度更高一些。例如，对于一个直径大于 1m 的鼓泡床气化炉，密相区的典型高度为 1～1.5m。尽管提高鼓泡段高度可以增加气体停留时间，但其高度值不应该比炉膛直径大很多，以避免料层温度过高而发生熔融结渣的现象。此外也要考虑经济性因素，床层高度越大，必然导致鼓泡床气化炉整体高度提升，气体流动阻力也越大。

鼓泡流化床必须拥有一定的料床深度以增加气体停留时间，提高气化反应效率，因此停留时间是确定鼓泡段高度的重要因素，往往是根据停留时间对鼓泡段高度做初步的估计。基于停留时间的鼓泡段高度确定方法，早期主要用于鼓泡床煤气化炉，也可推广至生物质气化炉。该方法的建立是基于这样一个基本假设，即在所有的气化反应中，焦炭的气化反应是最慢的，是决速步骤。因此反应器需提供足够长的停留时间以满足焦炭完全气化的需求。同时还假设气体和固体颗粒完全混合均匀。

假设水煤气反应（$C + H_2O \longrightarrow CO + H_2$）是焦炭气化过程的主要反应，即焦炭主要通过和水蒸气之间的气化反应被消耗掉，假设反应级数为 n，则焦炭气化的反应动力学方程为：

$$\frac{1}{m} \times \frac{dC}{dt} = k[H_2O]^n \tag{14-21}$$

式中，m 为生物质的初始质量。

式（14-21）两边取对数，可得：

$$\ln\left(\frac{1}{m} \times \frac{dC}{dt}\right) = \ln k + n \ln[H_2O] \tag{14-22}$$

通过实验可测定已知质量的生物质燃料，在已知反应温度、压力和水蒸气流量条件下，碳转化率随时间的变化关系。然后以 $\ln\left(\frac{1}{m} \times \frac{dC}{dt}\right)$ 值为纵坐标，$\ln[H_2O]$ 为横坐标作图（如图 14-38 所示）可得一条斜线，根据斜线的截距和斜率，可得参数 k 和 n。化学反应速率常数 k 为温度的函数，对 Arrhenius 方程两边取对数可得：

$$\ln k = \ln k_0 - \frac{E_a}{R_u T} \tag{14-23}$$

以 $\ln k$ 为横坐标、$1/T$ 为纵坐标作图，斜线截距为 $\ln k_0$，斜率为（$-E_a/R_u$），从而求得 k_0 和 E_a。式（14-21）可写为：

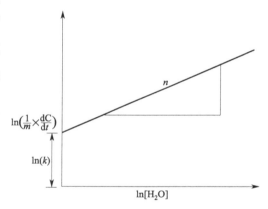

图 14-38　作图法确定参数 k 和 n

$$\frac{dC}{dt} = k_0 m \exp\left(-\frac{E_a}{R_u T}\right)[H_2O]^n \tag{14-24}$$

根据所求化学反应速率，可根据下式计算气体在气化炉内的停留时间 θ，即：

$$\theta = C_0 \frac{X}{dC/dt} \tag{14-25}$$

式中，C_0 为生物质中的初始含碳量，kg；X 为碳的转化率。

因此，鼓泡床的床层体积 V_{bed} 可按下式计算：

$$V_{bed} = \frac{W_{char}\theta}{(1-\epsilon)\rho_s x_{char}} \tag{14-26}$$

式中，W_{char} 为进入气化炉的焦炭质量流率，kg/s；ϵ 为床层空隙率，鼓泡流化床一般取 0.7；ρ_s 为床料密度，kg/m³；x_{char} 为焦炭占床料质量百分比，%，一般取 5%～8%。

由此，床层高度 H_{bed} 可以通过下式求得，即：

$$H_{bed} = \frac{V_{bed}}{A_b} \qquad (14\text{-}27)$$

式中，A_b 为床层截面积，m^2。

当燃料中含有硫时，通常需要向床料中加入石灰石进行炉内脱硫，此时床层高度还需要考虑脱硫反应所需停留时间。床层高度也要考虑焦油裂解所需时间，应尽可能实现焦油在气化炉内裂解完全。值得注意的是，床层高度越大，意味着床层阻力越大，且气泡直径也随着床层高度增加而增大，而大气泡的气固两相混合相比小气泡更差。

（4）悬浮区高度

在生物质鼓泡床气化过程中，床层中较细的焦炭颗粒往往随气体进入鼓泡段以上的悬浮区，因此，悬浮区也需要一定的高度，为焦炭细颗粒在悬浮区的充分反应提供足够的停留时间，同时还要促进气固混合扰流。故而悬浮区直径通常比鼓泡段更大，高度也更高一些，但要小于输送分离高度（TDH，即固体颗粒密度不随高度变化的最小高度）。

（5）生物质进料口位置

生物质进料口位于鼓泡段区域，要合理选择进料口高度，当进料口过于靠近鼓泡段上表面时，不仅会缩短气化反应时间，也容易形成生物质颗粒扬尘，导致气化效率降低。当进料口过于靠近布风板时，可能会导致生物质燃料的过度燃烧。但对于焦油含量较高的情况，燃料进口应靠近布风板，增加物料在鼓泡段停留时间，使焦油裂解更充分。

（6）床料

对于流化床气化炉来说，床料的选择是很关键的。床料由无机颗粒（＞90％）和少量的燃料颗粒（＜10％）组成。对于生物质燃料来说，石英砂廉价易得，是一种较常用的惰性床料。不足之处是，石英砂会和生物质灰分中的钾和钠组分发生反应，形成低熔点共晶物，导致床料容易发生结渣现象。为避免这一问题，可以采用矾土（Al_2O_3）、菱镁矿（$MgCO_3$）、长石、白云石（$CaCO_3 \cdot MgCO_3$）、氧化铁（Fe_2O_3）、石灰石（$CaCO_3$）等无机材料作为替代床料。某些床料还兼具催化功能，通过本身所包含的催化金属元素或者人工负载催化剂，可促进焦油裂解，如橄榄石、活性黏土、膨润土、制砖黏土等，目前这一领域仍然是研究热点。例如，橄榄石中所含铁元素具有催化活性，而人工负载镍元素的橄榄石则具有更高的催化活性；以制砖黏土为床料时，通过气化过程中负载到黏土表面的碱金属元素，对焦油裂解也具有催化活性；等等。

14.7.4.3 气流床气化炉

气体在气流床气化炉内的停留时间很短，通常只有几秒钟的时间，因此，为了实现生物质快速气化，必须将生物质燃料破碎至极细的粒径（＜1mm）。颗粒在气化炉内的停留时间和颗粒的流动路径密切相关，如顶部进料下降管气流床类似于柱塞流反应器，而侧面进料上升管气流床的颗粒路径则更加复杂，在设计中往往需要通过流场计算预测颗粒流动路径。

大部分气流床气化炉为压力容器，结构紧凑。以典型的下降管气流床气化炉为例（如图14-22所示），该气化炉为圆柱形压力容器，由顶部进料，底部排放产品气和灰渣，内壁上敷设有耐热保温层内衬，兼具保温、蓄热和防腐的功能。内衬厚度的选择需综合考虑各种因素，例如，生物质燃料的灰熔点较低，其熔融灰比大部分粉煤灰具有更强的腐蚀性，因此在内衬材料及厚度选择时需考虑这些关键要素。

侧面进料上升管气流床气化炉的结构比顶部进料下降管气化炉更复杂（如图14-23所

示），气化炉整体结构并非圆柱形并设有更多的开口，如底部开口为灰渣排放口，顶部开口为产品气出口，而侧面开口为燃料进料口，而且可能需要额外增设其他开口，但对于一个结构复杂且在高温（＞1000℃）和高压（3～7MPa）下工作的气化炉来说，任何开口的增设都需权衡利弊。

 思考题

1. 简述上吸式气化炉的特点。
2. 下吸式气化炉有哪些类型？它的产气受到哪些因素的影响？
3. 简述鼓泡流化床气化炉和循环流化床气化炉的异同点。
4. 简述双流床气化炉的工作原理。何种组合的双流床气化炉最优？为什么？
5. 简述气流床气化炉的工作特点。为何气流床对于生物质的适用性仍存在争议？
6. 简述等离子体气化的基本原理。其在垃圾气化中的利用技术主要有哪些分类？各有何特点？
7. 简述超临界水气化的基本原理及其优缺点。

参考文献

[1] 邓先伦，高一苇，许玉，等．生物质气化与设备的研究进展．生物质化学工程，2007（41）：37-41.
[2] 徐冰嬿，罗曾凡，陈小旺，等．上吸式气化炉的设计与运行．太阳能学报，1988（9）：358-368.
[3] 马中青，张齐生，周建斌，等．下吸式生物质固定床气化炉研究进展．南京林业大学学报（自然科学版），2013（37）：139-145.
[4] Basu P. 生物质气化和热解：实用设计与理论．北京：科学出版社，2011.
[5] Buragohain B，Mahanta P，Moholkar V S. Biomass gasification for decentralized power generation：Indian perspective. Renew. Sustain. Energy，2010（14）：73-92.
[6] Reed T B，Das A. Handbook of biomass downdraft gasifier engine system. USA：Biomass Energy Foundation Press，1988.
[7] Yamazaki T，Kozu H，Yamagata S，et al. Effect of superficial velocity on tar from downdraft gasification of biomass. Fuel，2005（19）：1186-1191.
[8] Dogru M，Howarth C R，Akay G，et al. Gasification of hazelnut shells in a downdraft gasifier. Energy，2002（27）：415-427.
[9] 米铁，唐汝江，陈汉平，等．生物质气化技术及其研究进展．化工装备技术，2005（26）：50-56.
[10] Mac an Bhaird S T，Hemmingway P，Walsh E，et al. Bubbling fluidised bed gasification of wheat straw-gasifier performance using mullite as bed material. Chem. Eng. Res. Design，2015（97）：36-44.
[11] 杨建蒙，孙雪峰．生物质鼓泡流化床气化特性的空气当量比影响分析．应用能源技术，2009：1-4.
[12] 刘鑫，陈文义，范晓旭，等．不同形式的循环流化床生物质气化炉．锅炉技术，2012（43）：33-37.
[13] Igarashi M，Hayafune Y，Sugamiya R. Pyrolysis of municipal solid waste in Japan. Energy Resource Technol.，1984（106）：377-382.
[14] 王晓明，肖显斌，刘吉，等．双流化床生物质气化炉研究进展．化工进展，2015（34）：26-31.
[15] Foscolo P U，Germanà A，Jand N，et al. Design and cold model testing of a biomass gasifier consisting of two interconnected fluidized beds. Powder Technol.，2007（173）：179-188.
[16] 方梦祥，施正展，王树荣，等．双流化床物料循环系统的试验研究．农业机械学报，2003（34）：54-61.
[17] Xiao X，Le D D，Morishita K，et al. Multi-stage biomass gasification in Internally Circulating Fluidized-bed Gasifier（ICFG）：Test operation of animal-waste-derived biomass and parametric investigation at low temperature. Fuel Processing Technol.，2010（91）：895-902.
[18] Xu G，Murakami T，Suda T，et al. The superior technical choice for dual fluidized bed gasification. Ind. Eng. Chem. Res.，2006（45）：2281-2286.
[19] Pfeifer C，Puchner B，Hofbauer H. Comparison of dual fluidized bed steam gasification of biomass with and without selective transport of CO_2. Chem. Eng. Sci.，2009（64）：5073-5083.
[20] Kern S，Pfeifer C，Hofbauer H. Gasification of wood in a dual fluidized bed gasifier：Influence of fuel feeding on process performance. Chem. Eng. Sci.，2013（90）：284-298.
[21] Acharya B，Dutta A，Basu P. Chemical-looping gasification of biomass for hydrogen-enriched gas production with in-process carbon dioxide capture. Energy & Fuels，2009（23）：5077-5083.

[22] Xu G，Murakami T，Suda T，et al. Two-stage dual fluidized bed gasification：Its conception and application to biomass. Fuel Processing Technol.，2009（90）：137-144.

[23] Dong L，Xu G，Suda T，et al. Potential approaches to improve gasification of high water content biomass rich in cellulose in dual fluidized bed. Fuel Processing Technol.，2010（91）：882-888.

[24] Göransson K，Söderlind U，Henschel T，et al. Internal tar/CH$_4$ reforming in a biomass dual fluidised bed gasifier. Biomass Conv. Biorefinery，2014（5）：355-366.

[25] Guan G，Fushimi C，Ishizuka M，et al. Flow behaviors in the downer of a large-scale triple-bed combined circulating fluidized bed system with high solids mass fluxes. Chem. Eng. Sci.，2011（66）：4212-4220.

[26] Guan G，Fushimi C，Tsutsumi A. Prediction of flow behavior of the riser in a novel high solids flux circulating fluidized bed for steam gasification of coal or biomass. Chem. Eng. J.，2010（164）：221-229.

[27] Matsuoka K，Kuramoto K，Murakami T，et al. Steam gasification of woody biomass in a circulating dual bubbling fluidized bed system. Energy & Fuels，2008（22）：1980-1985.

[28] Hanchate N，Ramani S，Mathpati C S，et al. Biomass gasification using dual fluidized bed gasification systems：A review. J. Cleaner Prod.，2021（280）：123148.

[29] 朱凤森. 旋转滑动弧等离子体裂解生活垃圾气化焦油化合物的基础研究. 杭州：浙江大学，2018.

[30] 郭振飞. 城市生活垃圾等离子体气化制备富氢气体的实验研究. 天津：天津大学，2019.

[31] 曹小玲，陈建行，熊家佳，等. 等离子体气化技术处理城市生活垃圾的研究现状. 现代化工，2014（34）：26-31.

[32] Materazzi M，Lettieri P，Taylor R，et al. The fate of ashes and inorganics in a two-stage fluid particle system for waste valorization. Procedia Eng.，2015（102）：936-944.

[33] 王建伟，郑鹏，崔慧. 等离子体气化熔融/垃圾处理系统. 新能源进展，2020（8）：391-395.

[34] Amin S，Reid R C，Modell M. Reforming and decomposition of glucose in an aqueous phase. Intersociety Conference on Environmental System，ASME 75-ENAs-21，San Francisco，1975.

[35] Enden P J，Lora E S. Design approach for a biomass fed fluidized bed gasifier using the simulation software CSFB. Biomass and Bioenergy，2004（26）：281-287.

[36] Ciferno J P，Marano J J. Benchmarking biomass gasification technologies for fuels，chemicals and hudrogen production. National Energy Technology Laboratory，US Department of Energy，2002.

[37] Reed T B，Das A. Handbook of biomass downdraft gasifier for engine-system. NTIS，Solar Energy Research Institute，1988.

[38] Overend R P. Thermo-chemical gasification technology and products. Presentation at Global Climate and Energy Project，Stanford University，2004.

[39] Rao M S，Singh S P，Sodha M S，et al. Stoichiometric，mass，energy and exergy balance analysis of countercurrent fixed-bed gasification of post-consumer residues. Biomass and Bioenergy，2004（27）：155-171.

附录1 主要气体组分热力学性质表

表 1.1 一氧化碳热力性质表[1]

T/K	$\bar{c}_p$ /[kJ/(kmol·K)]	$\bar{h}^0(T)-\bar{h}_f^0(298)$ /(kJ/kmol)	$\bar{h}_f^0(T)$ /(kJ/kmol)	$\bar{s}_f^0(T)$ /[kJ/(kmol·K)]	$\bar{g}_f^0(T)$ /(kJ/kmol)
200	28.687	−2835	−111308	186.018	−128532
298	29.072	0	−110541	197.548	−137163
300	29.078	54	−110530	197.728	−137328
400	29.433	2979	−110121	206.141	−146332
500	29.857	5943	−110017	212.752	−155403
600	30.407	8933	−110156	218.242	−164470
700	31.089	12029	−110477	222.979	−173499
800	31.860	15176	−110924	227.180	−182473
900	32.629	18401	−111450	230.978	−191386
1000	33.255	21697	−112022	234.450	−200238
1100	33.725	25046	−112619	237.642	−209030
1200	34.148	28440	−113240	240.595	−217768
1300	34.530	31874	−113881	243.344	−226453
1400	34.872	35345	−114543	245.915	−235087
1500	35.178	38847	−115225	248.332	−243670
1600	35.451	42379	−115925	250.611	−252214
1700	35.694	45937	−116644	252.768	−260711
1800	35.910	49517	−117380	254.814	−269164
1900	36.101	53118	−118132	256.761	−277576
2000	36.271	56737	−118902	258.617	−285948
2100	36.421	60371	−119687	260.391	−294281
2200	36.553	64020	−120488	262.088	−302576
2300	36.670	67682	−121305	263.715	−310835
2400	36.774	71354	−122137	265.278	−319057
2500	36.867	75036	−122984	266.781	−327245
2600	36.950	78727	−123847	268.229	−335399
2700	37.025	82426	−124724	269.625	−343519
2800	37.093	86132	−125616	270.973	−351606
2900	37.155	89844	−126523	272.275	−359661
3000	37.213	93562	−127446	273.536	−367684
3100	37.268	97287	−128383	274.757	−375677
3200	37.321	101016	−129335	275.941	−383639
3300	37.372	104751	−130303	277.09	−391571
3400	37.422	108490	−131285	278.207	−399474
3500	37.471	112235	−132283	279.292	−407347

T/K	$\overline{c}_p$ /[kJ/(kmol·K)]	$\overline{h}^0(T)-\overline{h}_f^0(298)$ /(kJ/kmol)	$\overline{h}_f^0(T)$ /(kJ/kmol)	$\overline{s}_f^0(T)$ /[kJ/(kmol·K)]	$\overline{g}_f^0(T)$ /(kJ/kmol)
3600	37.521	115985	−133295	280.349	−415192
3700	37.570	119739	−134323	281.377	−423008
3800	37.619	123499	−135366	282.380	−430796
3900	37.667	127263	−136424	283.358	−438557
4000	37.716	131032	−137497	284.312	−446291
4100	37.764	134806	−138585	285.244	−453997
4200	37.810	138585	−139687	286.154	−461677
4300	37.855	142368	−140804	287.045	−469330
4400	37.897	146156	−141935	287.915	−476957
4500	37.936	149948	−143079	288.768	−484558
4600	37.970	153743	−144236	289.602	−492134
4700	37.998	157541	−145407	290.419	−499684
4800	38.019	161342	−146589	291.219	−507210
4900	38.031	165145	−147783	292.003	−514710
5000	38.033	168948	−148987	292.771	−522186

表 1.2　二氧化碳热力性质表[1]

T/K	$\overline{c}_p$ /[kJ/(kmol·K)]	$\overline{h}^0(T)-\overline{h}_f^0(298)$ /(kJ/kmol)	$\overline{h}_f^0(T)$ /(kJ/kmol)	$\overline{s}_f^0(T)$ /[kJ/(kmol·K)]	$\overline{g}_f^0(T)$ /(kJ/kmol)
200	32.387	−3423	−393483	199.876	−394126
298	37.198	0	−393546	213.736	−394428
300	37.280	69	−393547	213.966	−394433
400	41.276	4003	−393617	225.257	−394718
500	44.569	8301	−393712	234.833	−394983
600	47.313	12899	−393844	243.209	−395226
700	49.617	17749	−394013	250.680	−395443
800	51.550	22810	−394213	257.436	−395635
900	53.136	28047	−394433	263.603	−395799
1000	54.360	33425	−394659	269.268	−395939
1100	55.333	38911	−394875	274.495	−396056
1200	56.205	44488	−395083	279.348	−396155
1300	56.984	50149	−395287	283.878	−396236
1400	57.677	55882	−395488	288.127	−396301
1500	58.292	61681	−395691	292.128	−396352
1600	58.836	67538	−395897	295.908	−396389
1700	59.316	73446	−396110	299.489	−396414
1800	59.738	79399	−396332	302.892	−396425
1900	60.108	85392	−396564	306.132	−396424
2000	60.433	91420	−396808	309.223	−396410
2100	60.717	97477	−397065	312.179	−396384
2200	60.966	103562	−397338	315.009	−396346
2300	61.185	109670	−397626	317.724	−396294
2400	61.378	115798	−397931	320.333	−396230
2500	61.548	121944	−398253	322.842	−396152
2600	61.701	128107	−398594	325.259	−396061
2700	61.839	134284	−398952	327.590	−395957
2800	61.965	140474	−399329	329.841	−395840

T/K	$\bar{c}_p$ /[kJ/(kmol·K)]	$\bar{h}^0(T)-\bar{h}_f^0(298)$ /(kJ/kmol)	$\bar{h}_f^0(T)$ /(kJ/kmol)	$\bar{s}_f^0(T)$ /[kJ/(kmol·K)]	$\bar{g}_f^0(T)$ /(kJ/kmol)
2900	62.083	146677	−399725	332.018	−395708
3000	62.194	152891	−400140	334.124	−395562
3100	62.301	159116	−400573	336.165	−395403
3200	62.406	165351	−401025	338.145	−395229
3300	62.510	171597	−401495	340.067	−395041
3400	62.614	177853	−401983	341.935	−394838
3500	62.718	184120	−402489	343.751	−394620
3600	62.825	190397	−403013	345.519	−394388
3700	62.932	196685	−403553	347.242	−394141
3800	63.041	202983	−404110	348.922	−393879
3900	63.151	209293	−404684	350.561	−393602
4000	63.261	215613	−405273	353.161	−393311
4100	63.369	221945	−405878	353.725	−393004
4200	63.474	228287	−406499	355.253	−392683
4300	63.575	234640	−407135	356.748	−392346
4400	63.669	241002	−407785	358.210	−391995
4500	63.753	247373	−408451	39.642	−391629
4600	63.825	253752	−409132	361.044	−391247
4700	63.881	260138	−409828	362.417	−390851
4800	43.918	266528	−410539	363.763	−390440
4900	63.932	272920	−411267	365.081	−390014
5000	63.919	279313	−412010	366.372	−389572

表 1.3 氢气热力性质表[1]

T/K	$\bar{c}_p$ /[kJ/(kmol·K)]	$\bar{h}^0(T)-\bar{h}_f^0(298)$ /(kJ/kmol)	$\bar{h}_f^0(T)$ /(kJ/kmol)	$\bar{s}_f^0(T)$ /[kJ/(kmol·K)]	$\bar{g}_f^0(T)$ /(kJ/kmol)
200	28.522	−2818	0	119.137	0
298	28.871	0	0	130.595	0
300	28.877	53	0	130.773	0
400	29.120	2954	0	139.116	0
500	29.275	5874	0	145.632	0
600	29.375	8807	0	150.979	0
700	29.461	11749	0	155.514	0
800	29.581	14701	0	159.455	0
900	29.792	17668	0	162.950	0
1000	30.160	20664	0	166.106	0
1100	30.625	23704	0	169.003	0
1200	31.077	26789	0	171.687	0
1300	31.516	29919	0	174.192	0
1400	31.943	33092	0	176.543	0
1500	32.356	36307	0	178.761	0
1600	32.758	39562	0	180.862	0
1700	33.146	42858	0	182.860	0
1800	33.522	46191	0	184.765	0
1900	33.885	49562	0	186.587	0
2000	34.236	52968	0	188.334	0
2100	34.575	56408	0	190.013	0

T/K	$\bar{c}_p$ /[kJ/(kmol·K)]	$\bar{h}^0(T)-\bar{h}_f^0(298)$ /(kJ/kmol)	$\bar{h}_f^0(T)$ /(kJ/kmol)	$\bar{s}_f^0(T)$ /[kJ/(kmol·K)]	$\bar{g}_f^0(T)$ /(kJ/kmol)
2200	34.901	59882	0	191.629	0
2300	35.216	63388	0	193.187	0
2400	35.519	66925	0	194.692	0
2500	35.811	70492	0	196.148	0
2600	36.091	74087	0	197.558	0
2700	36.361	77710	0	198.926	0
2800	36.621	81359	0	200.253	0
2900	36.871	85033	0	201.542	0
3000	37.112	88733	0	202.796	0
3100	37.343	92455	0	204.017	0
3200	37.566	96201	0	205.206	0
3300	37.781	99968	0	206.365	0
3400	37.989	103757	0	207.496	0
3500	38.190	107566	0	208.600	0
3600	38.385	111395	0	209.679	0
3700	38.574	115243	0	210.733	0
3800	38.759	119109	0	211.764	0
3900	38.939	122994	0	212.774	0
4000	39.116	126897	0	213.762	0
4100	39.291	130817	0	214.730	0
4200	39.464	134755	0	215.679	0
4300	39.636	138710	0	216.609	0
4400	39.808	142682	0	217.552	0
4500	39.981	146672	0	218.419	0
4600	40.156	150679	0	219.300	0
4700	40.334	154703	0	220.165	0
4800	40.516	158746	0	221.016	0
4900	40.702	162806	0	221.853	0
5000	40.895	166886	0	222.678	0

表 1.4　水蒸气热力性质表[1]

T/K	$\bar{c}_p$ /[kJ/(kmol·K)]	$\bar{h}^0(T)-\bar{h}_f^0(298)$ /(kJ/kmol)	$\bar{h}_f^0(T)$ /(kJ/kmol)	$\bar{s}_f^0(T)$ /[kJ/(kmol·K)]	$\bar{g}_f^0(T)$ /(kJ/kmol)
200	32.255	−3227	−240838	175.602	−232779
298	33.448	0	−241845	188.715	−228608
300	33.468	62	−241865	188.922	−228526
400	34.437	3458	−242858	198.686	−223929
500	35.337	6947	−243822	206.467	−219085
600	36.288	10528	−244753	212.992	−214049
700	37.364	14209	−245638	218.665	−208861
800	38.587	18005	−246461	223.733	−203550
900	39.930	21930	−247209	228.354	−203550
1000	41.315	25993	−247879	228.354	−198141
1100	42.638	30191	−247879	232.633	−192652
1200	43.874	34518	−248475	236.634	−187100
1300	45.027	38963	−249005	240.397	−181497
1400	46.102	43520	−249477	243.955	−175852
			−249895	247.332	−170172

T/K	$\overline{c}_p$ /[kJ/(kmol·K)]	$\overline{h}^0(T)-\overline{h}_f^0(298)$ /(kJ/kmol)	$\overline{h}_f^0(T)$ /(kJ/kmol)	$\overline{s}_f^0(T)$ /[kJ/(kmol·K)]	$\overline{g}_f^0(T)$ /(kJ/kmol)
1500	47.103	48181	−250267	250.547	−164464
1600	48.035	52939	−250597	253.617	−158733
1700	48.901	57786	−250890	256.556	−152983
1800	49.705	62717	−251151	259.374	−147216
1900	50.451	67725	−251384	262.081	−141435
2000	51.143	72805	−251594	264.687	−135643
2100	51.784	77952	−251783	267.198	−129841
2200	52.378	83160	−251955	269.621	−124030
2300	52.927	88426	−252113	271.961	−118211
2400	53.435	93744	−252261	274.225	−112386
2500	53.905	99112	−252399	276.416	−106555
2600	54.340	104524	−252532	278.539	−100719
2700	54.742	109979	−252659	280.597	−94878
2800	55.115	115472	−252785	282.595	−89031
2900	55.459	121001	−252909	284.535	−83181
3000	55.779	126563	−253034	286.420	−77326
3100	56.076	132156	−253161	288.254	−71467
3200	56.353	137777	−253290	290.039	−65604
3300	56.610	143426	−253423	291.777	−59737
3400	56.851	149099	−253561	293.471	−53865
3500	57.076	154795	−253704	295.122	−47990
3600	57.288	160514	−253852	296.733	−42110
3700	57.488	166252	−254007	298.305	−36226
3800	57.676	172011	−254169	299.841	−30338
3900	57.856	177787	−254338	301.341	−24446
4000	58.026	183582	−254515	302.808	−18549
4100	58.190	189392	−254699	304.243	−12648
4200	58.346	195219	−254892	305.647	−6742
4300	58.496	201061	−255093	307.022	−831
4400	58.641	206918	−255303	308.368	5085
4500	58.781	212790	−255522	309.688	11005
4600	58.916	218674	−255751	310.981	16930
4700	59.047	224573	−255990	312.250	22861
4800	59.173	230484	−256239	313.494	28796
4900	59.295	236407	−256501	314.716	34737
5000	59.412	242343	−256774	315.915	40684

表 1.5 氮气热力性质表[1]

T/K	$\overline{c}_p$ /[kJ/(kmol·K)]	$\overline{h}^0(T)-\overline{h}_f^0(298)$ /(kJ/kmol)	$\overline{h}_f^0(T)$ /(kJ/kmol)	$\overline{s}_f^0(T)$ /[kJ/(kmol·K)]	$\overline{g}_f^0(T)$ /(kJ/kmol)
200	28.793	−2841	0	179.959	0
298	29.071	0	0	191.511	0
300	29.075	54	0	191.691	0
400	29.319	2973	0	200.088	0
500	29.636	5920	0	206.662	0
600	30.086	8905	0	212.103	0
700	30.684	11942	0	216.784	0

T/K	$\overline{c}_p$ /[kJ/(kmol·K)]	$\overline{h}^0(T)-\overline{h}_f^0(298)$ /(kJ/kmol)	$\overline{h}_f^0(T)$ /(kJ/kmol)	$\overline{s}_f^0(T)$ /[kJ/(kmol·K)]	$\overline{g}_f^0(T)$ /(kJ/kmol)
800	31.394	15046	0	220.927	0
900	32.131	18222	0	224.667	0
1000	32.762	21468	0	228.087	0
1100	33.258	24770	0	231.233	0
1200	33.707	28118	0	234.146	0
1300	34.113	31510	0	236.861	0
1400	34.477	34939	0	239.402	0
1500	34.805	38404	0	241.792	0
1600	35.099	41899	0	244.048	0
1700	35.361	45423	0	246.184	0
1800	35.595	48971	0	248.212	0
1900	35.803	52541	0	250.142	0
2000	35.988	56130	0	251.983	0
2100	36.152	59738	0	253.743	0
2200	36.298	63360	0	255.429	0
2300	36.428	66997	0	257.045	0
2400	36.543	70645	0	258.598	0
2500	36.645	74305	0	260.092	0
2600	36.737	77974	0	261.531	0
2700	36.820	81652	0	262.919	0
2800	36.895	85338	0	264.259	0
2900	36.964	89031	0	265.555	0
3000	37.028	92730	0	266.810	0
3100	37.088	96436	0	268.025	0
3200	37.144	100148	0	269.203	0
3300	37.198	103865	0	270.347	0
3400	37.251	107587	0	271.458	0
3500	37.302	111315	0	272.539	0
3600	37.352	115048	0	273.590	0
3700	37.402	118786	0	274.614	0
3800	37.452	122528	0	275.612	0
3900	37.501	126276	$\overline{h}_f^0(T)$	276.586	$\overline{g}_f^0(T)$
4000	37.549	130028	0	277.536	0
4100	37.597	133786	0	278.464	0
4200	37.643	137548	0	279.370	0
4300	37.688	141314	0	280.257	0
4400	37.730	145085	0	281.123	0
4500	37.768	148860	0	281.972	0
4600	37.803	152639	0	282.802	0
4700	37.832	156420	0	283.616	0
4800	37.854	160205	0	284.412	0
4900	37.868	163991	0	285.193	0
5000	37.873	167778	0	285.958	0

表 1.6 氧气热力性质表[1]

T/K	$\overline{c}_p$ /[kJ/(kmol·K)]	$\overline{h}^0(T)-\overline{h}_f^0(298)$ /(kJ/kmol)	$\overline{h}_f^0(T)$ /(kJ/kmol)	$\overline{s}_f^0(T)$ /[kJ/(kmol·K)]	$\overline{g}_f^0(T)$ /(kJ/kmol)
200	28.473	−2836	0	193.518	0
298	29.315	0	0	205.043	0
300	29.331	54	0	205.224	0
400	30.210	3031	0	213.782	0
500	31.114	6097	0	220.620	0
600	32.030	9254	0	226.374	0
700	32.927	12503	0	231.379	0
800	33.757	15838	0	235.831	0
900	34.454	19250	0	239.849	0
1000	34.936	22721	0	243.507	0
1100	35.270	26232	0	246.852	0
1200	35.593	29775	0	249.935	0
1300	35.903	33350	0	252.796	0
1400	36.202	36955	0	255.468	0
1500	36.490	40590	0	257.976	0
1600	36.768	44253	0	260.339	0
1700	37.036	47943	0	262.577	0
1800	37.296	51660	0	264.701	0
1900	37.546	55402	0	266.724	0
2000	37.788	59169	0	268.656	0
2100	38.023	62959	0	270.506	0
2200	38.25	66773	0	272.280	0
2300	38.470	70609	0	273.985	0
2400	38.684	74467	0	275.627	0
2500	38.891	78346	0	277.210	0
2600	39.093	82245	0	278.739	0
2700	39.289	86164	0	280.218	0
2800	39.480	90103	0	281.651	0
2900	39.665	94060	0	283.039	0
3000	39.846	98036	0	284.387	0
3100	40.023	102029	0	285.697	0
3200	40.195	106040	0	286.970	0
3300	40.362	110068	0	288.209	0
3400	40.526	114112	0	289.417	0
3500	40.686	118173	0	290.594	0
3600	40.842	122249	0	291.742	0
3700	40.994	126341	0	292.863	0
3800	41.143	130448	0	293.959	0
3900	41.287	134570	0	295.029	0
4000	41.429	138705	0	296.076	0
4100	41.566	142855	0	297.101	0
4200	41.700	147019	0	298.104	0
4300	41.830	151195	0	299.087	0
4400	41.957	155384	0	300.050	0
4500	42.079	159586	0	300.994	0
4600	42.197	163800	0	301.921	0
4700	42.312	168026	0	302.829	0
4800	42.421	172262	0	303.721	0
4900	42.527	176510	0	304.597	0
5000	42.627	180767	0	305.457	0

表 1.7 甲烷热力性质表[1]

T/K	$\overline{c}_p$ /[kJ/(kmol·K)]	$\overline{h}^0(T) - \overline{h}_f^0(298)$ /(kJ/kmol)	$\overline{h}_f^0(T)$ /(kJ/kmol)	$\overline{s}_f^0(T)$ /[kJ/(kmol·K)]	$\overline{g}_f^0(T)$ /(kJ/kmol)
200	33.473	−3368	−72027	172.577	−58161
298	35.639	0	−74831	186.251	−50768
300	35.708	66	−74929	186.472	−50618
400	40.500	3861	−77969	197.356	−42054
500	46.342	8200	−80802	207.014	−32741
600	52.227	13130	−83308	215.987	−22887
700	57.794	18635	−85452	224.461	−12643
800	62.932	24675	−87238	232.518	−2115
900	67.601	31205	−88692	240.205	8616
1000	71.795	38179	−89849	247.549	19492
1100	75.529	45549	−90750	254.570	30472
1200	78.833	53270	−91437	261.287	41524
1300	81.744	61302	−91945	267.714	52626
1400	84.305	69608	−92308	273.868	63761
1500	86.556	78153	−92553	279.763	74918
1600	88.537	86910	−92703	285.413	86088
1700	90.283	95853	−92780	290.834	97265
1800	91.824	104960	−92797	296.039	108445
1900	93.188	114212	−92770	301.041	119624
2000	94.399	123592	−92709	305.853	130802
2100	95.477	133087	−92624	310.485	141975
2200	96.439	142684	−92521	314.949	153144
2300	97.301	152371	−92409	319.255	164308
2400	98.075	162141	−92291	323.413	175467
2500	98.772	171984	−92174	327.431	186622
2600	99.401	181893	−92060	331.317	197771
2700	99.971	191862	−91954	335.080	208916
2800	100.489	201885	−91857	338.725	220058
2900	100.960	211958	−91773	342.260	231196
3000	101.389	222076	−91705	345.690	242332
3100	101.782	232235	−91653	349.021	253465
3200	102.143	242431	−91621	352.258	264598
3300	102.474	252662	−91609	355.406	275730
3400	102.778	262925	−91619	358.470	286861
3500	103.060	273217	−91654	361.453	297993
3600	103.319	283536	−91713	364.360	309127
3700	103.560	293881	−91798	367.194	320262
3800	103.783	304248	−91911	369.959	331401
3900	103.990	314637	−92051	372.658	342542
4000	104.183	325045	−92222	375.293	353687

附录 2　燃料特性

表 2.1　碳氢燃料的主要特性 （298.15K，1atm）[2-4]

分子式	燃料	$\bar{h}_f^0$ /(kJ/kmol)	HHV /(kJ/kg)	LHV /(kJ/kg)	沸点 /℃	h_{fg} /(kJ/kg)	T_{ad} /K	ρ_{liq} /(kg/m³)
CH_4	甲烷	−74831	55528	50016	−164	509	2226	300
C_2H_2	乙炔	226748	49923	48225	−84	—	2539	—
C_2H_4	乙烯	52283	50313	47161	−103.7	—	2369	—
C_2H_6	乙烷	−84667	51901	47489	−88.6	488	2259	370
C_3H_6	丙烯	20414	48936	45784	−47.1	437	2334	514
C_3H_8	丙烷	−103847	50368	46357	−42.1	425	2267	500
C_4H_8	1-丁烯	1172	48471	45319	−63	391	2322	595
C_4H_{10}	正丁烷	−124733	49546	45742	−0.5	386	2270	579
C_5H_{10}	1-戊烯	−20920	48152	45000	30	358	2314	641
C_5H_{12}	正戊烷	−146440	49032	45355	36.1	358	2272	626
C_6H_6	苯	82927	42277	40579	80.1	393	2342	879
C_6H_{12}	1-己烯	−41673	47955	44803	63.4	335	2308	673
C_6H_{14}	正己烷	−167193	48696	45105	69	335	2273	659
C_7H_{14}	1-庚烯	−62132	47817	44665	93.6	—	2305	—
C_7H_{16}	正庚烷	−187820	48456	44926	98.4	316	2274	684
C_8H_{16}	1-辛烯	−82927	47712	44560	121.3	—	2302	—
C_8H_{18}	正辛烷	−208447	48275	44791	125.7	300	2275	703
C_9H_{18}	1-壬烯	−103512	47631	44478	—	—	2300	—
C_9H_{20}	正壬烷	−229032	48134	44686	150.8	295	2276	718
$C_{10}H_{20}$	1-癸烯	−124139	47565	44413	170.6	—	2298	—
$C_{10}H_{22}$	正癸烷	−249659	48020	44602	174.1	277	2277	730
$C_{11}H_{22}$	1-十一烯	−144766	47512	44360	—	—	2296	—
$C_{11}H_{24}$	正十一烷	−270286	47926	44532	195.9	265	2277	740
$C_{12}H_{24}$	1-十二烯	−165352	47468	44316	213.4	—	2295	—
$C_{12}H_{26}$	正十二烷	−292162	47841	44467	216.3	256	2277	749

注：$\bar{h}_f^0$ 为燃料生成焓；HHV 为气态燃料的高位发热量；LHV 为气态燃料的低位发热量；h_{fg} 为燃料潜热；T_{ad} 为燃料和空气按照化学当量比混合的理论燃烧温度；ρ_{liq} 为液体燃料在 20℃ 下的密度，或气态燃料在沸点下的密度。

表 2.2　燃料比热容和焓的拟合曲线 （参考状态：298.15K，1atm 下元素焓为 0）[5]

$$\bar{c}_p[kJ/(kmol \cdot K)] = 4.184(a_1 + a_2\theta + a_3\theta^2 + a_4\theta^3 + a_5\theta^{-2})$$

$$\bar{h}^0(kJ/kmol) = 4184(a_1\theta + a_2\theta^2/2 + a_3\theta^3/3 + a_4\theta^4/4 - a_5\theta^{-1} + a_6)$$

其中，$\theta = T(K)/1000$

分子式	燃料	a_1	a_2	a_3	a_4	a_5	a_6	$a_8$①
CH_4	甲烷	−0.29149	26.327	−10.610	1.5656	0.16573	−18.331	4.300
C_3H_8	丙烷	−1.4867	74.339	−39.065	8.0543	0.01219	−27.313	8.852
C_6H_{14}	正己烷	−20.777	210.48	−164.125	52.832	0.56635	−39.836	15.611
C_8H_{18}	异辛烷	−0.55313	181.62	−97.787	20.402	−0.03095	−60.751	20.232
CH_3OH	甲醇	−2.7059	44.168	−27.501	7.2193	0.20299	−48.288	5.3375
C_2H_5OH	乙醇	6.990	39.741	−11.926	0	0	−60.214	7.6135
$C_{8.16}H_{15.5}$	汽油	−24.078	256.63	−201.68	64.750	0.5808	−27.562	17.792
$C_{7.76}H_{13.1}$		−22.501	227.99	−177.26	56.048	0.4845	−17.578	15.232
$C_{10.8}H_{18.7}$	柴油	−9.1063	246.97	−143.74	32.329	0.0518	−50.128	23.514

① 把 a_8 加到 a_6 中可得到 0K 参考状态下的焓。

表 2.3　燃料蒸汽热导率、黏度和比热容的曲线拟合系数[6]

$$\left.\begin{array}{l} k[\mathrm{W/(m\cdot K)}] \\ \mu(\mathrm{N\cdot s/m^2})\times10^6 \end{array}\right\} = a_1 + a_2 T + a_3 T^2 + a_4 T^3 + a_5 T^4 + a_6 T^5 + a_7 T^6$$

燃料	温度/K	性质	a_1	a_2	a_3	a_4	a_5	a_6	a_7
甲烷	100~1000	k	$-1.34014990 \times10^{-2}$	3.66307060×10^{-4}	$-1.82248608 \times10^{-6}$	5.93987998×10^{-9}	$-9.14055050 \times10^{-12}$	$-6.78968890 \times10^{-15}$	$-1.9048736 \times10^{-18}$
	70~1000	μ	2.968267×10^{-1}	3.711201×10^{-2}	1.218298×10^{-5}	-7.02426×10^{-8}	7.543269×10^{-11}	$-2.7237166 \times10^{-14}$	0
丙烷	200~500	k	$-1.07682209 \times10^{-2}$	8.38590325×10^{-5}	4.22059864×10^{-8}	0	0	0	0
	270~600	μ	-3.543711×10^{-1}	3.080096×10^{-2}	-6.99723×10^{-6}	0	0	0	0
正己烷	150~1000	k	1.287757×10^{-3}	$-2.00499443 \times10^{-5}$	2.37858831×10^{-7}	$-1.60944555 \times10^{-10}$	7.102729×10^{-14}	0	0
	270~900	μ	1.545412	1.150809×10^{-2}	2.722165×10^{-5}	-3.269×10^{-8}	1.245459×10^{-11}	0	0
正庚烷	250~1000	k	-4.606147×10^{-2}	5.95652224×10^{-4}	$-2.98893153 \times10^{-6}$	8.44612876×10^{-9}	-1.22927×10^{-11}	9.0127×10^{-15}	-2.62961×10^{-18}
	270~580	μ	1.54009700	1.095157×10^{-2}	1.800664×10^{-5}	-1.36379×10^{-8}	0	0	0
	300~755	c_p	9.4626×10^{1}	5.860997	-1.9823132×10^{-3}	-6.886993×10^{-8}	$-1.9379526 \times10^{-10}$	0	0
	755~1365	c_p	-7.40308000×10^{2}	1.0893537×10^{1}	-1.265124×10^{-2}	9.843763×10^{-6}	-4.3228296×10^{-9}	7.863665×10^{-13}	0
正辛烷	250~500	k	-4.0139194×10^{-3}	3.38796092×10^{-5}	8.19291819×10^{-8}	0	0	0	0
	300~650	μ	8.324354×10^{-1}	1.40045×10^{-2}	8.793765×10^{-6}	-6.8403×10^{-9}	0	0	0
	275~755	c_p	2.144198×10^{2}	5.356905	-1.17497×10^{-3}	-6.991155×10^{-7}	0	0	0
	755~1365	c_p	2.4359686×10^{3}	-4.4681947	-1.6684329×10^{-2}	-1.7885605×10^{-5}	8.6428202×10^{-9}	-1.614265×10^{-12}	0
正癸烷	250~500	k	-5.88274×10^{-3}	3.72449646×10^{-5}	7.55109624×10^{-8}	0	0	0	0
	300~700	c_p	2.407178×10^{2}	5.09965	-6.29026×10^{-4}	-1.07155×10^{-6}	0	0	0
	700~1365	c_p	-1.3534589×10^{4}	9.14879×10^{1}	-2.207×10^{-1}	2.91406×10^{-4}	-2.153074×10^{-7}	8.286×10^{-11}	-1.34404×10^{-14}
甲醇	300~550	k	-2.0298675×10^{-2}	1.21910927×10^{-4}	$-2.23748473 \times10^{-8}$	0	0	0	0
	250~600	μ	1.1979	2.45028×10^{-2}	1.8616274×10^{-5}	-1.3067482×10^{-8}	0	0	0
乙醇	250~550	k	-2.4663×10^{-2}	1.5589255×10^{-4}	$-2.22954822 \times10^{-8}$	0	0	0	0
	270~600	μ	-6.33595×10^{-2}	3.2071347×10^{-2}	$-6.25079576 \times10^{-6}$	0	0	0	0

参考文献

［1］ Kee R J，Rupley F M，Miller J A. The chemkin thermodynamic data base. SAND87-8215B，1991.

［2］ Rossini F D. Selected values of physical and thermodynamic properties of hydrocarbons and related compounds. Pittsburgh：Carnegie Press，1953.

［3］ Weast R C. Handbook of chemistry and physics. 56th ed. Cleveland：CRC Press，1976.

［4］ Obert E F. Internal combustion engines and air pollution. New York：Harper & Row，1973.

［5］ Heywood J B. Internal combustion engine fundamentals. New York：McGraw-Hill，1988.

［6］ Andrews J R，Biblarz O. Temperature dependence of gas properties in polynomial form. Monterey：Naval Postgraduate School，1981.

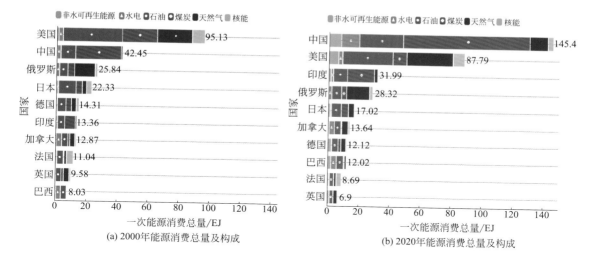

图 1-1 2000 和 2020 年十国一次能源消费总量及构成

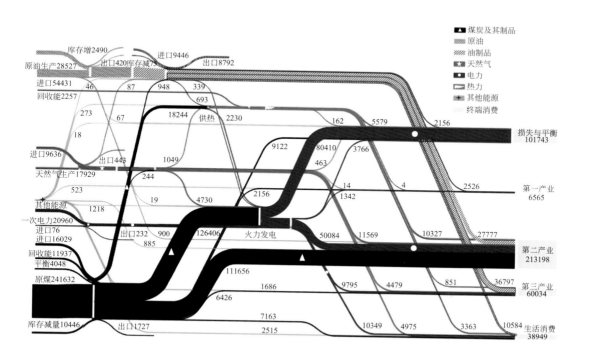

图 1-2 2016 年中国能流图（单位：万吨标准煤）

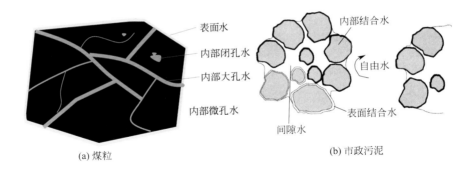

图 2-1 煤粒和市政污泥中的水分分布

图 4-5 科罗尼方捆打捆机结构原理

图 4-6 Cicoria 87495 方捆打捆机结构原理

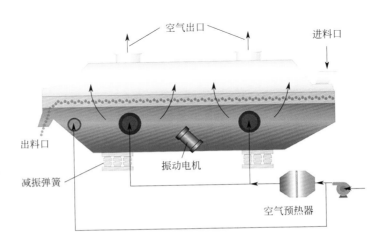

图 4-9 振动流化床干燥机示意图

(a)   (b)

图 4-13　生物质成型燃料

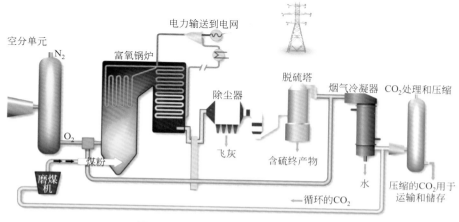

图 6-19　煤粉富氧燃烧技术原理示意图

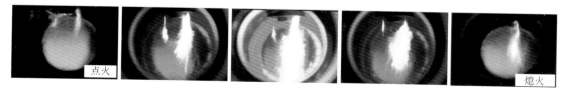

图 6-28　超临界水热火焰从着火到熄火的过程

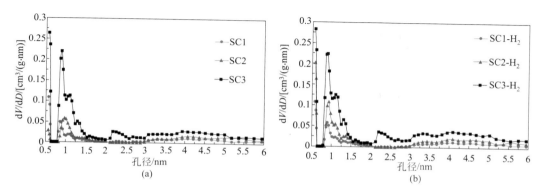

图 12-8　市政污泥生物炭的孔径分布

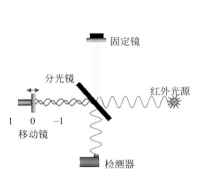

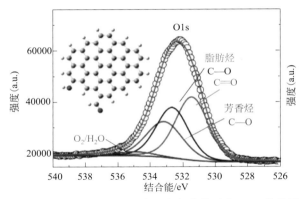

图 12-12　傅里叶变换红外光谱检测原理　　　**图 12-14　玉米秸秆生物炭表面含氧官能团的 XPS 能谱图**

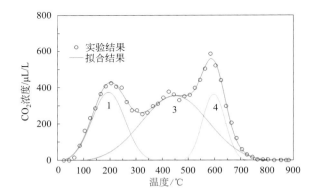

图 12-15　污泥生物炭的 CO_2 程序升温解吸附曲线

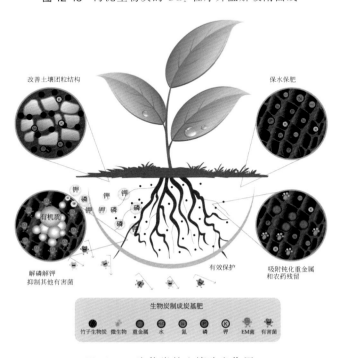

图 12-17　生物炭的土壤改良作用

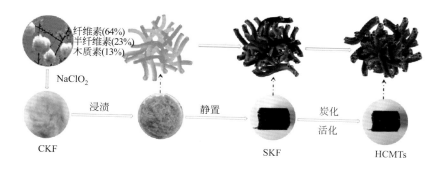

纤维素(64%)
半纤维素(23%)
木质素(13%)

NaClO₂

CKF

浸渍

静置

炭化
活化

SKF

HCMTs

图 12-20　以中空木棉管为原料制备一维中空管状结构碳基材料示意图

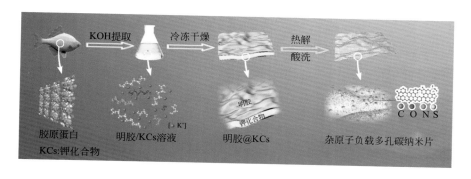

KOH提取　冷冻干燥　热解
酸洗

胶原蛋白　明胶/KCs溶液　明胶@KCs　杂原子负载多孔碳纳米片
KCs:钾化合物　　　　　明胶　C O N S
　　　　　钾化合物

图 12-22　鱼鳞转化的超薄多孔碳纳米片生物炭示意图

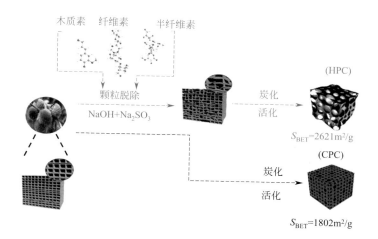

木质素　纤维素　半纤维素

(HPC)

颗粒脱除
NaOH+Na₂SO₃

炭化
活化

$S_{BET}=2621m^2/g$

(CPC)

炭化
活化

$S_{BET}=1802m^2/g$

图 12-23　传统方法制备生物炭（CPC）的路径和三维多孔生物炭（HPC）的制备路径

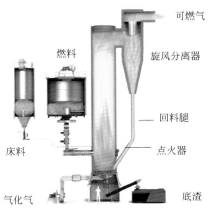

图 14-5 循环流化床气化炉

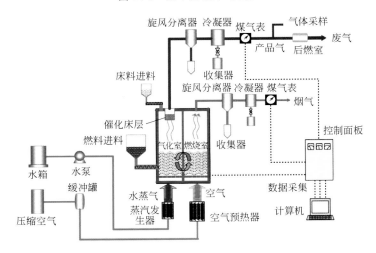

图 14-11 日本群马大学内循环双流化床系统

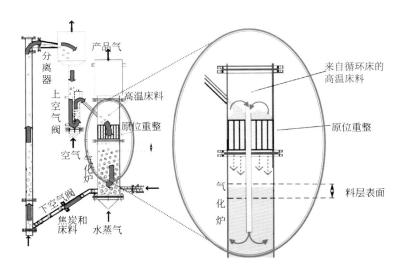

图 14-18 瑞典中部大学开发的两段式双流化床气化炉

图 14-27　PGM 等离子体技术工艺流程

1—等离子体反应器；2—后燃烧器；3—余热锅炉；3″—贯通锅炉；
4—蒸汽发电机；5—洗涤蒸发器；6—吸收器；7—袋式除尘器；8—引风机；9—抛光洗涤器

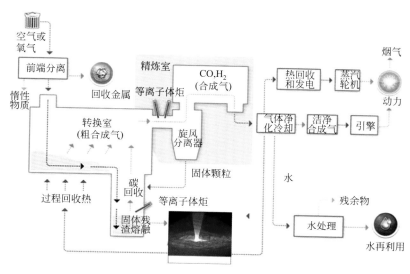

图 14-28　Plasco 等离子体气化技术工艺图

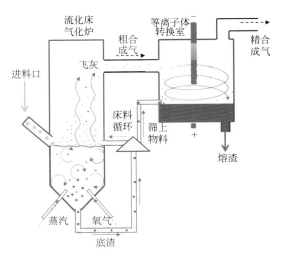

图 14-29　APP 鼓泡流化床＋等离子体气化技术

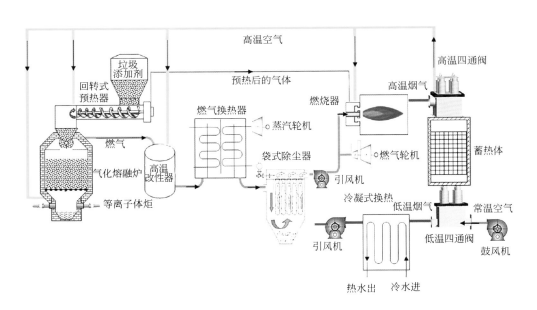

图 14-30　等离子体气化熔融垃圾处理系统